数据科学与工程技术丛书

MACHINE LEARNING WITH R

THIRD EDITION

机器学习与R语言

（原书第3版）

[美] 布雷特·兰茨（Brett Lantz）著

许金炜 李洪成 潘文捷 译

机械工业出版社
China Machine Press

图书在版编目（CIP）数据

机器学习与 R 语言：原书第 3 版 /（美）布雷特·兰茨（Brett Lantz）著；许金炜，李洪成，潘文捷译．-- 北京：机械工业出版社，2021.6（2023.11 重印）
（数据科学与工程技术丛书）
书名原文：Machine Learning with R，Third Edition
ISBN 978-7-111-68457-2

I. ①机… II. ①布… ②许… ③李… ④潘… III. ①机器学习 ②程序语言 – 程序设计 IV. ① TP181 ② TP312

中国版本图书馆 CIP 数据核字（2021）第 104590 号

北京市版权局著作权合同登记 图字：01-2020-1949 号。

机器学习与 R 语言（原书第 3 版）

出版发行：机械工业出版社（北京市西城区百万庄大街 22 号 邮政编码：100037）
责任编辑：王春华 李美莹　　责任校对：马荣敏
印　　刷：固安县铭成印刷有限公司　　版　　次：2023 年 11 月第 1 版第 3 次印刷
开　　本：185mm×260mm 1/16　　印　　张：19
书　　号：ISBN 978-7-111-68457-2　　定　　价：99.00 元

客服电话：（010）88361066 68326294

译者序

随着大数据的概念变得越来越流行，对数据的探索、分析和预测逐渐成为大数据分析领域的基本技能。作为探索和分析数据的基本理论和工具，机器学习和数据挖掘成为时下热门的技术。R 作为功能强大且免费的数据分析工具，在数据分析领域获得了越来越多用户的青睐。本书介绍了如何使用 R 来进行现实世界中的机器学习，如何从数据中获取可以付诸行动的见解。

本书的作者 Brett Lantz 在机器学习领域拥有十余年的实践经验，他在本书中介绍了多种机器学习算法。在给出相应的机器学习算法的核心理论之后，都会给出一个实际的案例，从对案例数据的探索、整理，到模型的建立和评估，每一步都给出了详尽的步骤和 R 代码。

本书共分 12 章。第 1 章介绍了机器学习的基本概念和理论，并介绍了用于机器学习的 R 软件环境的准备。第 2 章介绍了如何应用 R 来管理数据，进行数据的探索分析和可视化。第 3 ~ 9 章介绍了典型的机器学习算法和案例，它们分别是：k 近邻分类算法、朴素贝叶斯算法、决策树和规则树、回归预测、黑盒算法——神经网络和支持向量机、关联分析、k 均值聚类。伴随着对这些算法的介绍，书中给出了大量的实际案例，并给出了详细的分析步骤，案例包括乳腺癌的判断、垃圾短信的过滤、贷款违约的预测、毒蘑菇的判别、医疗费用的预测、建筑用混凝土强度的预测、光学字符的识别、购物篮关联分析以及市场细分等。第 10 章介绍了模型性能评估的原理和方法。第 11 章给出了提高模型性能的几种常用方法。第 12 章讨论了用 R 进行机器学习时可能遇到的一些高级主题，例如特殊形式的数据、大数据集的处理、并行计算和 GPU 计算等技术。

R 本身是一款十分优秀的数据分析和可视化软件，现在 R 中有大量用于机器学习的添加包。本书以机器学习算法为主线，通过案例学习的形式来组织内容，脉络清晰，并且各章自成体系。读者可以从头开始逐章学习，也可以找到自己所需要的内容来学习。读者只需要具有 R 的一些基本知识即可，不需要具备机器学习的深厚基础。不管是 R 初学者，还是熟练的 R 用户，都能从书中找到对自己有用的内容。

译者曾经应用本书的部分内容进行教学，学生都反映这些内容具有极强的实用价值，许多内容直接或者略加修改就可以应用到他们的实际工作中。我们有幸受机械工业出版社委托将本书译成中文，希望中文版的出版能够给国内读者学习 R 与机器学习带来方便。

本书的翻译工作由李洪成、许金炜和潘文捷共同完成，全书由李洪成统一定稿。由于时间和水平所限，书中难免会有不当之处，希望同行和读者多加指正。

李洪成

2020 年 12 月

前　　言

机器学习的核心是将信息转化为具有可行性知识的算法。这一事实使得机器学习非常适用于当今的大数据时代。如果没有机器学习，要跟上海量的信息数据流几乎是不可能的。

鉴于R的地位不断提高（R是一个跨平台、零成本的统计编程环境），现在是开始使用机器学习的最好时机。R提供了一套功能强大且易于学习的工具，这些工具可以帮助我们发现数据背后隐藏的信息。

通过把实践案例研究与基本理论（你需要理解这些理论在后台是如何运行的）相结合，本书提供了在工作中使用机器学习所需要的全部知识。

本书读者对象

本书适用于任何希望使用数据来采取行动的人。或许你已经对机器学习有些了解但从来没有使用过R，或许你已经对R有些了解，但机器学习对你来说是全新的。无论是哪种情况，本书都将让你快速上手。稍微熟悉一些基本的数学和编程概念将会有帮助，但并不需要先前有经验，你只需要有好奇心就行。

本书涵盖的内容

第1章介绍用来定义和区分机器学习算法的术语和概念，并给出将学习任务与适当算法相匹配的方法。

第2章提供一个在R中自己实际动手操作数据的机会，并讨论基本的数据结构以及用于载入、探索和理解数据的程序。

第3章教你如何将一个简单且功能强大的机器学习算法应用于你的第一个学习任务：识别癌症的恶性样本。

第4章揭示用于先进的垃圾邮件过滤系统的基本概率知识。在建立你自己的垃圾邮件过滤器的过程中，你将学习文本挖掘的基本知识。

第5章探索两种学习算法，它们的预测结果不仅精确而且容易解释。我们将把这两种算法应用于对透明度要求很高的任务中。

第6章介绍用于数值预测的机器学习算法。由于这些技术在很大程度上来源于统计领域，所以你还将通过学习必要的基本指标来理解数值之间的关系。

第7章包括两个极其复杂但功能强大的机器学习算法。尽管数学可能会让人望而生畏，但是我们将以简单的术语结合实际例子来说明它们内部的运作原理。

第 8 章揭示许多零售商使用的推荐系统的算法。如果你想知道零售商是如何比你自己更了解你的购物习惯的，本章将揭示他们的秘密。

第 9 章介绍 k 均值聚类。该算法用来查找相关个体的聚类。我们将使用该算法来确定一个网络社区内的分布。

第 10 章提供一些信息来度量机器学习项目是否成功，并得到学习器针对未来数据的性能的可靠估计。

第 11 章揭示在机器学习竞赛中排名最靠前的团队所采用的方法。如果你具有竞争意识，或者仅仅想获取数据中尽可能多的信息，那么你需要学习这些技术。

第 12 章探讨机器学习的前沿主题。从使用大数据到使 R 的运行速度更快，涉及的这些主题将帮助你拓展使用 R 进行数据挖掘的界限。

学习本书的知识准备

本书中的例子是基于 Microsoft Windows 和 Mac OS X 系统的 R 3.5.2 版本进行编写与测试的，当然，对于任意最新的 R 版本，这些例子都能运行。

下载示例代码文件及彩色图像

本书的示例代码文件及使用的截图或图表的彩色图像，可以从 Packtpub（http://www.packtpub.com）通过个人账号下载，也可以访问华章图书官网 http://www.hzbook.com，通过注册并登录个人账号下载。

本书的代码包也放在 GitHub 的 https://github.com/PacktPublishing/Machine-Learning-with-R-Third-Edition 和 https://github.com/dataspelunking/MLwR/ 上。

本书排版约定

在本书中，你将发现一些用于区分不同类型信息的文本样式。下面是这些样式的一些例子，以及它们的含义。

书中的代码、函数名、文件名、文件扩展名、用户输入和 R 添加包名字，如下所示：“`class` 包中的 `knn()` 函数提供了 k-NN 算法的标准经典实现”

R 用户的输入和输出如下所示：

```
> table(mushrooms$type)

   edible poisonous
     4208      3916
```

新的术语和**重要概念**以黑体显示。你在屏幕上看到的单词，例如，在菜单或对话框中看到的单词，像这样显示在书中：“CRAN 页面左边的**任务视图**链接提供了添加包的长列表。”

警告或者重要注释。

提示和技巧。

致谢

如果没有家人和朋友的支持，编写本书是根本不可能的。特别是，非常感谢我的妻子 Jessica 在过去一年中对我的耐心与鼓励。我的儿子 Will 和 Cal 分别出生于本书第 1 版和第 2 版的写作期间，在我撰写本版时他们分散了我较多的精力。我把本书献给我的孩子们，希望有一天他们能从中受到启发，应对重大的挑战，并跟随他们的好奇心，无论他们的好奇心会通向哪里。

我还要感谢支持本书的很多人。本书的很多想法来源于我与密歇根大学、圣母大学以及中佛罗里达大学的教育工作者、同事以及合作者的交流。此外，如果没有各位研究人员以公开出版物、课程和源代码的形式分享他们的专业知识，本书可能根本就不会存在。最后，我要感谢 R 和 RStudio 团队以及所有那些贡献 R 添加包的人员的努力，是他们最终为大家普及了机器学习。真心希望我的这本书能对机器学习领域做出一点贡献。

关于作者

布雷特 · 兰茨（Brett Lantz，@DataSpelunking）在应用创新的数据方法来理解人类的行为方面有 10 余年经验。他最初是一名社会学家，在研究一个包含青少年社交网络资料的大型数据库时，他就开始沉醉于机器学习。Brett 是一位 DataCamp 讲师，经常在世界各地的机器学习会议和研讨会上进行演讲。他致力于研究数据科学在体育、自动驾驶汽车、外语学习和时尚等领域的应用，并希望有一天在 dataspelunking.com 上发布有关这些主题的博客，该网站致力于分享探寻数据中所蕴含的深刻知识。

关于审稿人

拉格哈夫 · 巴利（Raghav Bali）是全球最大的医疗保健组织之一的高级数据科学家。他的工作包括针对医疗保健和保险相关的用例研究和开发基于机器学习、深度学习和自然语言处理的企业级解决方案。他曾在英特尔任职，参与了使用自然语言处理、深度学习和传统统计方法来实施主动式数据驱动的 IT 计划。他还曾在美国运通公司从事金融领域的工作，解决数字参与和客户维持的用例。

拉格哈夫还与一些主流的出版商合作出版了多本书，其中一本是关于迁移学习的最新研究进展的。

拉格哈夫拥有班加罗尔国际信息技术研究所的信息技术硕士学位（全优毕业生）。当拉格哈夫不忙于解决问题时，他喜欢读书，并且是一个摄影爱好者。

目　录

第 1 章

机器学习简介

如果科幻故事是可信的，那么人工智能的发明将会不可避免地导致机器和其制造者之间的末日战争。早期，计算机被教会玩井字棋和国际象棋这样一些简单的游戏。后来，机器被用来控制交通信号灯和通信，随后用来控制军用无人机和导弹。一旦计算机有感知力并且知道如何教会自己知识，机器的发展将产生不祥的改变：计算机将不再需要人类程序员，人类那时也就被“删除”(deleted）了。

幸运的是，在写本书的时候，机器还是需要用户来进行输入。

尽管你对机器学习的印象可能如大众媒体所描述的那样丰富多彩，但是现在的算法太注重特定的应用，因此不会呈现出具有自我意识那样的危险。现在机器学习的目标不是创造人工大脑，而是帮助我们使世界上的海量数据存储具有意义。

把这些误解放在一边，在本章结束时，你会对机器学习有更加清晰的理解。本章将介绍一些基本概念，通过它们来定义和区分常用的机器学习方法。你将学到下列知识：

- 机器学习的起源及其实际应用。
- 计算机如何将数据转换为知识和行动。
- 如何为数据匹配机器学习算法。

机器学习领域提供了把数据转换成可行动的知识的算法集合。继续阅读可以了解使用 R 将机器学习应用到现实世界中的问题是多么容易。

1.1　机器学习的起源

自出生以来，我们就在和各种数据打交道。我们身体的感官——眼睛、耳朵、鼻子、舌头以及神经一直被数据包围着，大脑把它们转化成视觉、听觉、嗅觉、味觉和感知。通过语言的交流，我们得以和他人分享这些感受。

从书面语言出现，人类的观测就被记录下来。猎人监视动物群体的移动，早期的宇航员记录行星和恒星的模式，城市记录税收、出生和死亡的情况。现在，由于不断发展的计算机数据库的应用，这些观测的过程逐步自动化，记录也变得系统化。

电子传感器的发明使得可以记录的数据的数量和资源呈爆炸式增长。专用的传感器(如照相机、麦克风、化学鼻子、电子舌头和压力传感器）可以模拟人的行为、可以听声音、可以闻味道，也可以感受环境。这些传感器处理数据的方式和人类完全不同。与人类的有限且主观的注意力不同，电子传感器从不休息并且从来不会让它的判断扭曲它所感知到的信息。

尽管传感器不会被主观成分模糊判断，但是它们也不一定给出现实情况的单一且确定性的描述。由于硬件的限制，有一些传感器有固有测量误差，有一些传感器受观测范围的限制。与拍摄彩色照片的相机相比，拍摄黑白照片的相机可能会给出与其拍摄物完全不同的写照。类似地，显微镜对事实的描绘和望远镜的描绘也是截然不同的。

通过数据库和传感器，我们生活的方方面面都被记录下来。政府、企业和个人都在记录并报告他们生活中的信息。气象传感器记录温度和气压，监视探头监视着人行道和地铁站，各种电子行为（如交易、通话、建立友好关系等）都会被监控。

根据如此庞大的数据量，一些人声称我们进入了**大数据**的时代，这可能有一点哗众取宠。人类总是身处大量的数据之中。使当今这个时代变得与众不同的是我们有大量的记录数据，它们大部分可以直接用计算机来访问。仅仅一次网络搜索，经过手指的点击，大量有趣的数据就变得更容易获取。只要有理解数据的系统方法，这些大量信息就会成为有潜力的决策信息。

机器学习的研究领域是发明计算机算法，把数据转化为智能行动。这个领域是在现有数据、统计方法以及计算能力迅速并且同步发展的环境下发展起来的。数据量的增加使得计算能力增强成为必需条件，而计算能力的增强又反过来促进了分析大数据的统计方法的发展。这就创造了一个闭环式的发展（如图1-1所示），它使得更多更加有趣的数据得以收集，并且支持当下的环境，几乎任何主题都可以获得无穷无尽的数据流。

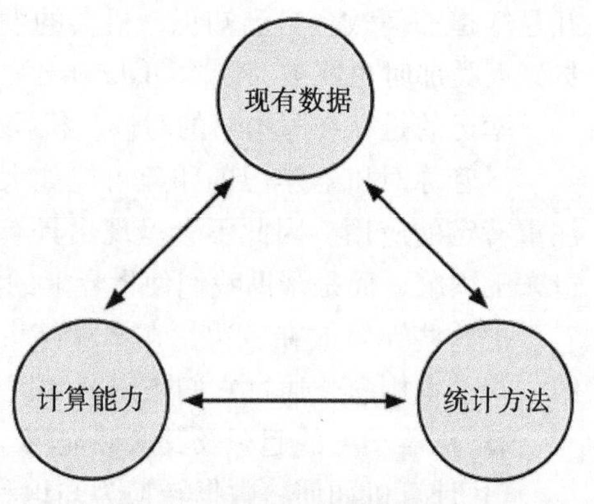

图1-1　机器学习发展的闭环

机器学习的一个紧密相关的学科是**数据挖掘**，它涉及从大型的数据库中产生新的洞察。如其名称所示，数据挖掘是系统地寻找可以用于行动的有价值的信息。尽管对于这两个领域究竟有多少重叠存在一些争议，但是一个可能的差别是机器学习侧重于教计算机如何利用数据来解决问题，而数据挖掘则侧重于教计算机识别模式，然后人类可以用该模式来解决问题。

几乎所有的数据挖掘都涉及机器学习，而并不是所有的机器学习都涉及数据挖掘。例如，你可能应用机器学习来挖掘汽车交通数据中与事故率有关的模式；另一方面，如果是计算机自己学习如何驾驶汽车，那么就是没有数据挖掘的纯粹机器学习。

"挖掘数据"有时用作贬义词，用来描述挑选最合适的数据来支持某个理论的欺骗性行为。

1.2　机器学习的使用与滥用

大多数人听说过下国际象棋的计算机深蓝（Deep Blue）——第一台和一位世界冠军于1997年对弈并获胜的计算机，或者于2011年在电视问答游戏节目Jeopardy中击败两个人类对手的计算机 Watson。基于这些令人震惊的成绩，有人预测计算机智能将在许多信息科学领域取代人类，就像在农田中机器取代了农民，在组装线上机器人取代了工人一样。

事实上，即使机器取得了如此划时代的成绩，它们在充分理解问题的能力方面仍然相对受限。它们还纯粹是没有方向的智能机器。计算机也许在发现大型数据集的精细模式上胜过人类，但是它仍然需要人类来指导其分析并把结果应用到有意义的行动上。

值得注意的是，在没有完全忽视 Deep Blue 和 Watson 的成就的情况下，它们都不像典型的五岁孩子那样聪明。有关为什么“比较智能是一项棘手的业务”的更多信息，请参阅 *Popular Science* 中 *Will Grunewald* 于 2012 发表的文章“FYI: Which Computer Is Smarter, Watson Or Deep Blue?” `https://www.popsci.com/science/article/2012-12/fyi-which-computer-smarter-watson-or-deep-blue`。

机器不善于询问问题，甚至不知道询问什么问题。在以计算机能够理解的方式提出一个问题时，计算机可以较好地回答这个问题。现在机器学习算法和人类的伙伴关系就像猎犬和它的训练者之间的关系，如图 1-2 所示：猎犬的嗅觉可能比它的训练者强很多倍，但是没有仔细的引导，猎犬可能最终只会追逐自己的尾巴。

图 1-2 机器学习算法是一种需要仔细引导的强大工具

为了更好地理解机器学习在现实生活中的应用，下面考虑它们成功应用的一些案例、一些还有待提升的地方、它们的害处大于好处的场合。

1.2.1 机器学习的成功应用

在增强而不是替代一个特定学科专家的专业知识时，机器学习取得了很大成功。它和医生一起战斗在根除癌症的前线，努力帮助工程师和程序员创建智慧家园和汽车，帮助社会科学家建立社会运作的知识。为此，机器学习应用在无数的商业、科学实验室、医院和政府组织中。任何生成或者聚集数据的组织至少应用一种机器学习算法来使得数据有意义。

尽管不可能列出机器学习的每一个应用案例，但最近成功应用机器学习的调查包含了多个著名的应用：

- ❑ 识别电子邮件中不需要的垃圾邮件。
- ❑ 细分目标广告的客户行为。
- ❑ 预测天气行为和长期的气候变化。
- ❑ 减少虚假信用卡交易。
- ❑ 精确估计暴风雨和自然灾害后的经济损失。
- ❑ 预测大选的结果。
- ❑ 开发自动驾驶飞机和自动驾驶汽车的算法。
- ❑ 优化家庭和办公楼中能源的使用。
- ❑ 预测最可能发生犯罪行为的区域。
- ❑ 发现与疾病相关联的基因序列。

到本书结尾，你将理解教授计算机执行上述任务的基本机器学习算法。现在，我们可以说不管什么背景，机器学习过程都是一样的。不管什么样的任务，算法使用数据，并找出构成进一步行动的基础的模式。

1.2.2　机器学习的限制

尽管机器学习应用广泛且具有巨大的潜力，但理解它的限制仍然是重要的。现在，机器学习对人脑能力的模拟相对有限。机器学习对探索它学习的严格参数之外的灵活性很差，并且没有常识。记住这些，在把它们应用到现实生活前，应该特别小心地认识什么是算法能够确切学习到的。

如果没有建立在过去经验上的使用期，计算机就是在做出关于下一步做什么这样的简单常识性推断上的能力都是有限的。例如，许多网站上弹出的横幅广告。这些广告是基于对上百万用户的浏览历史的数据进行挖掘而得出的模式。根据这些数据，观看销售鞋子的网站的人有兴趣购买鞋子，因此应该看到鞋子的广告。问题在于，这成为一个永无止境的循环，即使在购买鞋子之后，也会提供额外的鞋子广告，而不是鞋带和鞋油的广告。

许多人熟悉机器学习在理解或翻译语言，或者识别语音和手写体这些问题上的能力不足。也许，这种机器学习失效的最早例子是1994年的电视剧*The Simpsons*中的片段，它展示了一款Apple Newton掌上设备的仿制品。那时，Newton公司以其最先进的手写体识别而声名鹊起。不幸的是，Apple设备不时会识别失败。在电视剧的片段中展示了这一点，一条恐吓的留言“Beat up Martin”被Newton错误地识别为“Eat up Martha”，如图1-3所示。

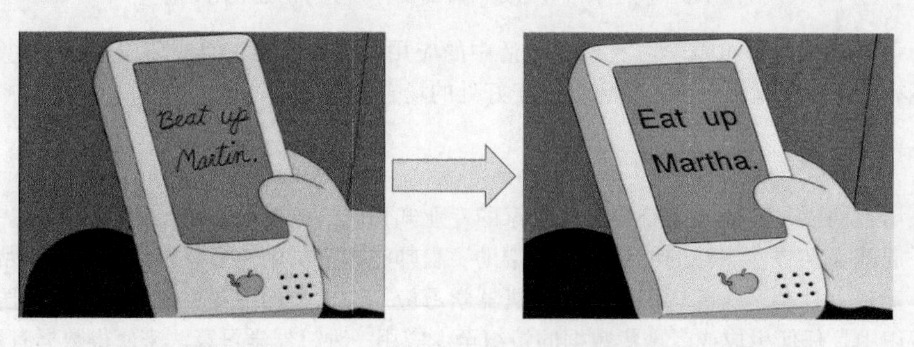

图1-3　截图来自*Lisa on Ice*，*The Simpsons, 20th Century Fox* (*1994*)

自 Apple Newton 以来，机器语言处理已经有了很大的进步，谷歌、苹果和微软公司都对提供语音激活虚拟礼宾服务（如 Google 智能助理、Siri 和 Cortana）的能力充满信心。当然，目前这些服务都还是在努力地回答一些相对简单的问题。更有甚者，在线翻译服务有时会把幼儿都理解的句子翻译错误。许多设备上的文本预测特性导致了大量幽默性的自我更正失败（autocorrect fail）网站，这些网站展示了计算机能够理解基本语言但是完全没有理解上下文。

这些错误中的某些是在预料之中的。语言很复杂，有字面意思和潜在含意，即使人类有时也不能正确理解句子的含意。尽管机器学习在语言处理方面正在迅速提高，但上述缺点说明了机器学习只能与学习的数据一样好。如果输入数据中的语义不明确，那么就像人类一样，计算机必须从其有限的过去经验中做出最好的猜测。

1.2.3　机器学习的伦理方面

本质上，机器学习就是一个帮助我们理解世界上复杂数据的工具。与其他工具一样，它可以用于好的方面也可以用于坏的方面。当机器学习被广泛且冷酷无情地应用时，人类被视作实验室的小白鼠、自动机或者没有头脑的消费者，这时会带来问题。当由一个没有感情的计算机来自动执行时，一个看起来没有危害的过程可能导致意料之外的后果。

基于上述原因，那些没有考虑潜在道德伦理的机器学习或数据挖掘应该是不称职的。由于机器学习是一个相对较新、正处于发展之中的学科，所以与之相对应的法律法规和社会准则尚不确定，并且一直在变化。在获取和分析数据时要小心谨慎，避免违法、违反服务条例或者数据使用协议，避免滥用人们的信任，避免侵犯消费者或公众的隐私。

Google 是一个可能收集私人信息比其他任何同行都多的机构，其非正式的公司箴言是：不作恶。这可以作为你的一个比较合理的道德指引起点，但可能还不够。更好的方法可能是遵循希波克拉底誓言（Hippocratic Oath），这是一个医学原则，它声明："首先，不要带来坏处。"

零售商通常使用机器学习来进行广告投放、精准营销、仓储管理，或者商店中货品的陈列。根据客户的购买记录，许多零售商甚至在结账时有专用设备为客户打印优惠券。客户可以在他们想要购买的特定商品上获得折扣，其代价是给出他们的个人信息。当初，这好像没有危害。但是，在实际应用时，还是需要对可能发生的事情考虑得长远一些。

下面是一个美国大型零售商应用机器学习来识别哪些需要邮寄优惠券的孕妇的故事，可能是虚构的故事。零售商希望的是，如果收到优惠券的妈妈得到很大的折扣，她们会成为忠实的客户，之后会购买利润颇丰的商品，例如尿布、婴儿奶粉和玩具。通过机器学习方法，零售商在客户购买记录中识别出哪些商品有很大的可信性，用这些商品来预测一个妇女是否怀孕，同时预测婴儿大致临产的时间。

这个零售商根据这些数据发出促销邮件后，一个生气的男人联系到了他们，询问为什么他只有十几岁的女儿收到了适用于孕妇的商品优惠券。他很生气，认为商家好像是在鼓励青少年怀孕。之后，零售商的一个经理出来道歉。然而，最终道歉的却是这个父亲。他和他的女儿对质后，发现她确实怀孕了。

无论前面的故事是否属实，从中得到的教训是，在盲目地应用机器学习的结果前还应该有一些常识。尤其是，在有关敏感信息方面，例如健康数据，这是必需的。当更谨慎一些时，这家零售商应该预测到可能的结果，并且在揭示机器学习发现的模式时更加谨慎。

有关零售商如何使用机器学习识别怀孕的更多细节，请参阅 *New York Times Magazine* 的文章，标题为“How Companies Learn Your Secrets”，作者是 Charles Duhigg，2012：`https://www.nytimes.com/2012/02/19/magazine/shopping-habits.html`。

随着机器学习算法得到更广泛的应用，我们发现计算机可能会学习人类社会的一些不幸行为。可悲的是，这包括持续种族或性别歧视和强化负面刻板印象。例如，研究人员发现谷歌的在线广告服务更有可能向男性而不是女性展示高薪工作的广告，并且更有可能向黑人而不是白人展示针对黑人的犯罪背景检查广告。

这些类型失误的出现不仅限于硅谷，微软开发的 Twitter 聊天机器人服务在开始传播纳粹和反女权主义宣传之后很快就下线了。通常，最初看起来“内容中立”的算法很快就会开始反映多数人的信仰或主导意识形态。Beauty.AI 创造的一种算法反映了人类美的客观概念，由于它几乎完全偏爱白人而引发了争议。想象一下，如果把它应用于犯罪活动的面部识别软件中，后果会怎么样。

有关机器学习和歧视的真实后果的更多信息，请参阅 *New York Times* 的文章“When Algorithms Discriminate”时，作者是 Claire Cain Miller，2015：`https://www.nytimes.com/2015/07/10/upshot/when-algorithms-discriminate.html`。

为了限制算法非法区分的能力，某些司法管辖区有善意的法律，出于商业原因阻止使用种族、民族、宗教或其他受保护的类别数据。但是，从项目中排除这些数据可能还不够，因为机器学习算法仍然可能无意中学会区分。如果某一部分人倾向于居住在某个地区，购买某种产品，或者以一种唯一将其识别为一个群体的方式行事，则机器学习算法可以从其他因素中推断出受保护的信息。在这种情况下，除了已经受到保护的状态之外，你可能需要通过排除任何可能的识别数据来完全去除这些人。

除了合法性的结果外，使用数据不当有可能会触及道德底线。如果顾客认为是隐私的个人生活被公开，他们可能会感到不舒服或者害怕。最近，当用户感到应用程序的服务协议条款发生变动，或者认为他们的数据被用于超出了他们原本同意应用程序可以使用的范围时，有几个备受瞩目的网络应用出现了大量的用户流失现象。对隐私的界定会由于内容、年龄层、地点的改变而不同，这就增加了合理使用个人数据的复杂性。在开始项目之前，除了意识到越来越严格的法规，例如欧盟新实施的**通用数据保护法规**（General Data Protection Regulation，GDPR）以及其后续步骤中不可避免的政策，先考虑文化差异的因素也是很明智的。

事实上，你“能够”把数据应用于一个特定的目的并不总是代表你“应该”这样做。

最后，值得注意的是，随着机器学习算法对我们的日常生活逐渐变得越来越重要，对于有邪恶目的的人来说，有更大的动机去利用它们。有时候，攻击者只是想恶搞而提出一种算法——例如“谷歌轰炸”，这是一种采用谷歌算法来提高所需页面的排名的众包方法。

其他时候，效果更具戏剧性。这方面的一个恰当的例子是最近所谓的虚假新闻和选举于预浪潮，通过操纵广告和推荐算法来传播，这些算法根据人的性格对人群进行定位。为了避免对外人进行这样的控制，在构建机器学习系统时，考虑如何受到确定的个人或群体的影响是至关重要的。

社交媒体学者 danah boyd 在 2017 年纽约市 Strata 数据大会上发表了主题演讲，讨论了强化机器学习算法对攻击者的重要性。有关概述，请参阅 https://points.datasociety.net/your-data-is-being-manipulated-a7e31a83577b。

恶意攻击对机器学习算法的影响也可能是致命的。研究人员已经证明，通过精心挑选的涂鸦创造一种巧妙地扭曲街道标志的“对抗性攻击”，攻击者可能会使自动驾驶汽车误解停车标志，从而可能导致致命的撞车事故。即使没有恶意，软件故障和人为错误也已经导致优步和特斯拉的自动驾驶汽车技术发生致命事故。考虑到这些例子，机器学习从业者应该担心他们的算法将如何在现实世界中被使用和滥用，这是最重要也是最合乎道德的问题。

1.3　机器如何学习

机器学习的一个正式定义是由计算机科学家 Tom M. Mitchell 提出的：如果机器能够获取经验并且能利用它们，在以后的类似经验中能够提高它的表现，这就称为机器学习。尽管这个定义是直观的，但是它完全忽略了经验如何转换成未来行动的过程，当然学习总是说起来容易做起来难。

虽然人类大脑从出生就自然地能够学习，但计算机学习的必要条件必须要明确给出。基于这个原因，尽管理解机器学习的理论不是严格必需的，但这个基础还是有助于理解、区分和实现机器学习算法。

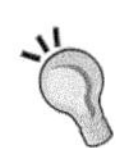

当你比较机器学习和人类学习时，会发现你正在从不同角度来检视自己的思维。

无论学习者是人还是机器，基础的学习过程都是类似的。这一过程如图 1-4 所示，可以分解为如下 4 个相关部分：

- **数据存储**：利用观测值、记忆存储以及回忆来提供进一步推理的事实依据。
- **抽象化**：涉及把数据转换成更宽泛的表示（broader representation）和概念（concept）。
- **一般化**：应用抽象的数据来创建知识和推理，从而使得行动具有新的背景。
- **评估**：提供反馈机制来衡量学习的知识的用处以便给出潜在的改进之处。

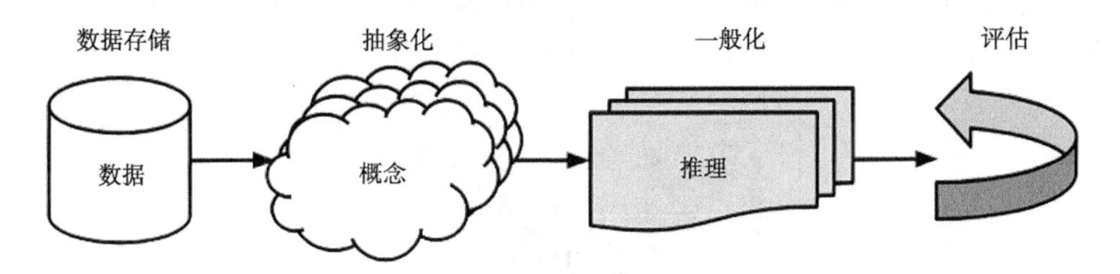

图 1-4　学习过程

记住，尽管学习过程在概念上分解为 4 个不同的部分，但是这仅仅是为了便于阐述才这么归类的。事实上，学习的这 4 个部分是紧密相连的。对人类来说，整个过程都是下意识地发生的。我们收集数据、推理数据、归纳数据，最后用心灵的“眼睛”发现规律，因为这个过程是潜在的，所以人与人之间的任何不同都归功于主观性这一模糊的概念。然而对于一台计算机来说，这些步骤是显式的，因为整个过程是透明的，所以学习到的知识能在未来行动中被检验、转换和应用，并被视为数据“科学”。

数据科学术语暗示了数据、机器和指导学习过程的人之间的关系。该术语在职务描述和学位课程中的使用日益增多，反映了其作为一个涉及统计和计算理论的研究领域的运作，以及支持机器学习及其应用的技术基础设施。该领域经常要求其从业者成为引人注目的故事讲述者，在具有推断局限性数据的大胆使用和数据的预测间平衡。因此，要成为一名强大的数据科学家，需要深入了解学习算法的工作原理。

1.3.1　数据存储

所有的学习必须从数据开始。人类和计算机都用**数据存储**作为更高级推理的基础。对于人类，这由大脑构成，大脑应用生物细胞网络中的电化信号存储和处理短期或者长期回忆的观测值。计算机使用硬盘、闪存、随机存储器（RAM）以及中央处理器（CPU）来存储短期和长期的回忆。

这样说看起来很显然，但是仅仅存储和获取数据的能力对于学习是不够的。数据在硬盘上仅仅是1和0。它是存储的记忆，没有更广泛的背景，毫无意义。如果没有更深的理解，知识纯粹是回忆，那么意味着仅限于以前所见，而没有获取其他更多的信息。

为了更好地理解这个思想的细微之处，想象一下你最近一次参加的一场高难度的考试，该考试可能是大学里的一次期末考试或者一次资格证书考试。在考试之前，你想有过目不忘的本事吗（就像拍照那样）？如果这么想过，当你知道过目不忘的本事不可能帮助你太多时，你可能会失望。即使你全部记住了这些材料，你的死记硬背也是没有用的。除非你提前知道考试中会出现的确切问题和答案。否则，你将被局限于试图把所有会考的问题的答案都记忆下来，可能存在无限多个问题的主题。显然，这种方式不具备持久性。

相反，更好的方法是，花费时间选择并记住一部分有代表性的观点，同时理解这些想法如何相关并应用于不可预见的情况。通过这种方式，可以识别出重要的更广泛的模式，而不是记住每一个细节、细微差别和潜在的应用。

1.3.2　抽象化

给数据赋予含义的工作是在**抽象化**过程中进行的，在这一步中，原始数据具有了更广泛、更抽象的含义。对象（object）和它们的表示（representation）之间的联系可以用René Magritte（雷内·马格利特）的著名画作“The Treachery of Images”（图像的背叛）来说明，如图1-5所示。

图1-5　这不是一个烟斗，图来源：http://collections.lacma.org/node/239578

这幅图展示了一个烟斗和一行字“*Ceci n'est pas une pipe*”（这不是一个烟斗）。Magritte 想要表达的观点是，表现出来的烟斗并不是一个真实的烟斗。尽管事实上那个烟斗并不真实，但是任何看到这幅画的人都能很轻易地认出这张照片展示了一个烟斗，这表明观察它的人的思想能够连接图画中的烟斗和观念中的烟斗，接着就和真实的那种能拿在手里的烟斗联系在一起。像这样的抽象连接是**知识表示**的基础，是帮助把原始的感官信息转变成有意义洞察的逻辑结构信息的基础。

在知识表示的过程中，计算机用一个**模型**来概括存储的原始数据，这个模型是数据中模式的一个显式描述。就像 Magritte 的烟斗一样，模型表示用到了原始数据之外的生活常识。它表达了一个超过所有部分之和的概念。

有很多种不同类型的模型，你可能对其中的一些模型比较熟悉。例如：

- 数学方程。
- 像树和图这样的关系图。
- 逻辑上的如果 / 否则（if/else）关系。
- 把数据分组为类。

模型的选择通常不是由机器来完成的，而是由学习任务和可用的数据类型来决定的。本章的后续部分将详细地讨论选择模型类型的方法。

用模型来拟合数据集的过程称为**训练**。当模型被训练后，数据就转换为一种汇总了原始信息的抽象形式。

你可能疑惑：为什么这一步骤称为“训练”而不称为“学习”呢？第一，注意学习的过程不会因为数据抽象化过程的结束而终止。学习者还必须一般化和评估其训练。第二，“训练”这个词更好地隐含着人类老师以某种特定方式训练机器学生来理解数据这个事实。

必须指出的是机器学习模型自身并不会提供新的数据，但是它的确会带来新的知识。怎么会这样呢？其答案是：通过假定数据元素如何关联的一个概念，把假定的结构应用在基础数据上来给出对不可见现象的洞察。

例如万有引力的发现过程。通过用方程来拟合观测的数据，Isaac Newton（艾萨克 · 牛顿）爵士推导出了万有引力的概念。但是我们现在知道万有引力原本就是一直存在的，只是在牛顿发现它之前没有被认识到，直到牛顿以抽象概念的方式认识了它，这些概念把一些数据和其他数据相关联，特别是把它变成用来解释观测到的落下来的物体模型中的参数 g，它才被作为一个概念被认识，如图 1-6 所示。

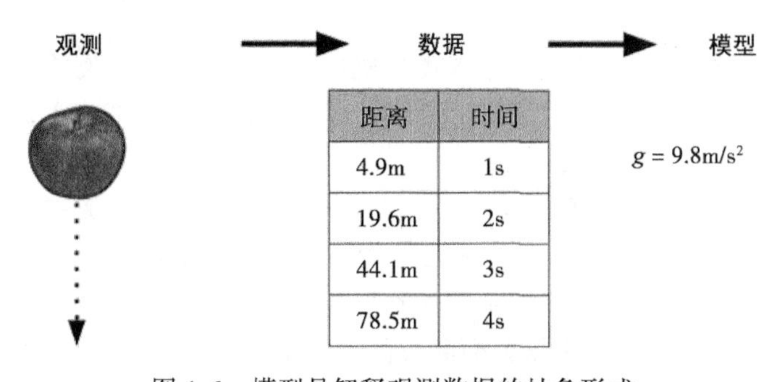

图 1-6　模型是解释观测数据的抽象形式

几个世纪以来，大多数的模型并没有导致科学观念在理论方面的发展。但是通过模型仍然可发现数据中原来无法看清的关系。由染色体数据所训练的模型可能会发现多个基因之间的结合导致糖尿病出现的情况；银行可能会发现一个表面上没有危害的交易类型总是有规律地出现在诈骗活动之前；心理学家可能发掘出几个特征的结合暗示了一个新的心理失调的出现。内在模式是永远存在的，但是通过用不同的格式把信息概念化，一个模型新的想法就被概念化了。

1.3.3　一般化

学习过程的下一步是使用抽象的知识进行未来的行动。在抽象化的过程中可能发现无数的内在模式，同时还有多种方法对这些模式建模，有些模式会比其他模式更有用。除非抽象化的过程有所限制，否则学习者将不能继续。此时学习过程仍旧会卡在问题的起点——空有大量的信息但是没有可以转化为行动的洞察。

一般化这个术语描述了把抽象化的知识转换成可以用于未来行动的一种形式的过程，这些行动针对和以前类似但不完全相同的任务。它被想象成训练过程中对所有可用于数据抽象化的模型（即理论或者推理）的搜索过程。

如果你设想一个包含所有从数据建立的可能模型（或理论）的集合，一般化就是把这个集合中的理论的数量减少到一个更小的、可以管理的数目。

一般而言，通过逐一检验模式并对它们未来应用进行排序的方式来减少模式的数量是不可行的。机器学习算法一般应用一些能快速缩小搜索空间的捷径方法。为此，算法应用启发式方法，它们有训练地猜测在何处能找到最有用的推理。

由于启发式方法利用相近原理和其他一些经验法则，所以它不能保证找到单一的最优模型。然而，如果不利用这些捷径方法，从大的数据集中找到有用信息的任务就变得不可能了。

启发式方法通常被人类用来快速地把经验推广到新的场景。如果你曾经在充分评估你的情况之前应用直觉来做出快速决定，那么你已经不自觉地使用了精神启发式方法。

人们快速决策的非凡能力通常不是依赖于计算机式的逻辑，而是由情绪所引导的启发式方法。有时候，这种决策会得到不合逻辑的结论。例如，尽管统计上的结果是汽车更加危险，但很多人还是认为飞机旅行比汽车旅行更危险。这可以由已有的启发式方法来解释，即人们通过对回忆过去案例的难易程度来判断一个事件可能性的倾向。有关飞行旅行的事故会被高度宣传，这种令人震惊的事件更容易被人们回想起来，然而汽车事故却鲜有刊登在报纸上。

误用启发式方法的愚蠢并不局限于人类。机器学习算法应用启发式方法有时也会导致错误的结论。如果算法的结论是系统性的谬误或者错误，就说该算法有**偏差**（bias），这意味着它们的错误方式是一致或可预测的。

例如，假设一个机器学习算法学习通过寻找位于（表示嘴巴的）一条线上方两侧的两个（表示眼睛的）圆来识别人脸。这个算法可能在识别那些不符合这个模型的人脸时出现问题，或者说产生偏差。算法不能识别的人脸可能包括戴眼镜、转动一定角度、侧视或者有深色皮肤的人脸。类似地，对那些特定肤色、脸型或者其他不同于机器所理解的世界（即其他特征的人脸）的特征，机器就会产生偏差，如图1-7所示。

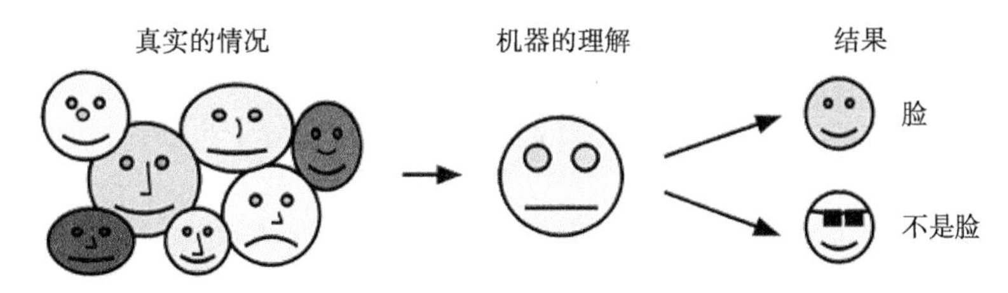

图 1-7 学习过程的一般化中导致的偏差

现代用法中，“偏差”一词带有负面的含义。各种形式的媒体都经常宣称没有偏见，声称客观报道事件，没有受情绪左右。但是，细想想，其实有一点偏差也许是有用的。如果没有任何的专断，在几个各有长处和短处的相互竞争的选项中做出选择就变得困难了。确实，当今心理学领域的一些研究指出，出生时就损坏了掌管情绪的那部分大脑的人在做决定时是无所适从的，他们可能花费几个小时来纠结一些简单的决定，比如穿什么颜色的衬衫或者在哪里吃饭。矛盾的是，有时候偏差会使我们无视一些信息，它同时又让我们能够应用一些其他的信息来行动。用来理解一个数据集的方法有无数个，机器学习算法就是如何在其中进行选择。

1.3.4 评估

偏差是与任何机器学习任务的抽象化和一般化这两个过程相联系的不可避免的谬误。为了在面对无数可能的选项时采取行动，每一个学习者都必然以特定的方式具有偏差。因而，每一个学习者都有其弱点，没有一个模型可以胜过所有其他模型。因此，一般化过程的最后一步就是在存在偏差的情况下**评估**或者判断模型的成功性，并且必要时应用这些信息进行进一步的训练。

一旦在一个机器学习技巧上取得成功，你可能就想把它应用到每一个任务。抵制这种诱惑是很重要的，因为没有一种机器学习方法在任何场景下都是最优的。这个事实在 *David Wolpert* 于 1996 年发表的“No Free Lunch”（没有免费午餐）原理中有论述，参见 `http://www.no-free-lunch.org`。

一般而言，在初始**训练数据集**上训练模型后对模型进行评估。然后，在另一个**测试数据集**上对模型进行检验，以便判断从训练数据得到的特征推广到新的未知数据的好坏程度。值得注意的是，一个模型完美地推广到所有未预见过的情况是极端罕见的——错误几乎总是不可避免的。

在某种程度上，由于数据中的**噪声**或者无法解释的波动导致模型不能完美地一般化。噪声数据是由看起来随机的事件所导致的，比如：

- 测量错误，由于传感器的不精准，有时候会导致读出的数据增加一些或者减小一些。
- 与人类主观性有关的问题，比如被调查者为了尽快完成调查问卷，就随意回答问题。
- 数据质量问题，包括数据的缺失、空值、截断、错误编码或者取值冲突。
- 太复杂或者很少了解的现象，它们以非系统性的方式影响数据。

试图用模型拟合噪声就是所谓**过度拟合**问题的基础。因为根据定义，噪声是无法解释的，尝试解释噪声会导致错误的结论，该结论不能推广到新的场景中。尝试建立解释噪声的理论也会导致模型更加复杂，从而极有可能忽略了学习者努力去寻找的真实模式，如图 1-8 所示。

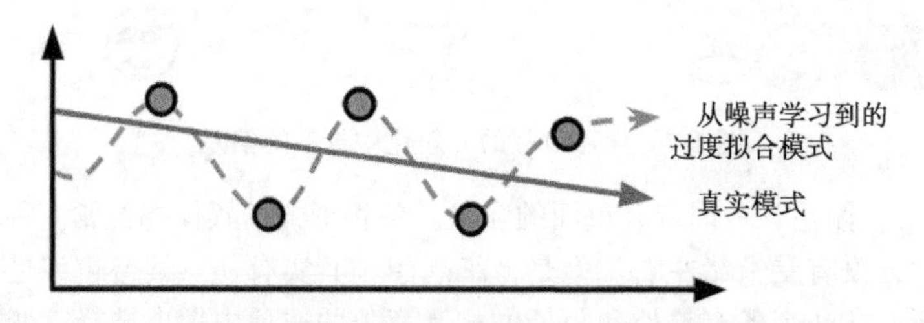

图 1-8　模型噪声通常会导致更复杂的模型并忽略潜在模式

在训练期间表现相对较好但在评估期间表现相对较差的模型被称为对训练数据集**过度拟合**，因为它不能很好地一般化到测试数据集。实际上，这意味着它已经在数据中确定了一种对未来行动无用的模式，泛化过程失败了。过度拟合问题的解决办法视具体的机器学习方法而不同。就现在而言，重要的是要意识到问题的存在。模型处理噪声数据的好坏是判断模型成功与否的一个重要方面。

1.4　实践中的机器学习

到目前为止，我们讲述了理论上机器学习是如何工作的。为了把机器学习应用到真实世界的任务中，我们将采用由 5 个步骤构成的过程。不管是何种任务，任何机器学习算法都能由下面这些步骤来实施：

1）**数据收集**：数据收集步骤包括收集算法用来生成可行动知识的学习材料。大多数情况下，数据需要组合成像文本文件、电子表格或者数据库这样的单一数据源。

2）**数据探索和准备**：任何机器学习项目的质量很大程度上取决于它使用的数据的质量。因此在数据探索实践中了解更多的数据信息及细微之处是很重要的。还需要额外的工作来准备用于学习过程的数据。它包括修复或者清洗所谓的“杂乱”数据，删除不必要的数据，重新编码数据从而符合学习者期望的输入类型。

3）**模型训练**：在已经准备好用于分析的数据后，你很可能已经有了希望从数据中学习到什么的设想。所选定的具体机器学习任务将告知你选择合适的算法，算法将以模型的形式来表现数据。

4）**模型评估**：由于每个机器学习模型将产生一个学习问题的有偏解决方法，所以评估算法从经验中学习的优劣是很重要的。根据使用模型的类型，你应该能用一个测试数据集来评估模型的准确性，或者你可能需要针对目标应用设计模型性能的检验标准。

5）**模型改进**：如果需要更好的性能，就需要利用更加高级的方法来提高模型的性能。有时候，需要更换为完全不同的模型。你可能需要补充其他的数据，或者类似于上面第二个步骤中所做的那样，进行一些额外的数据准备工作。

在完成这些步骤以后，如果模型性能令人满意，就能将它应用到预期的任务中。有些情况下，为了预测（也可能是实时预测），可能需要模型给出预测分数。例如，预测财务数据、对市场或者研究给出有用的见解，或者使诸如邮件投递或飞机飞行之类的任务实现自动化。部署的模型无论成功或者失败，它们都可能为训练下一代的模型提供进一步的数据。

1.4.1 输入数据的类型

机器学习实践涉及把输入数据的特征与可用的学习算法的偏差相匹配。所以，在把机器学习应用到真实世界问题之前，理解用以区别输入数据集的术语是很重要的。

术语**观测单位**（unit of observation）是用来描述学习感兴趣的测量属性的最小单位。一般来说，观测单位是以人、对象、事物、交易、时间点、地理区域或者测量单位的形式呈现的。有时，观测单位组合在一起构成一个单位，如人年，它表示同一个人在多个年份上被记录的情况，每一个人年由一个人在一个年份中的数据构成。

观测单位和分析单位有关，但是二者不是等价的。观测单位是进行推理的最小单位。尽管不是太常见，但观测单位和分析单位并不总是一样的。例如，观测的个人（观测单位）的数据可能被用来分析不同国家（分析单位）的趋势。

可以把存储观测单位和它们属性的数据集看作由下面两个部分构成的数据集：

- **案例**：记录了属性值的观测单位的实例。
- **特征**：可能对学习有用的案例的属性或者特性。

通过真实世界的场景可以很容易地理解特征和案例。为了建立学习算法来识别垃圾邮件，观测单位就是邮件消息，案例就是具体消息，特征可能由消息中的字组成。

对于一个癌症诊断算法，观测单位可能是病人，案例可能是癌症病人的一个随机样本，特征可能是活检细胞染色体数据以及病人的一些体征，比如体重、身高或者血压等。

人和机器在输入数据中适合处理的复杂性类型不同。人习惯于使用**非结构化数据**（unstructured data），例如自由格式的文本、图片或声音。他们还可以灵活地处理一些观测值具有丰富的特征，而另一些具有较少特征的情况。

另一方面，计算机通常需要**结构化**（structured）的**数据**，这意味着该现象的每个案例具有相同的特征，并且这些特征以计算机可以理解的形式组织。要在大型非结构化数据集上使用机器学习，通常需要将输入数据转换为结构化形式。

图1-9所示的这个电子表格是一个**矩阵格式**（matrix format）的数据集。在矩阵数据中，电子表格的每一行表示一个案例，每一列表示一个特征。在这个表格中，行表示汽车的案例，每列记录了汽车的不同特征，例如汽车价格、行驶的英里数、车身的颜色、变速箱类型（手动或者自动）。正如你将在后面的章节中看到的那样，当在特定情况下遇到其他形式的数据时，它们最终会在机器学习之前转换为矩阵格式。

特征

年份	模式	价格	英里数	颜色	变速箱类型
2011	SEL	21992	7413	Yellow	AUTO
2011	SEL	20995	10926	Gray	AUTO
2011	SEL	19995	7351	Silver	AUTO
2011	SEL	17809	11613	Gray	AUTO
2012	SE	17500	8367	White	MANUAL
2010	SEL	17495	25125	Silver	AUTO
2011	SEL	17000	27393	Blue	AUTO
2010	SEL	16995	21026	Silver	AUTO
2011	SES	16995	32655	Silver	AUTO

案例

图1-9 描述待售汽车的矩阵格式的简单数据集

特征也分为很多种形式。如果一个特征所代表的特性是用数值来衡量的，那它毫无疑问称为**数值型**（numeric）。另外，如果它所代表的属性是通过一组类别来表示的，这样的特征称为**类别**（categorical）**变量**或者**名义**（nominal）**变量**。类别变量中有一种特殊的类型——**有序**（ordinal）**变量**，它指类别变量的类别落在一个有序列表中。有序变量的例子包括衣服的尺码（小号、中号和大号）或者顾客的满意程度（完全不满意、有些满意和很满意）。对于给定数据集，考虑特征的表现形式、类型和单位有助于找到一个适于学习任务的机器学习算法。

1.4.2　机器学习算法的类型

机器学习算法可以按照其目的进行分类。理解学习算法的类型是应用数据来驱动行动最关键的一步。

预测模型（predictive model），顾名思义，利用数据集中的数值来预测另一个值。学习算法的目的是发现并且对**目标**（target）特征（需要预测的特征）和其他特征之间的关系进行建模。

尽管在通常情况下，使用“预测”这个词是用来暗示对未来的预测，但是预测模型不一定是预测未来的事件，它也能用来预测过去的事情，比如通过母亲的荷尔蒙数量来预测怀孕的日期。预测模型也可以用来实时控制高峰时段的交通信号灯。

如今，因为预测模型对于“学什么”和“怎么学”有清晰的指导，所以训练一个预测模型的过程也称为**有监督学习**（supervised learning）。监督并不是指人为干预，它是指让目标值担任监督的角色，让它告诉学习者要学习的任务是什么。更形式化地说，给出一组数据，有监督学习算法尝试最优化一个函数（模型）来找出特征值之间的组合方式，最终据此给出目标值。

常见的有监督学习任务是预测案例属于哪个类别，这类机器学习任务称为**分类**（classification）。不难想象分类的潜在用途。例如，你可以预测：

- 一封电子邮件是否为垃圾邮件。
- 一个人是否患癌症。
- 一个足球队是会赢还是会输。
- 一个申请人会不会贷款违约。

在分类中，被预测的目标特征是一个称为**类**（class）的类别特征，它可以被分为不同的类别，这些类别称为**水平**（level）。一个类能有两个或者多个水平，水平不一定是有序的。因为分类广泛运用在机器学习中，所以有很多种类型的分类算法，对不同类型的输入数据它们具有各自的优点和缺点。我们将在这一章和整本书中学习这样的例子。

有监督学习算法也可以用来预测数值数据，比如收入、试验数据、考试成绩或者商品数量。为了预测这类数值数据，能够拟合输入数据的线性回归模型是常见的**数值预测模型**。尽管回归模型不是唯一的数值预测方法，但至今为止它是应用最为广泛的模型。回归模型被广泛地应用于预测，因为它用表达式准确地量化了输入数据和目标值之间的关系，其中包括该关系的大小和不确定性。

因为可以很容易地把数字转换为类别（例如，年龄在13～19岁之间的孩子归类为青少年）以及把类别数据转化为数字（例如，把男性标示为1，女性标示为0），所以分类模型和数值预测模型之间的界限不是太严格。

描述性模型（descriptive model）通过新而有趣的方式总结数据并获得洞察，学习任务从这些洞察中受益。与需要预测目标值的预测模型不同，在描述性模型中，没有哪一个属性比其他属性更重要。事实上，因为没有要学习的目标，所以训练描述性模型的过程称为**无监督学习**（unsupervised learning）。尽管思考描述性模型的应用可能比较困难，但是好的地方在于学习者没有特定的学习任务，这种方法在数据挖掘中经常使用。

例如，称为**模式发现**（pattern discovery）的描述性模型任务用于识别数据之间联系的紧密性。很多时候模式发现用于对零售商的交易购买数据进行**购物篮分析**（market basket analysis）。这里，目的是识别那些经常被一起购买的商品，使得学习到的信息能用于改进市场销售策略。例如，如果一家零售商学习到游泳裤通常会和防晒霜一起购买，那么零售商就可能把这些商品摆放得更近一些，或者做一次促销把相关联的商品捆绑销售给顾客。

模式发现最初仅仅用在零售领域，如今它开始应用在一些新的领域。例如，它能用来发现犯罪行为的模式，甄别基因上的缺陷或者阻止犯罪活动。

描述性模型中把数据集按照类型分组的任务称为**聚类**（clustering）。它有时用于**细分分析**（segmentation analysis），即识别具有类似行为或者人口统计信息的人群，以便根据其共同特征使得广告活动能够针对目标受众。尽管机器能识别各个类，但还是需要人工介入来解释各个类。例如，假设一家杂货店有 5 个不同类的顾客，营销团队需要了解各类之间的区别以便设置最适合各类的促销活动。

尽管付出了这种努力，但这仍然不能为每个客户创造独特的吸引力。

最后，一类称为**元学习**（meta-learner）的机器学习算法不与具体学习任务相关联，而是专注于学习如何更有效地学习。元学习算法应用某些学习的结果来指示其他的学习。

这包括学习团队一起工作的学习算法——称为**集成**（ensemble），以及过程中随时间演变的算法——称为**强化学习**（reinforcement learning）。元学习对于非常有挑战性的问题或预测算法的性能需要尽可能准确的情况是有用的。

今天在机器学习的元学习领域正在进行着一些最激动人心的工作。例如，**对抗性学习**（adversarial learning）涉及学习模型的弱点，以加强其未来的表现或加强其抵御恶意攻击。在研发方面也投入了大量资金，以打造更大、更快的集成，使其可以使用高性能计算机或云计算环境对大型数据集进行建模。

1.4.3 为输入数据匹配算法

表 1-1 给出了本书所讨论的机器学习算法类型。尽管这些算法仅仅覆盖了所有机器学习算法的一部分，但是学习这些算法将为你提供一个充足的基础，这样你在碰到其他算法时就能够理解它们。

为了开始把机器学习应用到真实世界的项目中，你需要确定学习任务属于下面 4 种类型的哪一种：分类、数值预测、模式识别或者聚类。学习任务将决定算法的选择。例如，如果你要进行模式识别任务，可能会应用关联规则。类似地，聚类问题可能会用 k 均值算法，而数值预测则会应用回归分析或者回归树。

表 1-1 本书所讨论的机器学习算法

模 型	学习任务	章 节
有监督学习算法		
k 近邻	分类	第 3 章
朴素贝叶斯	分类	第 4 章
决策树	分类	第 5 章
分类规则学习	分类	第 5 章
线性回归	数值预测	第 6 章
回归树	数值预测	第 6 章
模型树	数值预测	第 6 章
神经网络	双重用处	第 7 章
支持向量机	双重用处	第 7 章
无监督学习算法		
关联规则	模式识别	第 8 章
k 均值聚类	聚类	第 9 章
元学习算法		
Bagging	双重用处	第 11 章
Boosting	双重用处	第 11 章
随机森林	双重用处	第 11 章

对于分类来说，需要把精力花费在为学习问题找到合适的分类器。这时，考虑不同算法之间的各种差别是很有帮助的——深入学习每一种分类器才能找出它们的明显区别。例如，在分类问题中，从决策树得到的模型就容易理解，而从神经网络得到的模型则很难解释。如果要设计一个信用评分模型，上述区别就是一个很重要的差别，因为法律要求必须告知申请者贷款申请被拒绝的原因。即使神经网络算法能更好地预测贷款违约，但是如果不能解释这些预测，那么再好的预测也是没有用的。

为了有助于算法的选择，接下来的每一章都会给出各种方法的核心优势和劣势。尽管有时候你会发现这些特征在很多情况下使得某些模型被排除在考虑之外，但是模型的选择是带有随机性的。从这个角度来看，你可以自由使用那些你最满意的算法。另外，当预测准确性是主要考虑因素时，你可能需要测试多个模型，然后选择一个拟合最好的，或者应用元学习算法来组合多个不同的学习算法，从而利用每个算法的优点。

1.5 使用 R 进行机器学习

机器学习所需要的很多算法都没有包含在 R 的基本安装中。但一个大型社区的专家免费分享他们的机器学习成果，机器学习所需要的算法就是通过这种方式得到。这些必须通过手动方式安装在 R 基础安装包之上。多亏 R 是免费的开源软件，没有为这种功能额外收费。

那些能在用户之间共享的 R 函数的集合称为**添加包**（package）。本书中所讨论的每个机器学习算法的 R 免费添加包都是已经存在的。事实上，本书仅仅讨论了 R 的所有机器学习添加包中很小的一部分。

如果你对 R 添加包的广度感兴趣，可以浏览 **R 综合文档网络**（Comprehensive R Archive Network，CRAN）上的列表，CRAN 是位于全球各地的 Web 或者 FTP 服务器的集合，它们提供最新版本的 R 软件和 R 添加包。如果你的 R 软件是下载得到的，很可能就是从 CRAN 下载的。CRAN 网站地址是 `http://cran.r-project.org/index.html`。

如果你没有安装 R，那么 CRAN 网站还提供了 R 安装说明并给出了遇到困难时在何处可以获得帮助的信息。

通过页面左边的 **Packages**（添加包）链接，可以浏览按照字母顺序排列或者根据发布日期排序的添加包列表。在写作本书时，共有 13904 个 R 添加包，是本书第 2 版编写时的 2 倍，是第 1 版时的 3 倍！显然，R 添加包的这种增长趋势没有变慢的迹象。

CRAN 页面左边的 **Task Views**（任务视图）链接提供了一个根据学科分类整理的添加包列表。机器学习的任务视图列出了本书所覆盖的添加包（和其他更多的添加包），可以由此进入 `https://CRAN.R-project.org/view=MachineLearning`。

1.5.1　安装 R 添加包

尽管有大量可用的 R 添加包，但添加包的格式实际上使得它的安装和使用变成一个很省力的过程。为了举例说明添加包的应用，我们将安装和加载由 Kurt Hornik、Christian Buchta 和 Achim Zeileis 开发的 `RWeka` 添加包（想得到更多的信息，请参考 *Computational Statistics* 第 24 期第 *225 ～ 232* 页的文章“Open-Source Machine Learning: R Meets Weka”）。`RWeka` 添加包提供了一个基于 Java 平台的 R 能够使用的机器学习算法的函数集合，该集合由 Ian H. Witten 和 Eibe Frank 开发。关于 Weka 的详细信息，请参考：`http://www.cs.waikato.ac.nz/~ml/weka/`。

为了使用 `RWeka` 添加包，需要预先安装 Java（很多计算机购买时已预先安装 Java）。Java 是一组编程工具，可以免费使用，它允许使用跨平台的应用，比如 Weka。想要了解更多信息，或者为你的系统下载 Java，可以访问 `http://java.com`。

安装添加包的最直接方式就是通过 `install.packages()` 函数。要安装 `RWeka` 添加包，在 R 命令提示符后输入：

```
> install.packages("RWeka")
```

R 接下来就会连接到 CRAN 并且下载与操作系统相匹配的添加包。有些像 RWeka 这样的添加包在使用之前要求先安装额外的添加包。这些额外的添加包称为**依赖添加包**（dependency）。默认情况下，安装程序会自动下载并安装所有的依赖添加包。

当第一次安装添加包时，R 可能会让你选择一个 CRAN 镜像。如果出现这个对话框，那么就选择地理位置离你最近的镜像。这样一般会提供最快的下载速度。

默认的安装选项对大多数系统是合适的。然而，有时你可能想把添加包安装到其他的位置。例如，如果你没有系统的超级用户权限或者管理员权限，那么你可能需要指定其他的安装路径。这可以通过 `lib` 选项来完成，如下所示：

```
> install.packages("RWeka", lib = "/path/to/library")
```

安装函数同时也提供其他多个安装选项：从本地文件安装、从源文件安装或者使用测试版本。你可以用下面的命令在帮助文件中阅读这些选项。

```
> ?install.packages
```

更一般地，问号（?）操作符可以获取任何 R 函数的帮助信息。只要简单地在函数名前输入“?”即可。

1.5.2 载入和卸载 R 添加包

为了节约内存，R 不会默认载入每一个已安装的添加包。当用户需要某个添加包时，只要用 `library()` 函数把该包载入 R 即可。

`library()` 这个函数名容易错误地将库（library）和添加包（package）搞混。但是，准确地说，库是指添加包要安装的位置，而不是添加包本身。

为了载入我们之前安装的 `RWeka` 添加包，可以输入下面的命令：

```
> library(RWeka)
```

除了 `RWeka` 以外，在后面的章节中我们还将用到几个其他的添加包。当用到它们时，我们会提供相应的安装说明。

可以应用 `detach()` 函数来卸载一个 R 添加包。例如，应用下面的命令来卸载前面应用的 `RWeka` 添加包：

```
> detach("package:RWeka", unload = TRUE)
```

这将释放这个添加包使用的所有资源。

1.5.3 安装 RStudio

在开始使用 R 之前，强烈建议你同时安装开源 RStudio 桌面应用程序。RStudio 是 R 的一个附加接口，它包含的功能使得使用 R 代码变得更容易、更方便、更具交互性，如图 1-10 所示。它可以在 `https://www.rstudio.com/` 免费获得。

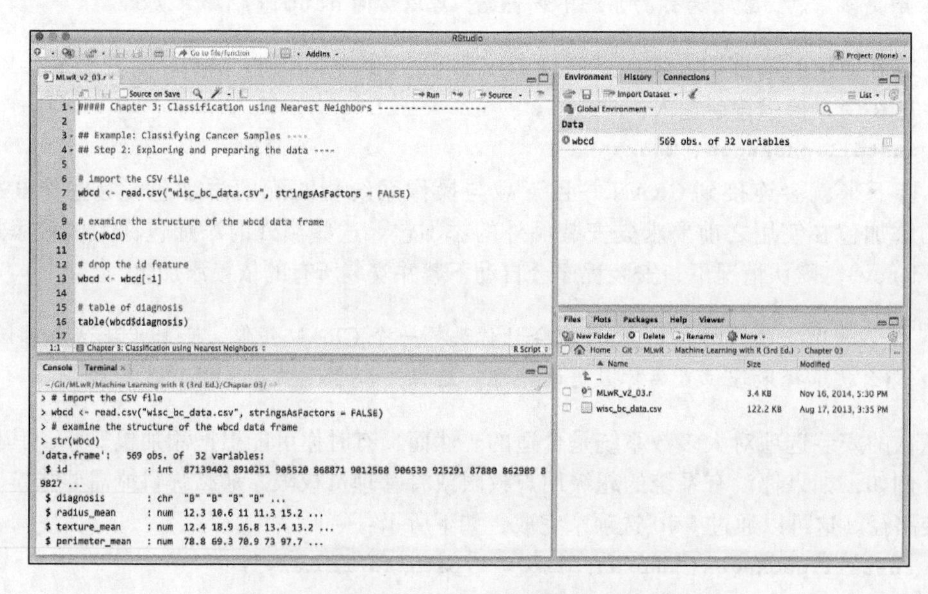

图 1-10 RStudio 桌面环境使 R 更容易使用

RStudio 接口包括集成代码编辑器、R 命令行控制台、文件浏览器和 R 对象浏览器。R 代码语法自动着色，代码的输出、绘图和图形直接显示在环境中，这使得更容易进行长或复杂的语句和程序。更高级的功能允许 R 项目和添加包管理；与源代码控制或版本控制工具集成，如 Git 和 Subversion；数据库连接管理；以及将 R 输出编译为 HTML、PDF 或 Microsoft Word 格式。

RStudio 是 R 成为当今数据科学家首选的关键原因。它在一个易于使用且易于安装的开发界面中包含了 R 编程的强大功能及其庞大的机器学习和统计软件添加包。它不仅是学习 R 的理想选择，还可以随着你学习 R 的更高级功能而与你一起成长。

1.6 总结

机器学习起源于统计学、数据库科学和计算机科学的交叉。它是一个强大的工具，能够在大量的数据中找到可行动的洞察。然而，人们仍需持谨慎的态度，避免现实生活中机器学习的普遍滥用。

从概念上讲，机器学习涉及把数据抽象为结构化表示，并把这个结构化表示进行一般化从而推广到效用评估的行动中。实际上，机器学习者使用包含所学习概念的案例和特征的数据，然后把这个数据概括成一个模型的形式，接着该模型就被用于预测或者描述目的。这些目的还能划分为具体的任务，包括分类、数值预测、模式识别和聚类。在大量的选择中，机器学习算法都是以输入数据和学习任务为基础进行算法选择的。

R 通过 R 社区作者编写的添加包来为机器学习提供支持。这些强大工具的下载是免费的，但是使用之前要先安装它们。当用到这些添加包时，本书的每一章都将介绍它们。

在第 2 章中，将继续介绍用于管理和准备机器学习数据的基本 R 命令。尽管你可能想跳过这一章而直接进入有趣的案例学习，但是通常的经验表明典型的机器学习项目有 80% 或者更多的时间将投入这一步中。所以，在这项早期工作中投入时间会带来后期的回报。

第 2 章

管理和理解数据

任何机器学习项目初期的核心部分都与管理和理解所收集的数据有关。尽管你可能发现这些工作不像建立和部署模型那样令人有成就感（建立和部署模型阶段就开始看到劳动成果了），但是忽视这些重要的准备工作是不明智的。

任何学习算法的好坏都取决于输入数据的好坏。在很多情况下，输入数据是复杂的、凌乱的，并且来源于多种不同的渠道，具有不同的格式。正因为有这些复杂性，投入机器学习项目中的很大一部分精力要花在数据准备和探索中。

本章从 3 个方面来讨论这些主题。2.1 节讨论 R 用来存储数据的基本数据结构。学完这一节后，在创建和管理数据集时，你将对这些数据结构非常熟悉。2.2 节是实践，讨论从 R 中输入或者输出数据的几种常用函数。2.3 节通过探索一个真实世界数据集的例子来说明理解数据的方法。

学完本章后，你将学会：

- R 的基本数据结构以及如何使用它们来存储和操作数据。
- 如何把常见来源格式的数据导入 R。
- 理解并可视化复杂数据的典型方法。

因为 R 管理数据的方式定义了你应该考虑数据的方式，所以在进入数据准备工作之前，理解基本的 R 数据结构是很有帮助的。然而，如果你已经对 R 的数据结构很熟悉了，完全可以跳过这部分，直接学习数据预处理部分。

2.1 R 数据结构

在编程语言中有多种形式的数据结构，在应用到特定的任务时，它们各有优势和劣势。因为 R 是一种在统计数据分析中广泛运用的编程语言，所以 R 所用的数据结构的设计目的就是易于处理这类工作。

在机器学习中经常使用的 R 数据结构是：向量、因子、列表、数组、矩阵和数据框。每种数据类型都针对一类具体的数据管理任务，所以知道它们如何与 R 项目相互交互是至关重要的。

2.1.1 向量

R 的基本数据结构是**向量**。向量存储一组有序的值，这些值称为**元素**。一个向量可以包含任意数量的元素。然而，所有元素的类型必须一样，比如，一个向量不能同时包含数字和文本。可以用命令 typeof(v) 来确定向量 v 的类型。

在机器学习中常用的几种向量类型包括：integer（整型，没有小数的数字）、double（双精度浮点类型，即包含小数的数字）、character（字符型，文本数据）和 logical（逻辑型，取值为 TRUE 或者 FALSE）。还有两个特殊的值：NULL，用来表明没有任何值；NA，用来表明一个缺失值。尽管这两者似乎是同义词，但它们确实略有不同。NA 值是其他元素的占位符，因此长度为 1，而 NULL 值为空，长度为零。

有些 R 函数把 integer 和 double 类型的向量都报告为 numeric，而其他函数则会对这两种类型加以区别。因此，尽管所有 double 类型的向量是 numeric 类型，但并非所有 numeric 类型的向量都是 double 类型。

手工输入大量的数据会单调乏味，但是一些简单的向量还是可以用组合函数 c() 来创建。向量也能通过使用箭头运算符“<-”来给它赋一个名字，这是 R 的赋值运算符，其使用方法与很多其他编程语言中的赋值运算符“=”的使用方法差不多。

例如，我们构建多个向量来存储 3 个体检病人的诊断数据。创建一个字符向量 subject_name，用来存储 3 个病人的姓名；一个数值向量 temperature，用来存储每个病人的体温；以及一个逻辑向量 flu_status，用来存储每个病人的诊断情况（如果病人患有流感则取值为 TRUE，否则为 FALSE）。创建这 3 个向量的代码如下所示：

```
> subject_name <- c("John Doe", "Jane Doe", "Steve Graves")
> temperature <- c(98.1, 98.6, 101.4)
> flu_status <- c(FALSE, FALSE, TRUE)
```

存储在 R 向量中的值保持着存储时的顺序。因此，可以使用它在集合中的位置（从 1 开始）访问每个患者的数据，然后在向量名称后面的方括号（即 [和]）内提供此数字。例如，为了获得温度向量中 Jane Doe（序号为 2 的病人）的体温，只要简单地输入：

```
> temperature[2]
[1] 98.6
```

为了从向量中提取数据，R 提供了各种方便的方法。一个范围内的值可以通过冒号运算符获得。例如，为了获得第 2 位和第 3 位病人的体温，输入：

```
> temperature[2:3]
[1] 98.6 101.4
```

通过指定一个负的序号可以把该项排除在输出数据之外。要想排除 Jane Doe 的体温数据，输入：

```
> temperature[-2]
[1]  98.1 101.4
```

最后，可以通过一个逻辑向量来标识每一项是否包含在内，有时候这也是很有用的。例如，需要包括前两个温度读数，但是排除第三个，就可以输入：

```
> temperature[c(TRUE, TRUE, FALSE)]
[1] 98.1 98.6
```

正如你将看到的，向量是很多其他 R 数据结构的基础。因此，了解不同类型的向量操作对在 R 中操作数据是很重要的。

下载示例代码

你可以通过GitHub网站 https://github.com/dataspelunking/MLwR/ 来获取本书的示例代码。登录本网站获取最新的R代码、事件追踪和公用wiki。请加入本社区。

2.1.2　因子

回顾第1章的内容，名义特征用类别值来代表特征的属性。尽管可以用一个字符向量来存储名义数据，但R提供了一个数据结构专门来表示这种属性数据。**因子**（factor）是向量的一个特例，它单独用来标识分类或者有序变量。在前面构建的医学体检数据集中，可以用一个因子来表示性别，因为它有两个类别：MALE和FEMALE。

为什么不用字符向量呢？使用因子的一个优势在于类别标签只存储一次。例如，不存储MALE、MALE、FEMALE，计算机只要存储1、1、2，这样可以减少存储同样的信息所需要的内存容量。另外，许多机器学习算法用不同的方式来处理名义特征和数值特征。经常需要把变量编码为因子，这样R函数才能合理地处理分类数据。

因子不应该用来处理不是真正分类数据的字符向量。如果一个向量主要存储类似名字或标识字符串这样的唯一值，那么还是把它作为字符向量。

要把字符向量转换成因子，只需要应用factor()函数。例如：

```
> gender <- factor(c("MALE", "FEMALE", "MALE"))
> gender
[1] MALE   FEMALE MALE
Levels: FEMALE MALE
```

注意，当性别数据显示出来后，R输出关于gender因子的额外的信息。levels（水平）由factor（因子）可能取的类别值组成，在这个例子中是MALE或者FEMALE。

当创建因子时，可以增加没有在原始数据中出现的其他水平。假设增加表示血型变量的另一个因子，如下所示：

```
> blood <- factor(c("O", "AB", "A"),
                  levels = c("A", "B", "AB", "O"))
> blood
[1] O  AB A
Levels: A B AB O
```

注意，当我们定义blood（血型）因子时，我们用levels参数来说明一个额外的向量，该向量给出了4种可能的血型。因此，即使数据仅包含O型、AB型和A型，但所有的4种血型和输出给出的blood因子存储在一起。存储额外的水平使得未来增加具有其他血型类型的数据成为可能。这也保证了尽管血型B没有记录在数据中，但是当创建血型类型表时，我们知道类型B是存在的。

因子数据结构还允许包含关于名义变量类别的顺序信息，这给出了存储有序数据的方便方式。例如，假设我们有病人的symptoms（症状）的数据，按照严重程度的水平升序排列：从MILD（不严重）、MODERATE（中等）到SEVERE（严重）。我们通过下述方式来呈现有序数据：以期望的顺序给出因子的 levels（水平），从最低到最高的升序方式来列出有序数据，并设置 ordered 参数的值为 TURE。如下所示：

```
> symptoms <- factor(c("SEVERE", "MILD", "MODERATE"),
                     levels = c("MILD", "MODERATE", "SEVERE"),
                     ordered = TRUE)
```

由此产生的 symptoms 因子现在就包含了我们需要的顺序信息。与之前的因子不同，这个因子的水平值由 < 符号分隔，它表明了从不严重到严重的序列顺序：

```
> symptoms
[1] SEVERE   MILD     MODERATE
Levels: MILD < MODERATE < SEVERE
```

有序因子的一个有用的特性是进行你期望的逻辑测试工作。例如，可以检验病人的症状是否比 MODERATE（中等）还严重。

```
> symptoms > "MODERATE"
[1]  TRUE FALSE FALSE
```

能够对有序数据建模的机器学习算法将期望输入数据为有序因子，所以确保对你的数据进行相应的编码。

2.1.3　列表

列表是一种与向量类似的数据结构，用来存储一个元素的有序集合。然而，向量要求所有元素都必须是同一种类型，而列表允许收集不同的 R 类型元素。由于这个灵活性，列表一直用于存储不同类型的输入和输出数据，以及机器学习模型所配置的结构参数的集合。

例如，考虑构建体检病人的数据集，3 个病人的数据存储在 6 个向量中。如果要显示第 1 个病人的所有数据，需要输入 6 条 R 命令：

```
> subject_name[1]
[1] "John Doe"
> temperature[1]
[1] 98.1
> flu_status[1]
[1] FALSE
> gender[1]
[1] MALE
Levels: FEMALE MALE
> blood[1]
[1] O
Levels: A B AB O
> symptoms[1]
[1] SEVERE
Levels: MILD < MODERATE < SEVERE
```

如果希望将来再次检查患者的数据，而不是重新输入这些命令，则列表允许将所有值分组到一个我们可以重复使用的对象中。

与使用 c() 创建向量类似，列表使用 list() 函数创建，如下面的例子中所示。一个明显的不同是，当列表建立以后，序列中的每一个成分几乎都有一个名字。名字不是必需的，但是它使得接下来能够通过名字访问列表中的值，而不是通过位置序号。为了给第 1 个病人的所有数据创建一个含有名字成分的列表，输入下面的代码：

```
> subject1 <- list(fullname = subject_name[1],
                   temperature = temperature[1],
                   flu_status = flu_status[1],
                   gender = gender[1],
                   blood = blood[1],
                   symptoms = symptoms[1])
```

现在病人的数据被收集到 subject1 列表中了。

```
> subject1
$fullname
[1] "John Doe"

$temperature
[1] 98.1

$flu_status
[1] FALSE

$gender
[1] MALE
Levels: FEMALE MALE

$blood
[1] O
Levels: A B AB O

$symptoms
[1] SEVERE
Levels: MILD < MODERATE < SEVERE
```

注意，取值是由前面命令中指定的名字标识的。由于列表像向量一样保留了顺序，因此可以使用数字位置访问其元素，如此处所示的 temperature 的值：

```
> subject1[2]
$temperature
[1] 98.1
```

在列表对象上应用向量风格的运算符得到的结果是另一个列表对象，它是原始列表的一个子集。例如，上面的代码返回具有唯一 temperature 成分的一个列表。为了以简单数据类型返回一个单一的列表项，在尝试选取列表成分时应用双方括号（[[和]]）例如，下面的代码返回一个长度为 1 的数值向量：

```
> subject1[[2]]
[1] 98.1
```

为清晰起见，通过在列表对象名的后面附加一个 $ 符号和成分的名字来直接访问列表成分通常会更简单，例如：

```
> subject1$temperature
[1] 98.1
```

与双方括号类似，它以简单数据类型返回列表成分（这里是长度为 1 的数值向量）。

> 通过名字来访问值的方式能保证检索正确的项，即使以后列表元素的顺序发生改变。

也可以通过指定一个名字向量来获取列表中的多个列表项。下面返回 subject1 列表的一个子集，其中仅包含 temperature 和 flu_status 成分：

```
> subject1[c("temperature", "flu_status")]
$temperature
[1] 98.1

$flu_status
[1] FALSE
```

整个数据集可以用列表和列表的列表来构建。例如，构建 subject2 和 subject3 列表，然后将它们组合为一个名为 pt_data 的单一列表对象。然而，以这种方式构建数据集是很常用的，所以 R 专门为这个任务提供了一种专用的数据结构（即数据框）。

2.1.4　数据框

到目前为止，机器学习中使用的最重要的 R 数据结构就是**数据框**（data frame）。因为其中既有行数据又有列数据，所以它是一个与电子表格或数据库相类似的结构。在 R 术语中，数据框定义为一个向量列表或者因子列表，每一列都有相同数量的值。因为数据框准确来说是一个向量类型的对象的列表，所以它结合了向量和列表的特点。

下面为前面用到的病人数据集构建一个数据框。这里使用前面创建的病人数据向量，用 data.frame() 函数把它们组合成一个数据框：

```
> pt_data <- data.frame(subject_name, temperature,
                        flu_status, gender, blood, symptoms,
                        stringsAsFactors = FALSE)
```

你可能在上述代码中注意到了一些新的东西。其中加入了一个新的参数 stringAsFactors= FALSE。如果不指定这个选项，R 将自动把每个字符向量转化为因子。

这个特性有时候有用，有时候没有用。例如，subject_name 字段显然不是分类数据，因为姓名不是类别值。因此，只有在对项目有意义时，将 stringsAsFactors 选项设置为 FALSE 才能将字符向量转化成因子。

当显示 pt_data 数据框时，我们可以看到它的结构与先前使用的数据结构略有不同：

```
> pt_data
  subject_name temperature flu_status gender blood symptoms
1     John Doe        98.1      FALSE   MALE     O   SEVERE
2     Jane Doe        98.6      FALSE FEMALE    AB     MILD
3 Steve Graves       101.4       TRUE   MALE     A MODERATE
```

与一维向量、因子和列表相比，数据框是二维的，因此它显示为矩阵格式。在数据框中，病人的每个数据向量为一列，每个病人的数据是一行。用机器学习的术语来讲，数据框的列代表特征或属性，行代表案例。

为了提取整列（即整个向量）数据，可以利用数据框就是向量列表这一事实。与列表类似，提取一个元素的最直接的方法是通过名字来引用它。例如，为了提取 subject_name 向量，输入如下命令：

```
> pt_data$subject_name
[1] "John Doe"      "Jane Doe"      "Steve Graves"
```

与列表类似，可以用名称向量从一个数据框中提取多列数据：

```
> pt_data[c("temperature", "flu_status")]
  temperature flu_status
1        98.1      FALSE
2        98.6      FALSE
3       101.4       TRUE
```

通过这种方式访问数据框时，输出的结果还是一个数据框，其中包含指定列所有行的数据。你也可以输入命令 pt_data[2:3] 来提取 temperature 和 flu_status 列。但是，通过名字访问列数据将产生清晰、容易维护的R代码，如果未来对数据框重新结构化，代码也不会失效。

为了提取数据框中的值，我们可以用前面学过的访问向量中的值的方法，但是有一个很重要的不同。因为数据框是二维的，所以需要指定要提取数据的行和列。格式为 [rows,colums]，先指定行号，接着是一个逗号，再指定列号。和向量一样，行号和列号都是从1开始计数的。

例如，为了提取病人数据框中第1行、第2列的值，使用下面的命令：

```
> pt_data[1, 2]
[1] 98.1
```

如果需要提取多于一行或者一列的数据，可以指定所需要数据的行号向量和列号向量。下面的语句将从第1、3行以及第2、4列中提取数据：

```
> pt_data[c(1, 3), c(2, 4)]
  temperature gender
1        98.1   MALE
3       101.4   MALE
```

要提取所有行或者列，只要让行或者列的部分空白就行了。例如，提取第1列中所有行的数据：

```
> pt_data[, 1]
[1] "John Doe"      "Jane Doe"      "Steve Graves"
```

提取第1行中所有列的数据，命令如下：

```
> pt_data[1, ]
  subject_name temperature flu_status gender blood symptoms
1     John Doe        98.1      FALSE   MALE     O   SEVERE
```

提取所有数据，命令如下：

```
> pt_data[ , ]
  subject_name temperature flu_status gender blood symptoms
1     John Doe        98.1      FALSE   MALE     O   SEVERE
2     Jane Doe        98.6      FALSE FEMALE    AB     MILD
3 Steve Graves       101.4       TRUE   MALE     A MODERATE
```

当然，列数据除了能通过位置访问外，也能通过名称访问，并且负号也能用来排除特定行或者列的数据，因此，如下命令：

```
> pt_data[c(1, 3), c("temperature", "gender")]
  temperature gender
1        98.1   MALE
3       101.4   MALE
```

等价于：

```
> pt_data[-2, c(-1, -3, -5, -6)]
  temperature gender
1        98.1   MALE
3       101.4   MALE
```

有时需要在数据框中创建新的列——例如，可能是现有列的函数。例如，我们可能需要将病人数据框中的华氏温度读数转换为摄氏温度。为此，我们只需使用赋值运算符将转换计算的结果分配给新的列名，如下所示：

```
> pt_data$temp_c <- (pt_data$temperature - 32) * (5 / 9)
```

为了验证结果，我们将新的基于摄氏温度的 `temp_c` 列与之前的华氏温度列进行比较：

```
> pt_data[c("temperature", "temp_c")]
  temperature   temp_c
1        98.1 36.72222
2        98.6 37.00000
3       101.4 38.55556
```

看到这些并排的结果，我们可以确认计算是否正常。

为了熟练运用数据框，可以尝试用前面的病人数据集来练习这些操作。当然，如果用你自己的数据集进行练习就更好了。这些操作类型对我们后面将学习的内容是很重要的。

2.1.5 矩阵和数组

除了数据框以外，R 还提供了以表格形式存储数据的专用数据结构。**矩阵**是一种表示行和列数据的二维表格数据结构。和向量类似，R 矩阵能包含任何一种单一类型的数据，但是大多数情况下矩阵是用来做数学运算的，因此矩阵通常存储数值数据。

要创建一个矩阵，仅需要向 `matrix()` 函数提供一个数据向量，紧跟着用一个参数指定行数（`nrow`）或者列数（`ncol`）。例如，要创建一个 2×2 矩阵，用于存储 1 到 4 的数字，可以使用 nrow 参数要求将数据分为两行：

```
> m <- matrix(c(1, 2, 3, 4), nrow = 2)
> m
     [,1] [,2]
[1,]    1    3
[2,]    2    4
```

这与用 ncol = 2 产生的矩阵是等价的：

```
> m <- matrix(c(1, 2, 3, 4), ncol = 2)
> m
     [,1] [,2]
[1,]    1    3
[2,]    2    4
```

注意，R 先载入矩阵的第 1 列，然后载入第 2 列。这称为**按列顺序**（column-major order），这是 R 载入矩阵的默认方法。

为了改变这种默认的设置，在创建矩阵时可以设置参数 byrow = TRUE 按照行载入矩阵。

为了进一步说明这个概念，观察当我们在矩阵中加入更多值会发生什么。

一共有 6 个值，要求 2 行将创建一个具有 3 列的矩阵：

```
> m <- matrix(c(1, 2, 3, 4, 5, 6), nrow = 2)
> m
     [,1] [,2] [,3]
[1,]    1    3    5
[2,]    2    4    6
```

类似地，要求 2 列将创建一个具有 3 行的矩阵：

```
> m <- matrix(c(1, 2, 3, 4, 5, 6), ncol = 2)
> m
     [,1] [,2]
[1,]    1    4
[2,]    2    5
[3,]    3    6
```

与数据框一样，矩阵中的值也能用 [row,column] 这样的方式来提取。例如，m[1, 1] 将返回值 1，m[3, 2] 从矩阵 m 中提取值 6。另外，也可以提取矩阵的整行或者整列，例如：

```
> m[1, ]
[1] 1 4
> m[, 1]
[1] 1 2 3
```

与矩阵结构非常接近的是**数组**，它是一个多维数据表。矩阵含有值的行和列；数组包含值的行、列以及任意多层。尽管在后面的章节中我们偶尔会使用矩阵，但是数组的使用超出了本书的学习范围。

2.2　用 R 管理数据

当处理大量数据集时，面临的挑战包括收集、准备和管理来自各种不同来源的数据。尽管通过学习后面章节中的真实世界的机器学习任务，我们会深入地涉及数据准备、数据清洗和数据管理，但本节重点讲述基本的 R 数据导入和导出功能。

2.2.1　保存、载入和移除 R 数据结构

当你花费了很长时间把某个数据框转换成所需要的数据格式时，你不必每次重新打开 R 会话从头开始重复前面的工作。要想把一种特定的数据结构保存到一个文件中，使它以后能重新载入或者把这种数据结构转移到另一个系统中，可以使用 save() 函数。save() 函数把 R 数据结构写到由 file 参数指定的位置。R 数据文件有一个文件扩展名 .RData。

假设有 3 个对象 x、y 和 z，希望将它们保存到一个永久文件中。不管它们是向量、因子、列表还是数据框，都可以用下面的命令把它们保存到名称为 mydata.RData 的文件中：

```
> save(x, y, z, file = "mydata.RData")
```

load() 命令可以重新创建保存在以 .RData 为扩展名的文件中的任何数据结构。为了载入保存在前面的代码中的 mydata.RData 文件，只需要输入：

```
> load("mydata.RData")
```

这将重新创建 x、y 和 z 数据结构。

要特别小心正在载入的数据结构！使用 load() 命令正在导入的文件中所存储的所有数据结构都将载入你的工作区，即使它们会覆盖工作区中其他一些你正在使用的东西。

如果需要立即结束当前的 R 会话，save.image() 命令将会把所有的会话写入一个叫作 .RData 的文件中。默认情况下，R 将在下次启动时寻找这个文件，上次 R 结束时的 R 会话将会重现，就像你离开 R 时一样。

在 R 会话工作一段时间后，你可能积累了大量的数据结构。列表函数 ls() 返回一个内存中当前所有数据结构的一个向量。例如，如果按照本章中的代码操作，那么 ls() 函数将返回：

```
> ls()
[1] "blood"        "flu_status"  "gender"      "m"
[5] "subject_name" "subject1"    "symptoms"
[9] "temperature"
```

在退出会话时，R 将自动从内存中删除这些数据结构，但是对于大的数据结构，你可能希望尽快释放内存。删除函数 rm() 就是用于删除数据结构的。例如，为了删除 m 和 subject1 对象，简单地输入：

```
> rm(m, subject1)
```

也可以用一个由需要删除的对象名称构成的字符向量作为函数 rm() 的参数。下面的命令会清除整个 R 会话中的对象：

```
> rm(list = ls())
```

在执行上述命令时必须特别小心，因为在对象删除之前没有提示。

2.2.2　从 CSV 文件导入数据和将数据保存为 CSV 文件

公开的数据集通常存储在文本文件中。文本文件几乎可以在所有的计算机和操作系统中阅读，这种格式几乎全球通行。由于像 Microsoft Excel 这样的电子表格数据操作容易，

所以文本格式文件也能从这样的程序中导入或者导出。

表格数据文件采用矩阵形式的结构，这种形式数据的每一行表示一个案例，每个案例有相同数量的特征。每一行的特征值由一个预先定义的称为**分隔符**（delimiter）的符号来区分。通常情况下，表格数据文件的第一行给出数据每一列的名称。该行称为**标题**（header）行。

最常用的表格文本文件格式可能是**逗号分隔值**（Comma-Separated Value，CSV）文件。根据名字可知，这种文件格式使用逗号作为分隔符。CSV文件能在很多常用的应用程序内导入和导出。一个表示先前构建的医疗数据集的CSV文件可能像下面这样存储：

```
subject_name,temperature,flu_status,gender,blood_type
John Doe,98.1,FALSE,MALE,O
Jane Doe,98.6,FALSE,FEMALE,AB
Steve Graves,101.4,TRUE, MALE,A
```

给定一个位于R工作目录中的命名为pt_data.csv的病人数据文件，可以使用read.csv()函数把这个文件载入R中：

```
> pt_data <- read.csv("pt_data.csv", stringsAsFactors = FALSE)
```

这个命令将把CSV文件读入名为pt_data的数据框中。就像先前在构建数据框时那样，我们需要使用stringsAsFactors = FALSE参数来阻止R把所有的文本变量转换成因子。除非你确定CSV文件中的每一列都是真正的因子，这个转换步骤最好由你而不是由R来执行。

如果数据集在R工作目录之外，要详细列出CSV文件的完整路径（例如，当调用read.csv()函数时应该使用"/path/to/mydata.csv"。）

默认情况下，R假设CSV文件包含一个标题行，标题行列出了数据集中特征的名字。如果一个CSV文件没有标题行，那么需要指定选项header=FALSE，就像下面的命令显示的那样，R用V1、V2等默认值来指定属性名：

```
> mydata <- read.csv("mydata.csv", stringsAsFactors = FALSE,
                     header = FALSE)
```

read.csv()函数是read.table()函数的一个特例。read.table()函数能读取具有多种不同格式的表格数据，包括其他的分隔形式，比如**制表符分隔的值**（Tab-Separated Value，TSV）。要想了解更多关于read.table()函数族的信息，可用命令?read.table来查询R的帮助页面。

要想把一个数据框保存成CSV文件，需要使用write.csv()函数。如果数据框名是pt_data，只需要输入：

```
> write.csv(pt_data, file = "pt_data.csv", row.names = FALSE)
```

这将把一个名为pt_data.csv的文件保存到R工作目录中。参数row.names会覆盖R的默认设置，它输出CSV文件中的行名称。通常这种输出设置是不必要的，只会增加输出文件的大小。

2.3 探索和理解数据

在收集数据并把它们载入 R 数据结构以后，机器学习的下一个步骤是仔细检查数据。在这个步骤中，将探索数据的特征和案例，并且找到数据的独特之处。对数据的理解越深刻，就越能更好地让机器学习模型匹配你的学习问题。

理解数据探索的最好方法就是通过例子。在本节中，我们将探索 usedcars.csv 数据集，其中包含 2012 年在美国热门网站上发布的关于二手车打折销售广告的真实数据。

usedcars.csv 数据集可以在 Packt 出版社网站的本书支持页面上下载。如果要操作例子，一定要确保这个文件下载且保存在你的 R 工作目录中。

因为数据集存储为 CSV 形式，所以我们能用 read.csv() 函数把数据载入 R 数据框中：

```
> usedcars <- read.csv("usedcars.csv", stringsAsFactors = FALSE)
```

有了 usedcars 数据框，现在我们将担任数据科学家的角色，任务是理解二手车数据。尽管数据探索是一个不确定的过程，但可以把这个步骤想象成一个调查过程，在这个步骤中回答关于数据的问题。具体的问题可能会因任务的不同而有所不同，但问题的类型一般是相似的。不管数据集的大小如何，你应该能把这个调查的基本步骤应用到任何你感兴趣的数据集中。

2.3.1 探索数据的结构

调查一个新数据集的第一个问题应该是，数据是怎么组织的。如果你足够幸运，数据源会提供一个**数据字典**（data dictionary），这是一个描述数据特征的文档。在我们的例子里，二手车数据并不包含这个文件，所以需要创建我们自己的数据字典。

函数 str() 提供了一个显示数据框、向量和列表这样的 R 数据结构的方法。这个函数可以用来创建数据字典的基本轮廓：

```
> str(usedcars)
'data.frame':    150 obs. of 6 variables:
 $ year         : int  2011 2011 2011 2011 ...
 $ model        : chr  "SEL" "SEL" "SEL" "SEL" ...
 $ price        : int  21992 20995 19995 17809 ...
 $ mileage      : int  7413 10926 7351 11613 ...
 $ color        : chr  "Yellow" "Gray" "Silver" "Gray" ...
 $ transmission: chr  "AUTO" "AUTO" "AUTO" "AUTO" ...
```

使用这样一条简单的命令，我们就知道了关于数据集的大量信息。语句 150 obs 告诉我们数据包含 150 个**观测值**，这是数据包含 150 个记录或例子的另一种说法。观测值的数量一般简写为 n。因为我们知道数据描述的是二手车，所以现在可以认为供销售的车有 $n = 150$ 辆。

语句 6 variables 指的是数据中记录了 6 个特征。这些特征根据名称排列成独立的行。查看特征 color 所在的那一行，我们注意到一些额外的信息：

```
$ color        : chr  "Yellow" "Gray" "Silver" "Gray" ...
```

在变量名的后面，chr告诉我们这个特征是字符型的。在这个数据集中，3个变量是字符型，另外3个注明是int，表明是整数型。尽管这个数据集仅包含整数型和字符型，但当使用非整数型数据时，你还可能碰到数值型num。所有因子都列为factor型。在每个变量类型的后面，R给出这个特征的最前面的几个值。值"Yellow"、"Gray"、"Silver"和"Gray"是color特征的前4个值。

根据相关领域知识，特征名称和特征值可以使我们对变量所代表的含义做出假定。变量year可能指汽车制造的时间，也可能指汽车广告贴出的时间。接下来我们将更加仔细地调查这个特征，因为这4个案例值（2011　2011　2011　2011）适用于上述任何一个可能性。变量model、price、mileage、color和transmission极有可能指的是所销售汽车的特征。

尽管数据似乎被赋予了有内在含义的变量名，但实际应用中并不是所有的数据都是这样的。有时候，数据集的特征可能是没有具体含义的名称、代号或者像V1这样的简单数字。通过进一步调查，确定特征名称确切代表的含义是必不可少的。然而，即使特征名称有具体的含义，也要谨慎检查提供给你的标签含义的正确性。我们继续进行下面的分析。

2.3.2 探索数值变量

为了调查二手车数据中的数值变量，我们将使用一组普遍使用的描述数值的指标，它们称为**汇总统计量**。summary()函数给出了几个常用的汇总统计量。我们看看二手车数据中的year特征：

```
> summary(usedcars$year)
   Min. 1st Qu.  Median    Mean 3rd Qu.    Max.
   2000    2008    2009    2009    2010    2012
```

现在先不管特征year所代表的具体含义，事实上，当我们看到诸如2000、2008以及2009这样的数字时，我们相信变量year表示汽车制造的时间而不是汽车广告打出的时间，因为我们知道汽车是最近才挂牌出售的。

通过提供向量的列名称，我们也能使用summary()函数同时得到多个数值变量的汇总统计量：

```
> summary(usedcars[c("price", "mileage")])
     price          mileage
 Min.   : 3800   Min.   :  4867
 1st Qu.:10995   1st Qu.: 27200
 Median :13592   Median : 36385
 Mean   :12962   Mean   : 44261
 3rd Qu.:14904   3rd Qu.: 55125
 Max.   :21992   Max.   :151479
```

summary()函数提供的6个汇总统计量是探索数据简单但强大的工具。汇总统计量可以分为两种类型：数据的中心测度和分散程度测度。

1. 测量中心趋势——平均数和中位数

中心趋势测度是一类用来标识一组数据中间值的统计量。你应该已经熟悉常用的一个测量中心趋势的指标——平均数。在一般使用中，当一个数被认为是平均数时，它落在数据的两个极值之间的某个位置。

一个中等学生的成绩可能落在他的同学成绩的中间；一个平均体重既不会特别重也不会特别轻。通常，平均数是具有代表性的，它和组里的其他值不会差得太多。可以把它设想成一个所有其他值用来进行参照的值。

在统计学中，平均数也叫作**均值**（mean），它定义为所有值的总和除以值的个数。例如，要想计算收入分别是 36 000 美元、44 000 美元和 56 000 美元的 3 个人的平均收入，我们可以如下计算：

```
> (36000 + 44000 + 56000) / 3
[1] 45333.33
```

R 也提供一个 mean() 函数，它能计算数值向量的均值：

```
> mean(c(36000, 44000, 56000))
[1] 45333.33
```

这组人的平均收入是 45 333.33 美元。从概念上来说，你可以想象这个值是，如果所有收入被平等地分给每一个人，每个人应该得到的收入。

回忆先前的 summary() 函数的输出，它列出了变量 price 和 mileage 的平均值。price 的平均值为 12 962，mileage 的平均值为 44 261，这表明数据集中具有代表性的二手车的价格应该标为 12 962 美元，里程表的读数为 44 261。这些告诉我们数据的什么信息呢？因为平均价格相对偏低，所以可以预料我们数据中包括经济型汽车。当然，数据中也有可能包括新型的豪华汽车，有着高里程数，但是相对较低的平均里程数的统计数据并不提供支持这个假设的证据。另一方面，数据并没有提供证据让我们忽略这个可能性。所以，在进一步检验数据时我们要留意这一点。

尽管到目前为止，均值是最普遍引用的测量数据集中心的统计量，但它不一定是最合适的。另一个普遍使用的衡量中心趋势的指标是**中位数**（median），它位于有序的值列表的中间。和均值一样，R 提供了函数 median() 来获得这个值，可以把它应用到工资数据中，如下所示：

```
> median(c(36000, 44000, 56000))
[1] 44000
```

因为中间值是 44 000，所以收入的中位数是 44 000 美元。

如果数据集有偶数个值，那么就没有最中间值。在这种情况下，一般是计算按顺序排列的值列表最中间的两个值的平均值作为中位数。例如，1、2、3、4 的中位数是 2.5。

乍一看，好像中位数和均值是很类似的度量。肯定的是，均值 45 333.33 美元和中位数 44 000 美元并没有太大的区别。为什么会有这两种中心趋势呢？这是由于落在值域两端的值对均值和中位数的影响是不同的。尤其是均值，它对**异常值**（outlier），或者那些对大多数数据而言异常高或低的值，是非常敏感的。因为均值对异常值非常敏感，所以它很容易受到那一小部分极端值的影响而改变大小。

再回忆 summary() 函数输出的二手车数据集的中位数。尽管 price 的均值和中位数非常相似（相差大约 5%），但 mileage 的均值和中位数就非常不同。对于 mileage 来说，均值 44 261 比中位数 36 385 大了 20% 多。因为均值比中位数对极端值更敏感，所以均值比中位数大很多这个事实令我们怀疑数据集中的一些二手车有极高的 mileage 值。

为了进一步调查这一点，我们需要在分析中应用一些额外的汇总统计量。

2. 测量数据分散程度——四分位数和五数汇总

测量数据的均值和中位数给我们一个迅速概括数据的方法，但是这些中心测度在数值的大小是否具有多样性方面给我们提供了很少的信息。为了测量这种多样性，需要应用另一种汇总统计量，它们是与数据的**分散程度**（spread）相关的，或者说它们是与数据之间“空隙”的紧密或者松弛有关系的。知道了数据之间的差异，就对数据的最大值和最小值有了了解，同时也会对大多数值是否接近均值和中位数有了了解。

五数汇总（five-number summary）是一组5个统计量，它们大致描述一个数据集的差异。所有的5个统计量包含在函数summary()的输出结果中。按顺序排列，它们分别是：

1）最小值（Min.）。

2）第1四分位数，或Q1（1st Qu.）。

3）中位数，或Q2（Median）。

4）第3四分位数，或Q3（3rd Qu.）。

5）最大值（Max.）。

如预期的那样，最小值和最大值是数据集中能发现的最极端的两个值，分别表示数据的最小值和最大值。R提供了函数min()和函数max()来分别计算数据向量中的最小值和最大值。

最小值和最大值的差值称为**极差**（range）。在R中，range()函数同时返回最小值和最大值。

```
> range(usedcars$price)
[1]  3800 21992
```

把range()函数和差值函数diff()相结合，你能够用一条命令来检验数据的极差：

```
> diff(range(usedcars$price))
[1] 18192
```

第1四分位数和第3四分位数（即Q1和Q3）分别是指有1/4的值小于Q1和有1/4的值大于Q3。它们和中位数（Q2）一起，把一个数据集分成4部分，每一部分都有相同数量的值。

四分位数是**分位数**的一种特殊类型，分位数把数据分为相等数量的数值。除了四分位数外，普遍使用的分位数包括**三分位数**（分成3部分）、**五分位数**（分成5部分）、**十分位数**（分成10部分）和**百分位数**（分成100部分）。

> 百分位数通常用来给数据进行等级评定。例如，一个学生的考试成绩排列在百分位数的第99分位数，说明他表现得比其他99%的测试者好。

我们对Q1和Q3之间的50%的数据特别感兴趣，因为它们就是数据分散程度的一个测度。Q1和Q3之间的差称为**四分位距**（Inter Quartile Range，IQR），可以用函数IQR()来计算，例如：

```
> IQR(usedcars$price)
[1] 3909.5
```

我们也能从summary()输出的usedcars$price变量的结果手动计算这个值，即

计算 *14 904 − 10 995 = 3909*。我们计算的值与 IQR() 输出结果之间有差别，这是因为 R 自动对 summary() 输出结果进行四舍五入。

quantile() 函数提供了稳健的工具来给出一组值的分位数。默认情况下，quantile() 函数返回五数汇总的值。把这个函数应用到 usedcars$price 变量中，将产生与前面一样的统计量：

```
> quantile(usedcars$price)
     0%     25%     50%     75%    100%
 3800.0 10995.0 13591.5 14904.5 21992.0
```

当计算分位数时，有很多种方法处理并列数值和没有中间值的数据集。通过指定 type 参数，quantile() 函数能够在 9 个不同算法之间选择计算分位数的方法。如果你的项目要求一个精确定义的分位数，使用 ?quantile 命令来阅读该函数的帮助文件是很重要的。

如果指定另一个 probs 参数，它用一个向量来表示分割点，我们能就得到任意的分位数，比如第 1 和第 99 的百分位数可以按如下方式求得：

```
> quantile(usedcars$price, probs = c(0.01, 0.99))
      1%      99%
 5428.69 20505.00
```

序列函数 seq() 用来产生由等间距大小的值构成的向量。这个函数使得获得其他分位数变得很容易，比如要想输出五分位数（5 个组），可以使用如下所示的命令：

```
> quantile(usedcars$price, seq(from = 0, to = 1, by = 0.20))
     0%     20%     40%     60%     80%    100%
 3800.0 10759.4 12993.8 13992.0 14999.0 21992.0
```

由于理解了五数汇总，所以我们重新检查对二手车数据应用函数 summary() 的输出结果。对变量 price，最小值是 3800 美元、最大值是 21 992 美元。有趣的是，最小值和 Q1 之间的差是 7000 美元，与 Q3 和最大值的差是一样的。然而，Q1 和中位数的差，以及中位数和 Q3 的差大约是 2000 美元。这就表明上、下 25% 的值的分布比中间 50% 的值更分散，似乎中心周围的值聚集得更加紧密。没有意外的是，我们从变量 mileage 也看到了相似的趋势。在本章后面你将学到，这个分散模式非常普遍，此时称数据为“正态”分布。

mileage 变量的分散程度同时也呈现了另一个有趣的性质：Q3 和最大值之间的差远大于最小值和 Q1 之间的差。换句话说，较大的值比较小的值更分散。

这个发现解释了均值远大于中位数的原因。因为均值对极端值更敏感，所以均值会被极端大的值拉高，而中位数则相比变化不大。这是一个很重要的性质，当数据可视化地呈现出来时就更显而易见。

3. 数值变量的可视化——箱图

可视化数值变量对诊断数据问题是有帮助的。一种对五数汇总的常用可视化方式是**箱图**（boxplot），或者称为**箱须图**（box-and-whisker plot）。箱图以一种特定方式显示数值变量的中心和分散程度，这种方式使你能很快了解变量的值域和偏度，或者它还可以和其他变量进行比较。

下面观察二手车数据的变量 price 和变量 mileage 的箱图。要想得到一个变量的箱图，可以使用函数 boxplot()。我们也将指定一些其他参数——main 和 ylab，它们分别为图形加一个标题和为 y 轴（即垂直轴）加一个标签。创建变量 price 和变量 mileage 箱图的命令是：

```
> boxplot(usedcars$price, main = "Boxplot of Used Car Prices",
          ylab = "Price ($)")
> boxplot(usedcars$mileage, main = "Boxplot of Used Car Mileage",
          ylab = "Odometer (mi.)")
```

R 产生图 2-1 所示的图形。

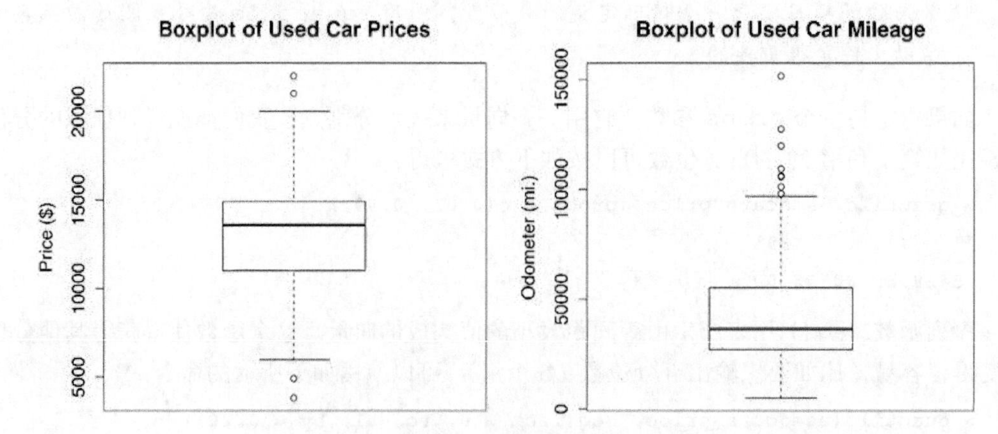

图 2-1　二手车价格和里程数据的箱图

箱图使用水平线和点来表示五数汇总值。在每个图的中间，构成盒子的水平线从下向上，依次代表 Q1、Q2（中位数）和 Q3。中位数用粗黑线表示，对于变量 price，这条线在垂直轴上的纵坐标是 13 592；对于变量 mileage，这条线的垂直坐标是 36 385。

在如图 2-1 所示的简单箱图中，箱图的宽度是任意的，不能说明任何数据特征。为了满足更加复杂分析的需要，用箱子的形状和尺寸对多组数据进行比较是可能的。要想知道更多关于箱图的这种特征的信息，可以通过 ?boxplot 命令，查询 R 中 boxplot() 函数的帮助文件中的 notch 和 varwidth 选项。

最小值和最大值是用细线（whisker）来表示的，就是在盒子下面和上面的细线。然而，通常仅允许细线延伸到低于 Q1 的 1.5 倍 IQR 的最小值，或者延伸到高于 Q3 的 1.5 倍 IQR 的最大值。任何超出这个临界值的值都认为是异常值，并且用圆圈或者点来表示。例如，变量 price 的 IQR 是 3909、Q1 是 10 995、Q3 是 14 904。因此异常值是任何小于 $10\ 995-1.5\times3909=5131.5$ 或者大于 $14\ 904+1.5\times3909=20\ 767.5$ 的值。

箱图在高端和低端都会出现这类异常值。在 mileage 的箱图中，在低端没有这样的异常值，所以底部的细线延伸到最小值 4867。在高端，我们看到了几个比 100 000 英里[⊖]大的异常值。那些异常值就可以解释我们前面探索中所发现的问题，即均值远大于中位数。

⊖ 1 英里（mi）=1.61 千米（km）。

4. 数值变量可视化——直方图

直方图是另一种形象化描述数值变量间差异的方式。它和箱图相似的地方在于，它也把变量值按照预先设定的份数进行分隔，或者说按照预先定义的容纳变量值的分段进行分隔。如果箱图创建了包含相同数量值但范围不同的四个部分，则直方图使用相同范围的更多数量的部分，并允许这些箱图包含不同数量的值。

可以用函数 `hist()` 为二手车数据的变量 `price` 和 `mileage` 绘制直方图。就像我们绘制箱图时那样，可以用参数 `main` 来指定图形的标题，用参数 `xlab` 标记 *x* 轴。绘制直方图的命令如下：

```
> hist(usedcars$price, main = "Histogram of Used Car Prices",
        xlab = "Price ($)")
> hist(usedcars$mileage, main = "Histogram of Used Car Mileage",
        xlab = "Odometer (mi.)")
```

产生的直方图如图 2-2 所示。

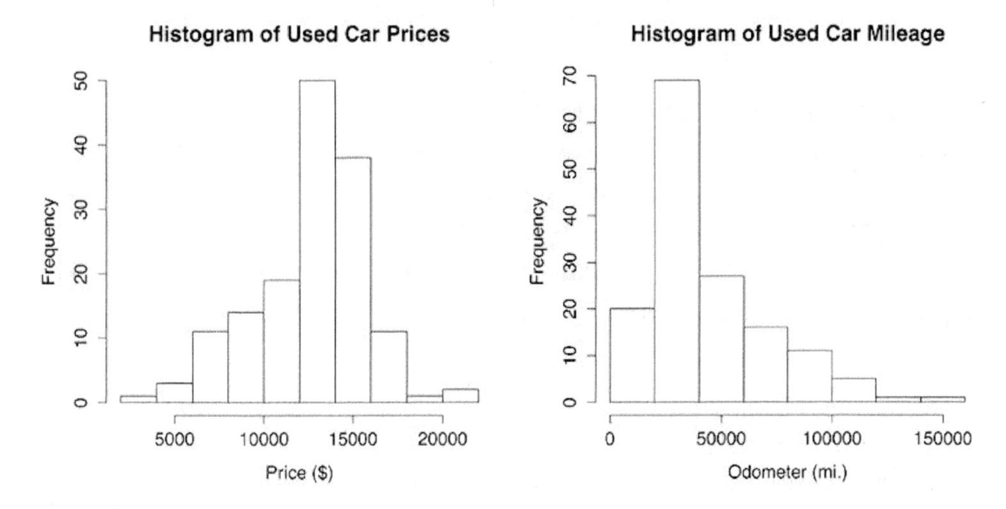

图 2-2　二手车价格和里程数据的直方图

直方图是由一系列的竖条组成，其高度表示落在等长的划分数据值的分段内的数据值的个数或频率。分割每一个竖条的垂直线，就像横坐标的标签一样，表明分段内值的起始点和终点。

你可能注意到前面的直方图中有不同数量的竖条。这是因为 `hist()` 函数试图为给定的变量范围找出合理数量的竖条。如果你想重写这里的默认值，使用参数 `breaks`。设置 `breaks = 10` 将创建等宽度的 10 个竖条，设置参数 `breaks` 为一个向量，如 `c(5000, 10000, 15000, 20000)` 将以给出的特定值为分隔点来创建竖条。

在变量 `price` 的直方图上，10 个竖条中的每一个都表示范围为 2000 的分段，这些分段的范围是从 2000 开始，到 14 000 结束。直方图中间最高的竖条代表的分段范围为 12 000 ~ 14 000，频率是 50。因为我们知道数据中有 150 辆汽车，其中 1/3 汽车的价格是为 12 000 ~ 14 000 美元。接近 90 辆汽车（超过一半）的报价为 12 000 ~ 16 000 美元。

变量 `mileage` 的直方图包括 8 个竖条，它表明每个分段长度都是 20 000 英里，值域从0开始，到160 000英里结束。与变量price的直方图不一样，在变量mileage的直方图中，最高的竖条不在数据的中心，而是在直方图的左侧。这个最高竖条所在的分段中有70辆车，里程表的范围为20 000 ~ 40 000英里。

你可能也注意到了两个直方图的形状有一点不同。似乎二手车price的图形趋向于平均分布在中心的两侧，而汽车mileage的图形则偏到了右侧。

这个性质称为**偏度**（skew），具体来说是右偏，因为与低端的值（右侧）相比高端的值（右侧）更加分散。如图2-3所示，有偏数据的直方图看上去偏到了一边。

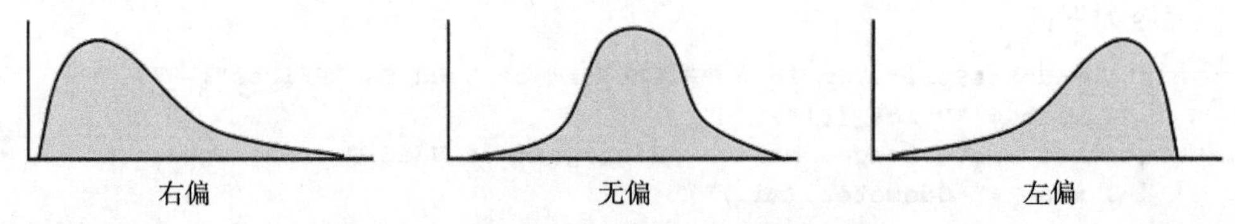

图2-3 使用直方图可视化的三种偏度模式

能在数据中快速诊断出这类模式是直方图作为数据探索工具的优点之一。在我们检验其他数值数据模型的模式时，这个优点将更为重要。

5. 了解数值数据——均匀分布和正态分布

描述数据的中心和分散程度的直方图、箱图和统计量都提供了检验变量分布的方法。变量的**分布**描述了一个值落在不同值域中的可能性大小。

如果所有值都是等可能发生的，这个分布就称为均匀分布，例如，记录投掷一个均匀的六边形骰子所得结果的数据集。容易用直方图来检测一个均匀分布，因为其直方图的竖条大致有一样的高度。当用直方图来可视化数据时，它可能如图2-4所示。

需要注意的一点是，并非所有的随机事件都服从均匀分布。例如，掷一个六边重量不同的魔术骰子，将使得某些数字发生的概率比其他的大。每一次掷骰子会产生一个随机数字，但6个数字不是等可能出现的。

例如，回到前面的二手车price和mileage数据。很明显，这两个数据不是均匀分布的，因为有些值明显比其他值发生的可能性更大。事实上，在变量price的直方图上，可以看出中心值两边的值偏离中心越远，发生的频率就越小，这就是一个钟形的数据分布。这个特征在现实世界的数据中非常普遍，它成为所谓的**正态分布**的标志性特征。钟形曲线的典型形状如图2-5所示。

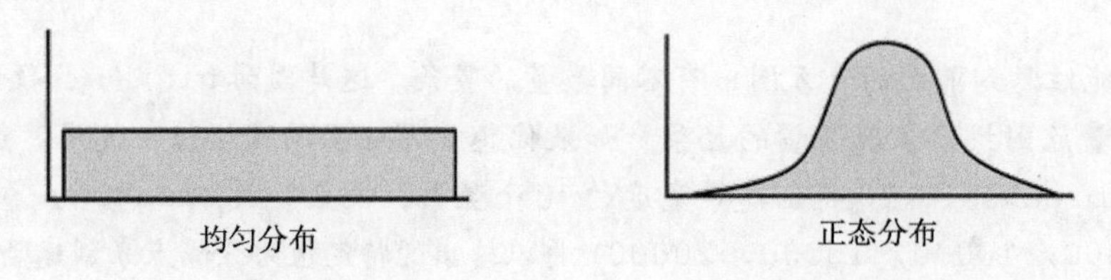

图2-4 使用直方图可视化的均匀分布　　图2-5 使用直方图可视化的正态分布

尽管有许多非正态分布的类型，但许多现象产生的数据都可以用正态分布来描述。因此，正态分布的性质已被研究得很透彻了。

6. 测量数据的分散程度——方差和标准差

分布使我们能够用少量的参数来描述大量值的特性。描述现实生活中大量数据的正态分布，可以用两个参数来定义：中心和分散程度。正态分布的中心可以用均值来定义，正如我们在前面使用的那样。分散程度通过一种称为**标准差**的统计量来测量。

为了计算标准差，我们必须先获得**方差**，方差定义为每一个值与均值之间的差的平方的均值。用数学符号表示，一组具有 n 个值的变量 x 的方差可以通过下面的公式定义。希腊字母 μ 表示数值的均值，方差用希腊字母 σ 的平方来表示：

$$\text{Var}(X)=\sigma^2=\frac{1}{n}\sum_{i=1}^{n}(x_i-\mu)^2$$

标准差就是方差的平方根，用 σ 表示，如下所示：

$$\text{StdDev}(X)=\sigma=\sqrt{\frac{1}{n}\sum_{i=1}^{n}(x_i-\mu)^2}$$

要想在 R 中获得方差和标准差，可以应用函数 `var()` 和函数 `sd()`。例如，计算变量 `price` 与变量 `mileage` 的方差与标准差，如下所示：

```
> var(usedcars$price)
[1] 9749892
> sd(usedcars$price)
[1] 3122.482
> var(usedcars$mileage)
[1] 728033954
> sd(usedcars$mileage)
[1] 26982.1
```

当我们解释方差时，方差越大表示数据在均值周围越分散。标准差表示平均来看每个值与均值相差多少。

如果用上面的公式手动计算这些统计量，得出的结果将会与 R 的内置函数得出的结果略有不同。这是因为上面的公式给出的是总体方差（除以 n），而 R 内置函数用的是样本方差（除以 $n-1$）。除非数据集很小，否则这两种结果的区别是很小的。

在假设数据服从正态分布的条件下，标准差能用来快速地估计一个给定值有多大程度的偏大或者偏小。**68-95-99.7 规则**说明在正态分布中 68% 的值落在均值左右 1 个标准差的范围内，而 95% 和 99.7% 的值分别落在均值左右 2 个和 3 个标准差的范围内。这个规则可以由图 2-6 来说明。

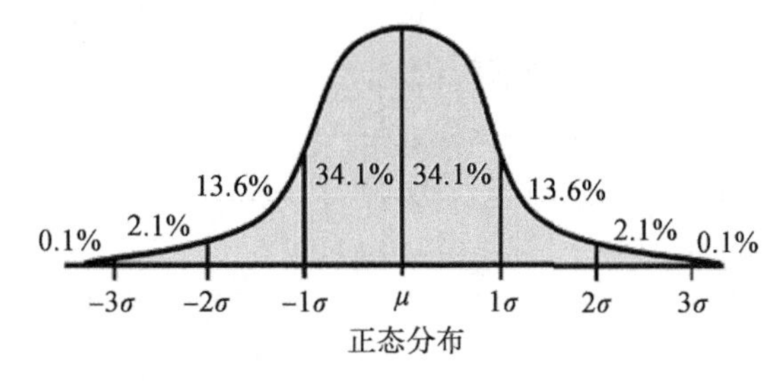

图 2-6　正态分布均值的 1 个、2 个和 3 个标准差内的值的百分比

把这个知识应用到二手车数据中，我们知道变量 `price` 的均值和标准差分别为

12 962 美元和 3122 美元，假设价格数据是正态分布，该数据中大约有 68% 的车的广告价格为 *12 962* 美元 *–3122* 美元 *=9840* 美元到 *12 962* 美元 *+3122* 美元 *=16 804* 美元。

尽管严格地说，68-95-99.7 规则仅仅局限于正态分布中，但是这个基本准则能应用到所有的数据中，数值落在均值的 3 个标准差以外是极端罕见的事件。

2.3.3　探索分类变量

我们记得二手车数据集有 3 个分类变量：model、color 和 transmission。因为在载入数据时，我们使用了 stringsAsFactors=FALSE 参数，所以 R 把它们作为字符变量而不是自动把它们转化成 factor 类型。此外，尽管把它作为数值（int）向量载入的，但是每一个 year 值是一个类别，该类别可以应用到多辆汽车上。因此，我们可能考虑把 year 看作类别变量。

与数值数据相比，类别数据是用表格而不是汇总统计量来探索的。表示单个类别变量的表格称为**一元表**（one-way table）。函数 table() 能用来产生二手车数据的一元表：

```
> table(usedcars$year)
2000 2001 2002 2003 2004 2005 2006 2007 2008 2009 2010 2011 2012
   3    1    1    1    3    2    6   11   14   42   49   16    1
> table(usedcars$model)
 SE SEL SES
78  23  49
> table(usedcars$color)
 Black   Blue   Gold   Gray  Green    Red Silver  White Yellow
    35     17      1     16      5     25     32     16      3
```

table() 的输出列出了名义变量的不同类别和属于该类别的值的数量。由于我们知道数据集有 150 个二手车数据，49/150=0.327，因此能确定其中大约有 1/3 是在 2010 年制造的。

R 也能在 table() 函数产生的表格上应用函数 prop.table()，直接计算表格比例，如下所示：

```
> model_table <- table(usedcars$model)
> prop.table(model_table)
       SE       SEL       SES
0.5200000 0.1533333 0.3266667
```

函数 prop.table() 的结果能与其他 R 函数相结合来转换输出的结果。假设我们想要把结果用保留一位小数的百分数来表示，就可以把各个比例值乘以 100，再用 round() 函数并指定 digits = 1 来实现，如下所示：

```
> color_table <- table(usedcars$color)
> color_pct <- prop.table(color_table) * 100
> round(color_pct, digits = 1)
Black   Blue   Gold   Gray  Green    Red Silver  White Yellow
 23.3   11.3    0.7   10.7    3.3   16.7   21.3   10.7    2.0
```

尽管它包含的信息和 prop.table() 函数默认的输出结果一样，但是相对来说这样更容易阅读。结果显示 Black（黑色）是最普遍的颜色，因为在广告列出的所有汽车中有大约 1/4（23.3%）是 Black（黑色）的。Silver（银灰色）与之接近，排在第二位，有 21.3%；Red（红色）排在第三位，有 16.7%。

衡量中心趋势——众数

在统计术语中，一个特征（即变量）的众数是指出现最频繁的那个值。与均值和中位数一样，众数是另一个测量中心趋势的统计量。它通常应用在分类数据中，因为均值和中位数并不是为名义变量定义的。

例如，在二手车数据中，year 变量的众数是 2010，而 model 和 color 的众数分别为 SE 和 Black。一个变量可能有多个众数，只有一个众数的变量是**单峰的**（unimodal），有两个众数的变量为**双峰的**（bimodal），有多个众数的变量通常称为**多峰的**（multimodal）。

尽管你可能猜测用 mode() 函数得到众数，但是 R 却是用这个函数得出变量的类型（如数值型、列表等），而不是统计量众数。相反，为了找到统计量众数，只需要查看 table() 的输出结果中具有最大值的类别即可。

众数是从定性的角度来了解数据集中的重要值。然而，太关注众数有可能很危险，因为最常见的值并不一定就是绝大多数。例如，尽管黑色是大多数二手车的颜色，但是黑色仅占所有列出汽车的 1/4。

考虑众数时最好把它和其他的类别联系起来。是否有一个类别占主导地位，或者多个类别占主导地位？以这种方式思考模式可能有助于通过提出关于“是什么因素导致某些值比其他值更常见”的问题来产生可测试的假设。如果黑色和银色是最普遍使用的二手车颜色，那么我们可以假设数据是从奢华汽车中得来的，这类汽车趋向于销售更加保守的颜色；或者它们也可能是经济型汽车，这类汽车有更少可供选择的颜色。在进一步检验这些数据时，我们要记住这些问题。

把众数考虑成最普遍的值，使得我们能够把统计量众数的概念应用到数值数据。严格地说，连续变量是不可能有众数的，因为没有两个值是重复的。然而，如果我们把众数考虑成直方图中最高的那个竖条，就能够讨论诸如 price 和 mileage 这类变量的众数。当探索数值数据时，考虑众数是很有帮助的，特别要检验数据是否为多峰的，如图 2-7 所示。

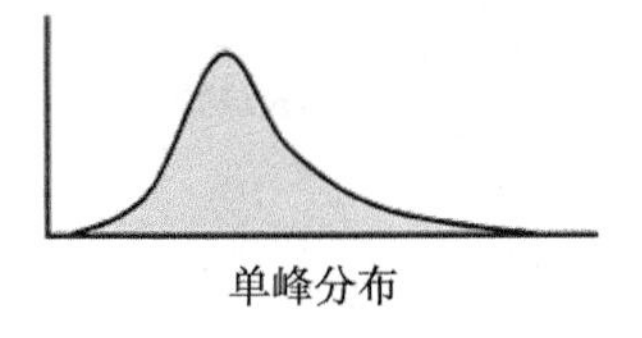

单峰分布

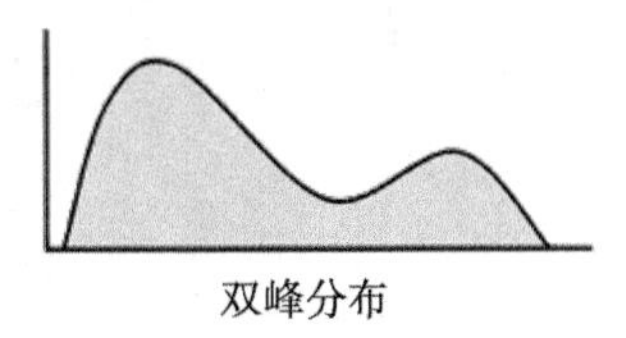

双峰分布

图 2-7 具有单峰和双峰的数值数据的假设分布

2.3.4 探索变量之间的关系

到目前为止，我们一次只检验一个变量，只计算**单变量**（univariate）统计量。在我们的研究过程中，我们列举了当时尚不能回答的一些问题：

- ❑ price 和 mileage 数据有没有暗示我们只检验了经济类的汽车，还是检验的数据中也包括高里程的奢华汽车呢？
- ❑ model 和 color 数据之间的关系，提供了关于我们所检验的汽车类型的洞察吗？

这类问题能通过关注**双变量**（bivariate）关系，即考虑两个变量之间的关系来进行处理。超过两个变量之间的关系称为**多变量**（multivariate）关系。下面从双变量的情况开始讨论。

1. 变量之间关系的可视化——散点图

散点图是一种可视化数值双变量特征之间关系的图形。它是一个二维图形，将点画在坐标平面中，该坐标平面的横坐标x是其中一个特征的值，纵坐标y由另一个特征的值来标识。坐标平面上点的排放模式，揭示了两个特征之间的内在关系。

为了回答变量`price`和`mileage`之间的关系，下面来分析一个散点图。我们将使用`plot()`函数以及在前面绘图中用过的标记图形的参数`main`、`xlab`和`ylab`。

为了使用`plot()`函数，我们需要指定`x`向量和`y`向量，它们含有图形中点子位置的值。尽管无论用哪个变量来表示x坐标和y坐标，结论都是一样的，但是惯例规定，y变量是假定依赖于另一个变量的变量（因此称为**因变量**）。因为里程表的读数不能被卖家修改，所以它不可能由汽车的价格决定。相反，我们假设`price`是由里程表的里程数（`mileage`）决定的。因此，我们将把`price`作为y坐标，或者称因变量。

绘制散点图的全部命令如下：

```
> plot(x = usedcars$mileage, y = usedcars$price,
       main = "Scatterplot of Price vs. Mileage",
       xlab = "Used Car Odometer (mi.)",
       ylab = "Used Car Price ($)")
```

这将产生图2-8所示的散点图。

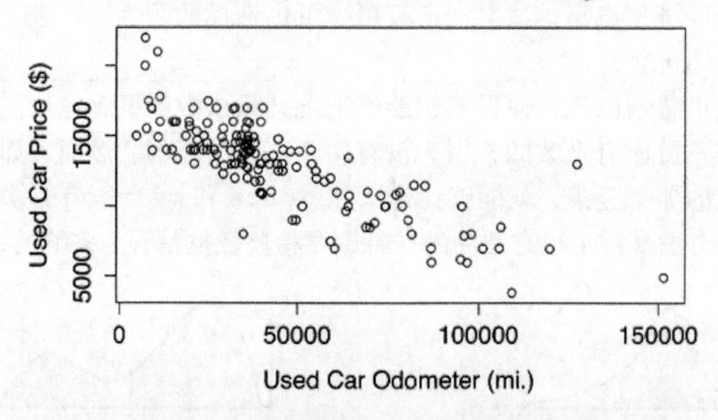

图2-8　二手车价格和里程数之间的关系

使用散点图，我们可以很清晰地了解二手车的价格和里程之间的关系。我们观察当x轴变量的值增加时，y轴变量的值是如何改变的。在这个例子中，当里程值增加时，价格值降低。如果你曾经卖过或者买过二手车，这一点不难得到。

一个更有趣的发现是，除了125 000英里和14 000美元所构成的一个异常点以外，有很少一部分汽车同时有很高的价格和很高的里程。缺少更多这样的点，就提供了证据来支持下列结论：数据中不可能包含高里程的奢华汽车。数据中所有贵的汽车，特别是那些17 500美元以上的汽车，看上去都有超低的里程数，这暗示我们可能看到的是一类全新的卖价为20 000美元的汽车。

变量`price`和变量`mileage`之间的关系是负相关的，因为散点图是一条向下倾斜的直线。正相关看起来是形成一条向上倾斜的直线。如果散点图呈一条水平的线，或者一个看上去随机分布的点集，则说明两个变量完全不相关。两个变量之间线性关系的强弱是通过**相关系数**（correlation）来测量的。相关系数将在第 6 章中详细讨论。

注意不是所有的关联都形成直线。有时，点会形成一个 U 形或者 V 形；有时，关联模式看上去随着 *x* 变量或者 *y* 变量的增加而变弱或者变强。这样的模式说明两个变量之间的关系不是线性的。

2. 检验变量之间的关系——双向交叉表

为了检验两个名义变量之间的关系，使用**双向交叉表**，也称为**交叉表**，或者**列联表**。交叉表和散点图相类似，可以观察一个变量的值是如何随着另一个值的变化而变化的。双向交叉表的格式是：行是一个变量的水平，列是另一个变量的水平。每个表格的单元格中的值用来表明落在特定行、列的单元格中的值的数量。

为了回答关于 model 和 color 之间关系的问题，我们观察一个交叉表。R 中的多个函数都能生成双向表，包括 table() 函数，我们也可以把 table() 函数用在单向表中。由 Gregory R. Warnes 创建的 gmodels 添加包中的 CrossTable() 函数可能是用户最喜欢用的函数，因为它在一个表格中提供了行、列和边际百分比，省去了自己组合这些数据的麻烦。输入如下代码安装 gmodels 添加包：

```
> install.packages("gmodels")
```

在安装了添加包后，仅需要输入命令 library(gmodels) 载入该添加包。在每次用到 CrossTable() 函数时，都需要在 R 系统中载入这个添加包。

在继续分析以前，让我们通过减少 color 变量中水平的数量来简化任务。这个变量有 9 个水平，但是并不是真的需要如此详细。我们真正感兴趣的是汽车的颜色是否是保守的。为此，把 9 种颜色分为两组：第一组包括保守的颜色：Black、Gray、Silver 和 White；第二组包括 Blue、Gold、Green、Red 和 Yellow。创建一个二元指示变量（常常称为**虚拟变量**，dummy variable），根据我们的定义来表示汽车的颜色是否是保守的。如果是保守的颜色，指示变量的值就是 1，否则值为 0。

```
> usedcars$conservative <-
    usedcars$color %in% c("Black", "Gray", "Silver", "White")
```

这里，你可能注意到一个新的命令：%in% 运算符，它根据左边的值是否在右边的向量中，为运算符左边向量中的每一个值返回 TRUE 或者 FALSE。简单地说，你可以理解为“这辆二手车的颜色是在 black、gray、silver 和 white 这组中吗？”

观察由 table() 得到的新建变量的输出结果，我们看到 2/3 的汽车有保守的颜色，而 1/3 的汽车没有保守的颜色：

```
> table(usedcars$conservative)
FALSE  TRUE
   51    99
```

现在，让我们看看交叉表中 conservative（保守）颜色汽车的比例是如何随着 model 变化而变化的。因为我们假设汽车的型号决定了颜色的选择，所以我们把 conservative 作为因变量（y）。CrossTable() 命令的应用如下：

```
> CrossTable(x = usedcars$model, y = usedcars$conservative)
```

由此产生的结果如下所示。

```
   Cell Contents
|-------------------------|
|                       N |
| Chi-square contribution |
|           N / Row Total |
|           N / Col Total |
|         N / Table Total |
|-------------------------|

Total Observations in Table:  150

               | usedcars$conservative
usedcars$model |     FALSE |      TRUE | Row Total |
---------------|-----------|-----------|-----------|
            SE |        27 |        51 |        78 |
               |     0.009 |     0.004 |           |
               |     0.346 |     0.654 |     0.520 |
               |     0.529 |     0.515 |           |
               |     0.180 |     0.340 |           |
---------------|-----------|-----------|-----------|
           SEL |         7 |        16 |        23 |
               |     0.086 |     0.044 |           |
               |     0.304 |     0.696 |     0.153 |
               |     0.137 |     0.162 |           |
               |     0.047 |     0.107 |           |
---------------|-----------|-----------|-----------|
           SES |        17 |        32 |        49 |
               |     0.007 |     0.004 |           |
               |     0.347 |     0.653 |     0.327 |
               |     0.333 |     0.323 |           |
               |     0.113 |     0.213 |           |
---------------|-----------|-----------|-----------|
  Column Total |        51 |        99 |       150 |
               |     0.340 |     0.660 |           |
---------------|-----------|-----------|-----------|
```

CrossTable()的输出中包含了大量数据。最上面的一张表（标示为Cell Contents）说明如何解释每一个值。表格的行表示了二手车的3个型号：SE、SEL和SES（再加上额外的一行用来表示所有型号的汇总）。表格的列表示汽车的颜色是否是保守的（加上额外的一列表示对所有两种颜色求和）。

每个格子中的第一个值表示那个型号和那个颜色的汽车的数量。比例分别表示这个格子的卡方统计量，以及在行、列和整个表格中占的比例。

在表2-1中，我们最感兴趣的是保守颜色汽车占每一种型号的行比例。行比例告诉我们0.654（65%）的SE汽车用保守的颜色，SEL汽车的这个比例是0.696（70%），SES汽车是0.653（65%）。这些数值的差异相对来说是较小的，这暗示不同型号的汽车选择的颜色类型没有显著的差异。

卡方值指出了在两个变量中每个单元格在**皮尔逊卡方独立性检验**中的贡献。这个检验测量了表格中每个单元格内数量的不同只是由于偶然的可能性有多大。如果概率值非常低，那么就提供了充足的证据表明这两个变量是相关的。

你能在引用CrossTable()函数时增加一个额外的参数，指定chisq=TRUE来获得卡方检验的结果。在这个案例中，概率值是93%，暗示单元格内数量的变化很可能是偶然的，而不是在model和color之间真的存在关联。

2.4 总结

在本章中，我们学习了在R中管理数据的基础。从深入剖析用来存储不同类型数据的数据结构开始。R 数据的基本结构是向量，它可以扩展和组合成更复杂的数据结构，比如，列表和数据框。数据框是与数据集概念相联系的 R 数据结构，数据框内同时有特征和案例。R 提供了从电子表格类的数据文件读取数据和把数据框写入电子表格类的数据文件的函数。

然后，我们探索了一个包含二手车价格的真实世界数据集。我们使用常用的中心趋势和分散程度统计量来检验数值变量，用散点图来可视化价格和里程数。我们用表格检验名义变量。在检验二手车数据时，我们采用一种可以用来理解所有数据集的探索分析过程。整本书的其他项目都要求这些技能。

既然我们花了些时间来理解 R 中数据管理的基础，就已经准备好了使用机器学习来解决真实世界的问题。第 3 章，我们将用近邻方法处理我们的第一个分类任务。

第 3 章

懒惰学习——使用近邻分类

一种奇特的就餐体验出现在世界各地的城市中，顾客在一个全黑的餐厅里接受服务，而服务员仅凭触觉和听觉，通过记忆中的路线移动。这些餐厅的魅力基于这样的信仰：去除一个人的视觉将会增强他的味觉和嗅觉，从而可以使他以一种全新的方式来体验食物。当发现厨师已经准备好的美味时，他的每一口食物都充满了新奇感。

你能够想象用餐者是如何体验看不到的食物的吗？刚吃第一口，感官就被征服了。占主导地位的味道是什么？食物尝起来是咸还是甜？食物的味道类似于以前吃的什么东西吗？就个人而言，我用一句稍加修改的谚语来想象这一探索过程——如果该食物闻起来像只鸭子，并且尝起来也像只鸭子，那么你很可能就在吃鸭子。

这阐述了一个可以用于机器学习的思想——就像另一句有关鸟类的格言——有一样羽毛的鸟会聚集在一起（即“物以类聚，人以群分”）。换句话说就是，相似的东西很可能具有相似的属性。利用这个原理，机器学习可以对数据进行分类，将其划分到同一类别，比如相似或者“最近”的邻居中。本章将讨论使用这种方法的分类器，你将会学到：

- 定义近邻分类器的关键概念，以及为什么它们被认为是“懒惰”(lazy) 学习器。
- 通过距离来测量两个案例相似度的方法。
- 如何应用一种流行的名为 k-NN 的近邻分类器。

如果所有这些关于食物的话题让你感到饥饿，那么我们的首要任务就是通过安排一个持续时间较长的有关烹饪的讨论来使用 k-NN 方法，从而理解 k-NN 方法。

3.1 理解近邻分类

用一句话来说，近邻分类器就是把无标记的案例归类为与它们最相似的带有标记的案例所在的类。这类似于本章引言中所描述的就餐经历，在该经历中，人们通过与之前所遇见的食物进行对比来品鉴新的食物。通过近邻分类器，计算机可以应用一种类似于人类回忆过去经历的能力来对当前的情况做出结论。尽管这个想法很简单，但是近邻分类方法是极其强大的，它们已经成功地应用在下列领域中：

- 计算机视觉应用，包括在静止图像和视频中的光学字符识别和面部识别。
- 推荐系统预测一个人是否会喜欢一部电影或者一首歌。
- 识别基因数据的模式用于检测特定的蛋白质或者疾病。

一般来说，近邻分类器非常适用于这样的分类任务，其中的特征和目标类之间的关系是众多的、复杂的或极难理解的，但是具有相似类的项目又是非常近似的。也就是说，如果一个概念很难定义，但是当你看到它时你知道它是什么，那么近邻分类就可能是合适的方法。另一方面，如果数据是噪声数据，于是组与组之间没有明确的界限，那么近邻算法可能难以确定类边界。

3.1.1　k 近邻算法

用于分类的近邻方法可以通过 k 近邻（k-Nearest Neighbor，k-NN）算法举例说明。虽然这可能是最简单的机器学习算法之一，但它仍被广泛使用。

该算法的优缺点如表 3-1 所示。

表 3-1　k-NN 算法的优缺点

优　　点	缺　　点
● 简单且有效 ● 对数据的分布没有要求 ● 训练阶段很快	● 不产生模型，理解特征与类如何相关的能力有限 ● 需要选择一个合适的 k ● 分类阶段很慢 ● 名义变量（特征）和缺失数据需要额外处理

k-NN 算法源于这样一个事实：它使用关于一个样本的 k 个近邻的信息来分类无标记样本。字母 k 是一个可变项，表示任意数目的近邻都可以使用。在选定 k 之后，该算法需要一个已经分成几个类别的样本组成的训练数据集，类别由名义变量来标记。然后，对于测试数据集中的每一个无标记的记录，k-NN 确定训练数据集中与该记录相似度“最近”的 k 条记录，将无标记的测试实例分配到代表 k 个近邻中占比最大的那个类。

为了说明这个过程，让我们回顾引言中所描述的黑暗餐厅用餐的经历。假设在吃一顿神秘的膳食之前，我们创建了一个品味数据集，在这个数据集中，记录了我们对之前所品尝过的很多配料的印象。为了简单起见，只估算了每种配料的两个特征，第一个特征是配料的脆度（crunchiness），取值范围为 1 ～ 10；第二个特征是配料的甜度（sweetness），取值范围为 1 ～ 10。然后，我们标记配料为 3 种类型之一——水果（fruit）、蔬菜（vegetable）或者蛋白质（protein），而忽略其他诸如谷物（grain）或者脂肪（fat）等食物。

该数据集的前几行可能具有如表 3-2 所示的结构。

表 3-2　品味数据集结构

配　料	甜　度	脆　度	食　物
苹果	10	9	水果
腊肉	1	4	蛋白质
香蕉	10	1	水果
胡萝卜	7	10	蔬菜
芹菜	3	10	蔬菜
奶酪	1	1	蛋白质

k-NN 算法将特征处理为一个多维特征空间内的坐标。由于配料数据集只包含两个特征，所以它的特征空间是二维的。可以绘制二维数据散点图，维度 x 表示配料的甜度，维度 y 表示配料的脆度。在品味数据集中增加更多的配料后，散点图如图 3-1 所示。

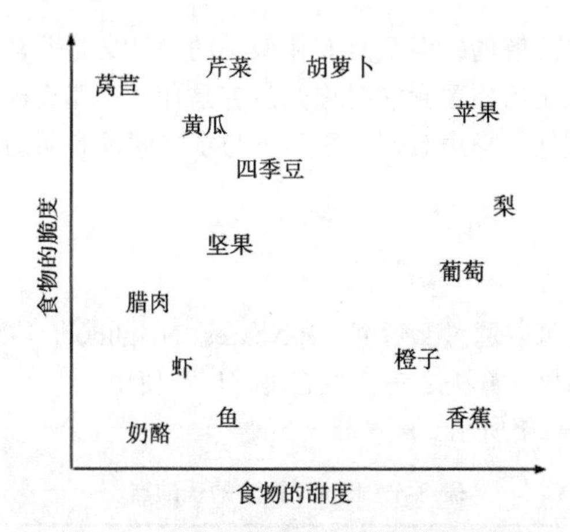

图 3-1　所选食物脆度与甜度的散点图

你注意到图 3-1 了吗？相似类型的食物趋向于聚集得更近。如图 3-2 所示，蔬菜往往是脆而不甜的；水果往往是甜的，有可能是脆的，也有可能是不脆的；而蛋白质往往既不脆也不甜。

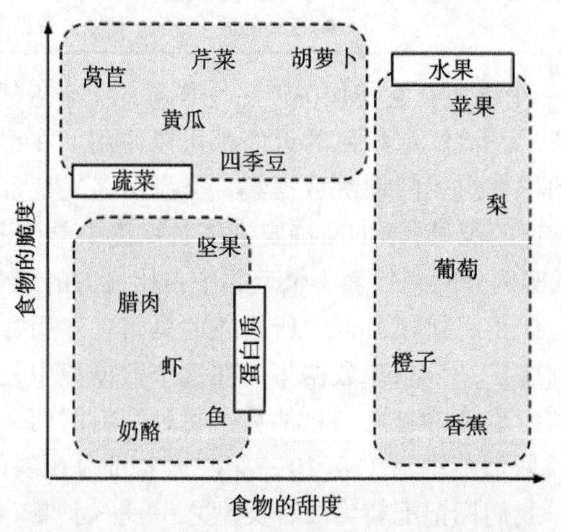

图 3-2　分类相似的食物往往具有相似的属性

假设在创建此数据集后，我们决定用它来解决一个古老的问题：西红柿是水果还是蔬菜？可以使用一种近邻方法来确定哪类更适合西红柿，如图 3-3 所示。

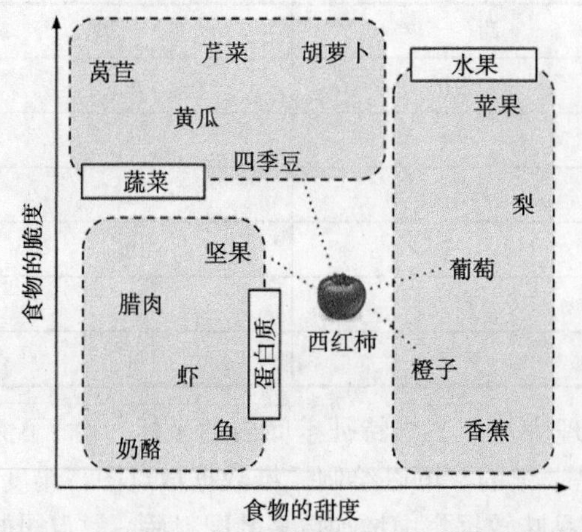

图 3-3　根据西红柿的近邻洞察它是水果还是蔬菜

1. 通过距离度量相似度

定位西红柿的近邻需要一个**距离函数**，即一个用来度量两个实例之间相似度的公式。

计算距离有许多种不同的方法。传统上，k-NN 算法采用**欧氏距离**（Euclidean distance），如果可能，这种距离可以通过用尺子连接两个点来测量。在图 3-3 中，我们通过虚线将西红柿与它的邻居连接在一起。

欧氏距离通过"直线距离"来度量，即最短的直接路线。另一种常见的距离度量是**曼哈顿距离**，该距离基于一个行人在城市街区步行所采取的路线。如果你有兴趣了解更多关于距离度量的方法，可以使用 ?dist 命令，阅读 R 中的距离函数文档。

欧氏距离通过如下的公式定义，其中 p 和 q 是需要比较的样本，它们都有 n 个特征，项 p_1 代表样本 p 的第一个特征的值，而 q_1 代表样本 q 的第一个特征的值：

$$\text{dist}(p,q)=\sqrt{(p_1-q_1)^2+(p_2-q_2)^2+\cdots+(p_n-q_n)^2}$$

距离公式涉及比较每个样本特征的值。例如，为了计算西红柿（甜度 = 6，脆度 =4）和绿豆（甜度 =3，脆度 =7）之间的距离，可以使用如下公式：

$$\text{dist}（\text{西红柿，绿豆}）=\sqrt{(6-3)^2+(4-7)^2}=4.2$$

与此类似，可以计算西红柿与它的几个近邻之间的距离，如表 3-3 所示。

表 3-3　西红柿与它的几个近邻之间的距离

配　料	甜　度	脆　度	食品类型	与西红柿的距离
葡萄	8	5	水果	sqrt((6－8)^2 + (4－5)^2) = 2.2
四季豆	3	7	蔬菜	sqrt((6－3)^2 + (4－7)^2) = 4.2
坚果	3	6	蛋白质	sqrt((6－3)^2 + (4－6)^2) = 3.6
橙子	7	3	水果	sqrt((6－7)^2 + (4－3)^2) = 1.4

为了将西红柿归类为蔬菜、蛋白质或者水果，我们先从把西红柿归类到离它最近的一种食物所在的类型开始。因为这里 $k = 1$，所以这称为 1-NN 分类。橙子是西红柿唯一的近邻，距离是 1.4。因为橙子是一种水果，所以 1-NN 算法把西红柿归类为一种水果。

如果我们使用 $k = 3$ 的 k-NN 算法，那么它会在 3 个近邻（即橙子、葡萄和坚果）之间进行投票表决。现在因为这 3 个邻居的大多数归类为水果（2/3 的票数），所以西红柿再次归类为水果。

2. 选择一个合适的 k

确定用于 k-NN 算法的邻居数量将决定把模型推广到未来数据时的效果。过度拟合和欠拟合训练数据之间的权衡问题称为**偏差 – 方差权衡**（bias-variance tradeoff）。选择一个大的 k 会减小噪声数据对模型的影响或者减小噪声引起的方差，但是它会使学习器产生偏差，使得它有忽视不易察觉但却很重要模式的风险。

假设我们采取一种极端的情况，即设置一个非常大的 k，它等于训练数据中所有观测值的数量。由于每一个训练实例都会在最后的投票表决中出现，所以最常见的类总会获得大多数的票。因此，模型总会预测为数量占大多数的那个类，而不管哪个邻居是最近的。

在相反的极端情况下，使用一个单一的近邻会使得噪声数据和异常值过度影响样本的分类。例如，假设一些训练样本被意外地贴错了标签，而另一些无标记的样本好是最接近于被错误标记的训练样本，那么即使其他的9个近邻有不同的投票，它也会被预测到错误的类中。

显然，最好的 k 值应该取这两个极端值之间的某个值。

图3-4更一般地说明了决策边界（由虚线表示）如何受到较大的或者较小的 k 值的影响。较小的 k 值会给出更复杂的决策边界，它可以更精细地拟合训练数据。但问题是，我们并不知道是直线边界还是曲线边界能更好地代表我们将要学习的正确概念。

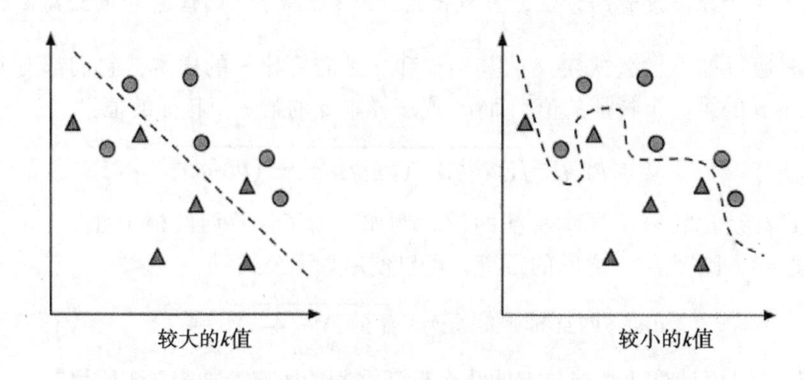

图3-4　较大的 k 值相比较小的 k 值，偏差更大、方差更小

在实际中，k 的选取取决于要学习概念的难度和训练数据中记录的数量。一种常见的做法就是从 k 等于训练样本数的平方根开始。在之前研究的食物分类器中，我们可以设置 k=4，因为训练数据中有15个样本，15的平方根是3.87。

然而，这样的规则可能并不总是会产生一个最好的 k 值。另一种方法是基于各种测试数据集来测试多个 k 值，并选择一个可以提供最好分类性能的 k 值。也就是说，除非数据的噪声非常大，否则大的训练数据集可以使 k 值的选择并不那么重要。这是因为即使是微小的概念，也将有一个足够大的样本池来进行投票，以便选举出近邻。

对于这个问题，一个不太常见但很有趣的解决方法是选择一个较大的 k 值，使用一种**权重投票**（weighted voting）过程，在这个过程中，认为较近邻的投票比远邻的投票更权威。一些k-NN的实现提供这样的选择。

3. 准备k-NN算法使用的数据

在应用k-NN算法之前，通常将特征转换为在一个标准的范围内。这个步骤的合理性在于，距离公式高度依赖于特征是如何被度量的。特别地，如果某个特征具有比其他特征更大范围的值，那么距离的度量就会强烈地被这个具有较大范围的特征所支配。而对于食物品味样本，这并不算是一个问题，因为甜度和脆度的度量都是在1～10的范围内。

然而，假设我们在数据集中增加一个额外的特征来表示食物的辛辣度，并使用Scoville指标来测量它。这是辛辣热量的一种标准化度量，范围从0（完全不辣）到超过100万（最辣的辣椒）。因为辛辣食物和非辛辣食物之间的差异可能会超过100万，而甜食和非甜食或者脆食和非脆食之间的差异至多是10，所以尺度的差异使得辛辣对于距离函数的影响水平远远超过其他两个因素。如果不调整数据，我们可能会发现距离度量只能通过食物的辛辣度来加以区别，而脆度和甜度的影响将会由于辛辣度对距离的贡献而显得相形见绌。

解决的方法便是通过收缩或者放大它们的范围来重新调整特征，使得每个特征对距离公式的贡献相对平均。例如，如果甜度和脆度都在范围 1 ~ 10，那么我们也希望辛辣度在范围 1 ~ 10，有一些方法可以完成这样的尺度调整。

对 k-NN 算法的特征进行重新调整的传统方法是 **min-max 规范化**（min-max normalization），该过程变换特征，使它的所有值都落在 0 ~ 1 范围内。将特征进行 min-max 规范化的公式如下所示：

$$X_{\text{new}}=\frac{X-\min(X)}{\max(X)-\min(X)}$$

本质上，对于每一个特征 X 的值，该公式就是 X 的值减去它的最小值再除以 X 的极差。

生成的 min-max 规范化的特征值可以这样解释：按 0% ~ 100% 来说，在原始最小值和原始最大值的范围内，原始值到原始最小值的距离有多远。

另一种常见的变换称为 **z- 分数标准化**（z-score standardization）。下面的公式是减去特征 X 的均值后，再除以 X 的标准差：

$$X_{\text{new}}=\frac{X-\mu}{\sigma}=\frac{X-\text{Mean}(X)}{\text{StdDev}(X)}$$

这个公式是基于第 2 章所介绍的正态分布的性质（即根据每一个特征的值落在均值加减的标准差的数量）来重新调整每一个特征的值，所得到的值称为 z– 分数（z-score）。z– 分数落在一个无界的负数和正数构成的范围内，它们与 min-max 规范化后的值不同，没有预定义的最小值和最大值。

用于 k-NN 训练数据集的同一个尺度调整方法必须也应用于算法之后将要分类的测试样本。对于 min-max 规范化，这可能会导致一种棘手的情形，即未来样本的最小值或者最大值可能在训练数据中观测值的范围之外。如果事先知道合理的最小值或者最大值，则可以使用这些常量，而不是观测值。另外，基于如下假设，也可以使用 z– 分数标准化：作为训练样本，未来样本具有相似的均值和标准差。

欧氏距离公式并不是为名义数据定义的。因此，为了计算名义特征之间的距离，需要将它们转化成数值型格式。一种典型的解决方案就是利用**虚拟变量编码**（dummy coding），其中 *1* 表示一个类别，*0* 表示另一个类别。例如，可以如下构建性别变量的虚拟变量编码：

$$\text{male}=\begin{cases}1 & \text{若 } x=\texttt{male}\\ 0 & \text{否则}\end{cases}$$

注意，对含有两个可能取值的（二元）性别变量进行虚拟变量编码产生一个新的名为 male 的特征，而为 female 构建一个单独的特征是没有必要的，因为两种性别是互斥的，知道其中一个就足够了。

这种方法实际上可以更广泛地应用。一个具有 n 个类别的名义特征可以通过对特征的 $n-1$ 个水平创建二元指示变量来进行虚拟变量编码。例如，为一个具有 3 个类别的温度变量（比如，hot、medium 或者 cold）进行虚拟变量编码，可以用（*3–1*）=*2* 个特征来进行设置，如下式所示：

$$\text{hot}=\begin{cases}1 & 若\ x=\text{hot}\\ 0 & 否则\end{cases}$$

$$\text{medium}=\begin{cases}1 & 若\ x=\text{medium}\\ 0 & 否则\end{cases}$$

只要知道 hot 和 medium 的值同时为 *0* 就足以说明温度是 cold，因此不需要为 cold 类设置第 3 个特征。由于只有一个属性编码为 *1*，而其他属性编码必须全部为 *0*，所以虚拟变量编码又称为**独热编码**（one-hot encoding）。

虚拟变量编码的一个方便之处就在于虚拟变量编码的特征之间的距离总是为 1 或者 0，因此，与 min-max 规范化的数值数据一样，这些值落在了一个相同的标度内，不需要进行额外的变换。

如果名义特征是有序的（可以将温度变量作为例子），那么一种虚拟变量编码的替代方法就是给类别编号并且应用 min-max 规范化。例如，cold、warm 和 hot 可以编号为 1、2 和 3，min-max 规范化后为 0、0.5 和 1。使用该方法要注意的是，只有当类别之间的步长相等时，才能应用该方法。例如，对于收入分类，尽管 poor、middle class 和 wealthy 是有序的，但是 poor 和 middle class 之间的差异与 middle class 和 wealthy 之间的差异可能是不同的。由于组别之间的步长不相等，所以虚拟变量编码是一种更保险的方法。

3.1.2　为什么 k-NN 算法是懒惰的

基于近邻方法的分类算法被认为是**懒惰学习**（lazy learning）算法，因为从技术上来说，没有抽象化的步骤。抽象过程和一般化过程都被跳过了，这就破坏了第 1 章给出的学习的定义。

基于学习这个概念的严格定义，懒惰学习并不是真正在学习什么。相反，它仅仅是一字不差地存储训练数据，这样训练阶段并不是实际训练什么，于是就进行得很快。

当然，相比之下，不利因素就是进行预测的过程往往会相对较慢。由于高度依赖于训练实例而不是一个抽象的模型，所以懒惰学习又称为**基于实例的学习**（instance-based learning）或者**机械学习**（rote learning）。

由于基于实例的学习算法并不会建立一个模型，所以该方法归类为**非参数**（non-parametric）学习方法，即没有需要学习的数据参数。因为没有产生关于数据的理论，所以非参数方法限制了我们理解分类器如何使用数据的能力。另外，它允许学习算法发现数据中的自然模式，而不是试图将数据拟合为一个预先设定的可能的偏差函数形式，如图 3-5 所示。

尽管 k-NN 分类器可能被认为是懒惰的，但它们还是很强大的，正如你不久就会看到的，近邻学习的简单原则可以用于癌症的自动化筛查过程。

图 3-5　机器学习算法有不同的偏差，可能会得出不同的结论

3.2　例子——用 k-NN 算法诊断乳腺癌

定期的乳腺癌检查使得疾病在引起明显的症状之前就得到诊断与治疗。早期的检测过程包括检查乳腺组织的异常肿块。如果发现一个肿块，那么就需要进行细针抽吸活检，即利用一根空心针从肿块中提取细胞的一个小样品，然后临床医生在显微镜下检查细胞，从而确定肿块可能是恶性的还是良性的。

如果机器学习能够自动识别癌细胞，那么它将为医疗系统提供相当大的益处。自动化的过程很有可能提高检测过程的效率，从而可以让医生在诊断上花更少的时间，而在治疗疾病上花更多的时间。自动化筛查系统还可能通过去除该过程中的内在主观人为因素来提供更高的检测准确性。

从带有异常乳腺肿块的女性身上的活检细胞的测量数据入手，应用 k-NN 算法，从而研究机器学习用于检测癌症的功效。

3.2.1　第 1 步——收集数据

我们将使用来自 UCI 机器学习数据仓库（UCI Machine Learning Repository）的乳腺癌威斯康星（诊断）数据集（Wisconsin Breast Cancer Diagnostic dataset），该数据可以从网站 `http://archive.ics.uci.edu/ml` 获得。该数据是由威斯康星大学的研究者捐赠的，包括乳房肿块细针抽吸活检数字化图像的多项测量值，这些值代表出现在数字化图像中的细胞核的特征。

想要阅读更多关于该数据集的信息，可参考 Breast Cancer Diagnosis and Prognosis via Linear Programming, Mangasarian OL, Street WN, Wolberg WH, *Operations Research*, 1995, Vol. 43, pp. 570-577。

乳腺癌数据包括 569 例细胞活检样本，每个样本有 32 个特征。一个特征是识别号码，一个特征是癌症诊断结果，其他 30 个特征是数值型的实验室测量结果。癌症诊断结果用编码 "M" 表示恶性，用编码 "B" 表示良性。

30 个数值型测量结果由数字化细胞核的 10 个不同特征的均值、标准差和最差值（即最大值）构成。这些特征包括：

- ❑ Radius（半径）。
- ❑ Texture（质地）。
- ❑ Perimeter（周长）。
- ❑ Area（面积）。

- ❑ Smoothness（光滑度）。
- ❑ Compactness（致密性）。
- ❑ Concavity（凹度）。
- ❑ Concave points（凹点）。
- ❑ Symmetry（对称性）。
- ❑ Fractal dimension（分形维数）。

根据这些名字，所有特征似乎都与细胞核的形状和大小有关。除非你是一个癌症医师，否则，你不大可能知道每个特征如何与良性或者恶性肿块联系在一起。在我们继续机器学习的过程中，这些模式将会被揭示。

3.2.2 第 2 步——探索和准备数据

让我们来探索数据并且看看是否能让数据之间的关系明朗化一些。为此，我们要准备使用 k–NN 学习算法所要用到的数据。

如果你计划跟着一起学习，那么你需要从 Packt 网站下载 wisc_bc_data.csv 文件，并将它保存到你的 R 工作目录中。对于本书，该数据集对原始形式做了非常轻微的修改。具体地讲，增加了一个标题行并对行数据进行了随机排序。

与先前所做的一样，我们将从导入 CSV 数据文件开始，把威斯康星乳腺癌数据保存到数据框 wbcd 中：

```
> wbcd <- read.csv("wisc_bc_data.csv", stringsAsFactors = FALSE)
```

正如我们所预期的那样，使用 str(wbcd) 命令可以确认数据是由 569 个样本和 32 个特征构成的。前几行的输出结果如下所示：

```
'data.frame':  569 obs. of  32 variables:
 $ id                : int  87139402 8910251 905520 ...
 $ diagnosis         : chr  "B" "B" "B" "B" ...
 $ radius_mean       : num  12.3 10.6 11 11.3 15.2 ...
 $ texture_mean      : num  12.4 18.9 16.8 13.4 13.2 ...
 $ perimeter_mean    : num  78.8 69.3 70.9 73 97.7 ...
 $ area_mean         : num  464 346 373 385 712 ...
```

第一个变量是一个名为 id 的整型变量。由于这仅仅是每个病人在数据中唯一的标识符（ID），它并不能提供有用的信息，所以我们需要把它从模型中剔除。

不管是什么机器学习方法，ID 变量总是要被剔除的，不这样做会导致错误的结果，因为 ID 可以用来正确“预测”每一个样本。因此，包括 ID 列的模型几乎肯定会受到过度拟合的影响，并且无法很好地推广到其他数据。

首先将 id 特征完全剔除。由于它位于第一列，所以我们可以通过复制一个不包括列 1 的 wbcd 数据框来剔除它：

```
> wbcd <- wbcd[-1]
```

接下来的变量是 diagnosis，它是我们特别感兴趣的，因为它是我们希望预测的结果。这个特征表示样本是来自于良性肿块还是恶性肿块。函数 `table()` 的输出结果表示 357 个肿块是良性的，而 212 个肿块是恶性的：

```
> table(wbcd$diagnosis)
  B   M
357 212
```

许多 R 机器学习分类器要求将目标属性编码为因子类型，所以我们需要重新编码 `diagnosis` 变量。同时，我们也会用 `labels` 参数对 `"B"` 值和 `"M"` 值给出含有更多信息的标签：

```
> wbcd$diagnosis <- factor(wbcd$diagnosis, levels = c("B", "M"),
  labels = c("Benign", "Malignant"))
```

当我们观察函数 `prop.table()` 的输出结果时，发现输出值被标记为 `Benign` 和 `Malignant`，分别有 62.7% 的良性肿块和 37.3% 的恶性肿块：

```
> round(prop.table(table(wbcd$diagnosis)) * 100, digits = 1)
   Benign Malignant
     62.7      37.3
```

其余的 30 个特征都是数值型的，与预期一样，它们由 10 个细胞核特征的 3 种不同测量构成。作为示例，我们这里详细观察 3 个特征：

```
> summary(wbcd[c("radius_mean", "area_mean", "smoothness_mean")])
  radius_mean       area_mean       smoothness_mean
 Min.   : 6.981   Min.   : 143.5   Min.   :0.05263
 1st Qu.:11.700   1st Qu.: 420.3   1st Qu.:0.08637
 Median :13.370   Median : 551.1   Median :0.09587
 Mean   :14.127   Mean   : 654.9   Mean   :0.09636
 3rd Qu.:15.780   3rd Qu.: 782.7   3rd Qu.:0.10530
 Max.   :28.110   Max.   :2501.0   Max.   :0.16340
```

纵观这三个并排的特征，你注意到了关于数值的一些问题吗？我们知道，k-NN 的距离计算在很大程度上依赖于输入特征的测量尺度。由于光滑度的范围是 0.05 ~ 0.16，而面积的范围是 143.5 ~ 2501.0，所以在距离计算中，面积的影响将远大于光滑度的影响，这可能潜在地导致分类器出现问题，所以我们应用 min-max 规范化方法将特征值重新调整到一个标准范围内。

1. 转换——min-max 规范化数值数据

为了将这些特征进行 min-max 规范化，我们需要在 R 中创建一个 `normalize()` 函数，该函数接受一个数值向量 `x` 作为输入参数，并且对于 `x` 中的每一个值，减去 `x` 中的最小值再除以 `x` 的极差。最后，返回结果向量。该函数的代码如下：

```
> normalize <- function(x) {
    return ((x - min(x)) / (max(x) - min(x)))
  }
```

运行上面的代码后，函数 `normalize()` 就可以在 R 中使用了。让我们用几个向量来测试这个函数：

```
> normalize(c(1, 2, 3, 4, 5))
[1] 0.00 0.25 0.50 0.75 1.00
> normalize(c(10, 20, 30, 40, 50))
[1] 0.00 0.25 0.50 0.75 1.00
```

该函数似乎能正确运行。事实上，尽管第二个向量中的值是第一个向量中的值的10倍，但是在min-max规范化以后，这两个向量返回的结果是完全一样的。

现在，我们可以将normalize()函数应用于我们数据框中的数值特征。我们并不需要对这30个数值变量逐个进行min-max规范化，这里可以使用R中的一个函数来自动完成此过程。

lapply()函数接受一个列表作为输入参数，然后把一个具体函数应用到每一个列表元素。因为数据框是一个含有等长度向量的列表，所以我们可以使用lapply()函数将normalize()函数应用到数据框中的每一个特征。最后一个步骤是，应用函数as.data.frame()把lapply()返回的列表转换成一个数据框。全部过程如下所示：

```
> wbcd_n <- as.data.frame(lapply(wbcd[2:31], normalize))
```

以通俗的语言来讲，该命令把normalize()函数应用到数据框wbcd的第2 ~ 31列，把产生的结果列表转换成一个数据框，并给该数据框赋予一个名称wbcd_n。这里使用的后缀_n是一个提示，即wbcd中的值已经被min-max规范化了。

为了确认转换是否应用正确，让我们来看看其中一个变量的汇总统计量：

```
> summary(wbcd_n$area_mean)
Min.    1st Qu. Median  Mean    3rd Qu. Max.
0.0000  0.1174  0.1729  0.2169  0.2711  1.0000
```

正如预期的那样，area_mean变量的原始范围是143.5 ~ 2501.0，而现在的范围是0 ~ 1。

2. 数据准备——创建训练数据集和测试数据集

尽管所有的569个活检的良性或者恶性情形都已被标记，但是预测我们已经知道的结果并不是特别令人感兴趣。此外，我们在训练期间得到的算法分类好坏的衡量指标可能有误，因为我们不知道数据发生过度拟合的程度，或者说，不知道推广到新的情形时学习算法效果怎样。出于这些原因，一个更有趣的问题是，对于一个未知数据的数据集，学习器的性能怎样。如果有机会使用实验室，那么我们可以将学习器应用到接下来的100个未知癌症情形的肿块的测量数据，并且看看与用传统方法得到的诊断结果相比，机器学习算法的预测怎样。

由于缺少这样的数据，因此我们可以通过把数据划分成两部分来模拟这种方案：一部分是用来建立k-NN模型的训练数据集；另一部分是用来估计模型预测准确性的测试数据集。使用前469条记录作为训练数据集，剩下的100条记录用来模拟新的病人。

使用第2章介绍的数据提取方法，我们将把wbcd_n数据框划分为wbcd_train和wbcd_test：

```
> wbcd_train <- wbcd_n[1:469, ]
> wbcd_test <- wbcd_n[470:569, ]
```

如果对上面的命令感到困惑，那么记住从数据框中提取数据使用的是[row, column]

语法。如果行值或者列值是空的，就表明所有的行或者列都包含在内。因此，第一行代码取的是第 1 ~ 469 行的所有列，第二行取的是 470 ~ 569 行的所有列。

当构造训练数据集和测试数据集时，保证每一个数据集都是数据全集的一个有代表性的子集是很重要的。wbcd 记录已经随机排序，所以我们可以简单地提取 100 个连续的记录来创建一个测试数据集。如果数据是按时间顺序或者以具有相似值的组的顺序排列的，那么这将是不恰当的。在这些情况下，需要用到随机抽样方法。随机抽样将在第 5 章中讨论。

当构建了规范化的训练数据集和测试数据集时，我们剔除了目标变量 diagnosis。为了训练 k-NN 模型，需要把这些类的标签存储在因子向量中，然后把该向量划分为训练数据集和测试数据集：

```
> wbcd_train_labels <- wbcd[1:469, 1]
> wbcd_test_labels <- wbcd[470:569, 1]
```

该代码使用 wbcd 数据框第一列的 diagnosis 因子，并且创建了 wbcd_train_labels 和 wbcd_test_labels 两个向量。我们将在下面分类器的训练和评估步骤中使用这些向量。

3.2.3　第 3 步——基于数据训练模型

有了训练数据集和标签向量后，我们现在准备对测试记录进行分类。对于 k-NN 算法，训练阶段实际上不包括模型的建立，训练一个懒惰学习器的过程就像 k-NN 仅涉及以结构化格式存储输入数据。

为了将测试实例进行分类，我们使用一个来自 class 添加包的 k-NN 实现，该添加包提供了一组用于分类的基本 R 函数。如果该添加包尚未安装到你的系统上，你可以通过输入以下命令来安装它：

```
> install.packages("class")
```

输入 library (class) 命令，就可以在任何你希望使用这些函数的会话期间加载该添加包。

class 添加包中的 knn() 函数提供了一个标准的 k-NN 算法实现。对于测试数据中的每一个实例，该函数将使用欧氏距离标识 k 个近邻，其中 k 是用户指定的一个数。于是，通过 k 个近邻的“投票”来对测试实例进行分类——确切地说，该过程涉及将实例归类到大多数邻居所在的那个类。如果各个类的票数相等，该测试实例会被随机分类。

在其他 R 添加包中，还有几个其他的 k-NN 函数提供了更加复杂或者更加高效的算法实现。如果受到 knn() 函数的限制，可以在R综合文档网络（Comprehensive R Archive Network，CRAN）中搜索 k-NN。

使用 knn() 函数进行训练和分类是用带有 4 个参数的单一命令执行的，如表 3-4 所示。

表 3-4　k-NN 分类语法

k-NN 分类语法
应用 class 添加包中的函数 knn()
创建分类器并进行预测： p <- knn(train, test, class, k) train：一个包含数值型训练数据的数据框 test：一个包含数值型测试数据的数据框 class：包含训练数据每一行分类的一个因子向量 k：标识近邻数的一个整数 该函数返回一个因子向量，该向量含有测试数据框中每一行的预测分类。 **例子：** wbcd_pred <- knn(train=wbcd_train, test=wbcd_test, cl=wbcd_train_lables, k=3)

现在有了把 k-NN 算法应用到该数据集中的几乎所有参数。我们已经把数据划分成训练数据集和测试数据集，每个数据集都有完全相同的数值特征。训练数据中的标签存储在一个单独的因子向量中，唯一剩下的参数是 k，它指定投票中所包含的邻居数。

由于训练数据集含有 469 个实例，所以我们可能尝试 k = 21，它是一个大约等于 469 的平方根的奇数。根据二分类的结果，使用奇数将消除各个类票数相等这一情况发生的可能性。

现在，我们可以使用 knn() 函数对测试数据进行分类：

```
> wbcd_test_pred <- knn(train = wbcd_train, test = wbcd_test,
                        cl = wbcd_train_labels, k = 21)
```

函数 knn() 返回一个因子向量，为 wbcd_test 数据集中的每一个样本返回一个预测标签，我们将该因子向量命名为 wbcd_test_pred。

3.2.4　第 4 步——评估模型的性能

下一步就是评估 wbcd_test_pred 向量中预测的分类与 wbcd_test_labels 向量中真实值的匹配程度如何。为了做到这一点，我们可以使用 gmodels 添加包中的 CrossTable() 函数，它在第 2 章中介绍过。如果还没有安装该添加包，可以使用 install.packages("gmodels") 命令进行安装。

在使用 library(gmodels) 命令载入该添加包后，可以创建一个用来标识预测标签向量和真实标签向量之间一致性的交叉表。指定参数 prop.chisq = FALSE，将从输出中去除不需要的卡方（chi-square）值，如下所示：

```
> CrossTable(x = wbcd_test_labels, y = wbcd_test_pred,
             prop.chisq = FALSE)
```

由此产生的表如表 3-5 所示。

表格中单元格的百分比表示落在 4 个分类中的值所占的比例。左上角的单元格表示真阴性（True Negative）的结果。100 个值中有 61 个值标识肿块是良性的，而 k-NN 算法也相应地把它们标识为良性的。右下角的单元格表示真阳性（True Positive）的结果，这里表示分类器和临床确定的标签一致认为肿块是恶性的情形。100 个预测值中有 37 个是真阳性的。

表 3-5　结果表

```
                 | wbcd_test_pred
wbcd_test_labels |    Benign | Malignant | Row Total |
-----------------|-----------|-----------|-----------|
          Benign |        61 |         0 |        61 |
                 |     1.000 |     0.000 |     0.610 |
                 |     0.968 |     0.000 |           |
                 |     0.610 |     0.000 |           |
-----------------|-----------|-----------|-----------|
       Malignant |         2 |        37 |        39 |
                 |     0.051 |     0.949 |     0.390 |
                 |     0.032 |     1.000 |           |
                 |     0.020 |     0.370 |           |
-----------------|-----------|-----------|-----------|
    Column Total |        63 |        37 |       100 |
                 |     0.630 |     0.370 |           |
-----------------|-----------|-----------|-----------|
```

落在另一条对角线上的单元格包含了 k-NN 预测结果与真实标签不一致的样本计数。位于左下角单元格的 2 个样本是假阴性（False Negative）的结果。在这种情况下，预测的值是良性的，但肿瘤实际上是恶性的。这个方向上的错误可能会产生极其高昂的代价，因为它们可能导致一位病人认为自己没有癌症，而实际上这种疾病可能会继续蔓延。

如果右上角单元格里有值，它包含的是假阳性（False Positive）的结果。当模型将肿块归类为恶性的，而事实上它是良性的时候，就会产生这些值。尽管这类错误没有假阴性的结果那么危险，但这类错误也应该避免，因为它们可能会导致医疗系统的额外财政负担，或者病人的额外压力，可能会需要提供不必要的检查或者治疗。

如果需要，可以通过将每一个肿块分类为恶性肿块来完全排除假阴性的结果。显然，这是一个不切实际的策略。然而，它说明了一个事实，即预测涉及假阳性比率和假阴性比率之间的一个平衡。在第 10 章中，将学习用于评估预测准确性的方法，根据每种错误类型的成本，可以用这些方法来优化性能。

根据 k-NN 算法，一共有 2% 或者说 100 个肿块中有 2 个是被错误分类的。虽然仅用几行 R 代码就得到 98% 的准确性，但是我们可以尝试其他的迭代方法来提高模型性能并减少错误分类值的数量，特别当错误是危险的假阴性结果时。

3.2.5　第 5 步——提高模型的性能

对于前面的分类器，我们将尝试两种简单的改变。第一，将使用另一种方法重新调整数值特征；第二，将尝试几个不同的 *k* 值。

1. 转换——z 分数标准化

虽然 min-max 规范化常用于 k-NN 分类，但在癌症数据集中，z- 分数标准化可能是一种更适合用于调整特征的方法。因为 z- 分数标准化后的值没有预定义的最小值和最大值，所以极端值不会被压缩到中心。即使没有进行正式的医学领域的培训，人们也可能会怀疑，由于肿瘤不受控制地生长，一个恶性肿瘤可能会导致极端的异常值。考虑到这一点，让异常值在距离计算中占有更大的权重可能是合理的。让我们来看看 z- 分数标准化是否能够提高预测的准确性。

为了标准化一个向量，我们可以使用 R 内置的 scale() 函数，该函数默认使用 z 分数标准化来重新调整特征的值。scale() 函数可以直接应用于数据框，因此无须使用 lapply() 函数。为了创建一个 wbcd 数据的 z- 分数标准化版本，我们可以使用下面的命令：

```
> wbcd_z <- as.data.frame(scale(wbcd[-1]))
```

该命令重新调整了除第一列 diagnosis 以外的所有特征，并把结果存储在 wbcd_z 数据框中，后缀 _z 提示该特征值已经进行了 z– 分数标准化。

为了确认变换是否正确，我们可以看一看汇总统计量：

```
> summary(wbcd_z$area_mean)
Min.     1st Qu.  Median   Mean    3rd Qu. Max.
-1.4530  -0.6666  -0.2949  0.0000  0.3632  5.2460
```

一个 z- 分数标准化变量的均值应该始终为 0，而且其值域应该非常紧凑，一个大于 3 或者小于 –3 的 z- 分数表示一个极其罕见的值，考虑到应用这些准则检查汇总统计量，变换似乎已经奏效。

正如我们之前所做的那样，需要将 z- 分数标准化的数据划分为训练数据集和测试数据集，并使用 knn() 函数对测试实例进行分类，然后使用 CrossTable() 函数来比较预测的标签与实际的标签：

```
> wbcd_train <- wbcd_z[1:469, ]
> wbcd_test <- wbcd_z[470:569, ]
> wbcd_train_labels <- wbcd[1:469, 1]
> wbcd_test_labels <- wbcd[470:569, 1]
> wbcd_test_pred <- knn(train = wbcd_train, test = wbcd_test,
                        cl = wbcd_train_labels, k = 21)
> CrossTable(x = wbcd_test_labels, y = wbcd_test_pred,
             prop.chisq = FALSE)
```

不幸的是，在表 3-6 中，应用新变换得到的结果的准确性略有降低。使用相同的实例，之前我们正确分类了 98% 的样本，而现在我们仅正确分类了 95% 的样本。更糟糕的是，我们并没有在假阴性的分类结果上做得更好。

表 3-6　结果表

```
                 | wbcd_test_pred
wbcd_test_labels |    Benign | Malignant | Row Total |
-----------------|-----------|-----------|-----------|
          Benign |        61 |         0 |        61 |
                 |     1.000 |     0.000 |     0.610 |
                 |     0.924 |     0.000 |           |
                 |     0.610 |     0.000 |           |
-----------------|-----------|-----------|-----------|
       Malignant |         5 |        34 |        39 |
                 |     0.128 |     0.872 |     0.390 |
                 |     0.076 |     1.000 |           |
                 |     0.050 |     0.340 |           |
-----------------|-----------|-----------|-----------|
    Column Total |        66 |        34 |       100 |
                 |     0.660 |     0.340 |           |
-----------------|-----------|-----------|-----------|
```

2. 测试其他的 k 值

通过检查不同 *k* 值的性能，我们或许能够优化 k-NN 模型性能。使用规范化的训练数据集和测试数据集，然后选择几个不同的 *k* 值对相同的 100 条记录进行分类。对于每次迭代，假阴性和假阳性的数量如表 3-7 所示。

表 3-7　每次迭代的假阴性和假阳性的数量

k 值	假阴性的数量	假阳性的数量	错误分类的百分比
1	1	3	4%
5	2	0	2%
11	3	0	3%
15	3	0	3%
21	2	0	2%
27	4	0	4%

虽然分类器永远不会很完美，但是 1-NN 算法能够避免一些假阴性的结果，不过它是以增加假阳性的结果为代价。然而，重要的是记住，为了过于准确地预测测试数据来调整我们的方法是不明智的，毕竟，一组不同的 100 位病人的记录很可能与那些用来测量模型性能的记录有所不同。

如果你需要确认一个学习器能否推广到未来的数据，那么你可能需要随机地创建几组 100 位病人的记录，并且在这些数据上重复测试结果。第 10 章将深入讨论评估机器学习模型性能的方法。

3.3　总结

在本章中，我们学习了使用 k-NN 算法进行分类。不同于其他的分类算法，k- 近邻分类并没有进行任何学习，它一字不差地存储训练数据，然后使用一个距离函数将无标记的测试样本与训练数据集中最相似的记录进行匹配，并将无标记样本的邻居的标签分配给它。

尽管 k-NN 是一个非常简单的算法，但是它却能够处理极其复杂的任务，比如识别癌细胞的肿块。用简单的几行 R 代码，就能够以高达 98% 的准确率识别一个肿块是恶性的还是良性的。

在第 4 章中，我们将研究使用概率来估计一个观测值落入某些类别中的分类方法，比较该方法与 k-NN 算法有何不同将会很有趣。在第 9 章中，我们将学习一个与 k-NN 算法很相似的算法，该方法把距离度量用于一个完全不同的学习任务中。

第 4 章

概率学习——朴素贝叶斯分类

当一位气象学家提供天气预报时，通常会使用像“70% 的可能性下雨”这样的短语来描述降雨，这样的预测称为下雨的概率。他们是如何计算的呢？这是一个让人困惑的问题，因为在现实生活中，要么下雨，要么不下雨。

天气预测都是基于概率的方法，这些方法与描述不确定性有关。它们通过过去已发生事件的数据信息来推断未来的事件。在天气预报这个例子中，下雨的可能性描述了相似大气条件下前几天下雨的概率。70% 下雨的可能性意味着，在过去有类似条件的 10 个例子中，有 7 个在该地区的某个地方下雨了。

本章介绍朴素贝叶斯算法，该算法使用与天气预报大致相同的概念方法，你将学习：

- 概率的基本原则。
- 使用 R 分析文本数据需要的专用方法和数据结构。
- 如何运用朴素贝叶斯分类器建立 SMS 垃圾短信过滤器。

如果之前已经上过统计学课程，本章中的一些内容看上去可能是一种回顾。即便如此，这也将有助于你重新整理概率知识，而且这些原则也是“朴素贝叶斯”如何得到这样一个奇怪名称的依据。

4.1 理解朴素贝叶斯

已经存在了几百年的基本统计学思想对理解朴素贝叶斯算法是必要的，该算法起源于 18 世纪数学家托马斯 · 贝叶斯（Thomas Bayes）的工作。托马斯 · 贝叶斯发明了用来描述事件的概率以及如何根据附加信息修正概率的基本原则。这些原则构成了现在所谓的贝叶斯方法的基础。

稍后，我们将更详细地介绍这些方法，现在知道如下事实就够了：概率是一个介于 0 ~ 1 之间的数（即 0% ~ 100%）。依据现有的证据，这个数给出了一个事件发生的可能性。概率越小，事件发生的可能性就越小。概率为 0 表示事件绝对不会发生，而概率为 1 表示事件将绝对确定地发生。

基于贝叶斯方法的分类器是利用训练数据并根据特征值提供的证据来计算每一个结果的概率。当分类器之后被应用到无标签数据时，分类器就会使用这些计算出来的概率预测新的样本最有可能属于哪个类。这是简单的想法，但根据这种想法就产生了一种方法，这种方法得到的结果与很多复杂算法得到的结果是等价的。事实上，贝叶斯分类器已用于以下方面：

- ❑ 文本分类，比如垃圾邮件过滤。
- ❑ 在计算机网络中进行入侵检测或者异常检测。
- ❑ 根据一组观察到的症状，诊断身体状况。

通常情况下，贝叶斯分类器最适用于解决这样一类问题：在这类问题中，为了估计一个结果的总体概率，应该同时考虑从众多属性中提取的信息。尽管很多机器学习算法忽略了具有弱影响的一些特征，但是贝叶斯方法利用了所有可以获得的证据来巧妙地修正预测。这意味着即使大量特征产生的影响较小，但在贝叶斯模型中，它们的组合影响可能会相当大。

4.1.1　贝叶斯方法的基本概念

在进入朴素贝叶斯算法学习之前，我们需要花一些时间来定义一些概念，这些概念在贝叶斯方法中经常用到。用一句话概括，贝叶斯概率理论植根于这样一个思想，即一个事件（event）或者一个可能结果的似然估计应建立在手中已有证据的基础上，而证据通过多次试验（trial）或者事件发生的机会来得到。

表 4-1 列出了多个真实世界结果的事件和试验：

表 4-1　多个真实世界结果的事件和试验

事　件	试　验
正面	抛硬币
雨天	一天天气
垃圾邮件	收到的电子邮件
候选人当选总统	总统选举
中彩票	彩票

贝叶斯方法提供了如何根据观测到的数据来估计这些事件概率的洞察力。为了看看怎样，我们需要形式化地定义概率。

1. 理解概率

一个事件发生的概率通过观测到的数据来估计，即用该事件发生的试验的次数除以试验的总次数。例如，如果在具有和今天类似条件的 10 天中有 3 天下雨了，那么今天下雨的概率就可以估计为 3/10=0.30 或者 30%。同样，如果之前的 50 封电子邮件中有 10 封是垃圾邮件，那么将要收到的任一电子邮件为垃圾邮件的概率可以估计为 10/50=0.20 或者 20%。

为了表示这些概率，我们通常用符号 $P(A)$ 来表示事件 A 发生的概率，比如 P（下雨）=0.30，P（垃圾邮件）=0.20。

一个试验的所有可能结果的概率之和一定为 1，因为一个试验总会导致某个结果发生。因此，如果试验有两个不可能同时发生的结果，比如雨天和晴天、垃圾邮件和非垃圾邮件，知道了其中一个结果发生的概率就意味着知道了另一个结果发生的概率。例如，给定 P（垃圾邮件）=0.20，我们便可以计算出 P（非垃圾邮件）=1−P（垃圾邮件）=1−0.20=0.80。之所以这样计算，是因为垃圾邮件和非垃圾邮件是完全相互独立的事件，这意味着垃圾邮件和非垃圾邮件两个事件不可能在同一时间发生，它们是试验仅有的可能结果。

现在，因为一个事件不能同时既发生又不发生，所以一个事件与它的补集总是完全相互独立的，或者包含感兴趣事件结果的事件没有发生。事件 A 的补集通常表示为 A^c 或者 A'，此外，简写符号 $P(\neg A)$ 可以用来表示事件 A 不发生的概率，例如 P(¬垃圾邮件)=0.80，这种表示方法等同于 $P(A^c)$。

为了说明事件和它们的补集，将每个事件的概率想象为一个二维空间是有益的，该空间被分割为不同事件的概率。在图 4-1 中，矩形代表电子邮件的可能结果，其中的圆代表垃圾电子邮件的概率为 20%，其余的 80% 代表非垃圾电子邮件的概率。

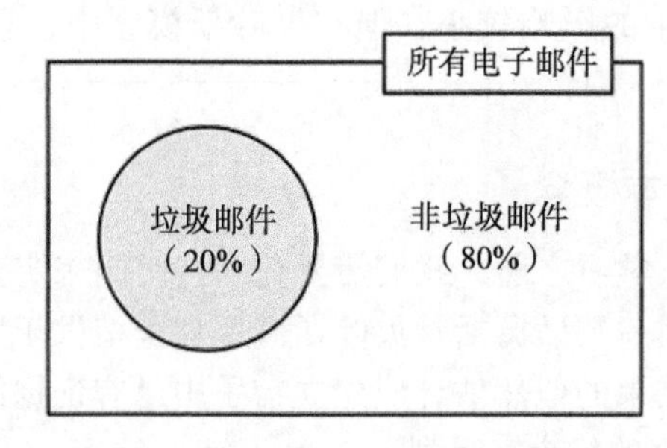

图 4-1　所有电子邮件的概率空间可以被可视化，划分为垃圾邮件和非垃圾邮件

2. 理解联合概率

通常，对于同一个试验，我们感兴趣的是对几个非互斥事件的研究。如果在某些发生的事件中同时带有我们感兴趣的事件，或许我们可以用它们来进行预测。思考这样一个例子，第二个事件的发生建立在电子邮件包含单词“Viagra”事件发生的条件下。为第二个事件更新图 4-1，可以得到图 4-2。

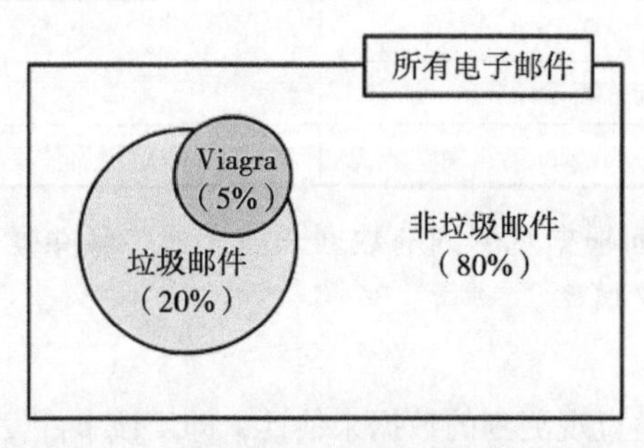

图 4-2　非互斥事件可描述为重叠分区

注意，在图 4-2 中，含有单词 Viagra 的圆没有全部落在垃圾邮件的圆中，也没有完全包含垃圾邮件的圆。这表明，不是所有的垃圾邮件都含有单词“Viagra”，也不是含有单词“Viagra”的邮件就一定是垃圾邮件。然而，因为这个单词很少出现在垃圾邮件外部，所以在新接收的邮件中出现这个单词将有力地证明该邮件是垃圾邮件。

为了将图 4-2 放大来仔细观察垃圾邮件和含有单词“Viagra”的邮件之间的重叠，我们应用可视化的**文氏图**（Venn Diagram）。该图在 19 世纪后期由数学家约翰 · 维恩（John Venn）首先使用，该图用圆来说明项目集合之间的重叠。就像这里的例子一样，在大多数文氏图中，圆的大小和重叠的程度并没有意义。

实际上，它作为对事件的所有可能的组合来分配概率的一种提醒。垃圾邮件和含有单词 Viagra 邮件的文氏图如图 4-3 所示。

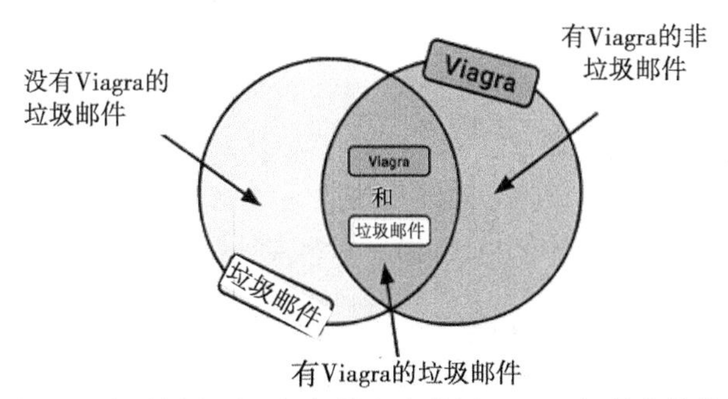

图 4-3　文氏图显示垃圾邮件含有单词 Viagra 邮件事件的重叠

我们知道垃圾邮件占所有电子邮件的 20%（左边的圆），含有单词“Viagra”的邮件占所有电子邮件的 5%（右边的圆）。我们想要量化这两个比例之间的重叠程度，换句话说，我们希望估计 P(垃圾邮件) 和 P(Viagra) 同时发生的概率，记为 P(垃圾邮件 ∩Viagra)。倒写的符号“U”表示两个事件的**交集**（intersection），符号号 $A \cap B$ 指的是事件 A 和 B 同时发生。

概率 P(垃圾邮件 ∩Viagra) 的计算取决于这两个事件的**联合概率**（joint probability），即如何将一个事件发生的概率和另一个事件发生的概率联系在一起。如果这两个事件完全不相关，它们称为**独立事件**（independent event）。这并不是说独立事件不能在同一时间发生，事件独立仅仅意味着知道一个事件的结果并不能为另一事件的结果提供任何信息。例如，抛硬币的正面结果与某天的天气是雨天还是晴天是相互独立的。

如果所有事件都是相互独立的，通过观测另一个事件不可能预测任何一个事件发生的概率。换句话说，**相关事件**（dependent event）是建立预测模型的基础。例如，根据云的存在，预测是一个雨天；根据单词“Viagra”的出现，预测电子邮件是一封垃圾邮件，如图 4-4 所示。

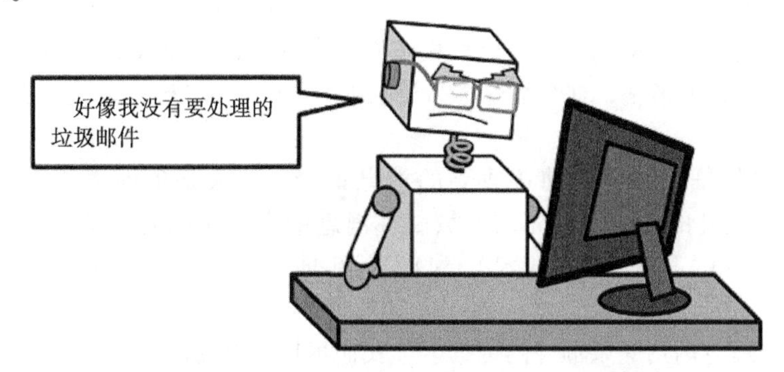

图 4-4　机器需要学习相关事件以识别有用的模式

计算相关事件的概率比计算独立事件的概率更复杂。如果 P(垃圾邮件) 和 P(Viagra) 是相互独立的，则很容易计算 P(垃圾邮件 ∩Viagra)，即这两个事件同时发生的概率。由于在所有电子邮件中，20% 为垃圾邮件，5% 的邮件含有单词“Viagra”，所以我们可以计算出含有单词“Viagra”的垃圾邮件占所有电子邮件的 1%，因为 $0.05 \times 0.20 = 0.01$。更一般地，对于独立事件 A 和事件 B，两个事件同时发生的概率可以根据 $P(A \cap B) = P(A) \times P(B)$ 进行计算。

也就是说，我们知道 P(垃圾邮件) 和 P(Viagra) 很可能是高度相关的，因此上述计算是不正确的。为了得到一个更合理的估计，我们需要一个精确的公式来描述这两个事件之间的关系，该公式基于更先进的贝叶斯方法。

3. 用贝叶斯定理计算条件概率

相关事件之间的关系可以用**贝叶斯定理**来描述，该定理提供了一种思考如何依据另一个事件提供的证据修正该事件概率估计的方式。公式如下所示：

$$P(A|B)=\frac{P(A\cap B)}{P(B)}$$

符号 $P(A|B)$ 表示在事件 B 已经发生的条件下，事件 A 发生的概率。这就是**条件概率**因为事件 A 发生的概率依赖于事件 B 的发生（即条件）。贝叶斯定理告诉我们估计 $P(A|B)$ 应该基于 $P(A\cap B)$，它是观测到 A 和 B 同时发生的频率，$P(B)$ 通常是观测到 B 发生的频率。

贝叶斯定理指出 $P(A|B)$ 的最优估计是 A 伴随着 B 发生的试验数占 B 发生的总试验数的比例。这意味着如果每次观察到事件 B 发生时，事件 A 和事件 B 经常一起发生，那么事件 A 发生的概率就会更高。注意到该公式调整了 B 发生情况下的概率 $P(A\cap B)$。如果 B 是极为罕见的，那么 $P(B)$ 和 $P(A\cap B)$ 总是会很小；然而，如果 A 和 B 几乎总是一起出现，那么不管 B 的概率是多少，$P(A|B)$ 总会很大。

根据定义，$P(A\cap B)=P(A|B)\times P(B)$，对前面的公式运用代数运算便可以轻易地推导出来。根据公式 $P(A\cap B)=P(B\cap A)$，再次重新排列公式得出 $P(A\cap B)=P(B|A)\times P(A)$，那么我们可以将其应用于如下的贝叶斯公式中：

$$P(A|B)=\frac{P(A\cap B)}{P(B)}=\frac{P(B|A)\,P(A)}{P(B)}$$

事实上，这是贝叶斯定理的传统公式，当我们将其运用于机器学习时，原因将变得清晰。首先，为了理解贝叶斯定理在实际中的应用，让我们重新审视我们假设的垃圾邮件过滤器。

如果不知道传入消息的内容，那么垃圾邮件状态的最优估计将是 P(垃圾邮件)，任意先前消息是垃圾邮件的概率，这个估计称为**先验概率**（prior probability）。之前我们求得其是 20%。

假设通过更仔细地观察之前接收到的消息集合，并检验单词“Viagra”出现的频率，获得了一条额外的证据。在先前垃圾邮件消息中出现单词的“Viagra”的概率，即 P(Viagra|垃圾邮件)，称为**似然**（likelihood）。而单词“Viagra”出现在任何一封邮件中的概率，即 P(Viagra)，称为**边际似然**（marginal likelihood）。

将贝叶斯定理应用到这条额外的证据上，我们可以计算**后验概率**（posterior），用这个概率来计算一封邮件是垃圾邮件的可能性。如果计算出的后验概率远大于 50%，则该消息更可能是垃圾邮件，应该过滤掉。下面的公式说明了贝叶斯定理如何应用到之前电子邮件所提供的证据中：

似然　　　　　　　　先验概率

$$P(\text{垃圾邮件}|\text{Viagra})=\frac{P(\text{Viagra}|\text{垃圾邮件})\,P(\text{垃圾邮件})}{P(\text{Viagra})}$$

后验概率　　　　　　　　边际似然概率

为了计算贝叶斯定理的这些部分的概率，需要构造一个频率表（frequency table）（如表 4-2 左下表所示），该表记录了单词“Viagra”出现在垃圾邮件和非垃圾邮件中的次数。与双向交叉列表相似，表的一个维度表示分类变量的水平（垃圾邮件或者非垃圾邮件），而另一个维度表示特征的水平（即单词 Viagra 是否出现：Yes 或 No）。表中的元素表示具有分类值和特征值的特定组合的实例数。

根据频率表，可以构造似然表（likelihood table），如图 4-5 右图所示。给定电子邮件是垃圾邮件或者非垃圾邮件，似然表的行表示“Viagra”（Yes 或 No）的条件概率。

	Viagra		
频率	Yes	No	总计
垃圾邮件	4	16	20
非垃圾邮件	1	79	80
总计	5	95	100

	Viagra		
似然	Yes	No	总计
垃圾邮件	4/20	16/20	20
非垃圾邮件	1/80	79/80	80
总计	5/100	95/100	100

图 4-5　频率表和似然表：计算垃圾邮件后验概率的基础

根据似然表，可以得到 $P(\text{Viagra=Yes}|\text{垃圾邮件})=4/20=0.20$，这意味着在垃圾邮件中，含有单词“Viagra”的邮件的概率为 20%。此外，因为 $P(A\cap B)=P(B|A)\times P(A)$，我们可以计算 $P(\text{垃圾邮件}\cap\text{Viagra})$，即

$$P(\text{Viagra}|\text{垃圾邮件})\times P(\text{垃圾邮件})=(4/20)\times(20/100)=0.04$$

同样的结果在频率表中也可以找到，频率表指出在 100 封电子邮件中，有 4 封是包含单词“Viagra”的垃圾邮件。无论哪种方式，此次的估计值都是先前在错误的独立性假设下，根据 $P(A\cap B)=P(A)\times P(B)$ 计算的估计值 0.01 的 4 倍。当然，这说明了贝叶斯定理用来估计联合概率中的重要性。

为了计算后验概率 $P(\text{垃圾邮件}|\text{Viagra})$，我们利用贝叶斯定理，即

$$\begin{aligned}P(\text{垃圾邮件}|\text{Viagra}) &= P(\text{Viagra}|\text{垃圾邮件})\times P(\text{垃圾邮件})/P(\text{Viagra})\\ &=(4/20)\times(20/100)/(5/100)=0.80\end{aligned}$$

因此，如果电子邮件含有单词“Viagra”，那么该电子邮件是垃圾邮件的概率为 80%。根据这个结果，任何含有单词 Viagra 的消息都很有可能被过滤掉。

这就是商业垃圾邮件过滤器的工作方式，尽管在计算频率表和似然表时会同时考虑更多数目的词语。在下一节中，我们将看到当有额外的特征时，如何使用这一方法。

4.1.2　朴素贝叶斯算法

朴素贝叶斯（Naive Bayes）算法定义了一种将贝叶斯定理应用于分类问题的简单方法。尽管这不是唯一应用贝叶斯方法的机器学习方法，但它是最常见的方法。由于它在文本分类方面的成功，所以越来越受欢迎，一度成为事实上的准则。该算法的优缺点如表 4-2 所示。

朴素贝叶斯算法之所以这样命名是因为关于数据有一些“简单”的假设。特别地，朴素贝叶斯假设数据集的所有特征都具有**相同的重要性和独立性**。而在大多数的实际应用中，这些假设是不成立的。

表 4-2　朴素贝叶斯算法的优缺点

优　点	缺　点
❑ 简单、快速、有效	❑ 依赖于一个常用的错误假设，即一样的重要性和独立特征
❑ 能很好地处理噪声数据和缺失数据	❑ 应用在含有大量数值特征的数据集时并不理想
❑ 需要用来训练的案例相对较少，但同样能很好地处理大量的案例	❑ 概率的估计值相比预测的类而言更不可靠
❑ 很容易获得一个预测的估计概率值	

例如，假设你试图通过监控电子邮件来识别垃圾邮件，那么几乎可以肯定，邮件中的某些特征比其他特征更重要。比如，相对邮件内容来说，电子邮件的发件人是判别垃圾邮件的一个更重要的指标。而且，邮件主体中的词和主体中的其他词并不是相互独立的，因为有些词的出现正好暗示着其他词很可能出现。一封含有单词“ Viagra”的邮件有极大的可能包含单词“prescription”或者“drugs”。

然而，在大多数情况下，即使违背这些假设时，朴素贝叶斯依然可以很好地应用，甚至在特征之间具有很强的依赖性的事件中，朴素贝叶斯算法也可以用。由于该算法的通用性和准确性，适用于很多类型的条件，尤其对于较小的训练数据集，所以在分类学习任务中，朴素贝叶斯算法往往是合理的基线候选方法。

为什么在错误的假设条件下，朴素贝叶斯算法还能有效应用呢？关于其准确性的原因存在很多推测。一种解释是，只要预测的分类值是准确的，那么获得精确的概率估计值并不重要。例如，如果垃圾邮件过滤器能正确识别垃圾邮件，那么在其预测时，它是有 51% 的把握，还是有 99% 的把握，这还重要吗？关于这个主题 的一个探讨，可参阅 *On the Optimality of the Simple Bayesian Classifier under Zero-One Loss, Domingos P and Pazzani M, Machine Learning, 1997, Vol. 29, pp. 103-130*。

1. 朴素贝叶斯分类

除了单词“Viagra”之外，我们通过增加对单词“money”“groceries”和“unsubscribe”的监测来改善垃圾邮件过滤器。我们可以通过构建出现的这 4 个单词（记为 W_1、W_2、W_3 和 W_4）的似然表来训练朴素贝叶斯算法，对 100 封电子邮件分析后的似然表如图 4-6 所示。

	Viagra(W_1)		Money(W_2)		Groceries(W_3)		Unsubscribe(W_4)		
似然	Yes	No	Yes	No	Yes	No	Yes	No	总计
垃圾邮件	4/20	16/20	10/20	10/20	0/20	20/20	12/20	8/20	20
非垃圾邮件	1/80	79/80	14/80	66/80	8/80	71/80	23/80	57/80	80
总计	5/100	95/100	24/100	76/100	8/100	91/100	35/100	65/100	100

图 4-6　扩展的似然表：在垃圾邮件和非垃圾邮件中增加了其他单词

在收到新的消息后，给定文本信息中这些单词的似然，我们需要计算后验概率来确定这些消息更可能是垃圾邮件还是非垃圾邮件。例如，有一条消息包含单词“ Viagra”和“unsubscribe”，但是不包含“money”和“groceries”。

利用贝叶斯定理，我们可以定义这个问题的概率——在给定 Viagra = Yes、Money = No、

Groceries = No 和 Unsubscribe = Yes 条件下，一封邮件为垃圾邮件的概率如下：

$$P(\text{垃圾邮件}|W_1 \cap \neg W_2 \cap \neg W_3 \cap W_4)=\frac{P(W_1 \cap \neg W_2 \cap \neg W_3 \cap W_4|\text{垃圾邮件})P(\text{垃圾邮件})}{P(W_1 \cap \neg W_2 \cap \neg W_3 \cap W_4)}$$

有很多原因使这个公式在计算上难以求解。由于额外特征信息的增加，需要巨大的内存来存储所有可能的交叉事件的概率。想象出现 4 个单词事件的文氏图的复杂性，更不用说数百个甚至更多事件发生的复杂性。在过去的数据中，许多这些潜在的交叉事件将永远不会被观察到，这将导致联合概率为 0，问题将在之后变得更加清晰。

如果我们利用朴素贝叶斯中事件独立性的简单假设，那么计算将变得更加合理。具体地说，朴素贝叶斯假设**类条件独立**（class-conditional independence），这意味着只要事件受限于相同的类值，那么这些事件就是相互独立的。条件独立性假设允许我们应用独立事件的概率原则，即 $P(A \cap B)=P(A)\times P(B)$。通过对单个条件概率进行相乘，而不是计算复杂的条件联合概率，从而简化了分子。

最后，因为分母不依赖于目标类（垃圾邮件或者非垃圾邮件），所以它可以视为常量值，并且可以暂时忽略。这意味着垃圾邮件的条件概率可表示为：

$$P(\text{垃圾邮件}|W_1 \cap \neg W_2 \cap \neg W_3 \cap W_4) \propto P(W_1|\text{垃圾邮件})P(\neg W_2|\text{垃圾邮件})$$
$$P(\neg W_3|\text{垃圾邮件})P(W_4|\text{垃圾邮件})P(\text{垃圾邮件})$$

同时，非垃圾邮件的概率可表示为：

$$P(\text{非垃圾邮件}|W_1 \cap \neg W_2 \cap \neg W_3 \cap W_4) \propto P(W_1|\text{非垃圾邮件})P(\neg W_2|\text{非垃圾邮件})$$
$$P(\neg W_3|\text{非垃圾邮件})P(W_4|\text{非垃圾邮件})P(\text{非垃圾邮件})$$

注意等于符号已经被比例符号所取代，表示分母已经被忽略。

利用似然表中的数据，我们可以开始为这些公式填充数，垃圾邮件的总似然为：

$$(4/20)\times(10/20)\times(20/20)\times(12/20)\times(20/100) = 0.012$$

而非垃圾邮件的总似然为：

$$(1/80)\times(66/80)\times(71/80)\times(23/80)\times(80/100) = 0.002$$

因为 0.012/0.002 = 6，所以我们可以认为该消息是垃圾邮件的可能性是非垃圾邮件的 6 倍，即更有可能是垃圾邮件。然而，将这些数转换成概率，我们还需要最后一步来重新引入已被忽略的分母。从本质上讲，必须通过所有可能结果的总似然除以分母来重新调整每个结果的似然。

这样，该消息是垃圾邮件的概率等于该消息是垃圾邮件的似然除以该消息是垃圾邮件或非垃圾邮件的总似然，即

$$0.012 / (0.012 + 0.002) = 0.857$$

同样，该消息是非垃圾邮件的概率等于该消息是非垃圾邮件的似然除以该消息是垃圾邮件或非垃圾邮件的总似然，即

$$0.002 / (0.012 + 0.002) = 0.143$$

给定该消息中 4 个单词出现的情况，我们期望该消息是垃圾邮件的概率为 85.7%，是

非垃圾邮件的概率为 14.3%，因为这两个事件是完全相斥的事件，所以它们的概率之和为 1。

在前面例子中使用的朴素贝叶斯分类算法可以总结为如下的公式。在给定特征 F_1 到 F_n 提供的证据，类 C 的水平 L 的概率等于在该类水平发生的条件下每条证据的概率、该类水平的先验概率与尺度因子 $1/Z$ 的乘积，尺度因子 $1/Z$ 将似然值转换为概率。公式为：

$$P(C_L|F_1, \cdots, F_n)=\frac{1}{Z}p(C_L)\prod_{i=1}^{n}p(F_i|C_L)$$

尽管上式看上去很复杂，但如垃圾邮件过滤的例子所示，它的一系列步骤是相当简单的。从构建一个频率表开始，用该式构建一个似然表，根据独立性的“简单”假设乘以条件概率，最后除以总似然将每个类的似然转换成概率。在通过几次手动计算后，这将成为很自然的事情。

2. 拉普拉斯估计

在将朴素贝叶斯应用于更复杂的问题前，有一些细微差别需要考虑。假设我们收到另一条消息，这次该消息包含所有 4 个单词：“Viagra”“money”“groceries”和“unsubscribe”。像之前一样使用贝叶斯算法，我们可以如下计算垃圾邮件的似然：

$$(4/20)\times(10/20)\times(0/20)\times(12/20)\times(20/100) = 0$$

非垃圾邮件的似然为：

$$(1/80)\times(14/80)\times(8/80)\times(23/80)\times(80/100) = 0.000\,05$$

因此，该消息是垃圾邮件的概率为：

$$0 / (0 + 0.00005) = 0$$

该消息是非垃圾邮件的概率为：

$$0.00005 / (0 + 0.00005) = 1$$

这些结果表明该消息是垃圾邮件的概率为 0，是非垃圾邮件的概率为 100%。这样的预测结果有意义吗？很可能没有意义。这条消息含有一些经常与垃圾邮件联系在一起的单词，包括“Viagra”，而这在合法的邮件中是罕见的，因此该消息很可能被错误地分类了。

对于类的一个或多个水平，如果一个事件从来没有发生过，那么就会出现这样的问题，因此它们的联合概率为 0。例如，单词“groceries”之前从来没有出现在垃圾邮件消息中，因此，P(垃圾邮件|groceries) $= 0$。

现在，由于在朴素贝叶斯公式中，概率值是链式相乘的，所以概率为 0 的值将导致垃圾邮件的后验概率为 0，即单词“groceries”能有效地抵消或否决所有其他的证据。即使该邮件很有可能被预测为垃圾邮件，但是由于垃圾邮件中没有出现单词“groceries”就总是否决其他证据，并导致该邮件为垃圾邮件的概率为 0。

这个问题的解决涉及使用一种叫作**拉普拉斯估计**（Laplace estimator）的方法，该方法是以法国数学家**皮埃尔 – 西蒙 · 拉普拉斯**（Pierre-Simon Laplace）的名字命名的。拉普拉斯估计是给频率表中的每个计数加上一个较小的数，这样就保证每类中每个特征发生的概率是非零的。通常情况下，拉普拉斯估计中加上的数值设定为 1，这样就保证每类 – 特征组合至少在数据中出现一次。

拉普拉斯估计增加的数值可以设置为任何一个值，甚至没有必要为每一个特征设置相同的值。如果你很热衷于贝叶斯方法，可以用拉普拉斯估计来反映一个事先假定的先验概率，这个概率是有关特征和类之间的联系。在实际应用中，给定一个足够大的训练数据集，这个步骤是多余的，因此几乎总是设定其增加的数值为 1。

下面观察拉普拉斯估计如何影响我们对消息的预测结果。取拉普拉斯值为 1，我们给每一个似然函数的分子加上 1，然后，给每个条件概率的分母加上 4，以补偿添加到分子上的四个附加值 1。因此，我们得到垃圾邮件的似然为：

$$(5/24)\times(11/24)\times(1/24)\times(13/24)\times(20/100) = 0.0004$$

非垃圾邮件的似然为：

$$(2/84)\times(15/84)\times(9/84)\times(24/84)\times(80/100) = 0.0001$$

通过计算 0.0004/(0.0004+0.0001)，我们发现该消息是垃圾邮件的概率为 80%，因此是非垃圾邮件的概率为 20%，显然，这个结果比由单词“groceries”单独决定的计算结果 P(垃圾邮件) = 0 更合理。

尽管拉普拉斯估计被添加到分子和分母的似然函数中，但是它没有被添加到 20/100 和 80/100 的先验概率的值中。这是因为给定观测的数据，我们对垃圾邮件和非垃圾邮件整体概率的最佳估计仍然是 20% 和 80%。

3. 在朴素贝叶斯算法中使用数值特征

朴素贝叶斯算法使用频率表学习数据，这意味着为了创建类和特征值的组合所构成的矩阵，每个特征必须是分类变量。因为数值特征没有类别值，所以之前的算法不能直接应用于数值数据。然而，有一些方法可以解决这个问题。

一个简单而有效的方法就是将数值特征值**离散化**（discretize)，这就意味着将数值分到不同的**分段**（bin）中。基于这个原因，离散化有时也称为**分段**（Binning)。当有大量训练数据时，这种方法是最有效的。

另外，还有几种不同的方法可以将数值特征离散化。也许，最常见的方法就是探索用于自然分类或者分布中的**分割点**（cut point）的数据。假设给垃圾邮件数据集增加一个特征，该特征就是记录这封邮件在白天或者夜间发送的时间，它是从 0 点到午夜 24 点。使用直方图描述，上述时间数据看上去可能类似于图 4-7。

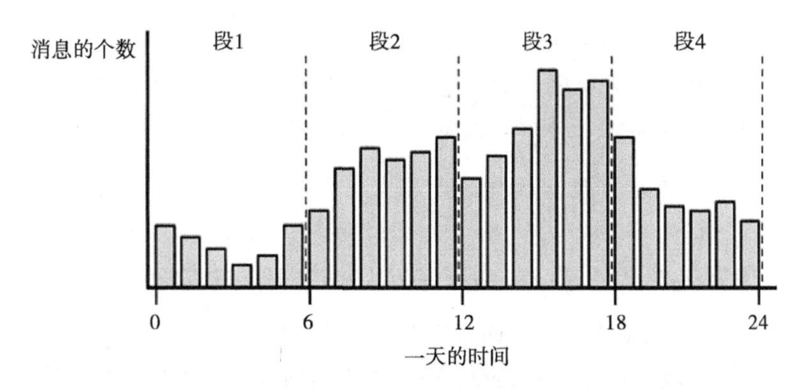

图 4-7　可视化电子邮件接收时间分布的直方图

在凌晨，邮件发送的频率很低；在营业期间，邮件发送活动逐渐增加；到了晚上，发送活动逐渐减少。于是，我们就可以创建4个活动时间的自然分段，图4-7中虚线的地方就是分割点。这样，数值数据就可以划分到不同的水平中，从而创建新的名义特征，然后，我们就可以应用朴素贝叶斯算法。

这4个分段是基于数据的自然分布和一天中垃圾邮件的比例可能随时发生变化的预感。我们可能期待垃圾邮件的发送者是在深夜时操作的；或者是在白天，当人们可能在检查邮件时，此时他们可能进行垃圾邮件的发送。所以，为了捕获上述趋势，我们可以很简单地使用3个分段或者12个分段。

如果没有很明显的分割点，一种选择就是利用分位数将数值特征离散化。可以利用三分位数将数据划分到3个分段中，利用四分位数将数据划分到4个分段中，利用五分位数将数据划分到5个分段中。

有一点需要记住，将数值特征离散化总是会导致信息量的减少，因为特征的原始粒度减少为几个数目较少的类别。在处理这个问题时，重要的是取得平衡，太少的分段会导致重要的趋势被掩盖；太多的分段会导致朴素贝叶斯频率表中的计数值很小，增加算法对噪声数据的敏感性。

4.2　例子——基于贝叶斯算法的手机垃圾短信过滤

随着全球手机使用量的增长，一种创造垃圾电子邮件的新途径已经为声名狼藉的营销市场开放了。这些广告商利用短信服务（SMS）文本信息，以潜在消费者为目标，给他们发送不需要的广告，即垃圾短信。这种类型的垃圾短信很麻烦，它与电子垃圾邮件不同，由于手机无处不在，短信特别容易造成破坏。研究一种可以过滤垃圾短信的分类算法，将会给移动电话供应商提供一种很有用的工具。

因为朴素贝叶斯已经成功应用于垃圾邮件的过滤，所以它很可能也可以应用于垃圾短信的过滤，然而，相对于垃圾邮件来说，垃圾短信的自动过滤具有额外的挑战。由于短信通常限制为160个字符，所以可以用来确定一条消息是否是垃圾消息的文本量减少了，这种限制与小的不方便的手机键盘一起，导致很多人采用短信术语简写的形式，这进一步模糊了合法消息和垃圾消息的界限。让我们看一看一个简单的朴素贝叶斯分类器如何处理这些问题带来的挑战。

4.2.1　第1步——收集数据

为了扩展朴素贝叶斯分类器，我们将使用从网站 `http://www.dt.fee.unicamp.br/~tiago/sms-spamcollection/` 收集的垃圾短信改编的数据。

要了解更多关于垃圾短信收集的发展现状，可参阅 *On the Validity of a New SMS Spam Collection, Gómez JM, Almeida TA, and Yamakami A, Proceedings of the 11th IEEE International Conference on Machine Learning and Applications, 2012*。

该数据集包含短信的文本信息，而且带有表明该短信是否为垃圾短信的标签。垃圾短信标记为spam，非垃圾短信标记为ham。关于垃圾短信和非垃圾短信的一些例子如表4-3所示。

表 4-3 垃圾短信和非垃圾短信的一些例子

非垃圾短信的例子	垃圾短信的例子
❑ Better. Made up for Friday and stuffed myself like a pig yesterday. Now I feel bleh. But, at least, its not writhing pain kind of bleh.	❑ Congratulations ur awarded 500 of CD vouchers or 125 gift guaranteed & Free entry 2 100 wkly draw txt MUSIC to 87066.
❑ If he started searching, he will get job in few days. He has great potential and talent.	❑ December only! Had your mobile 11mths+? You are entitled to update to the latest colour camera mobile for Free! Call The Mobile Update Co FREE on 08002986906.
❑ I got another job! The one at the hospital, doing data analysis or something, starts on Monday! Not sure when my thesis will finish.	❑ Valentines Day Special! Win over £1000 in our quiz and take your partner on the trip of a lifetime! Send GO to 83600 now. 150 p/msg rcvd.

看到上面的短信，你注意到垃圾短信的显著特点吗？一方面，一个显著特点是这 3 条垃圾短信中有 2 条短信使用了单词 free，但该单词没有出现在任何一条非垃圾短信中。另一方面，与垃圾短信相比，有 2 条非垃圾短信引用了一周中具体的某一天，而垃圾短信中没有一条引用。

朴素贝叶斯分类器将利用词频中这种模式的优势来确定短信是更像垃圾短信还是非垃圾短信。尽管可以想象单词“free”可以出现在非垃圾短信中，但是一条合法短信很有可能给定上下文来提供额外的单词信息。例如，一条非垃圾短信可能会这样问“Are you free on Sunday?”而一条垃圾短信可能使用这样的短语“free ringtones”。朴素贝叶斯分类器将根据短信中所有单词提供的证据，计算垃圾短信和非垃圾短信的概率。

4.2.2 第 2 步——探索和准备数据

构建分类器的第一步涉及原始数据的处理与分析，文本数据的准备具有挑战性，因为将单词和句子变换为计算机能够理解的形式是非常必要的。我们将把数据变换为一种称为词袋（bag-of-words）的表示，这种表示忽略了单词的顺序，只是简单地提供一个变量用来表示单词是否出现。

为了使数据可以在 R 中方便地应用，这里所使用的数据集已经对原始数据进行了修正。如果想运行这个例子，可以从 Packt 网站下载 `sms_spam.csv` 文件，并将其保存到 R 的工作目录中。

我们首先导入上述 CSV 数据，并将其保存到数据框中：

```
> sms_raw <- read.csv("sms_spam.csv", stringsAsFactors = FALSE)
```

使用函数 `str()`，可以看到 `sms_raw` 数据框包含了 5 559 条短信，每条短信有两个特征：`type` 和 `text`。将 SMS 的特征 type 编码为 `ham` 或者 `spam`，而元素 `text` 存储整个原始 SMS 短信文本。

```
> str(sms_raw)
'data.frame':    5559 obs. of  2 variables:
 $ type: chr  "ham" "ham" "ham" "spam" ...
 $ text: chr  "Hope you are having a good week. Just checking in"
"K..give back my thanks." "Am also doing in cbe only. But have to
pay." "complimentary 4 STAR Ibiza Holiday or £10,000 cash needs your
URGENT collection. 09066364349 NOW from Landline not to lose out"|
__truncated__ ...
```

当前的元素 type 是一个字符向量。由于它是一个分类变量，所以最好将其转换成一个因子，如下面的代码所示：

```
> sms_raw$type <- factor(sms_raw$type)
```

用函数 str() 和 table() 检查元素 type，可以看到 type 已经被很好地重新编码为一个因子。此外，可以看到数据中有 747 条（大约 13%）短信被标记为 spam，其余的短信被标记为 ham。

```
> str(sms_raw$type)
 Factor w/ 2 levels "ham","spam": 1 1 1 2 2 1 1 1 2 1 ...
> table(sms_raw$type)
 ham spam
4812  747
```

现在，我们先不研究消息文本。你将在下一节中学习，因为处理原始短信需要使用一套新的专门用于处理文本数据的功能强大的工具。

1. 数据准备——清洗和标准化文本数据

短信是由单词、空格、数字和标点符号组成的文本字符串。处理这类复杂数据需要大量的思考和工作。一方面需要考虑如何去除数字和标点符号，如何处理没有意义的单词，如 and、but 和 or 等，以及如何将句子分解成单个的单词。幸运的是，R 社区的成员已经在文本挖掘添加包 tm 中提供了这些功能。

添加包 tm 最初是由维也纳财经大学（Vienna University of Economics and Business）的 Ingo Feinerer 作为一个论文项目创建的。想要了解更多，可参阅 *Text Mining Infrastructure in R, Feinerer I, Hornik K, and Meyer D, Journal of Statistical Software, 2008, Vol. 25, pp. 1-54*。

可以通过命令 install.packages("tm") 安装 tm 添加包，并应用命令 library(tm) 加载。即使已经安装了该包，也需要重新运行 install 命令，以确保是最新的版本，因为 tm 添加包仍在开发中，这偶尔会导致它功能的改变。

本章使用 tm 版本 0.7-6 进行测试，这是 2019 年 2 月的最新版本。如果看到输出中有差异，或者代码不能运行，那么你可能正在使用一个不同的版本。如果该添加包有显著的变化，本书的 Packt 出版社支持页面及其 GitHub 网站，将张贴关于未来 tm 添加包的解决方案。

处理文本数据的第一步涉及创建一个**语料库**（corpus），它是文本文档的集合。这些文档可长可短，来自个人的新闻文章、一本书的页面、来自网站的页面，或者甚至整本书。在我们的例子中，语料库是一个短信的集合。

为了创建一个语料库，我们将使用 tm 添加包中的函数 VCorpus()，这指的是一种不稳定的语料库——之所以不稳定，是因为它存储在内存中，而不是存储在磁盘上（函数 PCorpus() 被用来访问存储在数据库中的永久语料库）。该函数需要我们指定语料库的文档来源，它可能是计算机的文件系统、数据库、网络等。既然已经将短信载入 R 中，我们将使用读取函数 VectorSource() 从现有的 sms_raw$text 向量创建一个源对象，然后可以将它提供给 VCorpus()，如下所示：

```
> sms_corpus <- VCorpus(VectorSource(sms_raw$text))
```

由此产生的语料库对象用名称 `sms_corpus` 保存。

通过指定一个可选参数 `readerControl`，函数 `VCorpus()` 可以被用来从 PDF 和 Microsoft Word 等文件源导入文本。要了解更多信息，可以通过命令 `vignette("tm")` 查看 `tm` 添加包中 *Data Import*（数据导入）部分的简介。

通过输出语料库，我们可以看到该语料库包含了训练数据中的 5559 条短信的每一条短信的文档。

```
> print(sms_corpus)
<<VCorpus>>
Metadata:  corpus specific: 0, document level (indexed): 0
Content:  documents: 5559
```

现在，因为 `tm` 语料库本质上是一个复杂的列表，所以我们可以使用列表操作来选择语料库中的文档。函数 `inspect()` 显示了结果概要。例如，下面的命令将查看语料库中的第一条和第二条短信的概要。

```
> inspect(sms_corpus[1:2])
<<VCorpus>>
Metadata:  corpus specific: 0, document level (indexed): 0
Content:  documents: 2

[[1]]
<<PlainTextDocument>>
Metadata:  7
Content:  chars: 49

[[2]]
<<PlainTextDocument>>
Metadata:  7
Content:  chars: 23
```

为了查看实际的短信文本，必须将函数 `as.character()` 应用于希望看到的短信。为了查看一条短信，将函数 `as.character()` 应用于单个列表元素，注意需要双括号“[[”和“]]”。

```
> as.character(sms_corpus[[1]])
[1] "Hope you are having a good week. Just checking in"
```

要查看多条短信文本，需要将 `as.character()` 应用于对象 `sms_corpus` 中的多项上。为此，我们将使用函数 `lapply()`，该函数是 R 函数家族中的一部分，可以将一个程序应用于 R 数据结构的每一个元素。这些函数，包括 `apply()` 和 `sapply()` 等，是 R 语言中的关键语法之一。有经验的程序员使用这些函数就像在其他编程语言中使用 `for` 或者 `while` 循环，因为这些函数会带来更具可读性（有时更有效）的代码。函数 `lapply()` 将 `as.character()` 应用于如下语料库元素的子集：

```
> lapply(sms_corpus[1:2], as.character)
$'1'
[1] "Hope you are having a good week. Just checking in"

$'2'
[1] "K..give back my thanks."
```

如前所述，语料库包含 5 559 条短信的原始文本内容。为了进行分析，需要将这些短信划分成单个单词。首先需要清洗文本来标准化单词，并去除会影响结果的标点符号字符。例如，我们将把单词 *Hello*!、*HELLO* 和 *hello* 都作为单词 hello 的实例。

函数 tm_map() 提供了一种将变换（也称为一种映射）应用于 tm 语料库的方法。我们将使用一系列变换函数来清洗语料库，并将产生一个称为 corpus_clean 的新对象。

我们的第一个转换只使用小写字母来标准化短信。为此，R 提供了函数 tolower() 来返回文本字符串的小写版本。为了将该函数应用于语料库，我们需要使用 tm 包装函数 content_transformer()，它将 tolower() 作为变换函数来访问语料库。完整的命令如下所示：

```
> sms_corpus_clean <- tm_map(sms_corpus,
    content_transformer(tolower))
```

为了检查命令是否如所期望的那样工作，我们检查原始语料库中的第一条短信，并将其与变换后的语料库中的同一条短信进行比较：

```
> as.character(sms_corpus[[1]])
[1] "Hope you are having a good week. Just checking in"
> as.character(sms_corpus_clean[[1]])
[1] "hope you are having a good week. just checking in"
```

如预期的那样，清洗后的语料库中的大写字母已经被相同的小写字母所取代。

函数 content_transformer() 可以用于更复杂的文本处理和清洗过程，像 grep 模式一样匹配和替换。在应用 tm_map() 函数前，简单地编写一个自定义函数，并将其包装。

让我们通过去除短信中的数字来继续进行清洗。虽然有些数字可提供有用的信息，但是大部分可能对于个别发件人是独特的，因此对于所有的短信将不会提供有用的模式。考虑到这一点，我们将从语料库中去除所有的数字：

```
> sms_corpus_clean <- tm_map(sms_corpus_clean, removeNumbers)
```

注意，前面的代码没有使用函数 content_transformer()。这是因为 removeNumbers() 与其他几个映射函数被内置到 tm 中，从而不需要被包装。要查看其他内置变换，只需要输入 getTransformations() 即可。

我们的下一个任务是从短信中去除填充词，比如 *to*、*and*、*but* 和 *or*。这些词称为**停用词**（stop word），通常在进行文本挖掘前去除。这是因为尽管它们出现得非常频繁，但是对于机器学习，它们并没有提供很多有用的信息。

我们将使用 tm 添加包中提供的函数 stopwords()，而不是自己定义一个停用词列表。该函数允许我们访问各种语言的停用词集。默认情况下，使用常见的英语停用词。要查看默认列表，在 R 命令提示符下输入 stopwords() 即可。要查看其他可用的语言和选项，输入 ?stopwords 就可以得到帮助文档。

即使在单一语言中，没有单一定义的停用词列表。例如，在 tm 中的默认英语列表包含大约 174 个单词，而另一种选择包含 571 个单词。你甚至可以指定自己的停用词列表。不管选择什么列表，记住这种变换的目的是为了消除无用的数据，同时保留尽可能多的有用信息。

单独的停用词不是一种变换。我们需要的是去除停用词列表中出现的任何一个单词的方法。该解决方案在于函数 removeWords()，它是一个包含在 tm 添加包中的变换。如前面所做，我们将使用函数 tm_map() 将这种映射应用于数据，假设函数 stopwords() 作为一个参数来准确表明我们想要去除的单词。完整的命令如下所示：

```
> sms_corpus_clean <- tm_map(sms_corpus_clean,
    removeWords, stopwords())
```

由于 stopwords() 只返回停用词向量，所以我们可以选择用我们要去除的单词向量来取代这个函数调用。通过这种方式，完全可以扩大或者减少所需要的停用词列表为一个我们喜欢的不同的停用词集。

还可以使用内置的 removePunctuation() 变换，从短信中去除任何标点符号：

```
> sms_corpus_clean <- tm_map(sms_corpus_clean, removePunctuation)
```

removePunctuation() 变换完全从文本中去除标点符号字符，这可能会导致意想不到的结果。例如，考虑应用如下命令时会发生什么：

```
> removePunctuation("hello...world")
[1] "helloworld"
```

如上所示，省略号后面缺少空格导致单词 hello 和单词 world 连接成一个单一的单词。虽然这不是我们现在分析的一个大问题，但是未来还是值得注意的。

为了解决 removePunctuation() 的默认行为，创建一个自定义函数用于替换而不是去除标点符号：

```
> replacePunctuation <- function(x) {
    gsub("[[:punct:]]+", " ", x)
}
```

这使用了 R 的函数 gsub()，以便用空格来替换 x 中的任何标点符号。然后，函数 replacePunctuation() 就可以像其他变换一样与 tm_map() 一起使用。

另一种常见的文本数据标准化涉及将单词缩减为词根，该过程称为**词干提取**（stemming）。词干提取过程需要将像 *learned*、*learning* 和 *learns* 这样的单词去掉后缀，使它们变换成基本形式 *learn*。这使得机器学习算法可以将相关单词作为单一的概念而不需要试图针对每一种变体学习一种模式。

tm 添加包通过与 SnowballC 添加包相结合来提供词干提取功能。在撰写本书时，SnowballC 添加包并没有默认与 tm 添加包一起安装。所以，如果你还没有安装，请通过

install.packages("SnowballC")进行安装。

SnowballC添加包由Milan Bouchet-Valat维护，并给基于C的libstemmer库提供了R接口，该库本身基于M.F. Porter的“Snowball”单词词干提取算法，它是一种广泛使用的开源词干提取方法。有关更多的详细信息，请参阅http://snowballstem.org。

SnowballC添加包提供了函数wordStem()，可用于字符向量，以其词根的形式返回相同的向量。例如，如前所述，函数正确提取了单词*learn*变体的词干：

```
> library(SnowballC)
> wordStem(c("learn", "learned", "learning", "learns"))
[1] "learn"   "learn"   "learn"   "learn"
```

为了将函数wordstem()应用于整个文本文档语料库，tm添加包包含了stemDocu-ment()变换。我们将此通过函数tm_map()准确地应用于我们的语料库，就像之前那样：

```
> sms_corpus_clean <- tm_map(sms_corpus_clean, stemDocument)
```

如果在应用stemDocument()变换时，你收到了一条错误消息，请确认是否安装了SnowballC添加包。如果安装了添加包，你收到一条消息“*all scheduled cores encountered errors*”，你可能还要尝试通过添加一个额外的参数，指定mc.cores=1，使tm_map()命令在单核内进行。

在去除数字、停用词和标点符号以及执行词干提取后，文本消息留下了空白，这些空白曾经隔开了现在缺失的部分。因此，文本清洗过程的最后一步就是去除额外的空格，使用内置的stripWhitespace()变换：

```
> sms_corpus_clean <- tm_map(sms_corpus_clean, stripWhitespace)
```

表4-4显示了短信语料库中前3条短信在清洗后的对比。短信消息已经被限制只剩下最有意义的词，标点符号和大小写都已经被清理。

表4-4　短信清洗前后的对比

短信清洗之前	短信清洗之后
> as.character(sms_corpus[1:3])	> as.character(sms_corpus_clean[1:3])
[[1]] Hope you are having a good week. Just checking in	[[1]] hope good week just check
[[2]] K..give back my thanks.	[[2]] kgive back thank
[[3]] Am also doing in cbe only. But have to pay.	[[3]] also cbe pay

2. 数据准备——将文本文档拆分成词语

既然以我们想要的方式处理了数据，那么最后的步骤就是通过一个所谓的标记化过程将消息分解成单个单词。一个记号（token）就是一个文本字符串的单个元素，在这种情况下，本例中的记号就是单词。

正如你预想的那样，tm添加包提供了标记短信语料库的功能。函数DocumentTerm-

Matrix() 将一个语料库作为输入，并创建一个称为文档 – 单词矩阵（document term matrix，DTM）的数据结构，其中行表示文档（短信），列表示单词。

tm 添加包提供了一种用于**单词 – 文档矩阵**（term document matrix，TDM）的数据结构，这是一个简单的转置的 DTM，其中行表示单词，列表示文档。为什么需要这两种结构呢？有时候更方便一种或者另一种的运行。例如，如果文档的数量较少，而词列表很大，使用 TDM 可能是可取的做法，因为通常更容易显示很多行而不是很多列。也就是说，两者一般情况下是可以互换的。

矩阵中的每个单元存储一个数字，该数字代表由列标识的单词出现在由行所标识的文档中的次数。图 4-8 只是描述了短信语料库的 DTM 的一小部分，而作为完整的矩阵则有 5559 行和超过 7000 列。

message #	balloon	balls	bam	bambling	band
1	0	0	0	0	0
2	0	0	0	0	0
3	0	0	0	0	0
4	0	0	0	0	0
5	0	0	0	0	0

图 4-8 短信 DTM 大部分填充为 0

事实上，图 4-8 每一个单元格中的 0 代表它们所在列的顶部所列出的单词没有出现在语料库的前 5 条短信的任意一条中，这突出表明这个数据结构称为**稀疏矩阵**（sparse matrix）的原因。在该矩阵中，绝大多数元素是以 0 来填充的。在现实生活中表述的词句，尽管每条消息一定包含了至少一个单词，但是任何一个具体的单词出现在给定的一条消息中的概率都很小。

从 tm 语料库创建一个 DTM 稀疏矩阵要用到下述命令：

```
> sms_dtm <- DocumentTermMatrix(sms_corpus_clean)
```

使用函数的默认设置，即采取最小化处理的设置，将创建一个包含标记化语料库的对象 sms_dtm。采用默认设置是合理的，因为我们已经人工准备了语料库。

另一方面，如果还没有进行预处理，这里就可以通过提供一个可供选择的控制参数列表覆盖默认值。例如，从原始的未经处理的短信语料库创建一个 DTM（文档 – 单词矩阵），可以使用下面的命令：

```
> sms_dtm2 <- DocumentTermMatrix(sms_corpus, control = list(
    tolower = TRUE,
    removeNumbers = TRUE,
    stopwords = TRUE,
    removePunctuation = TRUE,
    stemming = TRUE
  ))
```

这跟之前所做的一样，对短信语料库以相同的顺序，运用了相同的预处理步骤。然而，将 sms_dtm 与 sms_dtm2 比较，我们发现矩阵中单词数量的细微差别：

```
> sms_dtm
<<DocumentTermMatrix (documents: 5559, terms: 6559)>>
Non-/sparse entries: 42147/36419334
Sparsity           : 100%
Maximal term length: 40
Weighting          : term frequency (tf)

> sms_dtm2
<<DocumentTermMatrix (documents: 5559, terms: 6961)>>
Non-/sparse entries: 43221/38652978
Sparsity           : 100%
Maximal term length: 40
Weighting          : term frequency (tf)
```

这种差异的原因与预处理步骤顺序上的一个微小的差别有关。函数 `DocumentTermMatrix()` 只是在文本字符分离成单词后运用了其清洗功能。因此，它使用了略有不同的停用词去除功能，所以，有些单词和它们在标记化前清洗时的拆分有所不同。

要使得之前的两个 DTM（文档 – 单词矩阵）相同，我们可以使用原始的替换函数来覆盖默认的停用词函数。只需要用如下命令替换 `stopwords = TRUE`：

```
stopwords = function(x) { removeWords(x, stopwords()) }
```

这两种情形之间的差异说明了清理文本数据的一个重要原则：操作事项的顺序。考虑到这一点，思考前面的步骤如何影响后面的步骤是非常重要的。这里提供的顺序将在很多情况下起作用，但是当过程需要更仔细地针对具体的数据集和使用情形时，可能需要重新考虑。例如，如果有些单词你希望从矩阵中排除，请考虑是在词干提取前搜索它们，还是在词干提取后搜索它们。同样，还要考虑去除标点符号如何影响这些步骤——是消除标点符号还是用空格代替标点符号。

3. 数据准备——建立训练数据集和测试数据集

用于分析的数据准备好了，现在我们需要将数据分成训练数据集和测试数据集，这样在垃圾短信分类器建立之后，就可以将其应用到之前没有学习过的数据上，并据此对分类器的性能进行评估。然而，即使我们需要保持分类器对于测试数据集的内容是不知情的，但是在数据清洗和预处理后进行拆分是很重要的。对于训练数据集和测试数据集，我们需要完全相同的准备步骤。

将数据分成两部分：75% 的训练数据和 25% 的测试数据。因为短信的排序是随机的，所以我们可以简单地取前 4169 条短信用于训练，剩下的 1390 条短信用于测试。庆幸的是，DTM 对象的行为与数据框很像，可以使用标准的 `[row,col]` 操作。因为我们的 DTM 按行存储短信，按列存储单词，所以对于每一个 DTM，我们必须要求明确的行的范围和所有列。

```
> sms_dtm_train <- sms_dtm[1:4169, ]
> sms_dtm_test  <- sms_dtm[4170:5559, ]
```

为了以后方便，在训练矩阵和测试矩阵中保存一对含有标签的向量用于标记每一行将是有利的。这些标签没有存储在 DTM 中，所以需要从原始数据框 sms_raw 中将它们取出来。

```
> sms_train_labels <- sms_raw[1:4169, ]$type
> sms_test_labels  <- sms_raw[4170:5559, ]$type
```

为了确认上述子集是一组完整的短信数据的代表，可以通过比较垃圾短信在训练数据和测试数据中所占的比例：

```
> prop.table(table(sms_train_labels))
      ham      spam
0.8647158 0.1352842
> prop.table(table(sms_test_labels))
      ham      spam
0.8683453 0.1316547
```

训练数据和测试数据都包含大约 13% 的垃圾短信，这表明垃圾短信被平均分配在这两个数据集中。

4. 可视化文本数据——词云

词云是一种可视化地描绘单词出现在文本数据中频率的方式。词云是由随机分布在词云图中的单词构成的，经常出现在文本中的单词会以较大的字体呈现，而不太常见的单词会以较小的字体呈现。作为一种观察社交媒体网站上热门话题的方式，这种类型的图越来越受欢迎。

wordcloud 添加包提供了一个简单的 R 函数来创建这种类型的图形，我们将应用这个函数可视化短信中的单词，比较垃圾短信和非垃圾短信的词云将有助于我们了解朴素贝叶斯短信过滤器是否有可能成功。如果还没有安装 wordcloud 添加包，需要在 R 命令行输入命令 install.packages("wordcloud") 来安装这个添加包，并输入 library(wordcloud) 来加载它。

wordcloud 添加包是由 Ian Fellows 编写的。关于这个添加包的更多信息，可以访问他的博客 http://blog.fellstat.com/?cat=11。

可以从 tm 语料库对象直接创建词云，命令如下所示：

```
> wordcloud(sms_corpus_clean, min.freq = 50, random.order = FALSE)
```

该命令将从我们准备的短信语料库创建一个词云。由于设置 random.order = FALSE，所以该词云将以非随机的顺序排列，而且出现频率越高的单词越靠近中心。如果没有设置 random.order，该词云将以默认的随机方式排列。

参数 min.freq 用来指定显示在词云中的单词必须满足在语料库中出现的最小次数。因为频数大约是语料库单词总数的 1%，所以这意味着一个包含在词云中的单词必须在至少 1% 的短信中出现过。

你可能得到一条警告消息指出 R 无法将所有的单词显示在图 4-9 中。如果这样，试着增加 min.freq，以减少词云中单词的数量。另外，使用参数 scale 改变字体的大小也很有用。

词云的结果应该类似于图 4-9。

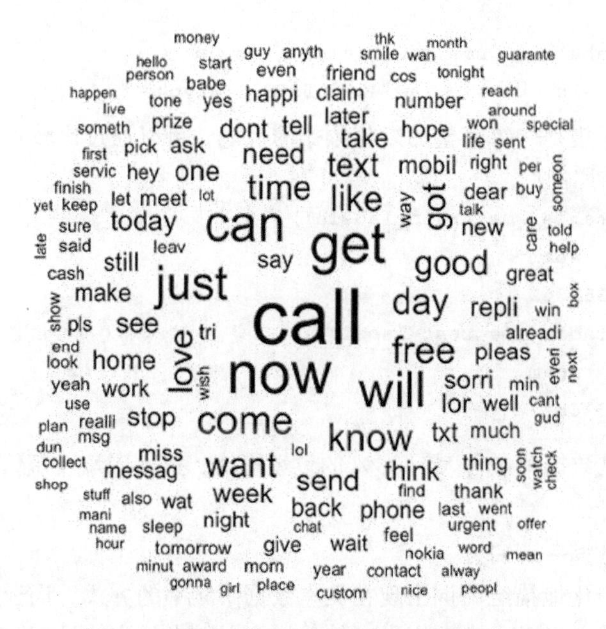

图 4-9　词云：描述所有短信中出现的单词

一个可能更有趣的可视化涉及垃圾短信和非垃圾短信词云的比较。由于我们没有对垃圾短信和非垃圾短信分别建立语料库，所以这时应该应用函数 `wordcloud()` 的一个非常有用的特性。给定一个原始文本字符向量，在显示词云之前，它会自动应用常见的文本预处理过程。

我们可以根据短信的类型，使用 R 函数 `subset()` 获取 `sms_raw` 数据的一个子集。首先，我们将创建 `type` 等于 `spam` 的子集：

```
> spam <- subset(sms_raw, type == "spam")
```

其次，对 `ham` 子集做相同的操作：

```
> ham <- subset(sms_raw, type == "ham")
```

注意双等号，与很多程序语言一样，R 使用 == 表示相等。如果一不小心使用了一个等号，将得到一个比预期要大得多的子集。

现在，我们有两个短信数据框：`spam`（垃圾短信）和 `ham`（非垃圾短信），每一个都带有包含原始文本字符串的 `text` 特征。创建词云就像之前一样简单。这次，我们将使用参数 `max.words`，来显示两个集合的任何一个集合中最常见的 40 个单词，而且参数 `scale` 允许调整词云中单词的最大字体和最小字体。你可以自由调整这些参数直到你认为合适。如下面的代码所示：

```
> wordcloud(spam$text, max.words = 40, scale = c(3, 0.5))
> wordcloud(ham$text, max.words = 40, scale = c(3, 0.5))
```

所得到的词云如图 4-10 所示。

对于哪一个图代表的是垃圾短信，哪一个图代表的是非垃圾短信，你有直觉吗？

由于是随机化的处理，所以每个词云看上去可能略有不同。你可以通过多次运行 wordcloud() 函数来选择最满意的词云，从而达到演示的目的。

图 4-10　并排词云：描述垃圾短信和非垃圾短信

正如你猜想到的，图 4-10 左边的图形就是垃圾短信的词云。垃圾短信包括 *urgent*、*free*、*mobile*、*claim* 和 *stop* 等词，而这些单词一次都没有出现在非垃圾短信中。相反，非垃圾短信使用的单词有 *can*、*sorry*、*need* 和 *time* 等。这些明显的差异表明朴素贝叶斯模型将有一些强有力的关键词来对类别进行区分。

5. 数据准备——为频繁出现的单词创建指示特征

数据准备过程的最后一步是把稀疏矩阵变换成可用于训练朴素贝叶斯分类器的数据结构。目前，该稀疏矩阵包含超过 6 500 个特征，这是至少出现在一条短信中的每一个单词的特征。所有这些特征不可能都对分类发挥作用。为了减少特征的数量，我们将剔除训练数据中出现在少于 5 条短信中或者少于记录总数 0.1% 的所有单词。

查找频繁出现的单词需要使用 tm 添加包中的 findFreqTerms() 函数，该函数输入一个 DTM，并返回一个字符向量，该向量包含至少出现最少次数的单词。例如，下面的命令显示了在矩阵 sms_dtm_train 中至少出现 5 次的单词：

```
> findFreqTerms(sms_dtm_train, 5)
```

该函数返回的结果是一个字符向量，所以让我们保存频繁出现的单词以备之后使用：

```
> sms_freq_words <- findFreqTerms(sms_dtm_train, 5)
```

查看向量的内容，告诉我们有 1139 个单词至少出现在 5 条短信中：

```
> str(sms_freq_words)
 chr [1:1139] "£wk" "€˜m" "€˜s" "abiola" "abl" "abt" "accept" "access"
"account" "across" "act" "activ" ...
```

现在，我们需要过滤 DTM 以包括只出现在频繁单词向量中的单词。像之前一样，我们使用数据框风格 [row,col] 操作来要求 DTM 的特定部分，并注意到 DTM 用其包含的单词来命名列。我们可以利用这个事实将 DTM 限制于特定的单词。因为我们需要所有的行，但是只需要代表 sms_freq_words 向量中单词的列，所以我们的命令是：

```
> sms_dtm_freq_train <- sms_dtm_train[ , sms_freq_words]
> sms_dtm_freq_test <- sms_dtm_test[ , sms_freq_words]
```

现在，训练数据和测试数据包含 1139 个特征，只对应于至少出现在 5 条短信中的单词。

朴素贝叶斯分类器通常是训练具有分类特征的数据，这就带来了一个问题，因为稀疏矩阵中的元素是数值型的并度量一个单词出现在一条消息中的次数。于是，我们需要将其改变为分类变量，分类变量根据单词是否出现，简单地表示为 yes 或者 no。

下面的代码定义了一个函数 `convert_counts()`，它将计数转换为字符串 `Yes` 或者 `No`：

```
> convert_counts <- function(x) {
    x <- ifelse(x > 0, "Yes", "No")
  }
```

到现在为止，上面函数中的某些部分看上去应该很熟悉了。其中，第一行用来定义函数，语句 `ifelse(x > 0, "Yes", "No")` 变换 `x` 中的值，如果该值大于 `0`，则它将被字符串 `"Yes"` 代替；否则，它将被字符串 `"No"` 代替。最后，返回变换后的向量 `x`。

现在，我们需要将 `convert_counts()` 应用于稀疏矩阵的每一列。你也许能够猜到 R 函数可以做到这点，这个函数就是 `apply()` 函数，与之前使用的 `lapply()` 函数很相似。

函数 `apply()` 允许一个函数作用于一个矩阵的每一行或者每一列，它使用参数 `MARGIN` 来指定作用的对象是矩阵的行或者列。在本例中，我们感兴趣的是矩阵的列，所以我们令 `MARGIN = 2`（`MARGIN = 1` 表示行）。用来转换训练矩阵和测试矩阵的命令如下所示：

```
> sms_train <- apply(sms_dtm_freq_train, MARGIN = 2,
    convert_counts)
> sms_test  <- apply(sms_dtm_freq_test, MARGIN = 2,
    convert_counts)
```

结果将是两个字符类型矩阵，每个矩阵都带有元素，用 `Yes` 和 `No` 来表示每一列代表的单词是否出现在行代表的短信中的任意部分。

4.2.3　第 3 步——基于数据训练模型

将原始短信变换为可以用一个统计模型代表的形式后，就可以应用朴素贝叶斯算法了。该算法将根据单词的存在与否来估计一条给定的短信是垃圾短信的概率。

我们采用 `e1017` 添加包中的朴素贝叶斯算法来实现。这个添加包是维也纳理工大学（Vienna University of Technology，TU Wien）统计系开发的，它包含了用于机器学习的多种函数。在使用之前，需要使用命令 `install.packages("e1071")` 和 `library(e1071)` 安装和加载这个添加包。

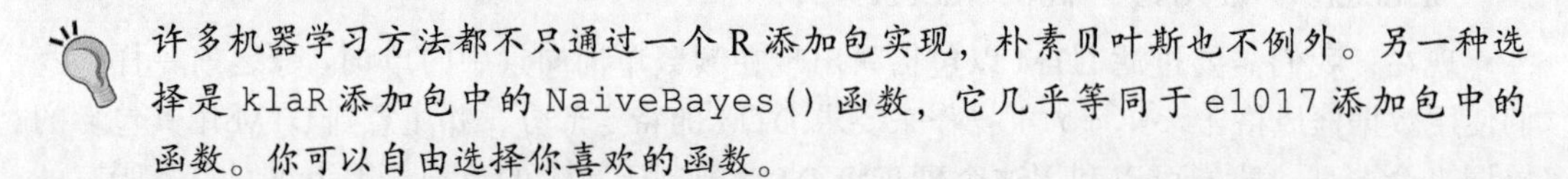

许多机器学习方法都不只通过一个 R 添加包实现，朴素贝叶斯也不例外。另一种选择是 `klaR` 添加包中的 `NaiveBayes()` 函数，它几乎等同于 `e1017` 添加包中的函数。你可以自由选择你喜欢的函数。

与前面章节中我们用于分类的 k–NN 算法不同，训练一个朴素贝叶斯分类器，并将其用于分类，发生在不同的阶段。尽管如此，这些步骤相当简单，如表 4-5 所示。

表 4-5　朴素贝叶斯分类语法

朴素贝叶斯分类语法
应用 e1071 添加包中的函数 naiveBayes()
创建分类器： m <- naiveBayes(train, class, laplace=0) ● train：数据框或者包含训练数据的矩阵 ● class：包含训练数据每一行的分类的一个因子向量 ● laplace：控制拉普拉斯估计的一个数值（默认为 0） 该函数返回一个朴素贝叶斯模型对象用于预测。 **进行预测：** p <- predict(m, test, type="class") ● m：由函数 naiveBayes() 训练的一个模型 ● test：数据框或者包含测试数据的矩阵，包含与用来建立分类器的训练数据相同的特征 ● type：取值为 "class" 或者 "raw"，标识预测是最可能的类别值或者原始的预测概率 该函数将返回一个向量，根据参数 type 的值，该向量含有预测的类别值或者原始预测的概率值。 **例子：** sms_classifier <- naiveBayes(sms_train, sms_type) sms_predictions <- predict(sms_classifier, sms_test)

为了基于 sms_train 矩阵建立模型，我们将使用如下的命令：

```
> sms_classifier <- naiveBayes(sms_train, sms_train_labels)
```

sms_classifier 变量现在包含一个可以用于预测的 naiveBayes 分类器对象。

4.2.4　第 4 步——评估模型的性能

为了评估短信分类器，我们需要基于测试数据中的未知短信来检验分类器的预测值。我们知道未知短信特征存储在一个名为 sms_test 的矩阵中，而分类标签（spam 和 ham）存储在一个名为 sms_test_labels 的向量中。我们把已经训练过的分类器命名为 sms_classifier，用该分类器来产生预测值，并将预测值与真实值相比较。

我们用函数 predict() 进行预测，并将这些预测值存储在一个名为 sms_test_pred 的向量中。在函数中只提供分类器和测试数据集的名称，如下所示：

```
> sms_test_pred <- predict(sms_classifier, sms_test)
```

为了比较预测值和真实值，我们将使用 gmodels 添加包中的函数 CrossTable()，之前我们使用过这个函数。这次，我们将增加一些额外的参数来消除不必要的元素比例，并使用参数 dnn（维度名称）来重新标记行和列，如下面的代码所示：

```
> library(gmodels)
> CrossTable(sms_test_pred, sms_test_labels,
    prop.chisq = FALSE, prop.c = FALSE, prop.r = FALSE,
    dnn = c('predicted', 'actual'))
```

结果如表 4-6 所示。

从表 4-6 可以看到在 1390 条短信中，一共只有 6+30=36 条短信（2.6%）没有被正确分类。在错误的分类中，在 1207 条非垃圾短信中有 6 条短信被错误地归为垃圾短信，而在 183 条垃圾短信中有 30 条短信被错误地归为非垃圾短信。考虑到在这个案例中，我们几乎没有做什么工作，具有这种水平的表现是相当好了。另外，该案例研究也说明了为什么朴素贝叶斯算法经常用于文本分类：朴素贝叶斯方法可以直接拿来使用，执行的效果也非常好。

表 4-6 结果表

```
Total Observations in Table:  1390

             | actual
   predicted |       ham |      spam | Row Total |
-------------|-----------|-----------|-----------|
         ham |      1201 |        30 |      1231 |
             |     0.864 |     0.022 |           |
-------------|-----------|-----------|-----------|
        spam |         6 |       153 |       159 |
             |     0.004 |     0.110 |           |
-------------|-----------|-----------|-----------|
Column Total |      1207 |       183 |      1390 |
-------------|-----------|-----------|-----------|
```

另一方面，被错误地归为垃圾短信的 6 条短信可能为过滤算法的部署带来显著的问题，因为过滤器可能导致某人错过一条重要的短信，所以我们需要进一步研究，看看是否可以稍微调整模型，以达到更好的性能。

4.2.5 第 5 步——提高模型的性能

你可能已经注意到，在训练模型时，我们并没有为拉普拉斯估计设置一个值。这样就导致在 0 条垃圾短信或者 0 条非垃圾短信中的单词在分类过程中具有绝对的话语权。比如，虽然单词“ringtone”只出现在训练数据的垃圾短信中，但这并不意味着每一条含有单词“ringtone”的短信都应该归为垃圾短信。

我们将像之前那样建立朴素贝叶斯模型，但这次设置 laplace = 1：

```
> sms_classifier2 <- naiveBayes(sms_train, sms_train_labels,
    laplace = 1)
```

接下来，我们将进行预测：

```
> sms_test_pred2 <- predict(sms_classifier2, sms_test)
```

最后，我们将使用交叉表来比较预测的分类和真实的分类：

```
> CrossTable(sms_test_pred2, sms_test_labels,
    prop.chisq = FALSE, prop.c = FALSE, prop.r = FALSE,
    dnn = c('predicted', 'actual'))
```

该结果如表 4-7 所示。

表 4-7 结果表

```
Total Observations in Table:  1390

             | actual
   predicted |       ham |      spam | Row Total |
-------------|-----------|-----------|-----------|
         ham |      1202 |        28 |      1230 |
             |     0.996 |     0.153 |           |
-------------|-----------|-----------|-----------|
        spam |         5 |       155 |       160 |
             |     0.004 |     0.847 |           |
-------------|-----------|-----------|-----------|
Column Total |      1207 |       183 |      1390 |
             |     0.868 |     0.132 |           |
-------------|-----------|-----------|-----------|
```

添加拉普拉斯估计后，错误地归为垃圾短信的非垃圾短信的数量由 6 减少到 5，错误地归为非垃圾短信的垃圾短信数量由 30 减少到 28。虽然这看上去是一个很小的变化，但考虑到模型的准确性已经相当好了，这其实是很大的提高。在过多地调整模型之前，我们需要小心，因为在过滤垃圾短信时，在过于激进和过于被动之间保持平衡很重要。用户宁愿少量的垃圾短信通过过滤器，也不愿非垃圾短信被激进地过滤掉。

4.3　总结

在本章中，我们学习了如何使用朴素贝叶斯进行分类。该算法构建了概率表用来估计新样本属于不同类别的似然。概率是通过一个称为贝叶斯定理的公式来计算的，它表明相关事件是如何相关的。尽管贝叶斯公式的计算很复杂，但是应用一个事件相互独立的“简单”假设后，就能得到可以处理更大数据集的简化贝叶斯算法。

朴素贝叶斯分类器通常用于文本分类。为了说明其有效性，我们采用朴素贝叶斯进行了一个关于垃圾短信的分类任务。准备用于分析的文本数据，需要用专门的 R 添加包预处理文本和可视化文本。最终，该模型能够将超过 97% 的短信正确地分成垃圾短信和非垃圾短信。

在第 5 章中，我们将研究另外两种机器学习方法，每种方法都通过将数据划分到具有相似值的组中来进行分类。

第 5 章
分而治之——应用决策树和规则进行分类

当在具有不同薪资和福利水平的工作机会之间做抉择时，很多人会首先列出利与弊，然后使用简单的规则来排除选项。比如，常说“如果我上下班时间超过 1 小时，那么我会不高兴”，或者“如果挣的钱少于 5 万美元，那么将不能够支撑我的家庭”。通过这种方式，预测一个人未来幸福的既复杂又困难的决定就可以简化为一系列简单的决定。

本章将介绍两种机器学习方法——决策树和规则学习。这两种方法也是根据简单的选择集做出复杂的决策。这两种方法以逻辑结构的形式呈现它们学习到的知识，不需要任何统计知识就可以理解。这使得这些模型对改进企业战略和业务流程特别有用。

学完本章后，你将学到：

- 树和规则如何“贪婪”地将数据划分为令人感兴趣的类别。
- 最常见的决策树和分类规则学习器，包括 C5.0 算法、1R 算法和 RIPPER 算法。
- 如何使用这些算法执行现实世界的分类任务，比如，确定高风险的银行贷款、识别有毒的蘑菇。

我们首先研究决策树和分类规则，然后概述后面的章节所用到的树和规则的知识。在后面的章节中，我们将讨论以树和规则为基础的更高级的机器学习技术。

5.1 理解决策树

决策树学习是强大的分类器，它利用**树形结构**（tree structure）对特征和潜在结果之间的关系建立模型。如图 5-1 所示，该结构之所以称为决策树是源于这样的事实：它反映了一棵文字树从宽阔的树干开始，随着其向上形成越来越窄分支的生长方式。决策树分类器以大致相同的方式使用分支决策结构，将样本纳入最终的预测类值。

为了更好地理解决策树在实际中是如何应用的，我们考虑下面的决策树，它预测工作机会是否应该被接受。正在考虑的工作机会从**根节点**（root node）开始，然后遍历**决策节点**（decision nodes），决策节点要求基于工作的属性做出选择，这些选择通过用指示决策潜在结果的**分支**来划分数据，这里用结果 yes 或者 no 来描述它们，但在其他案例中，可能会有两种以上的可能性结果。

如果可以做出最终的决策，决策树在**叶节点**（也称为终端节点）终止，叶节点表示因一系列决策而采取的行动。对于预测模型，叶节点提供了决策树中给定系列事件的预期结果。

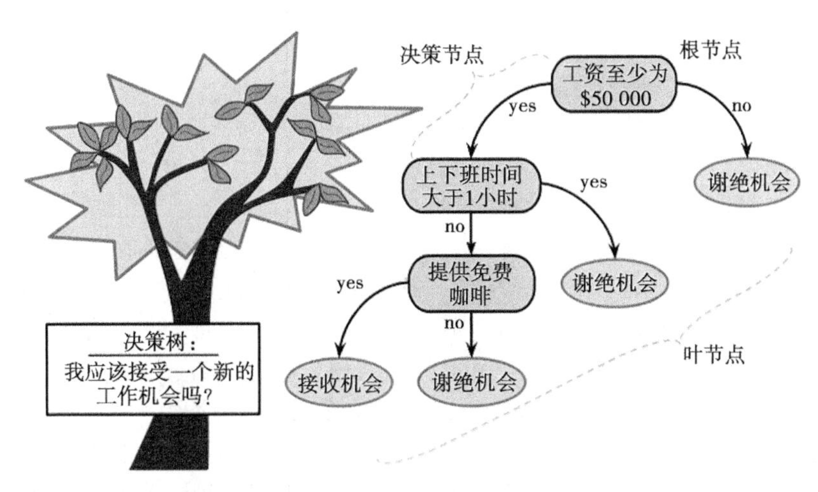

图 5-1　决策树：描述确定是否接受新工作机会的过程

决策树算法的巨大好处是类似流程图的树形结构不只是供机器内部使用。在模型被创建后，许多决策树算法以人类可读的形式输出产生的结构，这为模型如何以及为什么对于特定任务能否很好地运行提供了了解。这也使得决策树特别适合由于法律因素需要透明化的分类机制的应用，或者需要与他人共享成果来告知未来的业务实践。考虑到这一点，一些潜在的用途包括：

- 信用评估模型，其中导致申请被拒绝的准则需要清楚地记录且没有偏差。
- 客户流失或者客户满意度行为的市场调查将与管理机构或者广告公司共享。
- 基于实验室测量、症状或者疾病进展率的医疗条件诊断。

虽然前面的应用都说明了用于展现决策过程的决策树的价值，但这并不说明决策树的效用到此为止。事实上，决策树可能是最广泛使用的机器学习技术之一，它几乎可以用于任何类型的数据建模，往往具有出色的开箱即用的性能。

然而，尽管决策树的应用很广，但值得注意的是，在一些案例中，决策树可能不是一个理想的选择。这包含如下的分类任务：在这些分类任务中，数据有大量的多水平的名义特征或者有大量的数值特征，这也可能生成数量庞大的决策和一个过于复杂的决策树。这也可能导致决策树有过度拟合数据的倾向，我们可以通过调整一些简单的参数来克服这一缺陷。

5.1.1　分而治之

决策树的建立使用一种称为**递归划分**（recursive partitioning）的探索法。这种方法也通常称为**分而治之**（Divide and Conquer），因为它将数据分解成子集，然后反复分解成更小的子集，以此类推，直到当算法决定数据内的子集足够均匀或者另一种停止准则已经满足时，该过程才停止。

为了说明如何分解数据集来创建决策树，设想一个裸露的根节点将成长为一棵成熟的大树。起初，根节点代表整个数据集，因为没有数据分解发生。这里，决策树算法必须选择一个特征进行分解，理想情况下，将选择最能预测目标类的特征。然后，这些样本将根据这一特征的不同值被划分到不同的组中，第一组树枝就形成了。

沿着每一个树枝继续工作，该算法继续分而治之数据，每次选择最优的候选特征来创建另一个决策节点，直到满足停止的标准。如果出现下列情况，分而治之可能会在一个节点处停止：

- 节点上所有（几乎所有）的样本都属于同一类。
- 没有剩余的特征来分辨样本之间的区别。
- 决策树已经到达预先定义的大小限制。

为了说明决策树的建立过程，我们考虑一个简单的例子。想象你在一家好莱坞电影制片厂工作，你的角色是决定工作室是否应该推进生产由有前途的新作家投递的剧本。休假回来后，你的办公桌上堆满了建议。由于没有时间从头到尾把每个剧本读一遍，你决定研究一个决策树算法来预测一部有潜力的电影是否会落入十分成功（Critical Success）、受主流欢迎（Mainstream Hit）和票房崩溃（Box Office Bust）这三大类中。

为了建立决策树，你转向工作室的档案去研究导致公司最近30个版本的电影成功和失败的因素。你很快注意到，在电影的估计拍摄预算中一线名人排队等候主演角色的数量与电影成功的水平（level）之间有一种关系。制作散点图来说明这种模式，如图5-2所示。

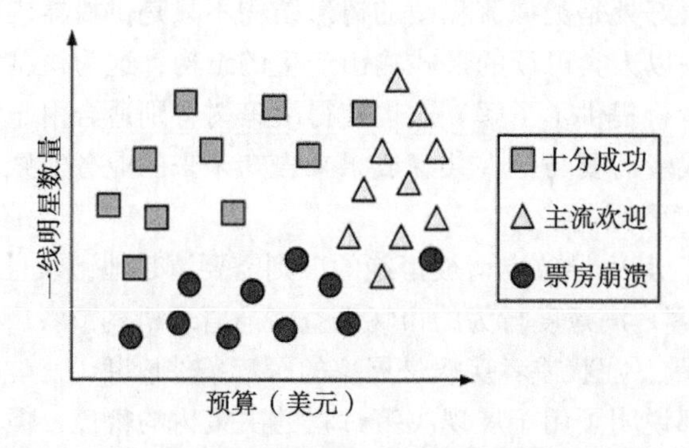

图5-2　散点图：描述电影预算和名人数量之间的关系

使用分而治之策略，我们可以根据该数据建立一个简单的决策树。首先，为了创建决策树的根节点，我们将表示名人数量的特征进行划分，将电影划分成有相当数量的一线明星和没有相当数量的一线明星两组，如图5-3所示。

其次，在有很多名人的这组电影中，我们可以根据电影预算的高低进行另一个划分，如图5-4所示。

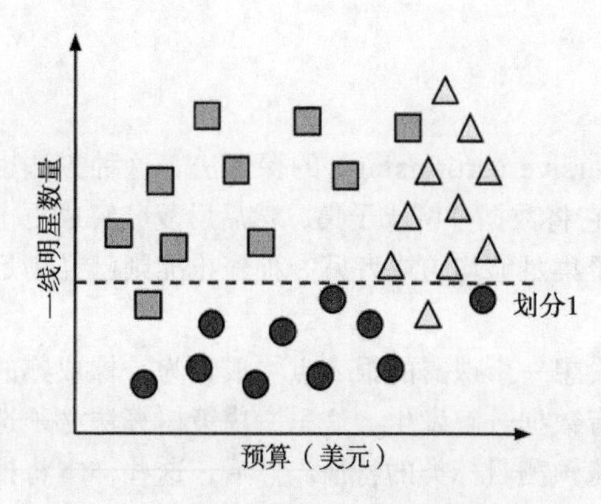

图5-3　决策树第一次划分：将数据拆分为名人数量多和名人数量少的两组

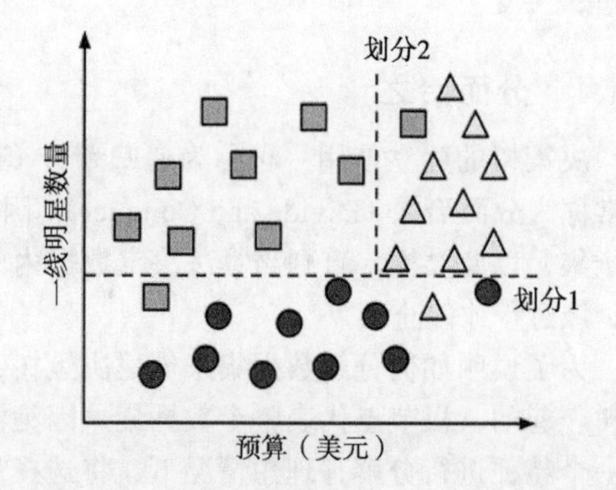

图5-4　决策树第二次划分：将名人数量多的电影进一步拆分为预算高和预算少的两组

此时，我们已经将数据划分成 3 组。图 5-4 左上角的这组完全由广受好评的电影组成，这一组是根据有相当多的名人和相对较低的预算划分出来的；图右上角的这组是由大多数票房很高的电影组成的，有很高的预算和相当多的名人；最后一组，几乎没有明星的力量，预算有高有低，也包括了比较失败的电影。

如果需要，我们可以继续分而治之数据，根据越来越具体的预算范围和名人数量划分数据，直到每一个当前被错误分类的值都被正确分类到它自己微小的分区。然而以这种方式过度拟合决策树是不可取的。虽然没有什么可以阻止算法无限期地划分数据，但是过于具体的决策树并不总是能够更宽泛地概括。这里我们将通过停止分类算法来限制过度拟合的问题，因为每组中超过 80% 的样本来自同一个类，这构成了我们停止准则的基础。

你可能已经注意到，对角线可能更加清晰地划分数据。这是决策树算法使用**轴平行分割**（axis-parallel split）来表现知识的一个局限性。每分割一次只考虑一个特征，这可以防止决策树形成更复杂的决策边界。比如，一条对角线可以根据决策要求“名人的数量远大于所估计的预算吗？”来创建，如果这样，那么这部电影将是一部十分成功（十分成功类）的电影。

我们用于预测电影未来成功的模型可以用一个简单的决策树来表示，如图 5-5 所示。决策树的每个步骤都显示了落入每一类的示例部分，这说明了当分支越来越靠近叶节点时，数据是如何变得更加均匀。为了评估一部新的电影剧本，可以依照每一个决策分支，直到预测出剧本是成功的还是失败的。使用这种方法，你将能够从积压的剧本中快速找出最有前途的方案，然后去做更重要的工作，比如写一份奥斯卡奖获奖感言。

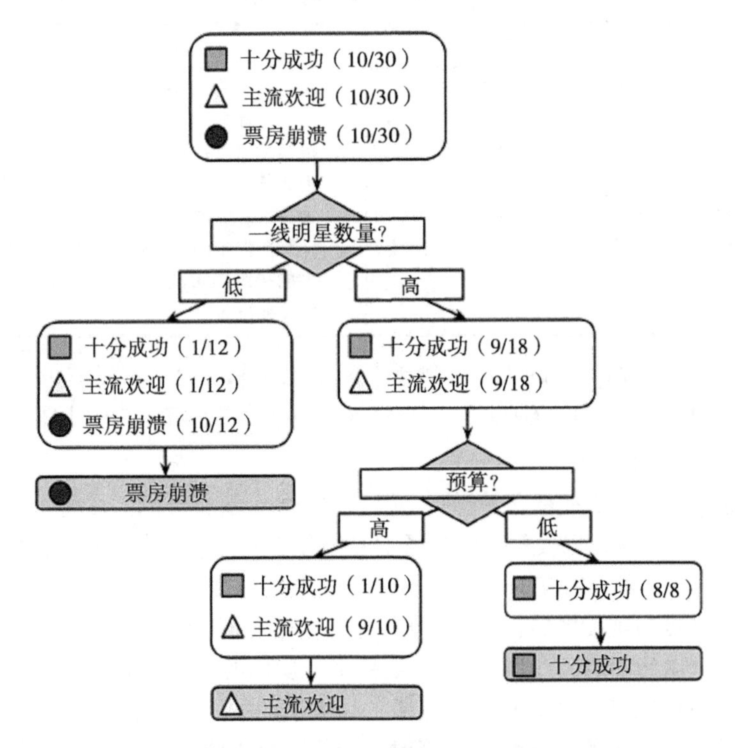

图 5-5　基于历史电影数据建立的决策树可以预测未来电影的表现

由于现实世界的数据包含的不仅仅是两个特征，所以决策树很快就会变得比图5-5复杂，会有更多的节点、分支和叶子。下一节将介绍一个自动建立决策树模型的流行算法。

5.1.2 C5.0决策树算法

决策树有很多算法可以实现，但**C5.0算法**是最知名的决策树算法之一。该算法是由计算机科学家J.Ross Quinlan为改进他之前的算法C4.5而开发的新版本，C4.5本身就是对**迭代二叉树3代**（Iterative Dichotomiser 3，ID3）算法的一个改进。尽管Quinlan将C5.0算法销售给商业用户（详情可见网站`http://www.rulequest.com/`），但是该算法的一个单线程版本的源代码是公开的，因此可以编写成程序，比如R中就有该程序。

> 对于更混乱的问题，一个流行的基于Java的开源算法J48可以代替C4.5算法，该算法包含在R的`RWeka`包中。因为C5.0、C4.5和J48算法之间的差异是很小的，所以本章的原则适用于这3种算法的任意一种，而且这3种算法应该认为是同义的。

C5.0算法已经成为用于生成决策树的行业标准，因为它确实适用于大多数类型的问题，而且可以直接使用。与其他先进的机器学习模型相比，比如第7章所描述的黑箱方法——神经网络和支持向量机，通过C5.0算法建立的决策树一般都表现得与其他先进的模型几乎一样好，而且更容易理解和部署。此外，该算法的缺点相对来说是较轻微的，而且在很大程度上都可以避免，如表5-1所示。

表5-1 C5.0算法的优缺点

优点	缺点
❑ 一个适用于大多数问题的通用分类器 ❑ 高度自动化的学习过程，可以处理数值数据、名义特征以及缺失数据 ❑ 排除了不重要的特征 ❑ 既可以用于小数据集，也可以用于大数据集 ❑ 没有数学背景也可以解释一个模型的结果（对于比较小的树） ❑ 比其他复杂的模型更有效	❑ 决策树模型在根据具有大量水平的特征进行划分时，往往是有偏差的 ❑ 很容易过度拟合或者欠拟合模型 ❑ 因为依赖于轴平行分割，所以在对某些关系建立模型时会有困难 ❑ 训练数据中的小变化可能导致决策逻辑的大变化 ❑ 大的决策树可能很难理解，给出的决策可能看起来会违反直觉

为了简单起见，我们前面的决策树例子忽略了机器采用分而治之的策略时所涉及的数学知识。下面将更详细地探讨这种方法，研究该探索法在实际中是如何应用的。

1. 选择最优的分割

决策树面临的第一个挑战就是需要确定根据哪个特征进行分割。在前面的例子中，我们寻找一种方式来分割数据，以使得到的分区主要包含来源于一个单一类的案例。一个案例子集仅包含单个类的程度称为**纯度**（purity），由单个类构成的任意子集都认为是**纯的**（pure）。

有许多不同的度量纯度的方法，它们可以用来确定分割候选集的最优决策树。C5.0算法在一个类值集合中使用**熵**（entropy），熵是一个从量化随机性或者无序性的信息论中借用的概念。具有高熵值的集合是非常多样化的，且提供的关于可能属于这些集合的其他项的信息很少，因为没有明显的共同性。决策树希望找到可以降低熵值的分割，最终增加组内的同质性。

通常情况下，熵以**位**（bit）为单位。如果只有两个可能的类，那么熵值的范围为 0 ~ 1；对于 n 个类，熵值的范围为 0 ~ log2(n)。在每一个案例中，最小值表示样本是完全同质的，而最大值表示数据是尽可能多样化的，甚至没有组具有最小的相对多数。

根据数学概念，熵定义为：

$$\text{Entropy}(S)=\sum_{i=1}^{c}-p_i\log_2(p_i)$$

在该公式中，对于给定的数据分割（S），常数 c 代表类的水平数，pi 代表落入类的水平 i 中值的比例。例如，假设我们有一个两个类的数据分割：红（60%）和白（40%）。可以计算该数据分割的熵为：

```
> -0.60 * log2(0.60) - 0.40 * log2(0.40)
[1] 0.9709506
```

我们可以可视化所有可能的两个类划分的熵。如果我们知道在一个类中样本的比例为 x，那么在另一个类中的比例就是 $1-x$。使用函数 curve()，我们就可以绘制关于 x 的所有可能值的熵的图：

```
> curve(-x * log2(x) - (1 - x) * log2(1 - x),
        col = "red", xlab = "x", ylab = "Entropy", lwd = 4)
```

结果如图 5-6 所示。

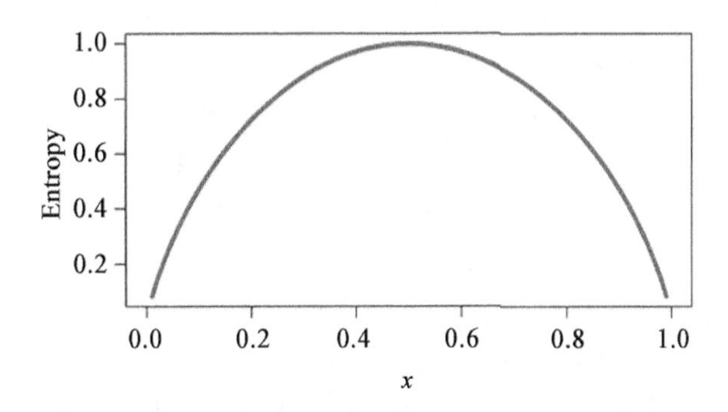

图 5-6　总熵随着一个类在两个类的结果中所占比例的变化而变化

如图 5-6 所示，熵的峰值在 $x=0.50$ 时，一个 50–50 分割导致最大熵值。当一个类相对于其他类越来越占据主导地位时，熵值会逐渐减小到 0。

为了使用熵来确定最优特征以进行分割，决策树计算由每个可能特征的分割所引起的同质性（均匀性）变化，该计算称为**信息增益**（information gain）。对于特征 F，信息增益的计算方法是分割前的数据分区（S_1）的熵值减去由分割产生的数据分区（S_2）的熵值，即

$$\text{InfoGain}(F)=\text{Entropy}(S_1)-\text{Entropy}(S_2)$$

复杂之处在于，一次分割后，数据被划分到多个分区中，因此计算 $\text{Entropy}(S_2)$ 的函数需要考虑所有分区熵值的总和。这可以根据所有的记录落入每一个分区的比例来计算每一个分区的权重，可以用如下的公式来表示：

$$\text{Entropy}(S)=\sum_{i=1}^{n}w_i\text{Entropy}(P_i)$$

简单地说，从一个分割得到的总熵值就是根据样本落入分区中的比例 w_i 加权的 n 个分

区的熵值的总和。

信息增益越高，根据某一特征分割后创建的分组越均匀。如果信息增益为零，那么根据该特征进行分割后的熵值就不会减小。另一方面，最大信息增益等于分割前的熵值，这意味着分割后熵值为零，即分割结果是在完全同质的分组中。

前面的公式假定是名义特征，但对于数值特征的分割，决策树同样可以使用信息增益。为此，一个通常的做法就是测试不同的分割，根据比阈值大还是小，将数值划分到不同的组中，这将数值特征压缩到一个两水平的分类特征，允许信息增益可以像往常一样计算，选择产生最大信息增益的数值分割点进行分割。

虽然 C5.0 算法使用了信息增益，但信息增益并不是构建决策树的唯一分割标准。其他常用的标准有**基尼系数**（Gini index）、**卡方统计量**（chi-squared statistic）和**增益比**（gain ratio）。对于这些（以及更多）标准的详细介绍，可参阅 *An Empirical Comparison of Selection Measures for Decision-Tree Induction, Mingers, J, Machine Learning, 1989, Vol. 3, pp. 319-342*。

2. 修剪决策树

如前所述，一棵决策树可以无限制地增长，选择需要分割的特征，分割成越来越小的分区，直到每一个样本完全归类，或者算法中再也没有可用于分割的特征为止。然而，如果决策树增长得过大，将使许多决策过于具体，模型将过度拟合训练数据。而**修剪**（pruning）一棵决策树的过程涉及减小它的大小，以使决策树能更好地推广到未知数据。

解决这个问题的一种方法就是一旦决策树达到一定数量的决策，或者当决策节点仅含有少量的样本时，我们就停止树的增长，这叫作**提前停止法**（early stopping），或者**预剪枝**（pre-pruning）决策树法。由于这种预剪枝决策树避免了做不必要的工作，所以这是一个有吸引力的策略。然而，该方法的一个不足之处是没有办法知道决策树是否会错过细微但很重要的模式，这种细微模式只有决策树生长到足够大时才能学习到。

另一种方法称为**后剪枝**（post-pruning）决策树法，如果一棵决策树生长得太大，就修剪叶节点将决策树减小到更合适的大小。该方法通常比预剪枝法更有效，因为如果没有事先生成决策树，那么确定一棵决策树生长的最优程度是相当困难的，而事后修剪决策树肯定可以使算法发现所有重要的数据结构。

修剪操作的实施细节是很具技术性的，超出了本书的范围。对于一些可用方法的比较，可参阅 *A Comparative Analysis of Methods for Pruning Decision Trees, Esposito, F, Malerba, D, Semeraro, G, IEEE Transactions on Pattern Analysis and Machine Intelligence, 1997, Vol. 19, pp. 476-491*。

C5.0 算法的优点之一就是它可以自动修剪，即它关注许多决策，能自动使用相当合理的默认值。该算法的总体策略就是事后修剪决策树，它先生成一个过度拟合训练数据的大决策树，然后删除对分类误差影响不大的节点和分支。在某些情况下，整个分支会被进一步向上移动或者被一些简单的决策所取代，这两种移植分支的过程分别称为**子树提升**（subtree raising）和**子树替换**（subtree replacement）。

在过度拟合与欠拟合之间取得适当的平衡是一门学问，但如果模型的准确性是至关重要的，那么就很值得在不同的剪枝方案上花些时间，看看它是否可以提升测试数据集的性能，很快你就会看到，C5.0 算法的优点之一就是它很容易调整训练方案。

5.2　例子——使用 C5.0 决策树识别高风险银行贷款

2007 ~ 2008 年的全球金融危机凸显了透明度和严密性在银行业务中的重要性。由于信贷供应受到限制，所以银行紧缩其贷款体系，并转向机器学习来更准确地识别高风险贷款。

因为决策树的准确性高，以通俗易懂的方法建立统计模型的能力强，所以它广泛地应用于银行业。由于许多国家 / 地区的政府密切监控放贷行为的公平性，所以银行的高管们必须能够解释为什么一个申请者被拒绝贷款申请，而另一个申请者获得批准。此信息对于希望判断为何自己的信用评级是不符合要求的消费者也是有用的。

自动化的信用评分模型被用于信用卡邮件和即时在线审批流程是很有可能的。在本节中，我们将使用 C5.0 决策树建立一个简单的信贷审批模型。我们也将看到应该如何优化模型的结果，从而使导致财务损失的误差最小化。

5.2.1　第 1 步——收集数据

我们信贷模型的动机就是找出与较高的贷款违约风险相关的因素，为此，除了贷款申请者的相关信息外，还必须获取大量过去银行贷款的数据。

具有这些特征的数据可以从 UCI 机器学习仓库（`http://archive.ics.uci.edu/ml`）的一个数据集得到。该数据集包含了从德国的一个信贷机构获得的贷款信息，数据由汉堡大学的 Hans Hofmann 捐赠。

本章给出的数据集已经根据原始数据略微做了修正，以便省去一些预处理步骤。要理解这些例子，需要从 Packt 网站下载 `credit.csv` 文件，并将该文件保存到 R 工作目录中。

该信贷数据集包含了 1 000 个贷款样本，它是一个用来表示贷款特征和贷款申请者特征的数值特征与名义特征的集合。分类变量表示贷款是否陷入违约，让我们看看是否能够确定一些预测这个结果的模式。

5.2.2　第 2 步——探索和准备数据

正如我们之前所做的，使用 `read.csv()` 函数导入数据。现在，由于字符型数据完全是类别变量，所以可以忽略 `stringsAsFactors` 参数，将使用该参数的默认值 `TRUE`。这样就创建了一个具有许多因子变量的数据框 `credit`：

```
> credit <- read.csv("credit.csv")
```

我们可以通过函数 `str()` 来查看输出的前几行，从而检验所生成的对象：

```
> str(credit)
'data.frame':1000 obs. of  17 variables:
 $ checking_balance : Factor w/ 4 levels "< 0 DM","> 200 DM",..
 $ months_loan_duration: int  6 48 12 ...
 $ credit_history      : Factor w/ 5 levels "critical","good",..
```

```
$ purpose              : Factor w/ 6 levels "business","car",..
$ amount               : int  1169 5951 2096 ...
```

我们看到了预期的1000个观测值和17个特征，这是因子和整数数据类型的组合。

让我们来看看table()函数对几个贷款特征的输出结果，这几个特征可能和预测违约贷款相关。数据中已经把申请者的支票和储蓄账户余额记录为类别变量：

```
> table(credit$checking_balance)
    < 0 DM   > 200 DM 1 - 200 DM    unknown
       274         63        269        394
> table(credit$savings_balance)
     < 100 DM > 1000 DM  100 - 500 DM 500 - 1000 DM   unknown
          603        48           103            63       183
```

支票和储蓄账户余额可能被证明是贷款违约状态的重要预测指标。注意，由于贷款数据是从德国获取的，所以这些值使用的是德国马克（Deutsche Mark，DM），这是采用欧元之前在德国使用的货币。

有些贷款的特征是数值变量，比如期限和信贷申请的金额。

```
> summary(credit$months_loan_duration)
   Min. 1st Qu.  Median    Mean 3rd Qu.    Max.
    4.0    12.0    18.0    20.9    24.0    72.0
> summary(credit$amount)
   Min. 1st Qu.  Median    Mean 3rd Qu.    Max.
    250    1366    2320    3271    3972   18420
```

贷款金额介于250 ~ 18 420马克之间，贷款期限为4 ~ 72个月，它们贷款金额的中位数为2320马克，贷款期限的中位数为18个月。

向量default表示贷款申请者是否能够符合约定的付款条件或者他们是否陷入违约。在该数据集中，所有申请贷款的有30%陷入违约：

```
> table(credit$default)
 no yes
700 300
```

银行贷款给违约率高的客户是不可取的，因为这意味着银行很有可能不能完全收回它的投资。如果模型成功，我们的模型将能识别处于高风险的违约申请者，从而使得银行发放款项之前拒绝这类信贷申请。

数据准备——创建随机的训练数据集和测试数据集

正如在前面的章节中所做的那样，我们将数据分成两部分：用来建立决策树的训练数据集和用来评估模型性能的测试数据集。我们将使用90%的数据作为训练数据；10%的数据作为测试数据，这将为我们提供100条记录来模拟新的申请者。

由于之前章节中使用的数据已经以随机的顺序排序，所以我们通过取前面90%的记录作为训练数据，剩下的10%作为测试数据，简单地将数据划分成两部分。与之相反，信用数据集并不是随机排列的，使用之前的方法是不明智的。假设银行已经根据贷款的金额对数据进行了排序，最大金额的贷款排在文件的最后，如果使用前90%的数据作为训练数据，剩下的 10% 作为测试数据，那么我们将只根据小额贷款训练模型，而基于大额贷款测试模型。很明显，这是有问题的。

我们将通过基于信用数据**随机抽样**（random sample）训练模型来解决这个问题。随机抽样是一个简单的过程，即随机地选择记录的子集。在 R 中，函数 `sample()` 用来进行随机抽样。但是，在应用这个函数之前，通常的做法是设置一个**种子**（seed）值，这将导致随机化过程遵循一个序列，该序列之后可以被复制。这似乎违背了生成随机数的目的，但这样做有一个很好的理由，通过 `set.seed()` 函数提供一个种子值能够确保如果需要重复这里的分析，那么可以获得相同的结果。

你可能想知道所谓的随机过程是如何设定种子来产生相同的结果。这归因于这样的事实：计算机使用一个称为**伪随机数生成器**（pseudorandom number generator）的数学函数来创建看上去似乎很随机的随机数序列，但是若给定序列中前面的值，则该序列实际上是可以被预测的。在实践中，现代的伪随机数序列实质上与真实的随机序列没有区别，但具有计算机可以快速轻松生成的优势。

下面的命令使用带有种子值的函数 `sample()`。注意，函数 `set.seed()` 使用任意值 `123`。忽略此种子，将导致你的训练数据集和测试数据集的划分与本章剩余部分所显示的不同。下面的命令随机地从 1 ~ 1 000 的整数序列中选择 900 个值：

```
> set.seed(123)
> train_sample <- sample(1000, 900)
```

正如所期望的，由此产生的 `train_sample` 对象是一个包含 900 个随机整数的向量：

```
> str(train_sample)
 int [1:900] 288 788 409 881 937 46 525 887 548 453 ...
```

通过使用该向量从信用数据中选择行，我们可以将其分割成所希望的 90% 的训练数据集和 10% 的测试数据集。我们知道，在测试记录的选择中使用负号（字符 -）告诉 R 选择不包括指定行的记录。换句话说，测试数据只包含不在训练样本中的行：

```
> credit_train <- credit[train_sample, ]
> credit_test  <- credit[-train_sample, ]
```

如果随机化正确完成，那么在每一个数据集中，我们应该有大约 30% 的违约贷款。

```
> prop.table(table(credit_train$default))
       no       yes
0.7033333 0.2966667

> prop.table(table(credit_test$default))
  no  yes
0.67 0.33
```

训练数据集和测试数据集都有相似的贷款违约分布，所以现在我们可以建立决策树了。如果比例相差很大，我们可能会对数据集重新抽样，或者尝试更复杂的抽样方法，这些方法将在第 10 章中介绍。

如果你的结果不能完全匹配，确保在创建向量 `train_sample` 前及时运行命令 `set.seed(123)`。

5.2.3 第 3 步——基于数据训练模型

我们将使用C50添加包中的C5.0算法来训练决策树模型。如果没有安装C50添加包，那么用命令install.packages("C50")来安装该添加包，用命令library(C50)将其载入R会话中。

表5-2的语法框列出了一些在构建决策树时最常用的参数。与我们之前已经使用的机器学习方法相比，C5.0算法提供了更多的方法来调整一个特定学习问题的模型。

表 5-2　C5.0 决策树语法

C5.0 决策树语法
应用 C50 添加包中的函数 C5.0()
创建分类器： m <-C5.0(train, class, trials=1, costs=NULL) ● train：包含训练数据的数据框 ● class：包含训练数据每一行的分类的一个因子向量 ● trial：一个可选数值，用于控制自助法循环的次数（默认值为 1） ● costs：一个可选矩阵，用于给出与各种类型错误相对应的成本 该函数返回一个 C5.0 模型对象，该对象能够用于预测。 **进行预测：** p <- predict(m, test, type="class") ● m：由函数 C5.0 () 训练的一个模型 ● test：包含测试数据的数据框，该数据框与用来创建分类器的训练数据有同样的特征 ● type：取值为 "class" 或者 "prob"，标识预测是最可能的类别值或者是原始的预测概率 该函数将返回一个向量，根据参数 type 的值，该向量含有预测的类别值或者原始预测的概率值 **例子：** credit_model <- C5.0(credit_train, loan_default) credit_prediction <- predict(credit_model, credit_test)

对于信贷审批模型的第一次迭代，我们将使用默认的C5.0设置，如下面的代码所示。在credit_train中，第17列是类变量default，所以我们需要将它从训练数据框中排除，并将它作为用于分类的目标因子向量。

```
> credit_model <- C5.0(credit_train[-17], credit_train$default)
```

现在，对象credit_model包含一个C5.0决策树对象。我们可以通过输入其名称来查看关于该决策树的一些基本数据：

```
> credit_model

Call:
C5.0.default(x = credit_train[-17], y = credit_train$default)
Classification Tree
Number of samples: 900
Number of predictors: 16

Tree size: 57

Non-standard options: attempt to group attributes
```

输出结果显示了一些关于该决策树的简单情况，包括生成决策树的函数调用、特征数

(标记为 predictiors) 和用于决策树增长的案例 (标记为 samples)。同时列出树的大小为 57，这表明该树有 57 个决策，比我们迄今为止考虑的样本决策树都要大很多。

要查看决策树上的决策，我们可以对模型调用 summary() 函数：

```
> summary(credit_model)
```

结果输出如下所示：

```
C5.0 [Release 2.07 GPL Edition]
-------------------------------

Class specified by attribute `outcome'

Read 900 cases (17 attributes) from undefined.data

Decision tree:

checking_balance in {> 200 DM,unknown}: no (412/50)
checking_balance in {< 0 DM,1 - 200 DM}:
:...credit_history in {perfect,very good}: yes (59/18)
    credit_history in {critical,good,poor}:
    :...months_loan_duration <= 22:
        :...credit_history = critical: no (72/14)
        :   credit_history = poor:
        :   :...dependents > 1: no (5)
        :   :   dependents <= 1:
        :   :   :...years_at_residence <= 3: yes (4/1)
        :   :       years_at_residence > 3: no (5/1)
```

上面的输出显示了决策树的前几个分支，前 3 行可以用通俗易懂的语言来表达：

1）如果支票账户余额是未知的或者超过 200 马克，则归类为不太可能违约。

2）否则，支票账户余额少于 0 马克，或者介于 1 ~ 200 马克之间……

3）……并且信用记录完美或者非常好，则归类为很有可能违约。

括号中的数字表示符合该决策准则的样本数量以及根据该决策不正确分类的样本数量。例如，在第一行中，(412/50) 表示有 412 个样本符合该决策条件，有 50 个样本被错误地归类为“不太可能违约”。换句话说，有 50 个申请者确实违约了，尽管模型的预测与此相反。

有时候，决策树的决策结果几乎没有逻辑意义。例如，为什么一个申请者的信用记录很好却很有可能违约，而那些支票余额未知的用户却不太可能违约呢？像这样矛盾的规则有时候会产生，它们可能反映了数据中的一个真实模式，或者它们可能是统计中的异常值。任何一种情况下，对这种奇怪的决策进行调查来观察决策树对于商业用途是否有逻辑意义是很重要的。

在决策树输出后，summary(credit_model) 输出一个混淆矩阵，这是一个交叉列表，表示模型对训练数据错误分类的记录数：

```
Evaluation on training data (900 cases):


   Decision Tree
 ----------------
 Size      Errors
   56   133(14.8%)    <<

  (a)    (b)     <-classified as
 ----   ----
```

```
598    35     (a): class no
 98   169     (b): class yes
```

标题Errors部分说明模型对除了900个训练实例中的133个实例以外的所有实例进行了正确的分类，错误率为14.8%。共有35个真实值为no的实例被错误地归类为yes(假阳性)，而有98个真实值为yes的实例被错误地归类为no（假阴性）。

考虑到决策树过度拟合训练数据的倾向，此处基于训练数据性能报告的错误率可能过于乐观，因此，通过将决策树应用于测试数据集来继续进行评估尤为重要。

5.2.4　第4步——评估模型的性能

为了将决策树应用于测试数据集，我们使用predict()函数，如下代码所示：

```
> credit_pred <- predict(credit_model, credit_test)
```

这样就创建了一个预测分类值的向量，我们可以使用gmodels添加包中的CrossTable()函数将它与真实的分类值比较。设定参数prop.c和prop.r为FALSE来删除表中列与行百分比，剩余百分比（prop.t）表示单元格中的记录数占总记录数的百分比。

```
> library(gmodels)
> CrossTable(credit_test$default, credit_pred,
             prop.chisq = FALSE, prop.c = FALSE, prop.r = FALSE,
             dnn = c('actual default', 'predicted default'))
```

输出的结果如表5-3所示。

表5-3　结果表

```
               | predicted default
actual default |        no |       yes | Row Total |
---------------|-----------|-----------|-----------|
            no |        59 |         8 |        67 |
               |     0.590 |     0.080 |           |
---------------|-----------|-----------|-----------|
           yes |        19 |        14 |        33 |
               |     0.190 |     0.140 |           |
---------------|-----------|-----------|-----------|
  Column Total |        78 |        22 |       100 |
---------------|-----------|-----------|-----------|
```

在测试集100个贷款申请中，我们的模型正确预测了59个申请者确实没有违约，而14个申请者确实违约了，模型的准确率为73%，错误率为27%。在训练数据上模型的性能略差，但并不令人意外，因为对于未知数据，模型的性能往往会差些。另外请注意，该模型只正确预测了测试数据中33个真实贷款违约中的14个，即42%。遗憾的是，这种类型的错误是潜在的一个非常严重的错误，因为银行对于每一笔违约都会损失资金。让我们看看，再多一点儿努力，是否能够改善预测结果。

5.2.5　第5步——提高模型的性能

我们模型的错误率很可能过高而不能将其应用于实时的信用评估申请中。事实上，如果该模型对每一个测试案例的预测结果为“没有违约”，那么此时模型的正确率将为67%——结果并不比我们的模型差多少，但需要少得多的努力！从 900 个样本中预测贷款违约似乎是一个具有挑战性的问题。

更糟糕的是，我们的模型在识别贷款确实违约的申请者时性能尤其不佳。幸运的是，有两种简单的方法可以用来调整 C5.0 算法，无论是对于整体性能还是对于代价更高的错误类型，这些方法可能有助于提高模型的性能。

1. 提高决策树的准确性

C5.0 算法对 C4.5 算法改进的一种方法就是通过加入**自适应增强**（adaptive boosting）算法。这是许多决策树构建的一个过程，然后这些决策树通过投票表决的方法为每个样本选择最优的分类。

boosting 算法的思想很大程度上建立在 Rob Schapire 和 Yoav Freund 的研究上。想了解更多的信息，可在网上搜索他们的文章或者他们的教材 *Boosting: Foundations and Algorithms*，*Cambridge, MA, The MIT Press, 2012*。

由于 boosting 算法可以更广泛应用于任何机器学习算法，所以在本书的第 11 章中有该算法更详细的介绍。就目前而言，只需要说明 boosting 算法根植于这样一种概念：通过将很多能力较弱的学习算法组合在一起，就可以创建一个团队，这比任何单独的学习算法都强很多。每一个模型都有一组特定的优点和缺点，对于特定的问题，它们可能更好，也可能更差，而使用优点和缺点互补的多种学习方法的组合，可以显著地提高分类器的准确性。

`C5.0()` 函数可以很轻松地将 boosting 算法添加到决策树中。我们只需要添加一个额外的参数 `trials`，表示在模型增强团队中使用的独立决策树的数量。参数 `trials` 设置了一个上限，如果该算法识别出额外的试验似乎并没有提高模型的准确性，那么它将停止添加决策树。我们将从 10 个试验（trials=10）开始，这是一个已经成为事实标准的数字，因为研究表明，这能降低关于测试数据大约 25% 的错误率。除了新参数外，命令与之前类似：

```
> credit_boost10 <- C5.0(credit_train[-17], credit_train$default,
                         trials = 10)
```

在查看由此生成的模型时，我们可以看到现在的输出标明了添加的 boosting 算法：

```
> credit_boost10
Number of boosting iterations: 10
Average tree size: 47.5
```

新的输出结果显示通过 10 次迭代，决策树变小。如果愿意，可以在命令提示符下，通过输入 `summary(credit_boost10)` 看到所有的 10 棵决策树，输出结果还显示了基于训练数据的决策树性能：

```
> summary(credit_boost10)

     (a)   (b)    <-classified as
    ----  ----
     629     4    (a): class no
      30   237    (b): class yes
```

在 900 个训练样本中，该分类器犯了 34 个错误，错误率为 3.8%。我们注意到在加入 boosting 算法之前，训练样本的错误率为 13.9%。因此，与之前相比，这是很大的提高。然而，这仍有待观察，我们是否能在测试数据中看到类似的提高呢？让我们一起来看看：

```
> credit_boost_pred10 <- predict(credit_boost10, credit_test)
> CrossTable(credit_test$default, credit_boost_pred10,
             prop.chisq = FALSE, prop.c = FALSE, prop.r = FALSE,
             dnn = c('actual default', 'predicted default'))
```

输出的结果如表 5-4 所示。

表 5-4　结果表

```
               | predicted default
actual default |        no |       yes | Row Total |
---------------|-----------|-----------|-----------|
            no |        62 |         5 |        67 |
               |     0.620 |     0.050 |           |
---------------|-----------|-----------|-----------|
           yes |        13 |        20 |        33 |
               |     0.130 |     0.200 |           |
---------------|-----------|-----------|-----------|
  Column Total |        75 |        25 |       100 |
---------------|-----------|-----------|-----------|
```

这里，在增强模型的性能后，总的错误率由之前的 27% 降低到现在的 18%。这看起来似乎不是一个很大的增益，但正如我们所期望的，它事实上降低了超过 25% 的错误率。另一方面，模型在预测贷款违约方面仍然做得不好，只预测 $20 / 33 = 61\%$ 是正确的。缺乏更大的提高可能是由于我们采用的是一个相对较小的训练数据集，也可能这本身就是一个很难解决的问题。

综上所述，如果 boosting 算法可以很容易实现，那么为什么不在默认情况下，将它应用于每一棵决策树呢？原因有两方面。首先，如果建立一棵决策树需要花费大量的计算时间，那么建立很多决策树可能在计算上是不可行的。其次，如果训练数据很杂乱，那么 boosting 算法可能根本不会改进模型的性能。不过，如果需要更高的准确性，那还是值得尝试一下 boosting 算法。

2. 犯一些比其他错误代价更高的错误

给一个很有可能违约的申请者一笔贷款是一种代价高昂的错误。一种减少错误地否定申请者数量的方法是拒绝大量处于边界线的申请者，基于这样的假设：如果贷款者不还钱，那么银行所蒙受的大量损失就远远超过了它从有风险的贷款者身上赚到的利息。

为了防止一棵决策树犯更严重的错误，C5.0 算法允许我们将一个惩罚因子分配到不同类型的错误上。这些惩罚因子设定在一个**代价矩阵**中，用来指定每种错误的代价是相对于任何其他错误代价的多少倍。

为了开始构建代价矩阵，我们需要先指定维度，因为预测值和实际值都取两个值，yes 或者 no，所以我们需要描述一个 2×2 矩阵，使用一个两个向量的列表，每个向量有两个值。同时，我们也将对矩阵的维度进行命名，以避免之后出现混淆：

```
> matrix_dimensions <- list(c("no", "yes"), c("no", "yes"))
> names(matrix_dimensions) <- c("predicted", "actual")
```

检查新对象表明，已经正确设置了维度：

```
> matrix_dimensions
$predicted
[1] "no"  "yes"

$actual
[1] "no"  "yes"
```

接下来，我们需要通过提供 4 个值来填充矩阵，由此来对不同的错误类型分配惩罚项。由于 R 通过从上到下逐一填充列来填充矩阵，所以需要以特定的顺序来提供值：

1）预测值 no，实际值 no。

2）预测值 yes，实际值 no。

3）预测值 no，实际值 yes。

4）预测值 yes，实际值 yes。

假设我们认为一个贷款违约者导致的银行损失是一个被错误拒绝的申请者导致的银行损失的 4 倍，则惩罚值可以定义为：

```
> error_cost <- matrix(c(0, 1, 4, 0), nrow = 2,
                  dimnames = matrix_dimensions)
```

这样就创建了如下的矩阵：

```
> error_cost
         actual
predicted no yes
      no   0   4
      yes  1   0
```

正如该矩阵所定义的，当该算法正确地将一个样本分类为 `no` 或者 `yes` 时，此时没有分配代价，但是相对于代价为 `1` 的假阳性的样本，假阴性的样本的代价为 `4`。为了看到这样做是如何影响分类的，我们将通过使用 `C5.0()` 函数中的参数 `costs`，将其应用到决策树中。我们将以其他方式应用与前面一样的步骤：

```
> credit_cost <- C5.0(credit_train[-17], credit_train$default,
                          costs = error_cost)
> credit_cost_pred <- predict(credit_cost, credit_test)
> CrossTable(credit_test$default, credit_cost_pred,
             prop.chisq = FALSE, prop.c = FALSE, prop.r = FALSE,
             dnn = c('actual default', 'predicted default'))
```

这将生成如表 5-5 所示的混淆矩阵：

表 5-5　生成的混淆矩阵

```
               | predicted default
actual default |        no |       yes | Row Total |
---------------|-----------|-----------|-----------|
            no |        37 |        30 |        67 |
               |     0.370 |     0.300 |           |
---------------|-----------|-----------|-----------|
           yes |         7 |        26 |        33 |
               |     0.070 |     0.260 |           |
---------------|-----------|-----------|-----------|
  Column Total |        44 |        56 |       100 |
---------------|-----------|-----------|-----------|
```

与增强模型相比，这个版本的模型整体上犯了更多的错误：相对于增强模型的错误率18%，这里的错误率为 *37%*。然而，错误的类型却相差很大。前面的模型对贷款违约分类的正确率分别只有 42% 和 61%，而在这个模型中，*26/33=79%* 的真实贷款违约者被正确地预测为违约者。如果我们的代价估算是准确的，那么以增加假阳性为代价，减少假阴性的这种权衡是可以接受的。

5.3 理解分类规则

分类规则代表的是逻辑 if-else 语句形式的知识，可用来对无标记样本指定一个分类。无标记样本依据**前件**（antecedent）和**后件**（consequent）的概念来指定，而前件和后件就构成了一个陈述，即“如果这种情况发生，那么那种情况就会发生。”前件是由特征值的特定组合构成的，而如果规则条件被满足，后件用来指定分类值。一个简单的规则或许会这样描述：“如果硬盘发出咔嗒声，那么硬盘出现故障了。”

规则学习器是决策树学习器紧密相连的兄弟，通常用于相似类型的任务。与决策树一样，它们也可以用来为今后的行动形成认识，比如：

- 确定导致机械设备出现硬件故障的条件。
- 描述用于客户细分人群的关键特征。
- 发现股票市场上股票价格大跌或者大涨的前提条件。

规则学习器相对于决策树确实有一些明显的差异。决策树必须遵循一系列分支决策，而规则是可以被阅读的命题，很像事实的独立陈述。另外，这将在后面讨论，因为根据相同数据建立的模型，规则学习器的结果往往比决策树的结果更简单、更直接、更容易理解。

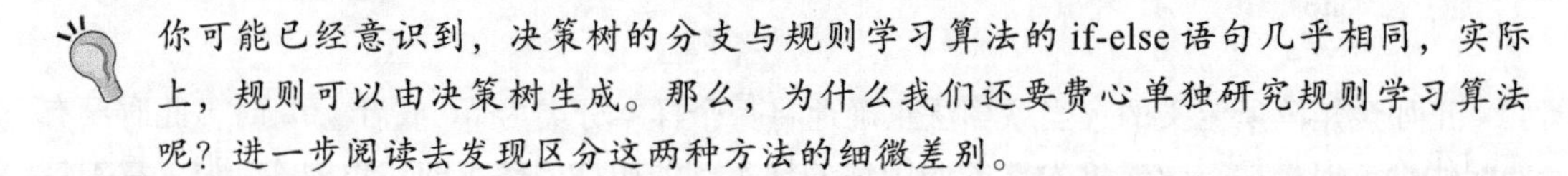

你可能已经意识到，决策树的分支与规则学习算法的 if-else 语句几乎相同，实际上，规则可以由决策树生成。那么，为什么我们还要费心单独研究规则学习算法呢？进一步阅读去发现区分这两种方法的细微差别。

规则学习器通常应用于以名义特征为主或全部是名义特征的问题。规则学习器擅长识别偶发事件，即使偶发事件只是因为特征值之间的非常特殊的相互作用才发生的。

5.3.1 独立而治之

分类规则学习算法使用了一种称为**独立而治之**（separate and conquer）的探索法。这个过程包括确定训练数据中覆盖一个样本子集的规则，然后再从剩余的数据中分离出该子集。随着规则的增加，更多的数据子集会被分离，直到整个数据集都被覆盖，不再有剩余样本。尽管独立而治之与之前介绍的分而治之启发式算法在很多方面相似，但在细微的方面有所不同。

想象规则学习独立而治之过程的一种方式就是通过创建用于标识分类值的越来越具体的规则来想象向下挖掘（钻取）数据。假设任务是通过创建规则来确定一个动物是否是哺乳动物。你可以用一个大的空间来描述所有动物，如图 5-7 所示。

规则学习器通过利用已有的特征来寻找同类群体开始。例如，根据指示物种是在陆地、海洋，还是空中行走的特征，第一条规则可能表明任何陆地动物都是哺乳动物，如图 5-8 所示。

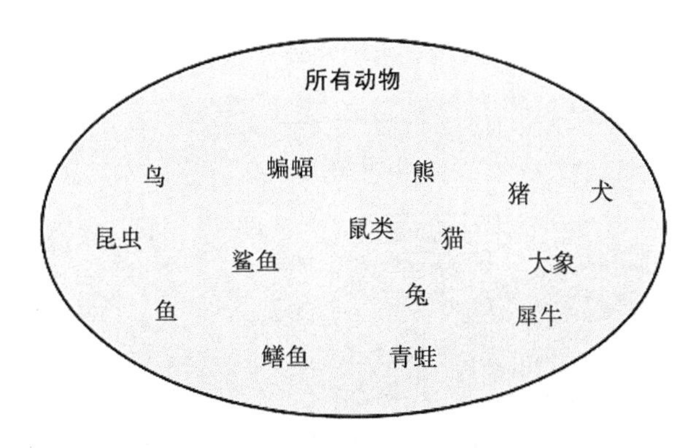

图 5-7　规则学习算法可以帮助将动物分为哺乳动物和非哺乳动物

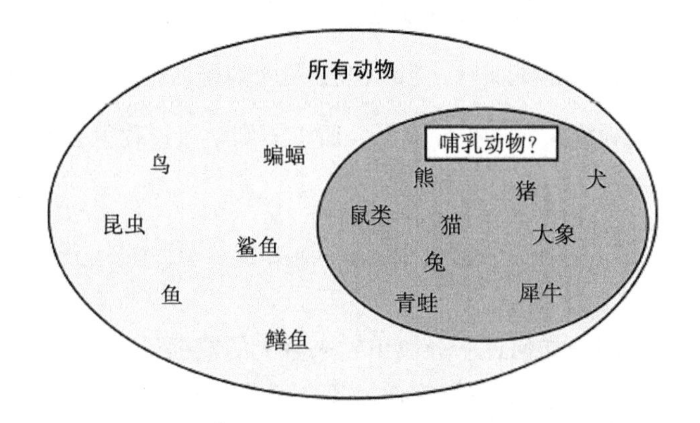

图 5-8　一个潜在的规则认为在陆地上行走的动物是哺乳动物

是否注意到这条规则存在问题呢？如果你是一个动物爱好者，可能已经意识到青蛙是两栖动物，而不是哺乳动物。因此，规则需要更具体一点。让我们进一步细化规则，表明哺乳动物一定是在陆地上行走，并且有一条尾巴，如图 5-9 所示。

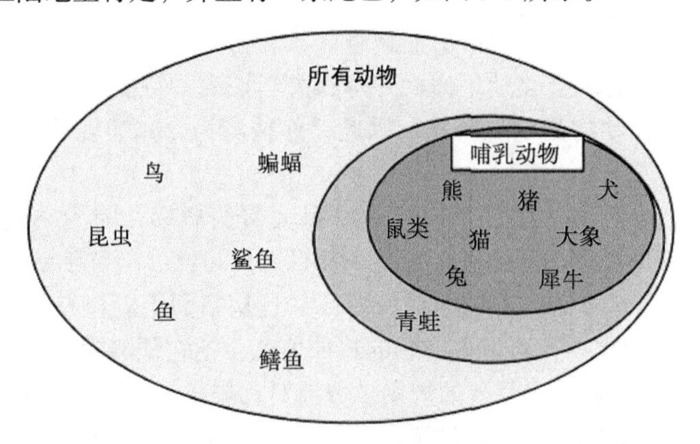

图 5-9　一个更具体的规则表明：在陆地上行走且有尾巴的动物是哺乳动物

如图 5-9 所示，新规则生成了一个全部是哺乳动物的动物子集。因此，可以将哺乳动物的子集与其他数据分开，并将青蛙返还到剩余动物的池中——这不是双关语！

可以定义一个额外的规则来分离出蝙蝠，它是上述规则仅剩的哺乳动物。一个潜在的将蝙蝠从剩余动物中区分出来的特征是其有皮毛。根据这个特征建立规则并利用这个规则，我们就能正确识别所有的动物，如图 5-10 所示。

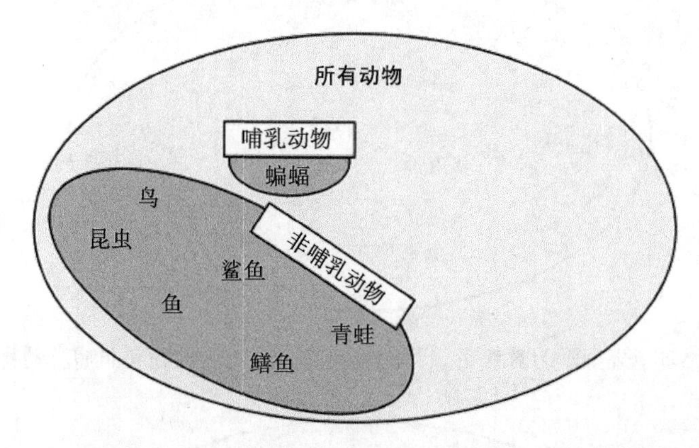

图 5-10　一条规则规定具有皮毛的动物是哺乳动物，剩余动物被完美分类

这时，由于所有的训练实例都被分类了，所以规则学习过程就会停止。我们一共学习了 3 个规则：

- 在陆地上行走且有尾巴的动物是哺乳动物。
- 如果动物没有皮毛，那么它就不是哺乳动物。
- 否则，该动物是哺乳动物。

前面的例子说明规则是如何逐步分离出越来越大的数据子集，最终将所有实例分类。由于规则看起来覆盖部分数据，所以独立而治之算法又称为**覆盖算法**（covering algorithm），所得到的规则称为覆盖规则。下一节将通过研究一个简单的规则学习算法来学习覆盖规则在实际中是如何应用的。然后，我们将研究一个更复杂的规则学习器，并将这两种算法都应用于真实世界的问题。

5.3.2　1R 算法

设想一个电视游戏节目的大窗帘后面藏着一只动物，要求猜测它是否是哺乳动物，如果猜正确，将赢得丰厚的现金奖励。你没有得到关于该动物特征的任何线索，但是你知道世界上只有很少一部分动物是哺乳动物，因此，你猜测为“非哺乳动物”。你会如何看待你的机会？

当然，选择该选项可最大限度地提高你赢得大奖的概率，因为在随机选择动物的假设下，这是最有可能的结果。显然，这个游戏节目有点可笑，但它演示了最简单的分类器 ZeroR，这是一个规则学习器，不考虑任何特征并且从字面上看没有规则学习（因此而得名）。对于每一个无标记样本，不用考虑它的特征值就会把它预测为最常见的类。该算法几乎没有实际用途，除了为其他更复杂的规则学习器对比提供了一个简单的基准。

1R 算法（单规则或者 OneR）通过选择一个单一的规则来提高 ZeroR 算法的性能。虽然这看起来可能过于简单，但是它往往表现得比你预期的要好。正如实证研究表明，对于许多现实世界的任务，该算法的准确性可以接近于许多更复杂算法的准确性。

想要深入了解 1R 算法令人惊讶的性能，可参阅 *Very Simple Classification Rules Perform Well on Most Commonly Used Datasets. Holte, RC, Machine Learning, 1993, Vol. 11, pp. 63-91*。

1R 算法的优点和缺点如表 5-6 所示。

表 5-6　1R 算法的优缺点

优　点	缺　点
❑ 可以生成一个单一的、易于理解的、人类可读的经验法则（大拇指规则） ❑ 往往表现得非常好 ❑ 可以作为更复杂算法的一个基准	❑ 只使用了一个单一的特征 ❑ 可能会过于简单

该算法运行的方式很简单。对于每一个特征，1R 会将具有相似特征值的数据划分成一组。然后，对于每一个数据分组，该算法预测大多数类。规则错误率的计算基于每一个特征，犯最少错误的规则选为唯一的规则。

对于之前研究的动物数据，图 5-11 显示了该算法是如何运行的。

动物	行走途径	皮毛特征	哺乳动物
蝙蝠	空中	Yes	Yes
熊	陆地	Yes	Yes
鸟	空中	No	No
猫	陆地	Yes	Yes
狗	陆地	Yes	Yes
鳝鱼	海洋	No	No
大象	陆地	No	Yes
鱼	海洋	No	No
青蛙	陆地	No	No
昆虫	空中	No	No
猪	陆地	No	Yes
兔	陆地	Yes	Yes
鼠	陆地	Yes	Yes
犀牛	陆地	No	Yes
鲨鱼	海洋	No	No

注：全部数据集

行走途径	预测值	真实值	
空中	No	Yes	×
空中	No	No	
空中	No	No	
陆地	Yes	Yes	
陆地	Yes	Yes	
陆地	Yes	Yes	
陆地	Yes	Yes	
陆地	Yes	No	×
陆地	Yes	Yes	
陆地	Yes	Yes	
陆地	Yes	Yes	
陆地	Yes	Yes	
海洋	No	No	
海洋	No	No	
海洋	No	No	

注：行走途径规则，
错误率 =2/15

是否有皮毛	预测值	真实值	
No	No	No	
No	No	No	
No	No	Yes	×
No	No	No	
No	No	No	
No	No	No	
No	No	Yes	×
No	No	Yes	×
No	No	No	
Yes	Yes	Yes	
Yes	Yes	Yes	
Yes	Yes	Yes	
Yes	Yes	Yes	
Yes	Yes	Yes	
Yes	Yes	Yes	

注：皮毛特征规则，
错误率 =3/15

图 5-11　1R 算法选择误分类率最低的单一规则

根据行走途径（Travels By）这一特征，我们将数据集分为 3 组：空中（Air）、陆地（Land）和海洋（Sea），在空中组和海洋组的动物被预测为非哺乳动物，而陆地组的动物被预测为哺乳动物，这样就导致了 2 个错误：蝙蝠和青蛙。

根据皮毛特征（Has Fur）可以将动物分为两组，有皮毛的动物被预测为哺乳动物，而没有皮毛的动物被预测为非哺乳动物，一共出现 3 个错误：猪、大象和犀牛。由于行走途径特征导致了更少的错误，所以 1R 算法将返回如下的规则：

❑ 如果该动物在空中行走，那么它就不是哺乳动物。

❑ 如果该动物在陆地上行走，那么它是哺乳动物。

❑ 如果该动物在海洋中行走，那么它不是哺乳动物。

在发现了唯一的最重要的规则后，该算法就会在这里停止。

很明显，该算法对于某些任务来说可能过于简单了。你想要一个只考虑单一症状的医疗诊断系统吗？或者你想要一个只基于单一因素来停止或者加速车的自动驾驶系统吗？对于这些类型的任务，一个更复杂的规则学习器可能会有用。我们将在下一节中学习这种算法。

5.3.3 RIPPER算法

早期的规则学习算法受到两个问题的困扰。第一，它们是出了名的速度慢，使得它们对于越来越多的大数据集效率很低；第二，对于噪声数据，它们往往不准确。

解决这些问题的第一步是由 Johannes Furnkranz 和 Gerhard Widmer 在 1994 年提出来的。他们提出的**增量减少误差修剪**（incremental reduced error pruning，IREP）算法使用了生成复杂规则的预剪枝和后剪枝方法的组合，并在将实例从全部数据集分离之前进行修剪。虽然这种策略有助于提高规则学习器的性能，但往往还是决策树表现得更好。

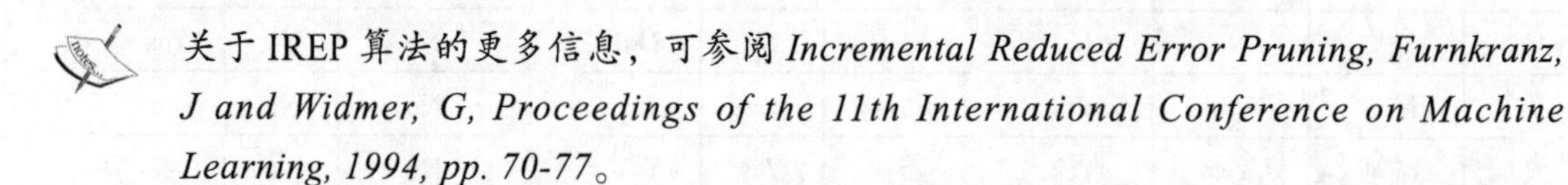

关于 IREP 算法的更多信息，可参阅 *Incremental Reduced Error Pruning, Furnkranz, J and Widmer, G, Proceedings of the 11th International Conference on Machine Learning, 1994, pp. 70-77*。

在 1995 年，规则学习算法又向前迈进了一步，William W. Cohen 引入了**重复增量修剪**（repeated incremental pruning to produce error reduction，RIPPER）算法，对 IREP 算法进行改进后再生成规则，它的性能与决策树相当，甚至超过了决策树。

关于 RIPPER 算法的更多信息，可参阅 *Fast Effective Rule Induction, Cohen, WW, Proceedings of the 12th International Conference on Machine Learning, 1995, pp. 115-123*。

如表 5-7 所示，RIPPER 算法的优点和缺点通常可以与决策树比较，其主要优点就是可能生成一个稍微精简的模型。

表 5-7　RIPPER 算法的优缺点

优　点	缺　点
❑ 生成易于理解、人类可读的规则 ❑ 对大数据集和噪声数据集有效 ❑ 通常比决策树产生的模型更简单	❑ 可能导致违反常理或者专家知识的规则 ❑ 处理数值数据不太理想 ❑ 性能有可能不如更复杂的模型

RIPPER 算法是规则学习算法经过多次迭代进化而来的，是用于规则学习的有效探索方法的一个组合。由于该算法的复杂性，所以其实现细节的讨论超出了本书的范围。但是，它可以笼统地理解为一个三步过程：

1）生长。

2）修剪。

3）优化。

生长阶段利用独立而治之技术，对规则贪婪地添加条件，直到该规则能完全划分出一个数据子集或者没有属性可用于分割。与决策树类似，信息增益准则可用来确定下一个分割的属性。当增加一个规则的特异性而熵值不再减小时，该规则需要立即修剪。重复第一步和第二步，直到达到一个停止准则，然后使用各种探索法对整套规则进行优化。

RIPPER 算法可以比 1R 算法创建出更复杂的规则，因为 RIPPER 算法可以考虑的特征不止一个。这意味着 RIPPER 算法可以根据多个前件创建规则，比如“如果一个动物可以飞而且具有皮毛，那么该动物就是哺乳动物。”这样就提高了该算法对复杂数据建模的能力，但与决策树一样，这也意味着规则很快就会变得难以理解。

分类规则学习器的演变并没有到此终止，新的学习算法正被快速地提出。文献综述中还介绍了许多其他算法，包括 IRPE++ 算法、SLIPPER 算法、TRIPPER 算法等。

5.3.4　来自决策树的规则

分类规则也可以直接从决策树获得。从一个叶节点开始沿着树枝回到树根，将获得一系列的决策，这些决策可以组合成一个单一的规则。图 5-12 显示了如何根据决策树构建规则用于预测电影成功。

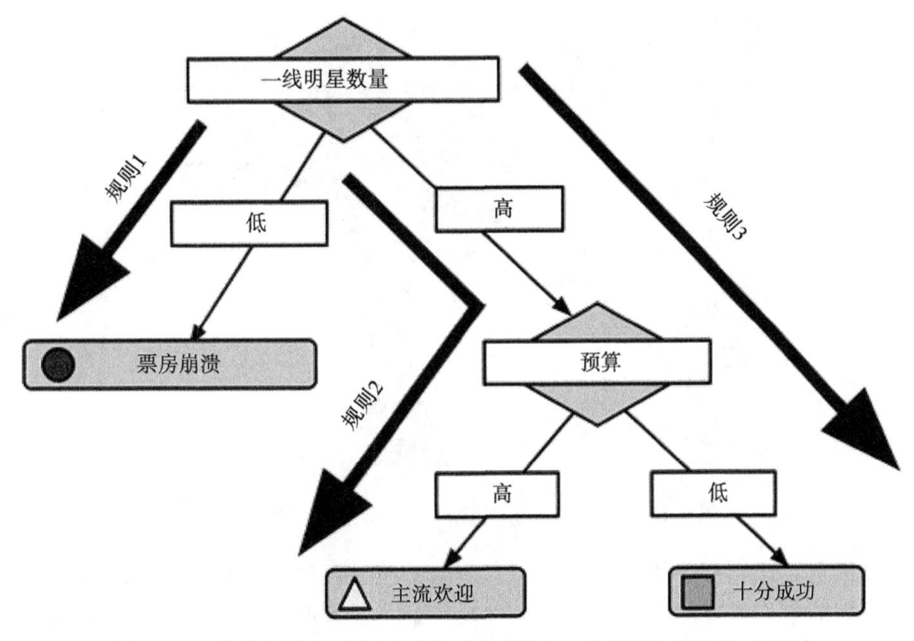

图 5-12　根据根节点到每个叶节点的路径，可以从决策树生成规则

沿着根节点向下到每个叶节点的路径，规则将是：

1）如果名人的数量少，那么该电影将属于**票房崩溃**（Box Office Bust）类。

2）如果名人的数量多且预算高，那么该电影将属于**主流欢迎**（Mainstream Hit）类。

3）如果名人的数量多且预算低，那么该电影将属于**十分成功**（Critical Success）类。

至于原因，下面的章节中将说明。使用决策树生成规则的主要缺点是由此产生的规则通常比那些由规则学习算法学到的规则更复杂。决策树应用分而治之策略产生的结果是有偏差的，与规则学习器产生的结果不同。另一方面，从决策树生成的规则有时候计算上会更有效。

当训练模型时，如果指定 rules=TRUE，C50 添加包中的 C5.0() 函数就可以利用分类规则生成一个模型。

5.3.5　什么使决策树和规则贪婪

因为决策树和规则学习器是基于先到先得的思想使用数据，所以它们又称为**贪婪学习器**（greedy learner），如图 5-13 所示。决策树使用的分而治之探索法和规则学习器使用的独立而治之探索法都试图一次性分区，首先找到同质性最好的分区，接着是次好的，以此类推，直到所有的样本都被归类。

贪婪算法的缺陷是对于特定的数据集，它不能保证生成最优的、最准确的，或者规则数最少的规则。如果早期采用可轻易获得的成果，贪婪学习器可能快速找到一个单一的规则，该规则对于数据的一个子集是准确的。然而，如果这样做，贪婪学习器可能错过制定一套更细微的规则集的机会，而该规则集对于整个数据集具有更好的整体准确度。但是，对于规则学习，如果不使用贪婪方法，除了最小的数据集外，在计算上很可能对于所有的数据集将是不可行的。

图 5-13　决策树和分类规则学习器都是贪婪算法

尽管决策树和规则都采用贪婪学习探索，但是在如何建立规则上，它们还有着细微的差别。或许区分它们最好的方式就是：一旦对一个特征分而治之分割，那么根据分割所创建的分区将不会被重新占据，只有进一步细分。通过这种方式，决策树会受到其过去决策历史的永久限制。与之相反，一旦独立而治之找到规则，那么没有被所有规则条件覆盖的样本将可能被重新占据。

为了说明这个不同，考虑前面的案例，在该案例中，我们建立了一个规则学习器来确定一个动物是否是哺乳动物。规则学习器确定了 3 个规则，它们可以完美地将样本动物分类：

- 在陆地上行走且有尾巴的动物是哺乳动物（熊、猫、犬、大象、猪、兔、鼠类和犀牛）。
- 如果动物没有皮毛，那么它就不是哺乳动物（鸟、鳝鱼、鱼、青蛙、昆虫和鲨鱼）。
- 否则，该动物是哺乳动物（蝙蝠）。

相比之下，基于相同数据建立的决策树可能需要提出 4 个规则来获得同样完美的分类：

- 如果一个动物在陆地上行走且有尾巴，那么它是哺乳动物（熊、猫、犬、大象、猪、兔、鼠类和犀牛）。
- 如果一个动物在陆地上行走且没有尾巴，那么它不是哺乳动物（青蛙）。
- 如果一个动物不在陆地上行走且有皮毛，那么它是哺乳动物（蝙蝠）。
- 如果一个动物不在陆地上行走且没有皮毛，那么它不是哺乳动物（鸟、昆虫、鲨鱼、鱼和鳗鱼）。

这两种方法不同的结果与对“在陆地上行走”的判定规则分离出的青蛙所采取的后续决策行动有关。其中，规则学习器允许青蛙可以根据“没有皮毛”的判定被重新区分；而决策树不能修改已有的分区，因此必须把青蛙放到自己的规则中，如图 5-14 所示。

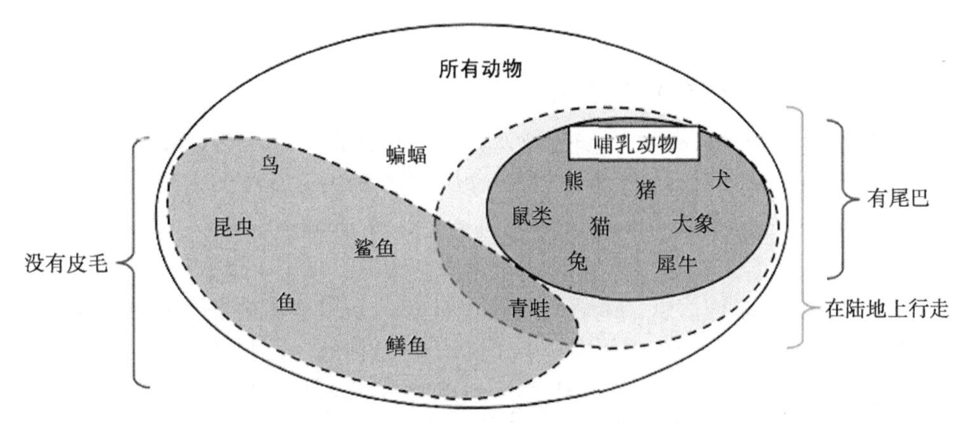

图 5-14　对于青蛙的处理区分了分而治之和独立而治之启发式算法，后一种方法允许青蛙被之后的规则重新治理

一方面，因为规则学习器可以重新审视之前规则考虑过的但最终没有覆盖的实例，所以它往往可以找到比那些由决策树生成的规则更简约的规则集。另一方面，这种数据的重复使用意味着规则学习器的计算成本可能比决策树稍高。

5.4　例子——应用规则学习算法识别有毒的蘑菇

每年都会有很多人因为摄入有毒的野生蘑菇生病，有时甚至死亡。由于许多蘑菇在外观上都非常相似，所以有时甚至经验丰富的蘑菇采集者都会中毒。

与识别其他有毒的植物（比如有毒的橡树或者有毒的常春藤）不一样，识别一种野生蘑菇是否有毒或者是否可以食用并没有明确的规则，像（有毒的常春藤）“三片叶子，不要碰它们”。更加复杂的是，许多传统规则，比如“有毒的蘑菇颜色鲜艳”，提供的是危险的或者具有误导性的信息。如果有简单、清晰、一致的规则可以用来识别有毒的蘑菇，那么就可以拯救食物采集者的生命。

由于规则学习算法的优势之一就是它们能生成易于理解的规则，所以规则学习算法似乎很适合这种分类任务。然而，规则只有在它们准确时才是有用的。

5.4.1　第 1 步——收集数据

为了确定用来区分有毒蘑菇的规则，我们将使用由卡内基 – 梅隆大学的 Jeff Schlimmer 提供的蘑菇数据集（Mushroom dataset）。原始数据集可免费从 UCI 机器学习数据仓库

（Machine Learning Data Repository，http://archive.ics.uci.edu/ml）获取。

该数据集包括了列于 *Audubon Society Field Guide to North American Mushrooms*（1981）上的23个带菌褶的蘑菇品种的8124个蘑菇样本信息。在食用指南中，每种蘑菇被鉴定为“肯定可以食用的”“肯定是有毒的”和“可能有毒，不建议食用的”。为了本例，把该数据集最后一类和“肯定是有毒的”一类合并到一起，从而最终形成两个类：有毒的和无毒的。UCI网站提供的数据字典描述了蘑菇样本的22个特征，包括的特征有蘑菇帽的形状、蘑菇帽的颜色、蘑菇的气味、菌褶的大小和颜色、茎的形状和生存的环境等。

本章使用的蘑菇数据是稍微修正过的版本。如果你打算一起学习这个例子，那么需要下载 mushrooms.csv 文件，并将该文件保存到R的工作目录下。

5.4.2　第2步——探索和准备数据

首先，我们使用 read.csv() 函数导入数据。由于所有22个特征和目标类都是名义变量，所以设置 stringsAsFactors=TRUE 以采用自动因子转换：

```
> mushrooms <- read.csv("mushrooms.csv", stringsAsFactors = TRUE)
```

正如数据字典所描述，str(mushrooms) 命令的输出显示了该数据集包含的23个变量的8 124个观测值的结构信息。虽然函数 str() 的大多数输出是很平常的，但有一个特征值得一提。注意，下面命令中关于 veil_type 变量有什么特别之处吗？

```
$ veil_type : Factor w/ 1 level "partial": 1 1 1 1 1 1 ...
```

如果你认为一个因子只有一个水平值是很奇怪的，那么你就对了。数据字典列出了这个特征的两种水平：partial 和 universal，然而我们数据中的所有样本都分类为 partial。很可能，这个数据元素的有些编码是不正确的。在这种情况下，由于变量 veil_type 的取值对所有样本都是一样的，所以它不能为预测提供任何有用的信息。使用下面的命令，将该变量从我们的分析中删除：

```
> mushrooms$veil_type <- NULL
```

通过将 NULL 赋给向量 veil_type，R从 mushrooms 数据框中删除了这个变量。

在进一步研究之前，我们需要快速查看数据集中蘑菇 type 类变量的分布。

```
> table(mushrooms$type)
    edible poisonous
      4208      3916
```

大约52%的蘑菇样本（N = 4208）是可食用的，而大约48%的蘑菇样本（N = 3916）是有毒的。

为了这次试验，我们把蘑菇数据中的8124个样本看作一个所有可能的野生蘑菇的完备集。这是一个重要的假设，因为该假设意味着我们不需要从训练数据中保存一些样本来达到测试的目的。我们没有尝试研究规则来覆盖不可预测的蘑菇类型，只是试图找到能准确描绘已知蘑菇类型这一完备集的规则。因此，可以依据相同的数据来建立模型并测试模型。

5.4.3　第3步——基于数据训练模型

如果我们基于该数据训练一个假想的 ZeroR 分类器，那么该分类器会做出什么样的预测呢？由于 ZeroR 忽略了所有的特征，只是预测目标的模式，所以用通俗易懂的话说，它的规则会这样陈述："所有的蘑菇都是可食用的"。显然，这不是一个很有用的分类器，因为它将使蘑菇采集者在将近一半的蘑菇样本中生病或者死亡。而我们的规则需要比该基准好得多，所以可以提供能够发布的安全建议。同时，我们也需要很容易记住的简单规则。

由于简单的规则仍然有用，所以让我们看看对于蘑菇数据，一个非常简单的规则学习器是如何表现的。为此，我们将应用 1R 分类器，它将识别目标类中最具预测性的单一特征，并利用该特征构建一个规则。

我们将使用阿沙芬堡应用科学大学 Holger von Jouanne-Diedrich 创建的 OneR 包来实现 1R 算法。这是一个相对较新的添加包，它以原生 R 代码实现 1R 算法，以提高速度和易于使用。如果你还没有该添加包，可以使用命令 `install.packages("OneR")` 来安装它，并通过输入 `library(OneR)` 来加载该包，如表 5-8 所示。

表 5-8　1R 分类规则语法

1R 分类规则语法
应用 RWeka 添加包中的函数 OneR()

创建分类器：
`m <- OneR(class ~ predictors, data=mydata )`
● class：是 mydata 数据框中需要预测的那一列
● predictors：是一个 R 公式，用来指定 mydata 数据框中用来进行预测的特征
● data：是包含 class 和 predictors 所要求的数据的数据框
该函数返回一个 1R 模型对象，该对象能够用于预测。
进行预测：
`p <- predict(m, test)`
● m：由函数 OneR() 训练的一个模型
● test：一个包含测试数据的数据框，该数据框和用来创建分类器的训练数据有同样的特征
该函数将返回一个含有预测的类别值的向量。
例子：
`mushroom_classifier <- OneR(type ~ odor=cap_color, data=mushroom_train)`
`mushroom_prediction <- predict(mushroom_classifier, mushroom_test)`

`OneR()` 函数使用 R 中的公式语法来指定要训练的模型。其公式语法使用运算符 ~（称为波浪号）表示一个目标变量与它的预测变量之间的关系。需要学习的类变量放在波浪号的左侧，预测变量写在波浪号的右侧，用运算符 + 分隔。如果想对类变量 `y` 与预测变量 `x1` 和 `x2` 之间的关系建立模型，可以写成公式：`y~x1+x2`。为了在模型中包含所有的变量，可以使用周期字符 `.`。例如，`y~.` 指定 `y` 和数据集中所有其他特征的关系。

R 中的公式语法被 R 中的很多函数使用，并提供了一些强大的功能来描述预测变量之间的关系。我们将在后面的章节中探讨其中的一些功能。然而，如果你渴望先睹为快，可随时使用 `?formula` 命令来阅读帮助文件。

在函数 `OneR()` 中使用公式 `type~.`，当预测蘑菇类型时，允许第一个规则学习器考虑蘑菇数据中所有可能的特征：

```
> mushroom_1R <- OneR(type ~ ., data = mushrooms)
```

为了查看该学习器创建的规则，可以输入分类器对象的名称：

```
> mushroom_1R

Call:
OneR.formula(formula = type ~ ., data = mushrooms)

Rules:
If odor = almond   then type = edible
If odor = anise    then type = edible
If odor = creosote then type = poisonous
If odor = fishy    then type = poisonous
If odor = foul     then type = poisonous
If odor = musty    then type = poisonous
If odor = none     then type = edible
If odor = pungent  then type = poisonous
If odor = spicy    then type = poisonous

Accuracy:
8004 of 8124 instances classified correctly (98.52%)
```

查看输出，我们看到特征 odor（气味）被选为规则生成。特征 odor 的类别，比如 almond（杏仁味）、anise（茴香味）等，说明蘑菇是否是可食用的或者是有毒的规则。例如，如果蘑菇闻起来fishy（腥味）、foul（臭味）、musty（霉味）、pungent（刺鼻）、spicy（辛辣）或者像 creosote（木焦油），那么该蘑菇很可能是有毒的。另一方面，具有更加令人愉悦气味的蘑菇，像 almond（杏仁味）、anise（茴香味）和根本没有气味的蘑菇被预测为可食用的。对于蘑菇采集的食用指南，这些规则可能归纳为一个简单经验规则（大拇指规则）：“如果蘑菇闻起来味道不好，那么它很可能是有毒的。”

5.4.4 第 4 步——评估模型的性能

输出的最后一行表明该规则正确预测了 8124 个蘑菇样本中的 8004 个样本的可食性，将近 99%。但是，如果模型将有毒的蘑菇归类为可食用的，那么任何不完美的行为都有可能使人中毒。

为了确定是否发生这样的情况，让我们检查一下预测值和实际值的混淆矩阵，这要求我们首先生成 1R 模型的预测，然后将预测值与实际值进行比较：

```
> mushroom_1R_pred <- predict(mushroom_1R, mushrooms)
> table(actual = mushrooms$type, predicted = mushroom_1R_pred)
           predicted
actual      edible poisonous
  edible      4208         0
  poisonous    120      3796
```

这里，我们可以看到规则在哪里出现了问题。表中的列表示预测的可食用的蘑菇，而表中的行区分了 4208 种实际可食用的蘑菇和 3916 种实际有毒的蘑菇。研究列表我们可以看到，虽然 1R 分类器没有将任何可食用的蘑菇归类为有毒的，但是却将 120 种有毒的蘑菇归类为可食用的——这犯了一个极为危险的错误！

考虑到该规则学习器只使用了一个单一的特征，说明它完成得相当不错。如果当你觅食蘑菇时，避免了倒胃口的气味，那么你几乎总是可以避免去一趟医院。也就是说，当涉及生命时，近乎正确还是不够的。让我们看一看是否可以添加一些规则，从而开发出更好的分类器。

5.4.5　第 5 步——提高模型的性能

对于一个更复杂的规则学习器，我们将使用 `JRip()` 函数——一个基于 Java 实现的 RIPPER 算法（如表 5-9 所示）。RWeka 添加包中包含了 `JRip()` 函数，你可能还记得第 1 章在安装和加载添加包的教程中介绍过。如果还没有安装 RWeka 添加包，你需要根据系统特定的说明在机器上安装好 Java 后，使用 `install.packages("RWeka")` 命令来安装，完成这些步骤后，使用 `library(RWeka)` 命令来加载该添加包。

表 5-9　RIPPER 分类规则语法

RIPPER 分类规则语法
应用 RWeka 添加包中的函数 JRip()

创建分类器：
`m <- JRip(class ~ predictors, data=mydata )`
● class：是 mydata 数据框中需要预测的那一列
● predictors：是一个 R 公式，用来指定 mydata 数据框中用来进行预测的特征
● data：是包含 class 和 predictors 所要求的数据的数据框
该函数返回一个 RIPPER 模型对象，该对象能够用于预测。
进行预测：
`p <- predict(m, test)`
● m：由函数 JRip() 训练的一个模型
● test：一个包含测试数据的数据框，该数据框和用来创建分类器的训练数据有同样的特征
该函数将返回一个含有预测的类别值的向量。
例子：
`mushroom_classifier <- JRip(type ~ odor+cap_color, data=mushroom_train)`
`mushroom_prediction <- predict(mushroom_classifier, mushroom_test)`

如表 5-10 所示，训练 `JRip()` 模型的过程与训练 `OneR()` 模型非常相似。这是 R 中公式接口非常好的优点之一：算法之间的语法是一致的，这使得比较各种模型变得简单。

让我们来训练 `JRip()` 规则学习器，正如我们对 `OneR()` 所做的那样，允许它从所有的可用特征中发现规则：

```
> mushroom_JRip <- JRip(type ~ ., data = mushrooms)
```

为了查看规则，输入分类器的名称：

```
> mushroom_JRip


JRIP rules:
===========
(odor = foul) => type=poisonous (2160.0/0.0)
(gill_size = narrow) and (gill_color = buff)
```

```
  => type=poisonous (1152.0/0.0)
(gill_size = narrow) and (odor = pungent)
  => type=poisonous (256.0/0.0)
(odor = creosote) => type=poisonous (192.0/0.0)
(spore_print_color = green) => type=poisonous (72.0/0.0)
(stalk_surface_below_ring = scaly)
  and (stalk_surface_above_ring = silky)
    => type=poisonous (68.0/0.0)
(habitat = leaves) and (gill_attachment = free)
  and (population = clustered)
  => type=poisonous (16.0/0.0)
=> type=edible (4208.0/0.0)

Number of Rules : 8
```

JRip() 分类器从蘑菇数据中学习了 8 个规则。理解这些规则的一种简单方法就是把它们当作类似于编程逻辑中的 if-else 语句的一个列表。前 3 个规则可以这样表达：

- 如果气味是臭的，那么该蘑菇类是有毒的。
- 如果菌褶的尺寸狭小而且菌褶的颜色是浅黄色的，那么该蘑菇类是有毒的。
- 如果菌褶的尺寸狭小而且气味是刺鼻的，那么该蘑菇类是有毒的。

最后，第 8 个规则表示不属于上述 7 个规则的任何蘑菇样本都是可食用的。根据编程逻辑的例子，这可以理解为：

- 否则，蘑菇是可食用的。

每个规则后面的数字表示被规则覆盖的实例数和被错误分类的实例数。值得注意的是，使用这 8 个规则就没有被错误分类的蘑菇样本。因此，被最后一个规则覆盖的实例数正好等于数据中可食用的蘑菇数量（N = 4208）。

图 5-15 给出了规则是如何应用于蘑菇数据的一个大致说明。如果你想象大椭圆包含了

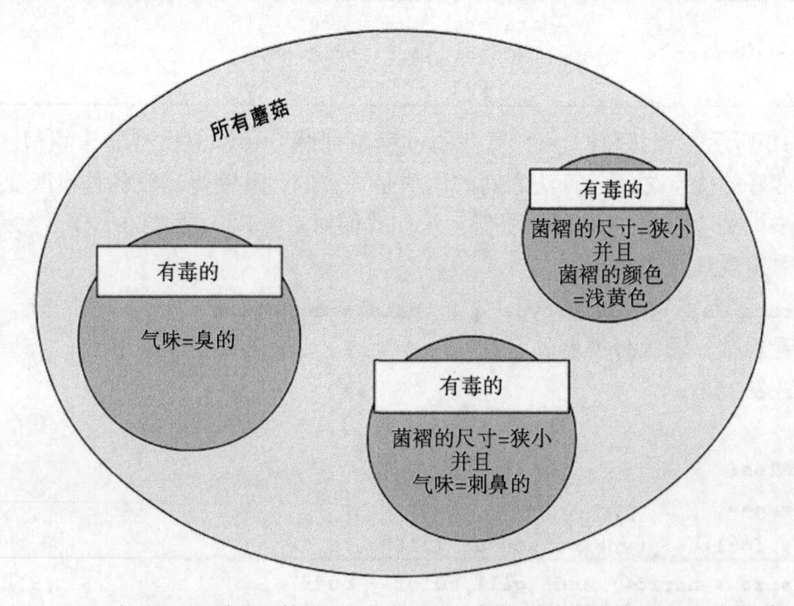

图 5-15　复杂的规则学习算法可识别规则以完美覆盖所有类型的有毒蘑菇

所有的蘑菇品种，那么规则学习器确定特征或者特征集，从而将同类的部分从较大的组中区分开来。首先，该算法发现了一大群由它们的恶臭气味唯一区分的有毒蘑菇；其次，该算法发现了较小的并且更具体的有毒的蘑菇群。通过确定规则覆盖每一种有毒的蘑菇品种，剩下来的蘑菇则都是可食用的。感谢大自然母亲，由于每一种蘑菇品种都是足够独特的，所以分类器才能够达到 100% 的正确率。

5.5 总结

本章介绍了两种分类算法，它们根据特征值使用所谓的“贪婪”算法对数据进行分类。决策树使用分而治之策略来创建类似流程图的结构，而规则学习器使用独立而治之的数据来确定合乎逻辑的 if-else 规则。这两种方法产生的模型不需要统计背景就可以解释。

一种流行且可以灵活配置的决策树算法是 C5.0 算法。使用 C5.0 算法创建一棵决策树来预测一个贷款申请者是否会违约。使用 boosting 选项和代价敏感误差（cost-sensitive error）选项，能够提高模型的准确性，并且可以避免更多银行损失的高风险贷款。

我们还使用了两个规则学习器（1R 算法和 RIPPER 算法）来研究用于识别有毒蘑菇的规则。1R 算法使用了单一的特征，在确认很有可能致命的蘑菇样本时，达到了 99% 的准确率。另一方面，使用更复杂的 RIPPER 算法生成的一组 8 个规则，能够正确识别每一种蘑菇的可食用性。

本章仅仅涉及如何应用决策树和规则的简单介绍。第 6 章将介绍称为回归树和模型树的方法，使用决策树进行数值预测而不是分类。在第 8 章中，我们将看到关联规则——分类规则的关联，如何用来识别交易数据中的商品组。在第 11 章中，我们将发现，决策树的性能可以通过将它们组合在一个称为随机森林的模型中而得到提高。

第 6 章

预测数值型数据——回归方法

数学关系有助于我们理解日常生活的许多方面。例如，体重是一个关于人体卡路里摄入量的函数；收入与一个人的教育和工作经验相关；民意支持率有助于估计总统候选人连任的胜率。

当这些模式用数字表示时，我们获得了更清晰的认识。例如，每天食用额外的 25 万卡路里可能会导致每个月增加将近 1 千克的体重；每增加一年的工作经验可能会增加 1000 美元的年薪；当经济繁荣时，总统很可能连任。显然，这些等式关系并不完全适合每一种情形，但我们期望它们在大多数情况下是合理正确的。

本章通过推广前面章节介绍的分类方法，引入用于估计数值数据之间关系的方法，拓展机器学习工具包。当研究一些真实世界的数值预测任务时，你将学习：

- ❑ 回归中使用的基本统计原则，一种对数值关系的规模和强度建立模型的技术。
- ❑ 如何为回归分析准备数据，估计并解释一个回归模型。
- ❑ 一对称为回归树和模型树的混合技术，它们适用于数值预测任务的决策树分类器。

基于统计领域的很大一部分工作，本章中所使用的方法比之前介绍的那些方法更偏重数学，但不用担心。即使你的代数技能有点儿生疏，R 会负责处理这些繁重的工作。

6.1 理解回归

回归涉及确定一个唯一的数值型**因变量**（需要预测的值）和一个或多个数值型**自变量**（预测变量）之间的关系。顾名思义，因变量取决于自变量或者预测变量的值。回归最简单的形式假设因变量和自变量之间的关系遵循一条直线，即线性关系。

用来描述数据拟合线过程的“回归”一词来源于 19 世纪后期 Francis Galton 爵士遗传学的研究中。他发现，尽管父亲的身高极矮或者极高，但是他们儿子的身高却有更接近于平均身高的趋势，于是，他称这种现象为“回归均值”(regression to the mean)。

你可能还记得代数中是以类似于 $y = a+bx$ 的**斜截式**（slope-intercept form）来定义直线的，如图 6-1 所示。在这种形式中，字母 y 表示因变量，x 表示自变量。**斜率**（slope）项 b 指定了每增加一个单位的 x，直线将上升的高度，正值定义向上倾斜的直线，而负值定义向下倾斜的直线。项 a 称为**截距**（intercept），因为它指定了直线穿过垂直轴 y 时的点的位置，它表示当 $x = 0$ 时 y 的值。

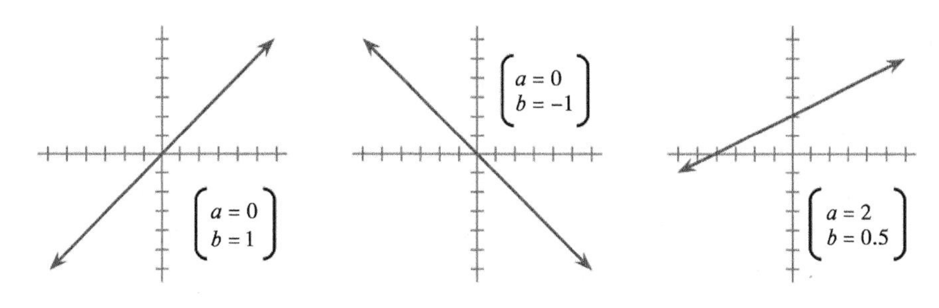

图 6-1　各种斜率和截距的直线示例

回归方程使用类似于斜截式的形式对数据建立模型。该机器学习算法的工作就是确定 a 和 b，从而使指定的直线最适合用来反映所提供的 x 值和 y 值之间的关系。可能不总是有一个单一的函数能完美地与数值相关，所以该机器学习算法必须还要有一些方法来量化误差范围。我们很快就会深入讨论这个问题。

回归分析用于各种各样的任务——几乎可以肯定，它是最广泛使用的机器学习方法。它既可以用于解释过去，又可以用于推断未来，并且可以应用于几乎所有的任务。一些具体的应用案例包括：

- 在经济学、社会学、心理学、物理学和生态学领域的科学研究中，根据总体和个体测得的特性，研究它们之间的差异性。
- 在临床药物试验、工程安全检测和市场研究等情形下，量化事件及其响应之间的因果关系。
- 给定已知的准则，确定可用来预测未来行为的模型，比如用来预测保险赔偿、自然灾害的损失、选举的结果和犯罪率等。

回归方法也可用于**统计假设检验**（statistical hypothesis testing），它根据观测数据确定假设更可能是真的还是假的。回归模型对关系强度和一致性的估计提供了信息，这些信息可以用于评估观测值是否是由于偶然性造成的。

假设检验是非常微妙的，且超出了机器学习的范围。如果你对这个主题感兴趣，可以从入门的统计学教科书开始学习，例如 Intuitive Introductory Statistics, Wolfe, DA and Schneider, G, Springer, 2017。

回归分析并不等同于一个单一的算法。相反，它是大量方法的一个总称，几乎可以应用于所有的机器学习任务。如果你在受限的情况下只能选择一种单一的机器学习方法来研究，那么回归方法将是一个不错的选择。一个人可以投身整个职业生涯来专门研究这种方法，而不去管其他方法，即使如此你还有可能学不完。

在本章中，我们只关注最基本的**线性回归**（linear regression）模型，即那些使用直线回归的模型。仅有一个单一自变量的情形，称为**简单线性回归**。在两个或者两个以上自变量的情形下，称为**多元线性回归**，或者简称为**多元回归**。这两种技术都假设一个因变量，该因变量是以一种连续的尺度测量的。

回归方法同样可以用于其他类型的因变量，甚至可以用于某些分类任务。例如，**逻辑回归**（logistic regression）可以用来对二元分类的结果建模；而**泊松回归**（Poisson regression）以法国数学家 Siméon Poisson 的名字命名，可以用来对整型计数数据建模；称为**多项逻辑回归**（multinomial logistic regression）的方法可以用来对类别结果建模，因此，它可以用于分类。因为相同的统计原理适用于所有的回归方法，所以在理解了线性情况下的回归方法后，学习其他变体非常简单。

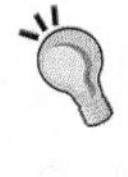

许多专业的回归方法都属于**广义线性模型**（Generalized Linear Model，GLM）这一类。使用 GLM，线性模型可以通过使用**连接函数**（link function）推广到其他模式，其中指定了 x 和 y 之间关系的更复杂的形式，使得回归能适用于几乎所有的数据类型。

我们先从简单线性回归的基本情形开始。尽管其名称中有“简单”两个字，但它并没有简单到不能解决复杂的问题。在下一节中，我们将看到应用简单线性回归模型如何避免一场悲惨的工程灾难。

6.1.1　简单线性回归

1986 年 1 月 28 日，当火箭助推器失灵时，导致了一场灾难性的崩解，美国“挑战者”号航天飞机上的 7 名机组人员丧生。在此之后，专家迅速将发射温度视为潜在的罪魁祸首。负责密封火箭关节的橡胶 O 形环从未在低于 40ºF（4ºC）测试过，而且发射当天天气异常寒冷且低于 0℃。

事后认识的好处就是事故已经成为进行数据分析和可视化重要性的案例研究。虽然还不清楚可以给发射的火箭工程师和决策者提供什么样的信息，但不可否认的是，高质量的数据并加以仔细分析可能会避免这场灾难。

本节的分析基于 *Risk Analysis of the Space Shuttle: Pre-Challenger Prediction of Failure, Dalal SR, Fowlkes EB, and Hoadley B, Journal of the American Statistical Association, 1989, Vol. 84, pp. 945-957* 提供的数据。从数据如何改变结果的角度看，可参阅 *Visual Explanations: Images and Quantities, Evidence and Narrative, Tufte, ER, Cheshire, CT: Graphics Press, 1997*。从对应物的角度看，可参阅 *Representation and misrepresentation: Tufte and the Morton Thiokol engineers on the Challenger, Robison, W, Boisioly, R, Hoeker, D, and Young, S, Science and Engineering Ethics, 2002, Vol. 8, pp. 59-81*。

火箭工程师几乎肯定知道低温可能会使部件变得更脆，并且不太能恰当地密封，这将导致危险燃料泄漏的可能性较高。然而，考虑到政治压力还要继续发射，他们需要数据来支持该假设。回归模型说明了温度与 O 形环失灵之间的联系，并能预测在给定的预期发射温度下失灵的可能性，这些可能会非常有帮助。

为了建立回归模型，科学家可能使用了之前 23 次航天飞机成功发射期间记录的发射温度和零件事故的数据。零件事故指的是两类问题之一。第一类问题称为侵蚀，当温度过高烧坏 O 形环时会发生；第二类问题称为窜漏，当热气流从密封不好的 O 形环泄漏时会发生。由于航天飞机有 6 个主要的 O 形环，所以每次飞行有多达 6 个事故可能发生。尽管火箭可能在一个或多个遇险事故中幸存，但也可能因为一个事故被摧毁，每一个额外的事故都会增加一场灾难性故障的概率。图 6-2 的散点图显示了在之前的 23 次发射中，主要的 O 形环相对于发射温度的事故次数。

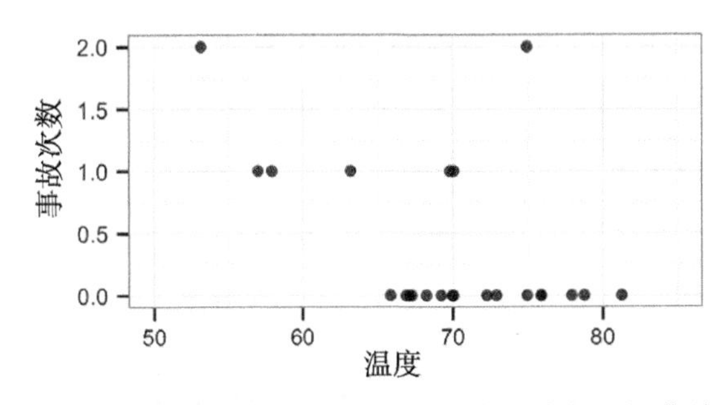

图 6-2　航天飞机 O 形环事故次数与发射温度的可视化关系图

研究图 6-2，可以发现明显的趋势：在较高温度时发射，O 形环往往不会发生事故。此外，在最低温度时（53ºF）发射有两次事故，这种遇险水平在其他发射中只有一次达到。考虑到这一信息，安排"挑战者"号在比 20ºF 还低的温度条件下发射似乎令人担忧。但究竟应该有多大的担忧呢？要回答这个问题，我们可以应用简单线性回归。

一个简单线性回归模型定义了一个因变量和一个自变量之间的关系，它用如下形式的方程表示的直线来定义：

$$y = \alpha + \beta x$$

除了希腊字符外，这个方程实际上与之前所描述的斜截式相同。截距 α（alpha）描述直线穿过垂直轴的位置，而斜率 β（beta）描述给定 x 的一个单位增量后，y 的变化量。对于航天飞机的发射数据，斜率将告诉我们发射温度每升高 1ºF（华氏度）O 形环失效的预期变化。

希腊字符通常用在统计领域，以表示一个统计函数的参数变量。因此，进行回归分析时，涉及对 α 和 β 求参数估计。α 和 β 的参数估计通常用 a 和 b 来表示，不过你可能发现这方面的一些术语和符号可以互换使用。

假设我们知道，航天飞机发射数据中回归方程的系数估计为：$a = 3.70$，$b = -0.048$。因此，完整的线性方程为：$y = 3.70-0.048x$。先不管这些数字是如何得到的，我们可以如图 6-3 这样在散点图中画出这条直线。

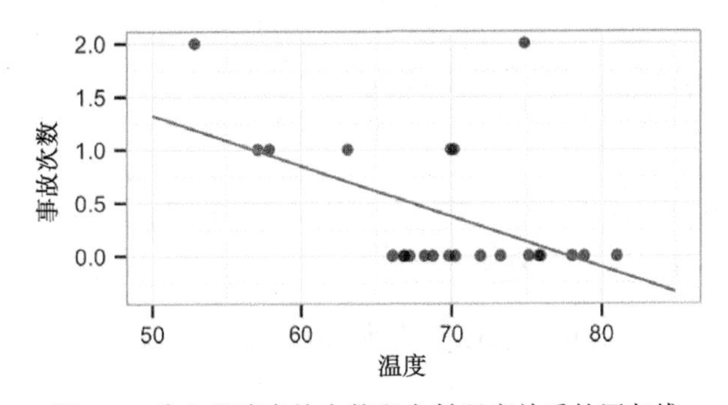

图 6-3　建立遇险事故次数和发射温度关系的回归线

如图 6-3 中的直线所示，在 60ºF，我们预测 O 形环的失效数不到 1，在 50ºF，我们预计失效数在 1.3 左右。如果应用我们的模型在 31ºF（即挑战者号发射的预测温度）进行预测，那么我们预计有 $3.70-0.048 \times 31 = 2.21$ 个 O 形环失效。

假设每个O形环失效导致一场灾难性的燃料泄漏是等可能的，这意味着“挑战者”号在31ºF时发射大约比在正常60ºF时发射风险高出3倍多，而比在70ºF时发射一次的风险高8倍多。

注意，该直线并没有精确地通过每一个数据点。相反，它略微均衡地穿过了数据，有些预测值比预期的要低，有些比预期的要高。下一节将学习为什么会选择这条特定的直线。

6.1.2 普通最小二乘估计

为了确定α和β的最优估计值，可使用一种称为**普通最小二乘**（ordinary least squares，OLS）的估计方法。在OLS回归中，选择的斜率和截距要使得**误差的平方和**（SSE）最小，这个误差也称为**残差**（residual），是y的预测值与y的真实值之间的垂直距离。由于误差可能被高估或者被低估，所以它们可能是正值或者是负值，这些可通过图6-4中的几个点来说明。

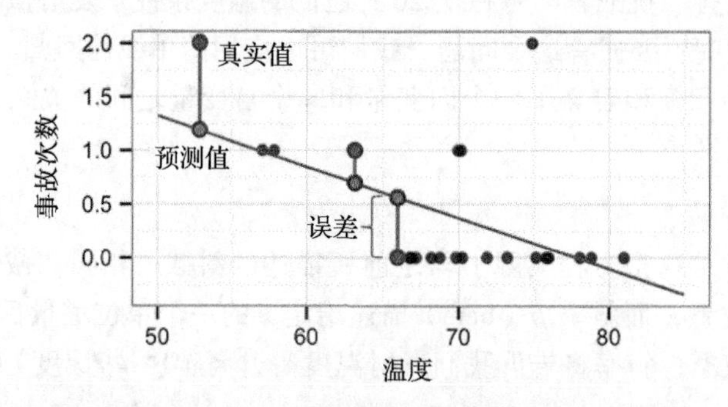

图6-4　回归线上的预测值与真实值相差一个残差

用数学术语，OLS回归的目标可以表示为求下述方程最小值的任务：

$$\sum(y_i-\hat{y}_i)^2=\sum e_i^2$$

用通俗易懂的语言来说，这个方程定义了e（误差）为真实值y和预测的y值之间的差值，误差值被平方以消除负值，并对数据中的所有点求和。

y项上的插入符号（^）是统计表示法中的一个常用符号，它表示这一项是对真实值y的一个估计，称为y帽（*y hat*）。

a的解取决于b的值，它可以由以下公式获得：

$$a=\bar{y}-b\bar{x}$$

要理解这些方程，还需要知道另一个统计符号。出现在x项和y项上方的水平线表示x和y的均值，称为x bar和y bar。

虽然证明超出了本书的范围，但是可以通过演算来证明使平方误差最小的b的值为：

$$b=\frac{\sum(x_i-\bar{x})(y_i-\bar{y})}{\sum(x_i-\bar{x})^2}$$

如果将该公式分解成几个组成部分，可以稍微将其简化。b值的分母应该看起来很熟悉，它与x的方差很相似，方差用Var(x)表示。正如我们在第2章中所学到的，方差涉及求x与其均值的平均平方偏差，可以表示为：

$$\mathrm{Var}(x)=\frac{\sum(x_i-\bar{x})^2}{n}$$

分子涉及求每个数据点中 x 与其均值的偏差乘以 y 与其均值的偏差的乘积之和，这与 x 和 y 的协方差（covariance）函数相似，表示为 $\mathrm{Cov}(x, y)$。协方差计算公式为：

$$\mathrm{Cov}(x, y)=\frac{\sum(x_i-\bar{x})(y_i-\bar{y})}{n}$$

如果用协方差函数除以方差函数，分子和分母中的项 n 互相抵消，则 b 值的公式可以重新写成：

$$b=\frac{\mathrm{Cov}(x, y)}{\mathrm{Var}(x)}$$

给定此公式，使用 R 中的内置函数就很容易计算 b 的值。应用上述公式来估计航天飞机发射数据的回归直线。

如果你想一起学习这些例子，那么需要从 Packt 出版社网站下载 challenger.csv 文件，并使用命令 launch<-read.csv("challenger.csv") 将该文件载入一个数据框中。

如果航天飞机发射数据存储在一个名为 launch 的数据框中，自变量 x 的名为 temperature，因变量 y 的名为 distress_ct。然后，我们可以使用 R 中的函数 cov() 和 var() 来估计 b：

```
> b <- cov(launch$temperature, launch$distress_ct) /
         var(launch$temperature)
> b
[1] -0.04753968
```

然后，我们可以使用计算出的 b 值并应用 mean() 函数估计 a：

```
> a <- mean(launch$distress_ct) - b * mean(launch$temperature)
> a
[1] 3.698413
```

手工估计回归方程显然是不理想的，所以 R 中提供了自动拟合回归模型的函数，我们将很快使用该函数。在此之前，重要的是首先通过学习一种用于测量线性关系强度的方法来拓展你对回归模型拟合的理解。此外，你将很快学习如何将多元线性回归应用于有多个自变量的问题中。

6.1.3　相关性

两个变量之间的**相关系数**是一个数，它表示两个变量服从一条直线的关系有多么紧密。如果没有其他的限制，相关系数通常就是指 Pearson 相关系数，它是由 20 世纪数学家 Karl Pearson 提出来的。相关系数的范围是 –1 ~ + 1，最大值和最小值表示完美的线性关系，而相关系数接近于零则表示不存在线性关系。

下面的公式定义了 Pearson 相关系数：

$$\rho_{x,y}=\mathrm{Corr}(x, y)=\frac{\mathrm{Cov}(x, y)}{\sigma_x\sigma_y}$$

这里介绍更多的希腊字符：第一个字符（看起来像小写字母“p”）是 ρ（rho），用来表示 Pearson 相关系数；第二个是分母上的字符 σ（sigma），它看起来像是逆时针旋转的 q，σ_x、σ_y 分别表示 x、y 的标准差。

使用这个公式，我们可以计算发射温度和 O 形环事故数之间的相关系数。我们知道，协方差函数为 `cov()`，标准差函数为 `sd()`。我们将结果存储在 `r` 中，`r` 通常用来表示估计的相关系数：

```
> r <- cov(launch$temperature, launch$distress_ct) /
         (sd(launch$temperature) * sd(launch$distress_ct))
> r
[1] -0.5111264
```

或者，我们可以使用相关系数函数 `cor()` 获得相同的结果：

```
> cor(launch$temperature, launch$distress_ct)
[1] -0.5111264
```

温度和 O 形环事故数之间的相关系数是 –0.51，而负相关意味着温度的升高与 O 形环事故数的减少相关。对于研究 O 形环数据的美国国家航空航天局（NASA）工程师来说，这原本是一个非常清晰的指示，即低温发射可能会出问题。相关系数还告诉了我们关于温度和 O 形环事故数之间关系的相关强度，因为 –0.51 大致上是最大负相关系数 –1 的一半，所以这意味着存在中等强度的负线性相关。

有各种经验法则用来解释相关系数强度。一种方法就是指定相关系数的值在 0.1～0.3 为弱相关状态，在 0.3～0.5 为中相关状态，超过 0.5 为强相关状态（这些同样适用于负相关的类似范围）。然而，为了某些目标，这些阈值可能过于宽松。通常，相关性必须根据上下文解释。对于涉及人类的数据，0.5 的相关性可能认为是非常强的；而对于机械过程产生的数据，0.5 的相关性可能认为是弱的。

你可能听过这种表述：“相关性并不意味着因果性。”这基于这样的事实，即相关性只描述一对变量之间的关联，但可能还有其他无法进行测量的解释。例如，死亡率和每天看电影的时间之间可能存在着一种很强的关联性，但是在医生开始建议所有人多看电影之前，我们需要排除另一种解释——年轻人看更多的电影且不太容易死亡。

度量两个变量之间的相关性给我们提供了一种快速了解因变量和自变量之间关系的方法，当我们开始用大量的预测变量来定义回归模型时，这将变得越来越重要。

6.1.4　多元线性回归

大多数现实世界的分析都不止一个自变量。因此，对于更多的数值预测任务，你将很可能使用**多元线性回归**。多元线性回归的优点和缺点如表 6-1 所示。

我们可以将多元回归作为简单线性回归的扩展来理解。在这两种回归中，目标是相似的——求使线性方程的预测误差最小的斜率系数值。主要区别是增加的自变量需要额外的项。

表 6-1　多元线性回归的优缺点

优　点	缺　点
❑ 迄今为止，它是数值数据建模最常用的方法 ❑ 可适用于几乎所有的建模任务 ❑ 提供了特征（变量）与结果之间关系的强度与大小的估计	❑ 对数据使用了很强的假设 ❑ 该模型的形式必须由使用者事先指定 ❑ 不能处理缺失数据 ❑ 只能处理数值特征，所以分类数据需要额外的处理 ❑ 需要一些统计知识来理解模型

多元回归模型采用下述方程形式。因变量 y 是截距项 α 加上每一个特征 i 的估计值 β 与自变量 x 值的乘积。这里已加入误差项 ε（用希腊字母 epsilon 表示）作为一种提示，即这些预测并不完美，这代表前面所提到的残差项。

$$y = \alpha + \beta_1 x_1 + \beta_2 x_2 + \cdots + \beta_i x_i + \varepsilon$$

让我们考虑估计的回归参数的解释。你会注意到，在前面的方程中，需要给每一个特征提供一个系数，这使得每个特征对 y 的值都有一个单独的估计影响。也就是说，特征 x_i 每增加一个单位，y 的变化量为 β_i，那么截距项 α 就是当所有自变量为 0 时 y 的估计值。

由于截距项 α 与任何其他的回归参数相比确实没有什么不同，所以它有时候也表示为 β_0（读作 beta naught），如下面的方程所示：

$$y = \beta_0 + \beta_1 x_1 + \beta_2 x_2 + \cdots + \beta_i x_i + \varepsilon$$

就像之前一样，截距与任一自变量 x 都是不相关的。然而，出于很快就会明白的原因，可以把 β_0 想象成乘以了一个 x_0 项。给 x_0 分配值为 1 的常数：

$$\mathrm{y} = \beta_0 x_0 + \beta_1 x_1 + \beta_2 x_2 + \cdots + \beta_i x_i + \varepsilon$$

为了估计回归参数，使用上述形式的回归方程必须将因变量 y 的每一个观测值与自变量 x 的观测值联系起来。图 6-5 是多元回归任务体系的图形表示。

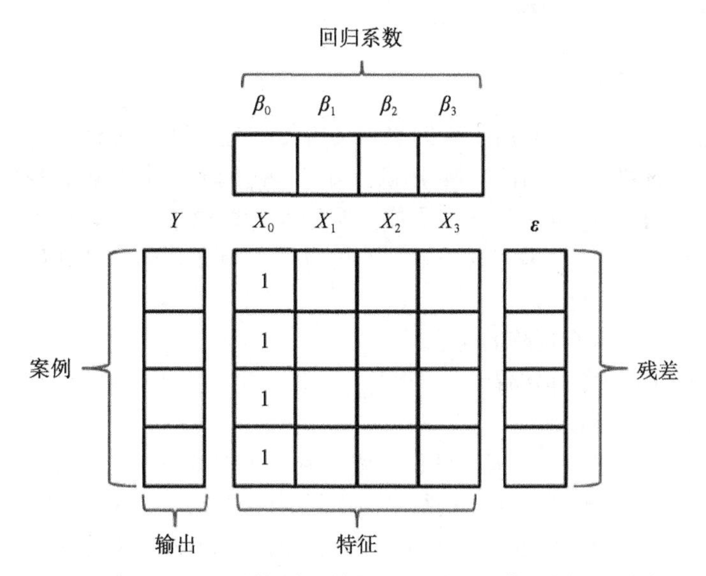

图 6-5　多元回归试图找到 **X** 值与 **Y** 相关的 β 值，同时最小化 ε

图 6-5 所示的数据具有许多行和列，可以用一个简明的公式来描述，使用矩阵符号来表示，其中每一项都代表多个值。以这种方式简化后，公式如下：

$$\boldsymbol{Y}=\boldsymbol{\beta X}+\varepsilon$$

在矩阵符号中，因变量是向量 $\boldsymbol{Y}$，一行表示一个案例。自变量被合并成一个矩阵 $\boldsymbol{X}$，一列表示一个特征，再加上额外值全为“1”的一列用来表示截距，每一个案例在每一列上都有值。同样，回归系数和残差现在都是向量。

现在的目标就是求解使得 $\boldsymbol{Y}$ 的预测值与真实值之间的误差平方和最小的回归系数向量 $\boldsymbol{\beta}$。由于求最优解需要使用矩阵代数，所以推导过程超出了本书的范围。然而，如果你愿意相信他人的工作，那么向量 $\boldsymbol{\beta}$ 的最优估计可以这样计算：

$$\hat{\boldsymbol{\beta}}=(\boldsymbol{X}^{\mathrm{T}}\boldsymbol{X})^{-1}\boldsymbol{X}^{\mathrm{T}}\boldsymbol{Y}$$

该估计值运用了两种矩阵运算：T 表示矩阵 $\boldsymbol{X}$ 的转置，而负指数表示矩阵的逆。使用 R 的内置矩阵运算，可以实现一个简单的多元回归学习，让我们将该公式应用于“挑战者”号的发射数据。

如果你不熟悉前面的矩阵运算，Wolfram MathWorld 关于转置（http://mathworld.wolfram.com/Transpose.html）和矩阵的逆（http://mathworld.wolfram.com/MatrixInverse.html）提供了全面的介绍。而且，即使没有很强的数学背景，也完全可以理解。

使用下面的代码，我们可以创建一个名为 reg() 的基本回归函数，该函数的输入参数为 y 和 x，并返回一个估计的系数向量 $\boldsymbol{\beta}$：

```
reg <- function(y, x) {
  x <- as.matrix(x)
  x <- cbind(Intercept = 1, x)
  b <- solve(t(x) %*% x) %*% t(x) %*% y
  colnames(b) <- "estimate"
  print(b)
}
```

这里创建的 reg() 函数使用了我们之前没有使用过的几个 R 命令。首先，因为函数要使用来自数据框的列数据，所以需要用函数 as.matrix() 将数据转换成矩阵形式。其次，函数 cbind() 用来将额外的一列添加到矩阵 x 中，命令 Intercept=1 指示 R 将新的一列命名为 Intercept，并将这一列全部用数值 1 填充。然后，对对象 x 和 y 进行一系列矩阵运算：

- 函数 solve() 执行矩阵的逆运算。
- 函数 t() 用来将矩阵转置。
- %*% 将两个矩阵相乘。

如上所示，结合这些命令，我们的函数将返回一个向量 b，该向量包含了 y 关于 x 的线性模型的估计参数。函数中的最后两行赋给向量 b 一个名称，并在屏幕上输出结果。

将该函数应用于航天飞机的发射数据。如下面的代码所示，数据集包含了 3 个特征和事故计数（distress_ct），这是我们感兴趣的结果：

```
> str(launch)
'data.frame':     23 obs. of  4 variables:
```

```
 $ distress_ct          : int  0 1 0 0 0 0 0 0 1 1 ...
 $ temperature          : int  66 70 69 68 67 72 73 70 57 63 ...
 $ field_check_pressure: int  50 50 50 50 50 50 100 100 200 ...
 $ flight_num           : int  1 2 3 4 5 6 7 8 9 10 ...
```

通过将 reg() 函数运行的 O 形环失效数量结果与仅应用温度的简单线性模型的结果相比较，我们发现之前的参数 a = 3.70、b = –0.048，于是我们可以证实函数 reg() 能正确运行。由于温度位于发射数据的第二列，所以可以如下运行 reg() 函数：

```
> reg(y = launch$distress_ct, x = launch[2])
               estimate
Intercept    3.69841270
temperature -0.04753968
```

这些值与之前的结果完全一样，因此可以使用该函数建立多元回归模型。像之前一样应用该函数，但是这一次，我们将为 x 参数指定第 2 到 4 列，以添加两个额外的预测变量：

```
> reg(y = launch$distress_ct, x = launch[2:4])
                         estimate
Intercept             3.527093383
temperature          -0.051385940
field_check_pressure  0.001757009
flight_num            0.014292843
```

该模型使用温度、现场检查压力和发射 ID 号预测 O 形环事故数。值得注意的是，包含两个新的预测变量并没有改变我们从简单线性回归模型得出的结论，正如之前一样，温度变量的系数是负的，这表明随着温度的升高，预期的 O 形环事故数会减少。量级的影响也大致相同：发射温度每升高 1 度，遇险事故数预计减少约 0.05 次。

两个新的预测变量同样有助于预测遇险事故数。现场检查压力指的是预发射测试期间施加到 O 形环的压力大小。尽管该检查压力最初是 50 磅 / 平方英寸，但是对于一些发射，压力会提高到 100 磅 / 平方英寸和 200 磅 / 平方英寸，这导致一些人认为该检查压力需要对 O 形环的侵蚀负责。系数是正的，但很小，至少为该假设提供了一些证据。飞行号说明了航天飞机的年龄，每飞行一次，它都会变老旧，并且它的零件可能会更脆或者更容易失效。飞行号与事故数之间较小的正相关关系反映了这一事实。

总体而言，我们对航天飞机数据的分析表明，有理由相信，在特定天气条件下，挑战者号发射的风险很高。如果工程师事先应用了线性回归分析，也许就可以避免灾难。当然，现实情况和涉及的所有政治影响，肯定不像事后看来那样简单。

这项研究只是简单探索了线性回归建模的实现可能。尽管这项工作有助于准确地理解回归模型是如何建立的，但是在对复杂的现象建模时将会涉及更多的工作。R 中内置的回归函数包含了一些附加的必要功能以拟合这些更复杂的模型，并提供了额外的诊断输出来帮助解释模型和评估拟合度。让我们通过尝试一个更具挑战性的学习任务来应用这些函数并扩展我们的回归知识。

6.2　例子——应用线性回归预测医疗费用

医疗保险公司为了赚钱，需要募集比花费在受益者的医疗服务上更多的年度保费。因此，保险公司投入了大量的时间和金钱来研发能精确预测用于参保人医疗费用的模型。

医疗费用很难估计，因为高花费的情况是罕见的而且似乎是随机的。但是有些情况对于部分特定的群体还是比较普遍存在的。例如，吸烟者比不吸烟者得肺癌的可能性更大，肥胖的人更有可能得心脏病。

此分析的目的是利用病人的数据来预测这部分群体的平均医疗费用。这些估计可以用来创建一个精算表，根据预期的治疗费用来设定年度保费价格的高低。

6.2.1　第 1 步——收集数据

为了便于分析，我们使用一个模拟数据集，该数据集包含假定的美国病人的医疗费用。而为本书创建的这些数据使用了来自美国人口普查局（U.S. Census Bureau）的人口统计资料，因此可以大致反映现实情况。

如果你想一起学习这个例子，那么你需要从 Packt 出版社的网站下载 `insurance.csv` 文件，并将该文件保存到 R 的工作目录中。

该文件（`insurance.csv`）包含 1 338 个案例，即目前登记过的保险计划受益者以及表示病人特点和历年计划计入的总医疗费用的特征。这些特征是：

- `age`：一个整数，表示主要受益者的年龄（不包括超过 64 岁的人，因为他们一般由政府支付）。
- `sex`：保单持有人的性别，取值为男性（male）或者女性（female）。
- `bmi`：身体质量指数（Body Mass Index，BMI），它提供了一个判断人的体重相对于身高是过重还是偏轻的方法，BMI 指数等于体重（千克）除以身高（米）的平方。一个理想的 BMI 在 18.5 ~ 24.9 的范围内。
- `children`：一个整数，表示保险计划中所包括的孩子 / 受抚养者的数量。
- `smoker`：一个分类变量，值为 yes 或者 no，表示被保险人是否经常吸烟。
- `region`：根据受益人在美国的居住地，分为 4 个地理区域，即东北（northeast）、东南（southeast）、西南（southwest）和西北（northwest）。

如何将这些变量与已结算的医疗费用联系在一起是非常重要的。例如，我们可能认为老年人和吸烟者在大额医疗费用上有较高的风险。与许多其他的机器学习方法不同，在回归分析中，特征之间的关系通常由使用者指定而不是被自动检测出来。下一节将探讨其中的一些潜在关系。

6.2.2　第 2 步——探索和准备数据

正如以前所做的那样，我们将使用 `read.csv()` 函数载入用于分析的数据。我们可以安全地使用 `stringsAsFactors=TRUE`，因为将名义变量转换成因子变量是恰当的：

```
> insurance <- read.csv("insurance.csv", stringsAsFactors = TRUE)
```

函数 `str()` 确认该数据转换为我们期望的形式：

```
> str(insurance)
'data.frame':   1338 obs. of  7 variables:
$ age      : int  19 18 28 33 32 31 46 37 37 60 ...
$ sex      : Factor w/ 2 levels "female","male": 1 2 2 2 2 1 ...
```

```
$ bmi     : num  27.9 33.8 33 22.7 28.9 25.7 33.4 27.7 ...
$ children: int  0 1 3 0 0 0 1 3 2 0 ...
$ smoker  : Factor w/ 2 levels "no","yes": 2 1 1 1 1 1 1 1 ...
$ region  : Factor w/ 4 levels "northeast","northwest",..: ...
$ expenses: num  16885 1726 4449 21984 3867 ...
```

该模型的因变量是 expenses，它用于测量计入年度保险计划的每个人的医疗费用。在建立回归模型之前，检查正态性常常是有帮助的。尽管线性回归并不严格要求一个正态分布的因变量，但是当因变量服从正态分布时，模型往往拟合得更好。让我们一起来看一看主要的统计量：

```
summary(insurance$expenses)
 Min. 1st Qu.  Median    Mean 3rd Qu.    Max.
 1122    4740    9382   13270   16640   63770
```

因为均值远大于中位数，所以这表明保险费用的分布是右偏的。我们可以使用直观的直方图来证实这一点（见图 6-6）。

```
> hist(insurance$expenses)
```

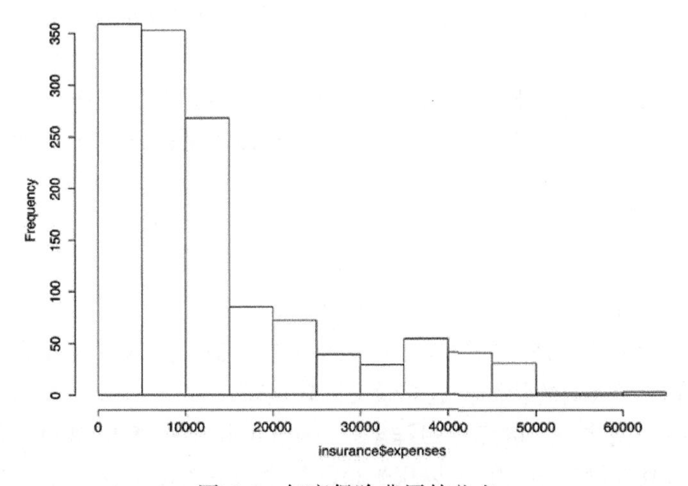

图 6-6　年度保险费用的分布

正如预期的那样，图 6-6 中显示了一个右偏的分布，它还显示了数据中的大多数人每年的医疗费用都是在 0 ~ 15 000 美元之间，尽管事实上分布的尾部在直方图的峰部后延伸得很远。虽然这种分布对于线性回归是不理想的，但提前知道这个缺陷能帮助我们设计出更好的拟合模型。

在解决上面这个问题之前，面临另一个问题。回归模型需要每一个特征都是数值型的，而在这里的数据框中，我们有 3 个因子类型的特征。例如，变量 sex 被划分成 male 和 female 两个水平，而变量 smoker 有 yes 和 no 两个类别。从 summary() 的输出中，我们知道变量 region 有 4 个水平，但我们需要仔细看一看，它们是如何分布的。

```
> table(insurance$region)
northeast northwest southeast southwest
      324       325       364       325
```

这里，数据几乎均匀地分布在4个地理区域中。很快，我们就会看到R的线性回归函数如何处理这些因子变量。

1. 探索特征之间的关系——相关系数矩阵

在使用回归模型拟合数据之前，有必要确定自变量与因变量之间以及自变量之间是如何相关的。**相关系数矩阵**提供了这些关系的快速概览。给定一组变量，它可以为每一对变量之间的关系提供一个相关系数。

为insurance数据框中的4个数值变量创建一个相关系数矩阵，可以使用cor()命令：

```
> cor(insurance[c("age", "bmi", "children", "expenses")])
               age        bmi   children   expenses
age      1.0000000 0.10934101 0.04246900 0.29900819
bmi      0.1093410 1.00000000 0.01264471 0.19857626
children 0.0424690 0.01264471 1.00000000 0.06799823
expenses 0.2990082 0.19857626 0.06799823 1.00000000
```

在每个行与列的交叉点，列出的相关系数表示其所在的行与其所在的列的两个变量之间的相关系数。对角线始终为1.0000000，因为一个变量和其自身之间总是完全相关的。因为相关性是对称的，所以对角线上方的值与其下方的值是相同的，换句话说，cor(x, y)等于cor(y, x)。

该矩阵中的相关系数不是强相关的，但还是存在一些显著的关联。例如，age和bmi显示出弱的正相关性，这意味着一个人长大时，其身体质量指数（bmi）也会增加。此外，age和expenses、bmi和expenses，以及children和expenses也都呈现出正相关。这些关联意味着随着年龄、体重和儿童数量的增加，保险的预期成本会上升。当我们建立最终的回归模型时，会尽量更加清晰地梳理出这些关系。

2. 可视化特征之间的关系——散点图矩阵

散点图对可视化数值特征之间的关系可能会更有帮助。虽然可以为每个可能的关系创建一个散点图，但对于大量的特征，这样做会比较烦琐。

另一种方法就是创建一个**散点图矩阵**（scatterplot matrix，SPLOM），也就是简单地将一个散点图集合排列在网格中，它可以用来检测3个或者更多个变量之间的模式，但散点图矩阵并不是真正的多维可视化，因为一次只能研究两个特征。尽管如此，它还是提供了一种研究数据是如何内在相关的通用方法。

我们可以使用R中的图形功能来为4个数值特征（age、bmi、children和expenses）创建一个散点图矩阵。默认的R安装中就提供了函数pairs()，该函数为产生散点图矩阵提供了基本的功能。为了调用该函数，只需要给它提供要绘制的数据框。这里，我们将把insurance数据框限制为感兴趣的4个数值变量：

```
> pairs(insurance[c("age", "bmi", "children", "expenses")])
```

这样就产生了图6-7。

在散点图矩阵中，每个行与列的交叉点所在的散点图表示其所在的行与列的两个变量的相关关系。由于对角线上方和下方的x轴和y轴已经交换，所以对角线上方的图和下方的图是互为转置的。

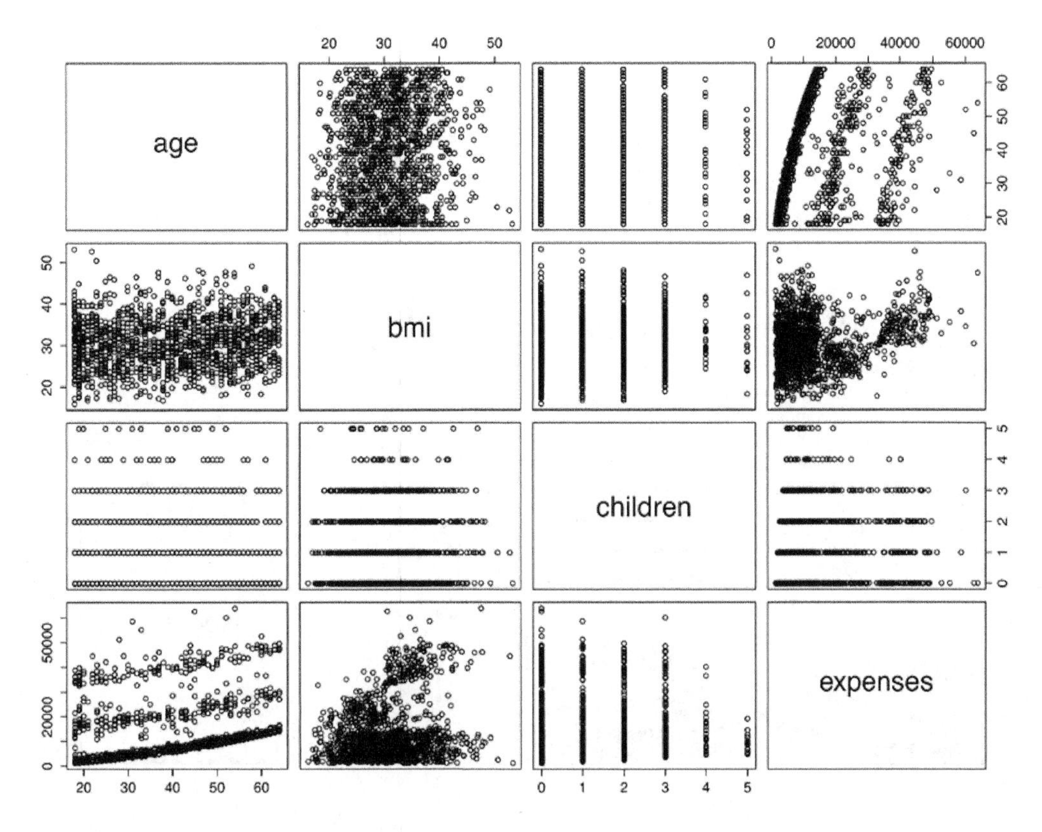

图 6-7　insurance 数据集中数值特征的散点图矩阵

你注意到这些散点图中的一些模式了吗？尽管有一些看上去像是随机分布的点，但还是有一些似乎呈现了某种趋势。age 和 expenses 之间的关系呈现出几条相对的直线，而 bmi 和 expenses 的散点图构成了两个不同的群体。在其他任何散点图中都很难检测出趋势。

通过对散点图添加更多的信息，可以使其变得更加有用。一个改进后的散点图矩阵可以用 psych 添加包中的 pairs.panels() 函数来创建。如果你还没有安装这个添加包，那么可以通过 install.packages("psych") 命令将其安装到你的系统中，并使用 library(psych) 命令载入它。然后，就可以像之前所做的那样创建一个散点图矩阵：

```
> pairs.panels(insurance[c("age", "bmi", "children", "expenses")])
```

这将产生一个略微丰富的散点图矩阵，如图 6-8 所示。

在函数 pairs.panels() 的输出中，对角线上方的散点图被相关系数矩阵所取代，对角线现在包含了描绘每个特征数值分布的直方图。最后，对角线下方的散点图带有额外的可视化信息。

每个散点图中呈椭圆形的对象称为**相关椭圆**（correlation ellipse），它提供了相关性强度的可视化信息。椭圆越扁，其相关性越强。一个几乎类似于圆的完美的椭圆形，如 bmi 和 children，表示一种非常弱的相关性（在这种情况下相关系数为 0.01）。

age 和 expenses 的椭圆更扁，反映出更强的相关性（0.30）。位于椭圆中心的点反映的是 x 轴变量的均值和 y 轴变量的均值所确定的点。

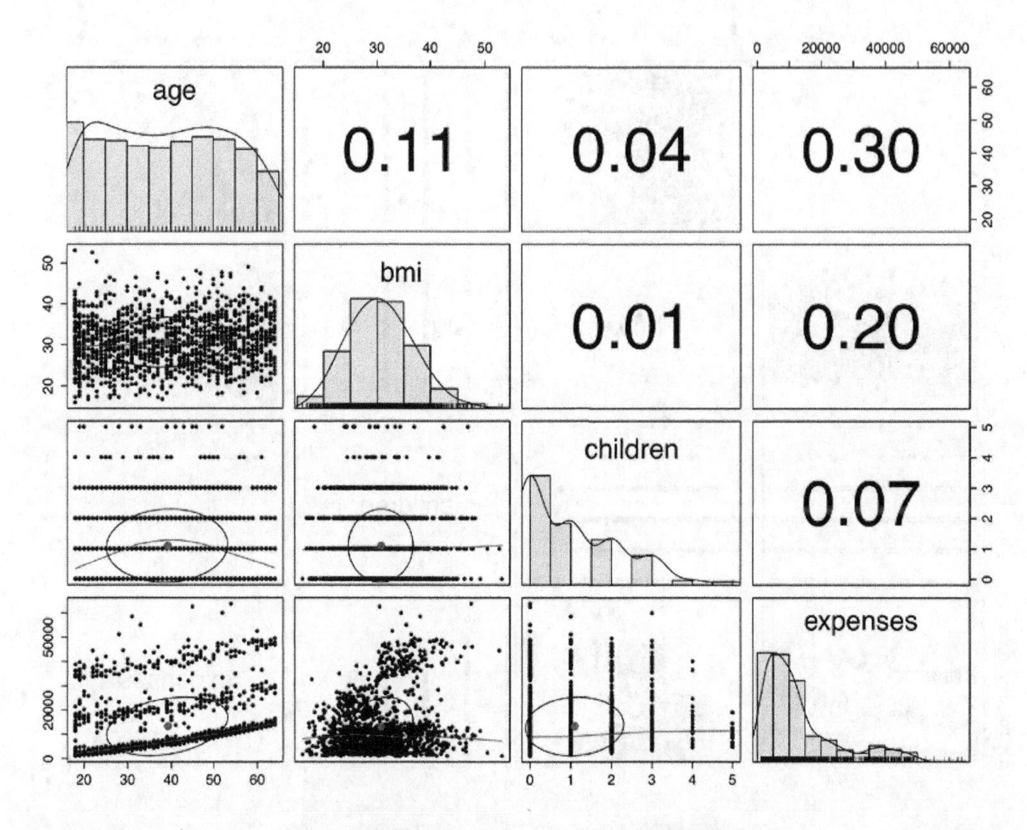

图 6-8 函数 pairs.panels() 为散点图添加内容

散点图中绘制的曲线称为**局部回归曲线**（loess curve），它表示 x 轴和 y 轴变量之间的一般关系。最好通过例子来理解。散点图 6-8 中 age 和 children 的曲线是一个倒置的 U，峰值在中年附近，这意味着案例中年龄最大的人和年龄最小的人在保险计划中比年龄大约在中年附近的人拥有较少的孩子。因为这种趋势是非线性的，所以这一发现已经不能单独从相关性中推断出来。另一方面，对于 age 和 bmi，局部回归曲线是一条倾斜的逐渐上升的线，这表明体重会随着年龄（age）的增长而增加，但我们已经从相关系数矩阵中推断出该结论。

6.2.3 第 3 步——基于数据训练模型

为了通过 R 用一个线性回归模型拟合数据，可以使用 lm() 函数。该函数是 stats 添加包中的一部分，当你安装 R 软件时，该添加包就应该默认安装并在 R 启动时自动载入。函数 lm() 的语法如表 6-2 所示。

下面的命令拟合一个线性回归模型，该模型将 6 个自变量与总的医疗费用联系在一起。R 公式语法使用波浪号（~）来描述模型，因变量 expenses 位于波浪号的左侧，自变量位于波浪号的右侧，自变量通过符号 + 隔开。这里没有必要指定回归模型的截距项，因为它是默认包含的：

```
> ins_model <- lm(expenses ~ age + children + bmi + sex +
    smoker + region, data = insurance)
```

表 6-2　多元回归模型语法

多元回归模型语法
应用 stats 添加包中的函数 lm()
建立模型： m <- lm(dv ~ iv, data = mydata) ● dv：是 mydata 数据框中需要建模的因变量 ● iv：是一个 R 公式，用来指定 mydata 数据框中用于模型的自变量 ● data：是包含变量 dv 和变量 iv 的数据框 该函数返回一个回归模型对象，该对象能够用于预测。自变量之间的交互作用可以通过运算符“*”来给出。 **进行预测**： p <- predict(m, test) ● m：由函数 lm() 训练的一个模型 ● test：一个包含测试数据的数据框，该数据框和用来建立模型的训练数据有同样的特征 该函数将返回一个含有预测值的向量。 **例子**： ins_model <- lm(charges ~ age+sex+smoker, data=insurance) ins_pred <- predict(ins_model, insurance_test)

由于句点符号（.）可以用来指定所有的特征（不包括公式中已经指定的那些），所以下面的命令等价于前面的命令：

```
> ins_model <- lm(expenses ~ ., data = insurance)
```

建立模型后，只需输入该模型对象的名称，就可以得到估计的 β 系数：

```
> ins_model

Call:
lm(formula = expenses ~ ., data = insurance)

Coefficients:
    (Intercept)              age           sexmale
       -11941.6            256.8            -131.4
            bmi         children         smokeryes
          339.3            475.7           23847.5
regionnorthwest  regionsoutheast   regionsouthwest
         -352.8          -1035.6            -959.3
```

理解回归系数是相当简单的。截距是当自变量的值都等于 0 时 expenses 的预测值。然而，在许多情况下，截距本身仅具有很小的解释价值，因为对于所有的特征而言，通常不可能都为 0。在这里的案例中，年龄（age）和 BMI 取值为 0 的人是不可能存在的，因此，截距不具有现实的意义。出于这个原因，截距在实际中常常被忽略。

假定其他所有的特征保持不变，一个特征的系数表示该特征每增加一个单位时，估计的 expenses（费用）的增加量。例如，随着每年年龄的增加，假设其他一切都一样（不变），预计将平均增加 256.80 美元的医疗费用。

同样，每增加一个孩子，每年将平均产生 475.70 美元的额外医疗费用，而每增加一个单位的 BMI，每年的医疗费用平均增加 339.30 美元，其他条件都相同。

你可能注意到，虽然在模型公式中仅指定了 6 个特征，但是输出时，除了截距项之外，输出了8个系数。之所以发生这种情况，是因为 lm() 函数自动将虚拟编码应用于模型所包含的每一个因子类型的变量中。

如第2章所述，虚拟编码允许为名义特征的每一类创建一个二元变量，将其处理为数值变量，即如果观测值属于某一指定的类别，那么就设定虚拟变量为 1，否则设定为 0。例如，性别（sex）特征有两类：男性（male）和女性（female）。这将分为两个二元变量，R 将其命名为 sexmale 和 sexfemale。对于观测值，如果 sex=male，那么 sexmale=1、sexfemale=0；相反，如果 sex=female，那么 sexmale=0、sexfemale=1。相同的编码适用于有3个类别甚至更多类别的变量。例如，R将具有4个类别特征的 region 分为4个虚拟变量：regionnorthwest、regionsoutheast、regionsouthwest 和 regionnortheast。

当添加一个虚拟变量到回归模型中时，一个类别总是作为参照类别被去掉。然后，估计的系数就是相对于参照类别解释的。在该模型中，R自动保留 sexfemale、smokerno 和 regionnortheast 变量作为参照类，即东北地区的女性非吸烟者作为参照组。因此，相对于女性来说，男性每年的医疗费用要少131.40美元；吸烟者平均每年多花费23 847.50美元，远超过非吸烟者。模型中有3个地区的系数均是负的，这意味着参照组东北地区倾向于平均医疗费用最高。

默认情况下，R使用因子变量的第一个水平作为参照组。如果想使用另一水平，那么可以使用 relevel() 函数来手动指定参照组，使用R中的 ?relevel 命令可获取更多信息。

线性回归模型的结果是合乎逻辑的：高龄、吸烟和肥胖往往与其他健康问题联系在一起，而额外的家庭成员或者受抚养者可能导致就诊次数增加和预防保健（比如接种疫苗、每年体检）费用的增加。然而，我们目前并不知道该模型对数据的拟合程度有多好？我们将在下一节中回答这个问题。

6.2.4　第4步——评估模型的性能

通过在R命令行中输入 ins_model，可以获得参数估计，它们告诉我们自变量如何与因变量相关联，但是并没有告诉我们用该模型来拟合数据有多好。为了评估模型的性能，可以使用 summary() 命令来分析所存储的回归模型：

```
> summary(ins_model)
```

这就产生了以下的输出，为了达到说明的目的，已对其进行注释：

```
Call:
lm(formula = expenses ~ ., data = insurance)

Residuals:
     Min       1Q   Median       3Q      Max
-11302.7  -2850.9   -979.6   1383.9  29981.7     (1)

Coefficients:
              Estimate Std. Error t value Pr(>|t|)
(Intercept)   -11941.6      987.8 -12.089  < 2e-16 ***   (2)
age              256.8       11.9  21.586  < 2e-16 ***
sexmale         -131.3      332.9  -0.395 0.693255
bmi              339.3       28.6  11.864  < 2e-16 ***
```

```
children            475.7      137.8   3.452 0.000574 ***
smokeryes         23847.5      413.1  57.723  < 2e-16 ***
regionnorthwest    -352.8      476.3  -0.741 0.458976
regionsoutheast   -1035.6      478.7  -2.163 0.030685 *
regionsouthwest    -959.3      477.9  -2.007 0.044921 *
---
Signif. codes:  0 ‘***’ 0.001 ‘**’ 0.01 ‘*’ 0.05 ‘.’ 0.1 ‘ ’ 1

Residual standard error: 6062 on 1329 degrees of freedom
Multiple R-squared:  0.7509,  Adjusted R-squared:  0.7494
F-statistic: 500.9 on 8 and 1329 DF,  p-value: < 2.2e-16
```

开始时，summary() 的输出可能看起来很复杂，但基本原理是很容易理解的。与上述输出中用编号标签所表示的一样，评估模型性能或者拟合度有 3 个关键方面：

1）**残差**部分提供了预测误差的汇总统计量，其中有一些统计量显然是相当大的。由于残差等于真实值减去预测值，所以最大误差值 29 981.7 表明该模型至少对一个案例的费用少预测了近 30 000 美元。另一方面，误差值的 50% 落在 1Q 值和 3Q 值（第一四分位数和第三四分位数）之间，所以大部分的误差值在 –2850.90 美元和 1383.90 美元之间。

2）对于每一个估计的回归系数，给定估计值，p 值用 Pr(>|t|) 表示，它提供了真实系数为 0 的概率估计。小的 p 值表明真实的系数几乎不可能是 0，这意味着该特征不可能与因变量没有关系。注意，一些 p 值具有星号（***），其对应的脚注指定了估计满足的**显著性水平**。该水平是一个阈值，在建立模型之前选定，这将用来指示结果的“真实性”，而不是那些单独由于偶然性产生的结果，p 值小于显著性水平被认为是**统计上显著的**。如果模型中几乎没有这样的项，那么这可能会引起关注，因为这将表明特征是不能预测结果的。这里，模型有几个显著的变量，而且从逻辑上，它们看起来与结果相关。

3）**多元 R^2 值**（Multiple R-squared value，也称为判定系数）提供了一种度量模型性能的方式，即从整体上，模型能多大程度解释因变量的值。类似于相关系数，它的值越接近于 1.0，模型解释数据的性能就越好。由于 R^2 值为 0.7494，所以我们知道，模型解释了近 75% 的因变量的变化程度。因为模型的特征越多，模型解释的变化程度就越大，所以调整的 R^2 值通过惩罚具有很多自变量的模型来修正 R^2 值，用它来比较具有不同数目的解释变量的模型的性能是很有用的。

根据前面 3 个性能指标，我们的模型表现得相当好。对于现实世界数据的回归模型，R^2 值相当低的情况并不少见，因此 0.75 的 R^2 值实际上是相当不错的。考虑到医疗费用的性质，其中有些误差的大小是需要关注的，但并不令人吃惊。然而，在下一节我们将以略微不同的方式来指定模型，从而提高模型的性能。

6.2.5　第 5 步——提高模型的性能

正如前面所提到的，回归模型和其他机器学习方法的一个关键区别就在于回归通常会让使用者来选择特征和设定模型。因此，如果我们有关于一个特征是如何与结果相关的学科知识，就可以使用该信息对模型进行设定，并可能提高模型的性能。

1. 模型的设定——添加非线性关系

在线性回归中，自变量和因变量之间的关系假定是线性的，而这不一定是正确的。例如，对所有的年龄值来讲，年龄对医疗费用的影响可能不是恒定的；对于最老的人群，医疗费用可能会过于昂贵。

如果你还记得，一个典型的回归方程遵循如下的类似形式：

$$y = \alpha + \beta_1 x$$

考虑到非线性关系，可以添加一个高阶项到回归方程中，把模型当作多项式处理。实际上，我们将建立一个如下所示的关系模型：

$$y = \alpha + \beta_1 x + \beta_2 x^2$$

这两个模型之间的区别在于多估计一个 β，其目的是捕捉 x^2 项的效果。这允许通过一个年龄的平方项来度量年龄的影响。

为了将非线性年龄添加到模型中，我们只需要创建一个新的变量：

```
> insurance$age2 <- insurance$age^2
```

然后，当我们建立改进后的模型时，使用 `expenses ~ age+age2` 形式，把 `age` 和 `age2` 添加到 `lm()` 公式中。这将允许模型将年龄对医疗费用的线性和非线性影响区分开。

2. 转换——将一个数值变量转换为一个二元指标

假设一个特征的影响不是累积的，但是在特征值达到一个给定的阈值后就会产生影响。例如，对于在正常体重范围内的个人来说，BMI 对医疗费用的影响可能为 0，但是对于肥胖者（即 BMI 不低于 30）来说，它可能与较高的费用密切相关。

我们可以通过创建一个二元肥胖指标变量来建立这种关系，即如果 BMI 大于或等于 30，那么设定为 1，如果小于 30，则设定为 0。该二元特征的估计 β 表示 BMI 大于或等于 30 的个人相对于 BMI 小于 30 的个人对医疗费用的平均净影响。

要创建一个特征，我们可以使用 `ifelse()` 函数，该函数用于对向量中的每一个元素判断一个指定的条件，并根据条件是 true 还是 false，返回一个值。对于 BMI 大于或等于 30，将返回 `1`，否则将返回 `0`：

```
> insurance$bmi30 <- ifelse(insurance$bmi >= 30, 1, 0)
```

然后，可以在改进的模型中包含 `bmi30` 变量，要么取代原来的 `bmi` 变量，要么作为对它的补充，这取决于我们是否认为除了一个单独的 BMI 线性影响外，肥胖的影响也会发生。没有很好的理由这样做，否则，我们将在最终的模型中包含两者。

> 如果你在决定是否要包含一个变量时遇到困难，一种常见的做法就是包含它并检验其 p 值。如果该变量不是统计上显著的，那么就有证据支持在将来排除该变量。

3. 模型的设定——加入相互作用的影响

到目前为止，我们只考虑了每个特征对结果的单独影响（贡献）。如果某些特征对因变量有综合影响，那么该怎么办呢？例如，吸烟和肥胖可能分别都有有害的影响，但是假设它们的共同影响可能会比它们每一个单独影响之和更糟糕是合理的。

当两个特征存在共同的影响时，这称为**相互作用**（interaction）。如果怀疑两个变量相互作用，那么就通过在模型中添加它们的相互作用来检验这一假设。可以使用 R 公式语法来指定相互作用的影响。为了体现肥胖指标（`bmi30`）和吸烟指标（`smoker`）的相互作用，可以以 `expenses ~ bmi30*smoker` 形式写一个公式。

运算符 `*` 是一个简写，用来指示 R 对 `expenses ~ bmi30 + smokeryes + bmi30:smokeryes` 进行建模。在展开式中，冒号运算符（`:`）表示 `bmi30:smokeryes` 是两个

变量之间的相互作用。请注意，公式 `expenses ~ bmi*smoker` 会自动包括 `bmi30` 和 `smoker yes` 变量及其相互作用。

如果模型中没有添加每一个相互作用的变量，那么相互作用就不应该包含在模型中。如果你总是使用运算符 * 创建相互作用，那么这将不是一个问题，因为 R 将自动为你添加所需要的变量。

4. 全部放在一起——一个改进的回归模型

基于医疗费用如何与患者特点联系在一起的一点学科知识，我们开发了一个我们认为更加准确专用的回归公式。下面就总结我们的改进：

- ❑ 增加了一个非线性年龄项。
- ❑ 为肥胖创建了一个指标。
- ❑ 指定了肥胖和吸烟之间的相互作用。

我们将像之前一样使用 `lm()` 函数来训练模型，但是这一次，我们将添加新构造的变量和相互作用项：

```
> ins_model2 <- lm(expenses ~ age + age2 + children + bmi + sex +
                    bmi30*smoker + region, data = insurance)
```

接下来，我们概述结果：

```
> summary(ins_model2)
```

输出如下所示：

```
Call:
lm(formula = expenses ~ age + age2 + children + bmi + sex + bmi30 *
    smoker + region, data = insurance)

Residuals:
     Min       1Q   Median       3Q      Max
-17297.1  -1656.0  -1262.7   -727.8  24161.6

Coefficients:
                  Estimate Std. Error t value Pr(>|t|)
(Intercept)       139.0053  1363.1359   0.102 0.918792
age               -32.6181    59.8250  -0.545 0.585690
age2                3.7307     0.7463   4.999 6.54e-07 ***
children          678.6017   105.8855   6.409 2.03e-10 ***
bmi               119.7715    34.2796   3.494 0.000492 ***
sexmale          -496.7690   244.3713  -2.033 0.042267 *
bmi30            -997.9355   422.9607  -2.359 0.018449 *
smokeryes       13404.5952   439.9591  30.468  < 2e-16 ***
regionnorthwest  -279.1661   349.2826  -0.799 0.424285
regionsoutheast  -828.0345   351.6484  -2.355 0.018682 *
regionsouthwest -1222.1619   350.5314  -3.487 0.000505 ***
bmi30:smokeryes 19810.1534   604.6769  32.762  < 2e-16 ***
---
Signif. codes:  0 '***' 0.001 '**' 0.01 '*' 0.05 '.' 0.1 ' ' 1

Residual standard error: 4445 on 1326 degrees of freedom
Multiple R-squared:  0.8664,	Adjusted R-squared:  0.8653
F-statistic: 781.7 on 11 and 1326 DF,  p-value: < 2.2e-16
```

分析该模型的拟合统计量有助于确定我们的改变是否提高了回归模型的性能。相对于我们的第一个模型，R^2 值从 0.75 提高到了约 0.87。

类似地，考虑到模型复杂性增加的事实，调整的 R^2 值也从 0.75 提高到了 0.87。我们的模型现在能解释医疗费用变化的 87%。此外，我们关于模型函数形式的理论似乎得到了验证，高阶项 age2 是统计上显著的，肥胖指标 bmi30 也是统计上显著的。肥胖和吸烟之间的相互作用表明了一个巨大的影响，除了单独吸烟增加的超过 13 404 美元的费用外，肥胖的吸烟者每年要另外花费 19 810 美元。这表明吸烟会加剧（恶化）与肥胖有关的疾病。

严格地说，回归模型关于数据做出了一些强假设。这些假设对于数值预测并不那么重要，因为模型的价值不在于是否真正抓住了基本过程，我们只关心关于模型预测的准确性。不过，如果想从回归模型系数做出严格的推论，那么就必须运行诊断检验以确保回归的假设没有被违反。关于该话题的详细介绍，可参阅 *Multiple Regression: A primer, Allison, PD, Pine Forge Press, 1998*。

6.2.6　第 6 步——用回归模型进行预测

在检验了估计的回归系数和拟合统计量后，还可以使用该模型来预测未来参与者在健康保险计划上的费用。为了说明预测的过程，首先，使用 predict() 函数将模型应用于原始的训练数据集，如下所示：

```
> insurance$pred <- predict(ins_model2, insurance)
```

这会将预测值保存在 insurance 数据框名为 pred 的新向量中。然后，我们可以计算预测和实际保险成本之间的相关性：

```
> cor(insurance$pred, insurance$expenses)
[1] 0.9307999
```

0.93 的相关性表明预测值和实际值之间存在非常强的线性关系。这表明该模型高度准确！用散点图检验这一发现同样是有用的。下面的 R 命令绘制了该关系图，然后添加了一条截距为 0，斜率为 1 的标识线，如图 6-9 所示。参数 col、lwd 和 lty 分别影响了直线的颜色、宽度和类型：

```
> plot(insurance$pred, insurance$expenses)
> abline(a = 0, b = 1, col = "red", lwd = 3, lty = 2)
```

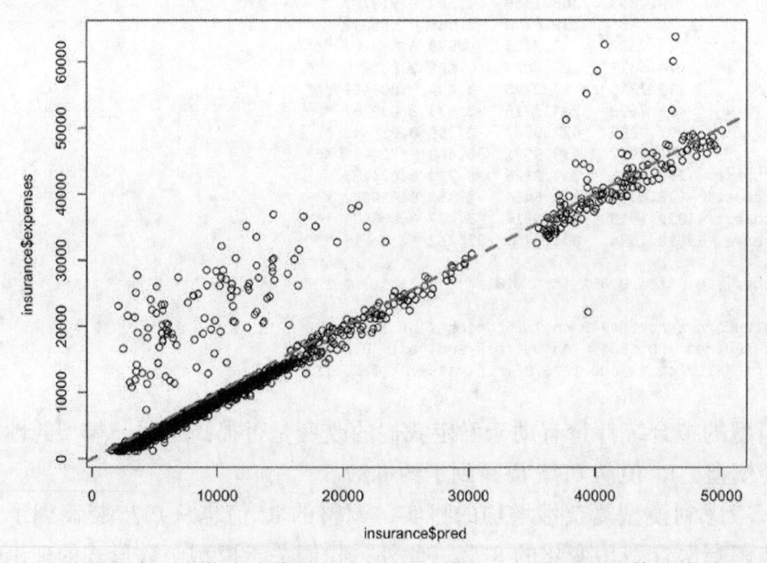

图 6-9　在此散点图中，点落在或靠近对角虚线，其中 $y=x$ 表示预测值非常接近于实际值

落在直线上方的非对角点是实际费用大于预期的情况，而落在直线下方的非对角点是实际费用小于预期的情况。从图 6-9 可以看到，医疗费用超出预期的少量患者与医疗费用略低于预期的大量患者取得了平衡。

现在，假设要预测保险计划中潜在的新参与者的费用。为此，必须为 predict() 函数提供一个包含预期患者数据的数据框。对于大量的患者，可以考虑创建一个 CSV 电子表格文件以加载到 R 中，或者对于少量的患者，可以简单地在 predict() 函数本身内创建一个数据框。例如，为一个东北部、有两个孩子、超重、不吸烟的 30 岁男性估算保险费用，请输入：

```
> predict(ins_model2,
          data.frame(age = 30, age2 = 30^2, children = 2,
                     bmi = 30, sex = "male", bmi30 = 1,
                     smoker = "no", region = "northeast"))
       1
5973.774
```

根据此值，保险公司可能需要将其价格设置为每年约 6000 美元，或每月 500 美元，以使该人群收支平衡。要比较其他情况相似的女性的费用，几乎以相同的方式使用 predict() 函数：

```
> predict(ins_model2,
          data.frame(age = 30, age2 = 30^2, children = 2,
                     bmi = 30, sex = "female", bmi30 = 1,
                     smoker = "no", region = "northeast"))
       1
6470.543
```

注意到这两个值之间的差为 5973.774–6470.543 = −496.769，与估计的 sexmale 的回归模型系数相同。平均而言，在其他条件相同的情况下，男性每年在该计划上的费用约少 496 美元。

这说明了更普遍的事实，即预测得到的费用是每个回归系数乘以它们在预测数据框中对应的值的总和。例如，使用该模型孩子数量的回归系数 678.6017，我们可以预测，将孩子数量从 2 减少到 0，将导致费用减少 2 * 678.6017 = 1357.203，如下所示：

```
> predict(ins_model2,
          data.frame(age = 30, age2 = 30^2, children = 0,
                     bmi = 30, sex = "female", bmi30 = 1,
                     smoker = "no", region = "northeast"))
      1
5113.34

> 6470.543 - 5113.34
[1] 1357.203
```

对于许多其他客户细分市场，采取类似的步骤，保险公司将能够为各类人群开发经济有效的定价结构。

导出模型的回归系数可以让你建立自己的预测函数，这样做的一个潜在用途是在客户数据库中实现回归模型以进行实时预测。

6.3 理解回归树和模型树

在第5章中，决策树建立了一个类似流程图的模型，在这个模型中，决策节点、叶节点和分支定义了一系列用于案例分类的决策。通过对树的生长算法做一些调整，这些树也可以应用于数值预测。在本节中，我们将考虑把决策树以不同于分类预测的方式用于数值预测。

用于数值预测的决策树可分为两类。第一类称为**回归树**，是在20世纪80年代作为分类回归树（classification and regression tree，CART）算法的一部分引入的。尽管叫这个名字，但是正如本章前面所描述的，回归树并没有使用线性回归方法，而是基于到达叶节点的样本的平均值做出预测。

CART算法的详细信息参见*Classification and Regression Trees, Breiman L, Friedman, JH, Stone, CJ, Olshen, RA, Chapman and Hall, 1984*。

用于数值预测的第二类决策树称为**模型树**，它比回归树稍晚几年提出，虽然鲜为人知，但或许功能更强大。模型树和回归树以大致相同的方式生长，但是在每个叶节点，根据到达该节点的案例建立多元线性回归模型。根据叶节点的数目，一棵模型树可能建立几十甚至几百个这样的模型。这使得模型树比同等的回归树更难理解，但好处是它们能建立一个更准确的模型。

最早的模型树算法M5的描述参见*Learning with continuous classes, Quinlan, JR, Proceedings of the 5th Australian Joint Conference on Artificial Intelligence, 1992, pp. 343-348*。

将回归加入决策树中

能够进行数值预测的决策树提供了一个引人注目的但经常被忽略的可以取代回归模型的方法。相对于更常见的回归方法，回归树和模型树的优点与缺点都列在表6-3中。

表6-3 决策树的优缺点

优 点	缺 点
❑ 将决策树的优点与对数值数据建立模型的能力相结合 ❑ 不需要使用者事先指定模型 ❑ 能自动选择特征，它允许该方法与大量特征一起使用 ❑ 拟合某些类型的数据可能比线性回归好得多 ❑ 不要求用统计知识来解释模型	❑ 不像线性回归那样众所周知 ❑ 需要大量的训练数据 ❑ 难以确定单个特征对于结果的总体净影响 ❑ 大型决策树变得比回归模型更难解释

虽然传统的回归方法通常是数值预测任务的第一选择，但是在某些情况下，数值决策树提供了明显的优势。例如，决策树可能更适合于具有许多特征或者特征与结果之间具有许多复杂的非线性关系的任务，这些情形给回归带来了挑战。而且，回归建模关于数据的假设往往被现实世界的数据所违背，但决策树就不存在这样的情况。

用于数值预测的决策树的建立方式与用于分类的决策树的建立方式大致相同。从根节点开始，按照特征使用分而治之的策略对数据进行划分，在进行一次分割后，将导致结果最大化地均匀增长。在分类决策树中，同质性是由熵值来度量的，这对于数值型数据是未定义的。相反，对于数值决策树，同质性可以通过统计量（比如方差、标准差或者均值绝对偏差）来度量。

一个常见的分割标准称为**标准差减少**（standard deviation reduction，SDR），它由下式定义：

$$\text{SDR} = sd(T) - \sum_{i} \frac{T_i}{T} \times sd(T_i)$$

在这个公式中，函数 $sd(T)$ 指的是集合 T 中值的标准差，而 T_1，T_2，…，T_n 是由对于一个特征的一次分割产生的值的集合；$|T|$ 项指的是集合 T 中观测值的数量。本质上，公式是通过比较分割前的标准差与分割后的加权标准差来度量标准差的减少量。

举个例子，考虑下面的情况，其中，一棵决策树需要决定是对二元特征 A 进行分割还是对二元特征 B 进行分割（如图 6-10）。

原始数据	1	1	1	2	2	3	4	5	5	6	6	7	7	7	7
根据特征A划分	1	1	1	2	2	3	4	5	5	6	6	7	7	7	7
根据特征B划分	1	1	1	2	2	3	4	5	5	6	6	7	7	7	7
						T_1						T_2			

图 6-10　该算法考虑了特征 A 和 B 的分割，从而创建了不同的 T_1 和 T_2 组

使用由图 6-10 中所建议的分割产生的组，可以如下对 A 和 B 计算 SDR，这里使用 `length()` 函数返回一个向量中元素的数目。注意，整个组 T 命名为 `tee`，以避免覆盖 R 中的内置函数 `T()` 和 `t()`。

```
> tee <- c(1, 1, 1, 2, 2, 3, 4, 5, 5, 6, 6, 7, 7, 7, 7)
> at1 <- c(1, 1, 1, 2, 2, 3, 4, 5, 5)
> at2 <- c(6, 6, 7, 7, 7, 7)
> bt1 <- c(1, 1, 1, 2, 2, 3, 4)
> bt2 <- c(5, 5, 6, 6, 7, 7, 7, 7)
> sdr_a <- sd(tee) - (length(at1) / length(tee) * sd(at1) +
           length(at2) / length(tee) * sd(at2))
> sdr_b <- sd(tee) - (length(bt1) / length(tee) * sd(bt1) +
           length(bt2) / length(tee) * sd(bt2))
```

让我们来比较 A 和 B 的 SDR：

```
> sdr_a
[1] 1.202815
> sdr_b
[1] 1.392751
```

关于特征 A 的分割的 SDR 值大约为 1.2，关于特征 B 的分割的 SDR 值大约为 1.4。由于对特征 B 的分割，标准差减少得更多，所以决策树将首先使用特征 B，它产生了比特征 A 略多的同质性集合。

假设只使用了这一个分割，决策树在这里停止生长，那么回归树的工作就完成了。根据关于特征 B 的案例值将它们放入组 T_1 还是组 T_2，它可以为新的案例进行预测。如果样

本最后在 T_1 中，那么模型将预测 $mean(bt1)=2$，否则将预测 $mean(bt2)=6.25$。

相比之下，模型树将多走一步。使用落入组 T_1 的 7 个训练样本和落入组 T_2 的 8 个训练样本，模型树可以建立一个结果相对于特征 A 的线性回归模型。请注意，特征 B 在建立回归模型上没有任何帮助，因为所有位于叶节点的样本与 B 有相同的值——它们根据 B 的值被放入组 T_1 或者组 T_2 中。然后，模型树可以使用两个线性模型中的任何一个为新的样本做出预测。

为了进一步说明这两种方法之间的差异，我们研究一个现实世界的例子。

6.4 例子——用回归树和模型树估计葡萄酒的质量

葡萄酒酿造是一个充满挑战和竞争力的行业，它为巨大的利润提供了可能。然而，也有诸多因素有助于提升一个葡萄酒酿造厂的盈利能力。作为一种农产品，有包括天气和生长环境在内的多个变量影响用特定品种葡萄酿造的酒的质量。装瓶和生产同样会影响风味的好坏。甚至产品进入市场的方式，从瓶身的设计到零售价，都会影响顾客的味道感。

因此，葡萄酒酿造业已经在可能有助于葡萄酒酿造决策科学的数据采集和机器学习方法中投入了巨资。例如，机器学习已经用来发现来自不同地区的葡萄酒化学成分的主要差异，并且用来确定促使葡萄酒味道更甜的化学因素。

近来，机器学习已经用来协助葡萄酒质量的评级——一个极其困难的任务。由一位知名的葡萄酒评论家撰写的一份评论往往决定了该产品最终是在货架的顶部还是底部，尽管事实上在双盲试验中对葡萄酒评级时，专家评委的意见是不一致的。

在这个案例研究中，我们将使用回归树和模型树来创建一个能模仿葡萄酒专家评级的系统。由于决策树产生的模型很容易理解，所以这可以让葡萄酒酿造师来确定有助于葡萄酒更好评级的关键因素。或许更重要的是，该系统不受品酒的人为因素影响，比如评级者的情绪和鉴赏疲劳。因此，计算机辅助的葡萄酒测试可能产生更好的产品以及更客观、一致、公平的评级。

6.4.1 第 1 步——收集数据

为了研究葡萄酒评级模型，我们将使用由 P. Cortez、A. Cerdeira、F. Almeida、T. Matos 和 J. Reis 捐赠给 UCI 机器学习仓库（UCI Machine Learning Repository）的数据（`http://archive.ics.uci.edu/ml`）。这些的数据集包括来自葡萄牙（世界领先的葡萄酒生产国之一）的红色和白色 Vinho Verde（青酒）葡萄酒样本。因为有助于获得高度评价的葡萄酒的因素可能在红色和白色品种之间有所不同，所以为了便于分析，我们将只研究较受欢迎的白葡萄酒。

> 要理解这个例子，你需要下载 `whitewines.csv` 文件，并将该文件保存到 R 工作目录中。如果你想自己研究这些数据，文件 `redwines.csv` 也可以下载。

白葡萄酒数据包含了 4 898 个葡萄酒样本的 11 种化学特性的信息。对于每种葡萄酒，实验室分析测量的特性包括酸性、含糖量、氯化物含量、硫的含量、酒精度、pH 值和密度。然后，这些样本会由不少于 3 名鉴定者组成的小组以盲品的方式进行评级，质量尺度从 0

（很差）到 10（极好）。如果鉴定者对于评级没有达成一致意见，那么就会使用中间值。

Cortez 的研究评估了 3 种机器学习方法（多元回归、人工神经网络和支持向量机）对葡萄酒数据建立模型的能力。本章前面介绍了多元回归，我们将在第 7 章学习神经网络和支持向量机。该研究发现，支持向量机提供了比线性回归模型显著更好的结果。然而，与回归不同的是，支持向量机模型很难解释。使用回归树和模型树，我们或许能够改善回归的结果，同时还能拥有一个容易理解的模型。

要了解关于这里描述的葡萄酒的更多研究，请参考 Modeling wine preferences by data mining from physicochemical properties, Cortez, P, Cerdeira, A, Almeida, F, Matos, T, and Reis, J, Decision Support Systems, 2009, Vol. 47, pp. 547-553。

6.4.2　第 2 步——探索和准备数据

通常，使用 read.csv() 函数将数据载入 R 中。由于所有的特征都是数值型的，所以我们可以忽略 stringsAsFactors 参数。

```
> wine <- read.csv("whitewines.csv")
```

wine（葡萄酒）数据包括 11 个特征和结果变量 quality（品质结果），如下所示：

```
> str(wine)
'data.frame':    4898 obs. of  12 variables:
 $ fixed.acidity       : num  6.7 5.7 5.9 5.3 6.4 7 7.9 ...
 $ volatile.acidity    : num  0.62 0.22 0.19 0.47 0.29 0.12 ...
 $ citric.acid         : num  0.24 0.2 0.26 0.1 0.21 0.41 ...
 $ residual.sugar      : num  1.1 16 7.4 1.3 9.65 0.9 ...
 $ chlorides           : num  0.039 0.044 0.034 0.036 0.041 ...
 $ free.sulfur.dioxide : num  6 41 33 11 36 22 33 17 34 40 ...
 $ total.sulfur.dioxide: num  62 113 123 74 119 95 152 ...
 $ density             : num  0.993 0.999 0.995 0.991 0.993 ...
 $ pH                  : num  3.41 3.22 3.49 3.48 2.99 3.25 ...
 $ sulphates           : num  0.32 0.46 0.42 0.54 0.34 0.43 ...
 $ alcohol             : num  10.4 8.9 10.1 11.2 10.9 ...
 $ quality             : int  5 6 6 4 6 6 6 6 6 7 ...
```

与其他类型的机器学习模型相比，决策树的优点之一就是它们可以处理多种类型的数据而无须进行预处理。这意味着不需要将特征规范化或者标准化。

然而，为了增加模型评估的信息，还需要研究结果变量分布的。例如，假设葡萄酒之间在质量上几乎没有变化，或者葡萄酒落入一个双峰分布：要么非常好，要么非常差。这可能会影响我们设计模型的方式。为了检查这种极端情形，我们可以使用直方图来研究葡萄酒质量的分布：

```
> hist(wine$quality)
```

这就产生了图 6-11。

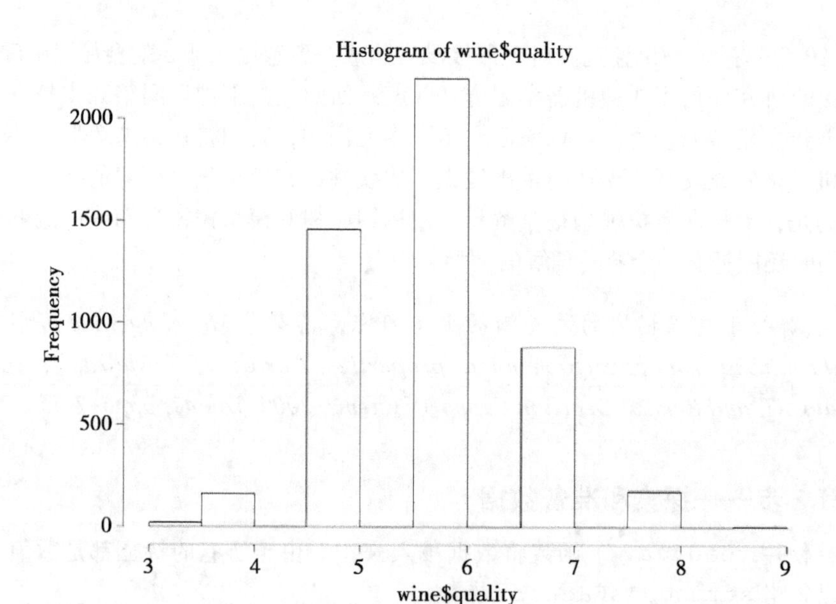

图 6-11　白葡萄酒质量评级分布

葡萄酒的质量值似乎遵循一个相当于正态的钟形分布，大约以数值 6 为中心。从直观上看，这是有意义的，因为大部分葡萄酒的质量为平均质量，少数葡萄酒特别差或者特别好。尽管这里没有显示结果，但是研究 `summary(wine)` 的输出同样有益于发现异常值或者其他潜在的数据问题。虽然决策树对于难以处理的数据是相当稳健的，但是它总会谨慎地检查严重的问题。目前，我们将假设数据是可靠的。

然后，最后一步就是将数据集分为训练集和测试集。由于 wine（葡萄酒）数据集已经随机排序，所以可以将数据分割成两个连续行的集合，如下所示：

```
> wine_train <- wine[1:3750, ]
> wine_test <- wine[3751:4898, ]
```

为了反映 Cortez 使用过的条件，我们分别将 75% 的数据集用于训练，25% 的数据集用于测试。我们将根据测试数据来评估基于决策树的模型的性能，并看看是否能够获得与先前的研究学习相媲美的结果。

6.4.3　第 3 步——基于数据训练模型

我们将从训练一个回归树模型开始。虽然几乎决策树的所有实现都可以用来进行回归树建模，但是 `rpart`（递归划分）添加包中提供了像 CART 团队所描述的最可靠的回归树实现。作为 CART 的经典 R 实现，`rpart` 添加包同样有充分的帮助文档，有用于可视化和评估 `rpart` 模型的多个函数的支持。

安装 `rpart` 添加包需要使用 `install.packages("rpart")` 命令。然后，使用 `library(rpart)` 语句就可以将其加载到 R 的会话中。表 6-4 中的语法将使用默认的设置来拟合一棵决策树，通常情况下，其执行效果相当好。如果你需要更多的微调设置，请使用 `?rpart.control` 命令来了解控制参数。

表 6-4　回归树语法

<table>
<tr><td>回归树语法</td></tr>
<tr><td>应用 rpart 添加包中的函数 rpart()</td></tr>
<tr><td>建立模型：
m <- rpart(dv ~ iv, data=mydata)
● dv：是 mydata 数据框中需要建模的因变量
● iv：是一个 R 公式，用来指定 mydata 数据框中用于模型的自变量
● data：是包含变量 dv 和变量 iv 的数据框
该函数返回一个回归树模型对象，该对象能够用于预测。
进行预测：
p <- predict(m, test, type="vector")
● m：由函数 rpart() 训练的一个模型
● test：一个包含测试数据的数据框，该数据框和用来建立模型的训练数据有同样的特征
● type：给定返回的预测值的类型，取值为 "vector"（预测数值数据），或者 "class"（预测类别），或者 "prob"（预测类别的概率）
该函数的返回值取决于 type 参数，它是一个含有预测值的向量。
例子：
wine_model <- rpart(quality ~ alcohol+sulfates, data=wine_train)
wine_predictions <- predict(wine_model),wine_test)</td></tr>
</table>

使用 R 的公式界面，我们可以指定 quality（质量）为结果变量（因变量），并使用点符号“.”使得 wine_train（葡萄酒训练）数据中的其他所有列用来作为预测变量（自变量）。由此产生的回归树模型对象命名为 m.rpart，以区分后面将要训练的模型树：

```
> m.rpart <- rpart(quality ~ ., data = wine_train)
```

获取关于该树的基本信息，只需要输入该模型对象的名称：

```
> m.rpart
n= 3750

node), split, n, deviance, yval
      * denotes terminal node

 1) root 3750 2945.53200 5.870933
   2) alcohol< 10.85 2372 1418.86100 5.604975
     4) volatile.acidity>=0.2275 1611  821.30730 5.432030
       8) volatile.acidity>=0.3025 688  278.97670 5.255814 *
       9) volatile.acidity< 0.3025 923  505.04230 5.563380 *
     5) volatile.acidity< 0.2275 761  447.36400 5.971091 *
   3) alcohol>=10.85 1378 1070.08200 6.328737
     6) free.sulfur.dioxide< 10.5 84   95.55952 5.369048 *
     7) free.sulfur.dioxide>=10.5 1294  892.13600 6.391036
      14) alcohol< 11.76667 629  430.11130 6.173291
        28) volatile.acidity>=0.465 11   10.72727 4.545455 *
        29) volatile.acidity< 0.465 618  389.71680 6.202265 *
      15) alcohol>=11.76667 665  403.99400 6.596992 *
```

对于决策树中的每个节点，到达决策点的样本数量都列出来了。例如，所有的

3750个样本从根节点开始，其中，有2372个样本的alcohol<10.85，1378个样本的alcohol>= 10.85。因为alcohol（酒精）是决策树中第一个使用的变量，所以它是葡萄酒质量中唯一最重要的指标。

用*表示的节点是终端或者叶节点，这意味着它们会产生预测（这里作为yval列出来）。例如，节点5有一个5.971 091的yval。当该决策树用来预测时，对任意一个葡萄酒样本，如果其alcohol<10.85且volatile.acidity<0.2275，那么它的质量值将预测为5.97。

关于该决策树拟合的更详细的总结，包括每一个节点的均方误差和整体特征重要性的度量，可以通过使用summary(m.rpart)命令获得。

可视化决策树

尽管只使用前面的输出就可以理解该决策树，但是使用可视化通常更容易理解。由Stephen Milborrow创建的rpart.plot包提供了一个易于使用的函数来生成具有出版质量的决策树。

关于rpart.plot的更多信息，包括该函数可以生成的其他样本类型的决策树图形，请参考该作者的网站http://www.milbo.org/rpart-plot/。

在使用install.packages("rpart.plot")命令安装该添加包后，rpart.plot()函数可以根据任意一个rpart模型对象生成一个决策树图形。下面的命令绘制了我们之前建立的回归树的图：

```
> library(rpart.plot)
> rpart.plot(m.rpart, digits = 3)
```

产生的决策树图形如图6-12所示。

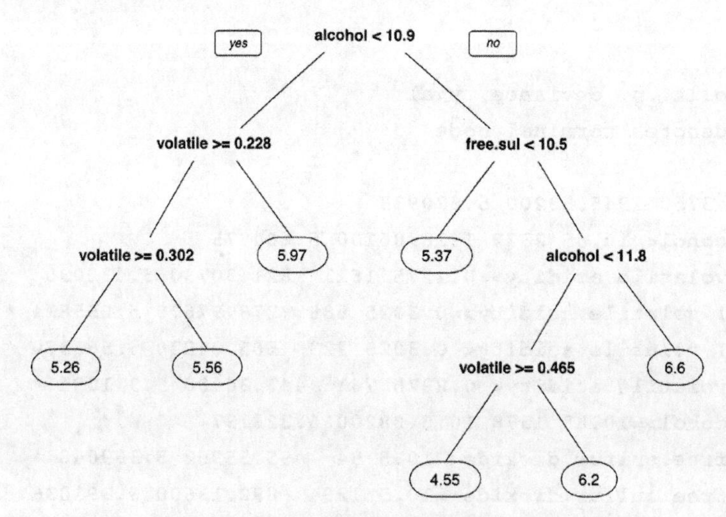

图6-12 葡萄酒质量回归树模型的可视化

除了用于控制包含在图中数字位数的参数digits以外，许多可视化的其他方面都可以调整。下面的命令仅显示了几个有用的选项：

```
> rpart.plot(m.rpart, digits = 4, fallen.leaves = TRUE,
             type = 3, extra = 101)
```

参数 fallen.leaves 强制叶节点与图的底部保持一致（对齐），而参数 type 和参数 extra 影响决策和节点被标记的方式。数字 3 和 101 表示特定的样式格式，可以在命令文档中找到，或者通过尝试不同的数字来找到。

这些变化的结果是一个看上去截然不同的树形图，如图 6-13 所示。

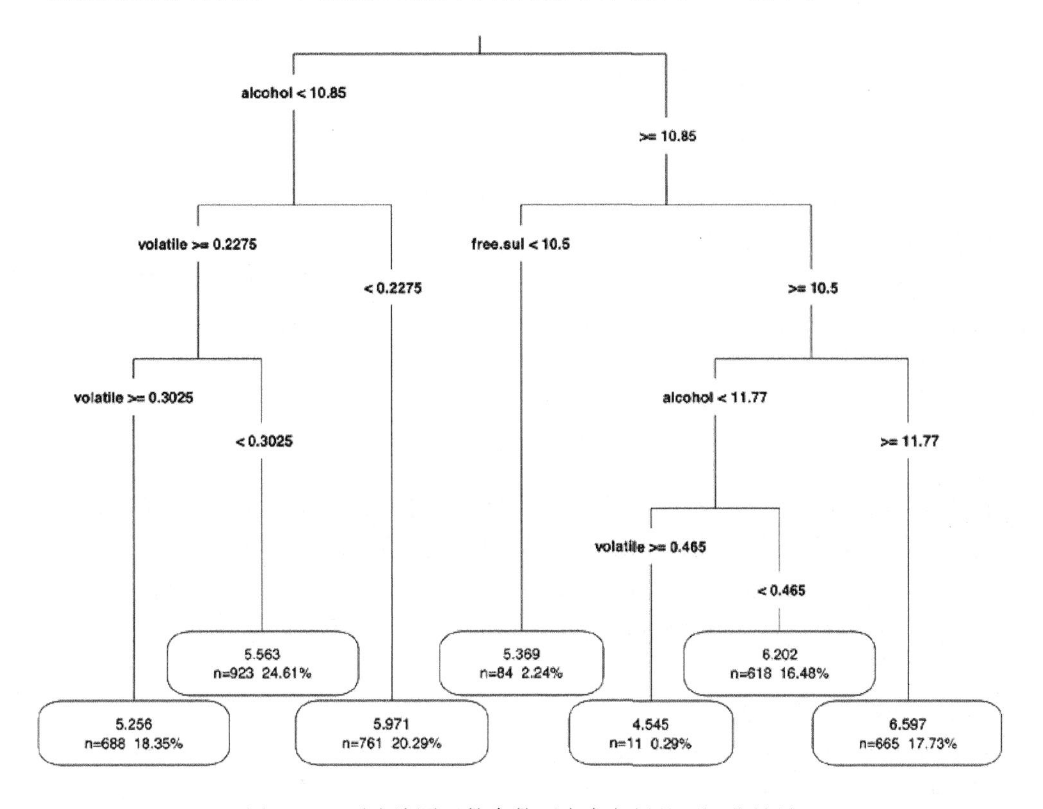

图 6-13　更改绘图函数参数可自定义树的可视化效果

像这样的可视化可以帮助宣传回归树的结果，因为它们很容易理解，即使没有数学背景。在这两种情形下，叶节点中所显示的数字均是样本到达该节点的预测值。因此，将图向葡萄酒生产商展示可能有助于确定预测较高评级葡萄酒的关键因素。

6.4.4　第 4 步——评估模型的性能

为了使用回归树模型对测试数据进行预测，我们使用 predict() 函数。在默认情况下，该函数返回结果变量的数值估计，我们将把它的返回值保存在一个名为 p.rpart 的向量中：

```
> p.rpart <- predict(m.rpart, wine_test)
```

我们预测的主要统计量表明了一个潜在的问题，预测值与真实值相比落在一个更窄的范围内：

```
> summary(p.rpart)
   Min. 1st Qu.  Median    Mean 3rd Qu.    Max.
  4.545   5.563   5.971   5.893   6.202   6.597
> summary(wine_test$quality)
   Min. 1st Qu.  Median    Mean 3rd Qu.    Max.
  3.000   5.000   6.000   5.901   6.000   9.000
```

该发现表明，该模型不能正确识别极端的情形，尤其是最好的和最差的葡萄酒。另一方面，在第一四分位数和第三四分位数之间，我们可能做得不错。

预测的质量值和真实的质量值之间的相关性提供了一种度量模型性能的简单方法。我们知道，`cor()` 函数可以用来度量两个相同长度向量之间的关系，使用该函数可以比较预测值对应于真实值的程度有多好：

```
> cor(p.rpart, wine_test$quality)
[1] 0.5369525
```

相关系数= 0.54 肯定是可以接受的。然而，相关系数只是度量了预测值与真实值的相关性有多强，而不是度量预测值离真实值有多远的方法。

用平均绝对误差度量性能

一般来说，另一种思考模型性能的方法就是考虑它的预测值离真实值有多远，这种度量方法称为**平均绝对误差**（Mean Absolute Error，MAE）。MAE 的公式如下所示，其中，n 表示预测值的数量，e_i 表示第 i 个预测值的误差：

$$\text{MAE}=\frac{1}{n}\sum_{i=1}^{n}|e_i|$$

正如其名称所暗示的，这个方程得到的是误差绝对值的均值。由于误差仅仅是预测值与真实值之间的差值，所以可以创建一个简单的 `MAE()` 函数，如下所示：

```
> MAE <- function(actual, predicted) {
    mean(abs(actual - predicted))
}
```

然后，预测的 MAE 为：

```
> MAE(p.rpart, wine_test$quality)
[1] 0.5872652
```

就平均而言，这意味着模型的预测值与真实的质量分数之间的差值大约为 0.59。基于质量的尺度是从 0 ~ 10，这似乎表明我们的模型做得相当好。

另一方面，我们知道，大多数葡萄酒既不是很好也不是很差。通常情况下，质量的分数大约为 5 ~ 6。因此，根据这个指标，一个什么都没有做而是仅仅预测了均值的分类器可能同样会做得相当好。

训练数据中的平均质量等级如下所示：

```
> mean(wine_train$quality)
[1] 5.870933
```

如果我们对每一个葡萄酒样本预测的值为 5.87，那么我们的平均绝对误差将只有大约 0.67：

```
> MAE(5.87, wine_test$quality)
[1] 0.6722474
```

回归树（*MAE = 0.59*）比估算的均值（*MAE = 0.67*）平均更接近于真实的质量分数，但相差不是很大。作为比较，Cortez 报告了神经网络模型的 MAE 为 0.58，支持向量机的 MAE 为 0.45。这表明，模型还有改善的空间。

6.4.5　第 5 步——提高模型的性能

为了提高学习器的性能，让我们应用模型树算法，这是决策树在数值预测中的一种更复杂的应用。我们知道，模型树可以通过回归模型取代叶节点来扩展回归树。这通常会导致比回归树更准确的结果，而回归树在叶节点进行预测时只使用了一个单一的数值。

目前，模型树中最先进的算法是 Cubist 算法，它本身是 M5 模型树算法的一种增强型算法，两者均由 J.R. Quinlan 于 20 世纪 90 年代初发布。尽管 Cubist 算法的实现细节超出了本书的范围，但是该算法涉及构建决策树、基于树的分支创建决策规则，以及在每个叶节点处构建回归模型。诸如修剪（pruning）和增强（boosting）之类的其他启发式算法，可用于提高预测的质量以及整个预测值范围内的平滑度。

关于 Cubist 和 M5 算法的更多背景信息，请参考 Learning With Continuous Classes, Quinlan, JR, Proceedings of the 5th Australian Joint Conference on Artificial Intelligence, 1992; pp. 343-348。此外，请参阅 Combining Instance-Based and Model-Based Learning, Quinlan, JR, Proceedings of the Tenth International Conference on Machine Learning, 1993, pp. 236-243。

Cubist 算法在 R 中可通过 `Cubist` 添加包和相关的 `cubist()` 函数获得。该函数的语法如表 6-5 所示。

表 6-5　模型树语法

模型树语法
应用 Cubist 添加包中的函数 cubist ()

建立模型：
`m <- cubist(train,  class)`
● train：是一个数据框或者包含训练数据的矩阵
● class：包含训练数据每一行的分类的一个因子向量
该函数返回一个 cubist 模型树对象，该对象能够用于预测。
进行预测：
`p <- predict(m, test)`
● m：由函数 cubist () 函数训练的一个模型
● test：一个包含测试数据的数据框，该数据框和用来建立模型的训练数据有同样的特征
该函数返回一个含有预测值的数值向量。
例子：
`wine_model <- cubist( wine_train, wine_quality)`
`wine_predictions <- predict(wine_model, wine_test)`

我们将使用与回归树略有不同的语法来拟合 Cubist 模型树，因为 `cubist()` 函数不接受 R 公式语法。相反，我们必须指定用于自变量 `x` 和因变量 `y` 的数据框列，待预测的葡萄酒质量位于第 12 列，并将所有其他的列用作预测变量，完整的命令如下所示：

```
> library(Cubist)
> m.cubist <- cubist(x = wine_train[-12], y = wine_train$quality)
```

可以通过输入名称来查看有关模型树的基本信息：

```
> m.cubist
Call:
cubist.default(x = wine_train[-12], y = wine_train$quality)

Number of samples: 3750
Number of predictors: 11

Number of committees: 1
Number of rules: 25
```

在此输出中，我们看到该算法生成了25个规则以对葡萄酒质量进行建模。为了研究其中的一些规则，我们可以将summary()函数应用于模型对象。由于完整的树特别大，因此这里仅包含描述第一个决策规则输出的前几行：

```
> summary(m.cubist)

  Rule 1: [21 cases, mean 5.0, range 4 to 6, est err 0.5]

    if
        free.sulfur.dioxide > 30
        total.sulfur.dioxide > 195
        total.sulfur.dioxide <= 235
        sulphates > 0.64
        alcohol > 9.1
    then
        outcome = 573.6 + 0.0478 total.sulfur.dioxide
                  - 573 density - 0.788 alcohol
                  + 0.186 residual.sugar - 4.73 volatile.acidity
```

你将注意到输出的if部分有点类似于我们前面建立的回归树。基于葡萄酒的特性二氧化硫（sulfur dioxide）、硫酸盐（sulphates）和酒精（alcohol）的一系列决定，形成了最终预测的规则。然而，这里模型树的输出和前面回归树的输出的一个关键的区别在于这里的节点不是以一个数值预测终止，而是以一个线性模型终止。

该规则的线性模型显示在输出then后面的outcome=语句中。这些数字完全可以像我们在本章前面建立的多元回归模型一样解释，每个值都是相关特征的估计β，即该特征对于预测的葡萄酒质量的净影响（效应）。例如，残留糖（residual sugar）的系数为0.186，这意味着每增加一个单位的残留糖，葡萄酒的质量等级预计增加0.186。

值得注意的是，由该模型估计的回归影响只适用于到达该节点的葡萄酒样本，对整个Cubist输出的研究表明，在这个模型树中一共建立了25个线性模型，每个模型对应一个决策规则，每个模型对于残留糖和其他10个特征的影响都有不同的参数估计。

为了检验该模型的性能，我们将观察基于未知的测试数据模型的性能有多好。predict()函数为我们获取了一个预测值向量：

```
> p.cubist <- predict(m.cubist, wine_test)
```

似乎模型树的预测值范围比回归树更广：

```
> summary(p.cubist)
   Min. 1st Qu.  Median    Mean 3rd Qu.    Max.
  3.677   5.416   5.906   5.848   6.238   7.393
```

相关性似乎也有大幅提高：

```
> cor(p.cubist, wine_test$quality)
[1] 0.6201015
```

此外，该模型的平均绝对误差略有降低：

```
> MAE(wine_test$quality, p.cubist)
[1] 0.5339725
```

尽管我们没有以很大的提高来超越回归树，但是我们超越了由 Cortez 发表的神经网络模型的性能，而且也更接近了由支持向量机模型发布的 0.45 的平均绝对误差值，同时使用了一个更简单的学习方法。

不足为奇的是，我们已经证实了预测葡萄酒的质量是一个困难的问题，毕竟品酒本质上是主观的。如果你想要更多的实践，那么你可以在阅读第 11 章后，重温这个问题，因为第 11 章介绍了更多的技巧，可能会带来更好的结果。

6.5　总结

在本章中，我们学习了对数值数据建模的两种方法：第一种方法，线性回归，涉及用直线拟合数据；第二种方法，使用决策树进行数值预测。后者有两种形式：一是回归树，它使用位于叶节点的样本均值进行数值预测；二是模型树，它以一种混合的方法在每一个叶节点建立一个回归模型，该混合方法在某些方面是两个模型中最好的。

通过使用回归模型研究挑战者号航天飞机灾难的原因，我们开始了解它的作用。然后，我们采用线性回归模型为不同阶层的人群计算了预期医疗费用。因为特征和变量之间的关系可以用所估计的回归模型描述，所以我们能够确认某些人口统计数据，比如吸烟者和肥胖者，可能需要以要价更高的保险率来支付高于平均水平的医疗费用。

回归树和模型树用来根据葡萄酒的可测量特性，对葡萄酒的主观质量进行建模。在此过程中，我们学习了回归树如何提供一种简单的方法来解释特征和数值结果之间的关系，但是更复杂的模型树可能更准确。此外，在上述过程中，我们也学习了新方法来估计数值模型的性能。

本章介绍的机器学习方法让我们对于输入和输出之间的关系有一个清晰的理解，与本章形成鲜明对比的是，第 7 章介绍的方法产生近乎无法理解的模型，但优势是它们是极其强大的技术（最强大的分类器之一），既可以应用于分类预测问题，也可以应用于数值预测问题。

第7章

黑箱方法——神经网络和支持向量机

已故科幻作家阿瑟·克拉克（Arthur C. Clarke）写道：“任何足够先进的技术都是与魔法难以区分的。”本章将介绍两种机器学习方法，它们第一眼看上去似乎是魔法。虽然它们极其强大，但是它们的内部运作很难理解。

在工程中，这些称为**黑箱**（black box）过程，因为将输入转换成输出的机制是通过一个假想的箱子来模糊处理的。例如，封闭源码软件的黑箱故意隐瞒专有算法；政治立法的黑箱植根于官僚的做事过程；制作香肠的黑箱有意模糊化（但好吃）。在机器学习的情况下，黑箱源于使它们能发挥作用的复杂的数学。

尽管黑箱模型可能不容易理解，但是盲目应用它们是有危险的。因此，在本章中，我们将窥探箱子里的知识，并调查涉及拟合这些模型的统计过程。你将会学到：

- 神经网络模仿活跃的大脑来模拟数学函数。
- 支持向量机使用多维曲面来定义特征和结果之间的关系。
- 尽管它们很复杂，但是这些模型可以很容易地应用到现实世界的问题中。

运气好的话，你将会意识到，在统计中，你并不需要具备黑带资格来应对黑箱机器学习方法——没有必要被吓到！

7.1 理解神经网络

人工神经网络（Artificial Neural Network，ANN）对一组输入信号和一组输出信号之间的关系进行建模，使用的模型来源于人类大脑对来自感觉输入的刺激是如何反应的理解。就像大脑使用一个称为**神经元**（neuron）的相互连接的细胞网络来提供广泛的学习能力一样，人工神经网络使用人工神经元或者**节点**（node）的网络来解决具有挑战性的学习问题。

人脑大约由850亿个神经元构成，产生了一个能够表现巨量知识的网络。正如你可能期望的，这使得其他生物的大脑相形见绌。例如，一只猫大约有10亿个神经元，一只老鼠大约有7500万个神经元，一只蟑螂大约只有100万个神经元。相比之下，许多人工神经网络包含的神经元要少得多，通常只有几百个，所以我们在不久的将来创建一个人工大脑是没有危险的——即使是一只具有10万个神经元的果蝇也远远超过了目前最先进的人工神经网络。

虽然神经网络可能不适合用来完全模拟一只蟑螂的大脑，但是它仍然可能提供一个关于蟑螂行为的充分的探索模型。假设我们开发了一种算法，它可以模拟当一只蟑螂被发现时，它是如何逃离的。如果机器蟑螂的行为是令人信服的，那么它的大脑是否与生物蟑螂一样复杂重要吗？这个问题是具有争议的**图灵测试**（Turing test）的基础，由先驱计算机科学家 Alan Turing 于 1950 年提出，即如果一个人不能将机器的行为与一种生物的行为区分开来，那么图灵测试将该机器划分为智能类。

关于图灵测试更多的复杂情节和争议，可参阅 *Stanford Encyclopedia of Philosophy: https://plato.stanford.edu/entries/turing-test/*。

基本的人工神经网络的历史已超过 50 年，它们通过模拟大脑的方法来解决问题。最初，这涉及学习简单的函数，如逻辑 AND 函数或者逻辑 OR 函数。这些早期的练习主要用来帮助科学家理解生物大脑可能会如何起作用。然而，近年来，随着计算机的功能变得越来越强大，人工神经网络的复杂性也同样增加了很多，使得它们现在经常应用于更实际的问题，包括：

- 语音、字迹和图像识别程序，用于智能手机应用程序、邮件分拣机和搜索引擎。
- 智能设备的自动化，例如一座办公楼的环境控制或者自动驾驶汽车和无人机的控制。
- 天气和气候模式、拉伸强度、流体动力学，以及许多其他科学、社会和经济现象的复杂模型。

从广义上讲，人工神经网络是可以应用于几乎所有学习任务的多功能学习方法：分类、数值预测，甚至无监督的模式识别。

不管值得与否，人工神经网络学习方法经常在媒体上被大张旗鼓地报道。例如，一个由谷歌开发的“人工大脑”因为其具有能够识别 YouTube（世界上最大的视频分享网站）上猫的视频的能力而被吹捧。这样的炒作与人工神经网络的任何独特性关系很小，却与人工神经网络很有魅力的事实有很大关系，因为它们与生物的大脑很相似。

人工神经网络通常应用于下列问题：输入数据和输出数据都定义明确，但是将输入关联到输出的过程是极其复杂且难定义的。作为一种黑箱方法，对于这些类型的黑箱问题，人工神经网络运行得很好。

7.1.1　从生物神经元到人工神经元

由于人工神经网络故意设计为人脑活动的概念模型，所以首先理解生物神经元如何发挥作用是有帮助的。如图 7-1 所示，细胞的**树突**（dendrite）通过一个生化过程来接收输入的信号，该过程允许神经冲动根据其相对重要性或者频率加权。随着**细胞体**（cell body）开始积累输入信号，逐渐达到激活细胞的阈值，然后输出信号通过一个电化过程传送到**轴突**（axon）。在轴突终端，该电信号会再次作为一种化学信号处理，穿过称为**突触**（synapse）的一个微小间隙传递到相邻的神经元。

一个单一的人工神经元模型可以用非常类似于生物模型的术语来理解。如图 7-2 所示，一个有向网络图定义了树突接收的输入信号（变量 x）和输出信号（变量 y）之间的关系。与生物神经元一样，每一个树突的信号都根据其重要性被加权（w 值，现在先忽略如何确定这些权重）。输入信号由细胞体求和，然后该信号根据一个用 f 表示的**激活函数**（activation function）来传递。

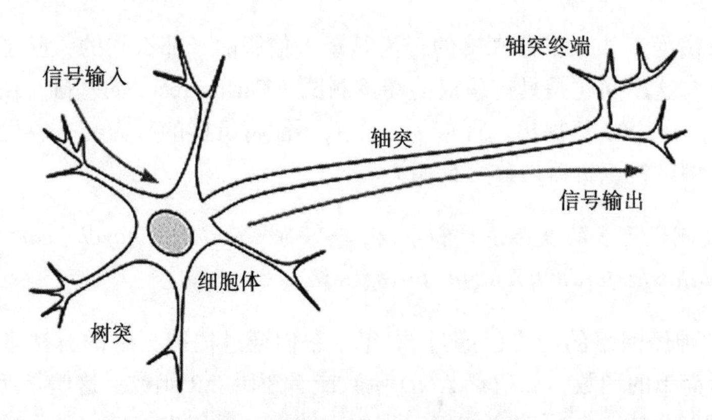

图 7-1　生物神经元的艺术描绘

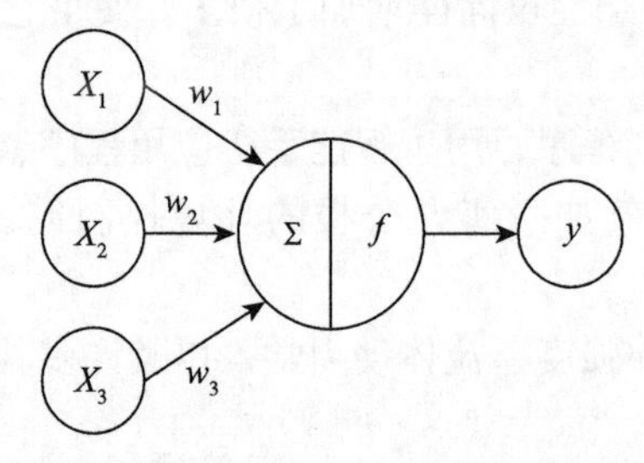

图 7-2　模仿生物神经元的结构和功能设计人工神经元

一个有 n 个输入树突的典型神经元可以用下面的公式表示。权重 w 可以控制 n 个输入（用 x_i 表示）中的每个输入对输入信号之和所做贡献的大小。激活函数 $f(x)$ 使用净总和，结果信号 $y(x)$ 就是输出轴突。

$$y(x) = f\left(\sum_{i=1}^{n} w_i x_i\right)$$

就像使用积木一样，神经网络应用以这种方式定义的神经元来构建复杂的数据模型。虽然有很多种不同的神经网络，但是每一种都可以由下面的特征来定义：

- **激活函数**：将神经元的净输入信号变换成单一的输出信号，以便进一步在网络中传播。
- **网络拓扑**（或架构）：描述了模型中神经元的数量以及层数和它们连接的方式。
- **训练算法**：指定如何设置连接权重，以便减小或者增加神经元在输入信号中的比例。

让我们来看看上述每一种特征的不同情况，看看如何用它们来构建典型的神经网络模型。

7.1.2　激活函数

激活函数是人工神经元处理输入信息并将信息传递到整个网络的机制。正如人工神经元以生物中的神经元为模型，激活函数也以生物神经元的机制为模型。

在生物世界中，激活函数可以想象为一个过程，它涉及对总的输入信号求和，并确定它是否满足激活阈值。如果满足，神经元传递信号；否则，不执行任何操作。在人工神经网络术语中，这称为**阈值激活函数**（threshold activation function），因为它仅在一个指定的输入阈值达到后才产生一个输出信号。

图 7-3 显示了一个典型的阈值函数。在这种情况下，当输入信号的总和至少为 0 时，神经元才激活。因为它的形状类似于一个台阶，所以有时它也称为**单位跳跃激活函数**（unit step activation function）。

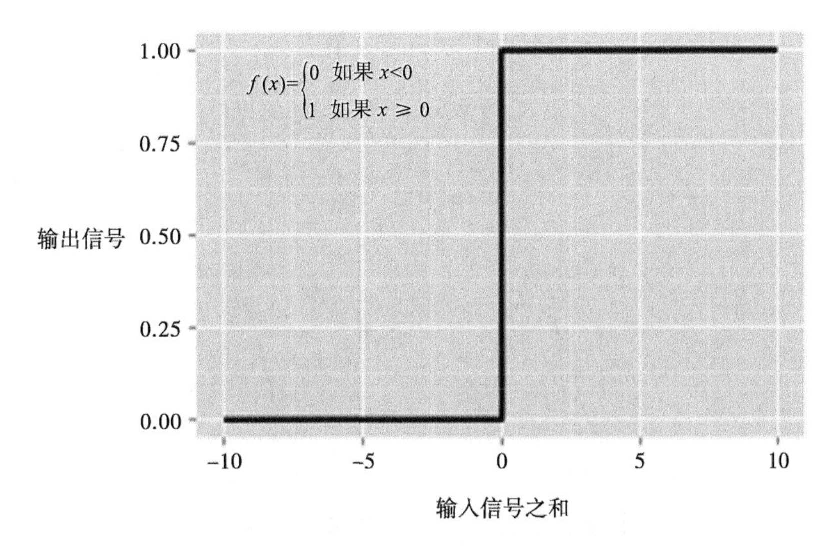

图 7-3　仅在输入信号到达阈值后，阈值激活函数才“打开”

虽然该激活函数因为它与生物学的相似之处很有趣，但是它很少用于人工神经网络中。从生物化学的局限性中解脱出来，根据它们对数学特征的令人满意的解释能力和对数据之间的关系准确建立模型的能力来选择人工神经网络激活函数。

或许最常用的方法是图 7-4 所示的 **S 形激活函数**（sigmoid activation function）（更特别地，**逻辑 S 形**，the logistic sigmoid）。注意，下面公式中的 e 是自然对数的底（约为 2.72）。尽管它与阈值激活函数有类似的步骤或者“S”的形状，但是输出信号不再是二元的，输出值可以落在 0 ~ 1 的任何地方。

此外，该 S 形激活函数是**可微的**，这意味着它很有可能计算出遍及整个输入范围的导数。正如后面将要学习的，该特征对于创建高效的人工神经网络优化算法是至关重要的。

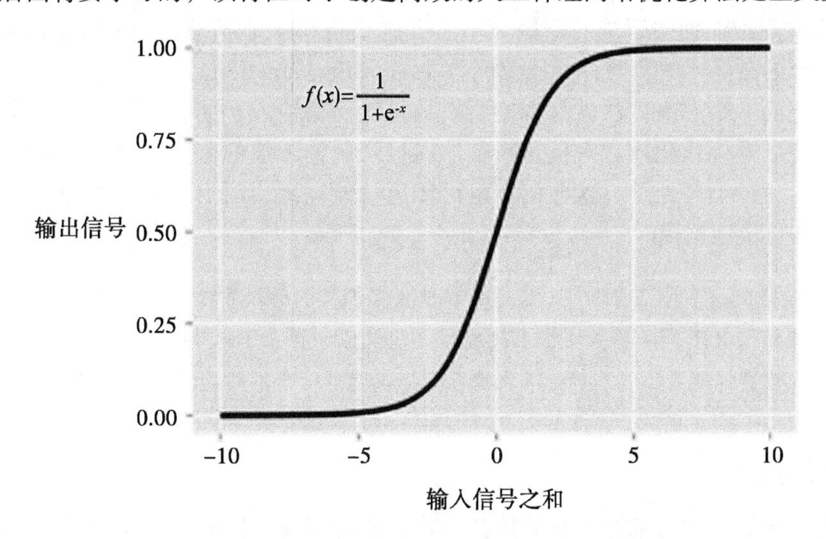

图 7-4　S 形激活函数模仿具有平滑曲线的生物激活函数

虽然该 S 形激活函数也许是最常用的激活函数，并且通常在默认情况下使用，但是有些神经网络允许选择其他的激活函数。这样的激活函数的选择如图 7-5 所示。

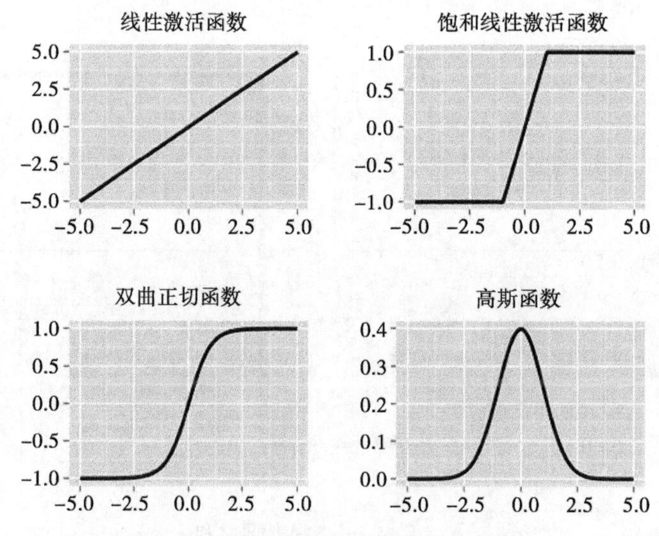

图 7-5 四种常见的神经网络激活函数

区分这些激活函数的主要细节就是输出信号的范围不同。通常情况下，输出信号范围是（0，1）、(–1，+1）或者（– ∞，+ ∞）的一种。激活函数的选择与具体的神经网络有关，允许构建专门的神经网络，使得它可能更适合拟合某些类型的数据。

例如，线性激活函数产生非常类似于线性回归模型的神经网络，而高斯激活函数是**径向基函数**（Radial Basis Function，RBF）网络的基础。这些激活函数中的每一种都具有更适合于特定学习任务的优势。

重要的是要认识到，对于许多激活函数，影响输出信号的输入值范围是相对窄的。例如，在 S 形激活函数情况下，对于一个低于 –5 的输入信号，输出信号非常接近于 0，对于一个超过＋ 5 的输入信号，输出信号非常接近于 1。这种方式的信号压缩会导致一个饱和信号位于剧烈变化的输入的最高端或者最低端，就像把一把吉他的扩音器调到很高以致由于声波峰值的削减而使声音失真。因为本质上这是将输入值压缩到一个较小的输出范围，所以类似 S 形的激活函数有时称为**压缩函数**（squashing function）。

压缩问题的一个解决方法就是变换所有的神经网络输入，使特征值落在 0 附近的小范围内。这可能涉及标准化或者规范化特征。通过限制输入值的范围，激活函数将对整个范围采取行动。另一个好处是，这些模型也可能更快地训练，因为这些算法可以通过输入值的可操作范围更快地迭代。

虽然理论上一个神经网络可以经过多次迭代来调整它的权重以适应非常动态化的特征，但是在极端情况下，许多算法将在此发生之前就已经停止了迭代。如果你的模型无法收敛，请再次检查你是否已经正确标准化输入数据，选择一个不同的激活函数可能也同样合适。

7.1.3 网络拓扑

神经网络的学习能力来源于它的**拓扑**结构，或者相互连接的神经元的模式与结构。虽然有无数的网络结构形式，但是它们可以通过 3 个关键特征来区分：

- 层数。
- 网络中的信息是否允许向后传播。
- 网络的每一层中的节点数。

拓扑结构决定了可以通过网络进行学习的任务的复杂性。一般来说，更大、更复杂的网络能够识别更微妙的模式及更复杂的决策边界。然而，神经网络的效能不仅是一个网络规模的函数，还取决于其构成元素的组织方式。

1. 层的数目

为了定义拓扑，我们需要术语来区分位于网络中不同位置的人工神经元。图 7-6 显示了一个非常简单网络的拓扑结构。称为**输入节点**的一组神经元直接从输入的数据接收未经处理的信号，然后每个输入节点负责处理数据集中一个单一的特征，该特征的值将由相应节点的激活函数进行变换。从输入节点发出的信号由**输出节点**接收，输出节点使用它自己的激活函数来生成最终的预测（这里记为 p）。

输入节点和输出节点放在称为**层**的组中。因为输入节点处理的输入数据与接收的数据完全相同，所以该网络只有一组连接权重（这里标记为 w_1、w_2 和 w_3），因此它称为**单层网络**。单层网络可以用于基本的模式分类，特别是，可用于能够线性分割的模式，但大多数的学习任务需要更复杂的网络。

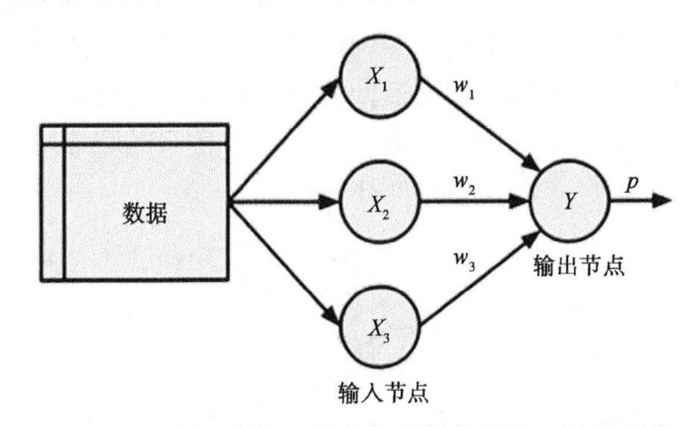

图 7-6　具有三个输入节点的简单单层人工神经网络

正如你所期望的，一种创建更复杂网络的明显方法是通过添加额外的层。就像图 7-7 所描绘的，**多层网络**（multilayer network）添加了一个或者**多个隐藏层**（hidden layer），它们在信号到达输出节点前处理来自输入节点的信号。大多数多层网络是**完全连接**（fully connected）的，这意味着前一层中的每个节点都连接到下一层中的每个节点，但这不是必需的。

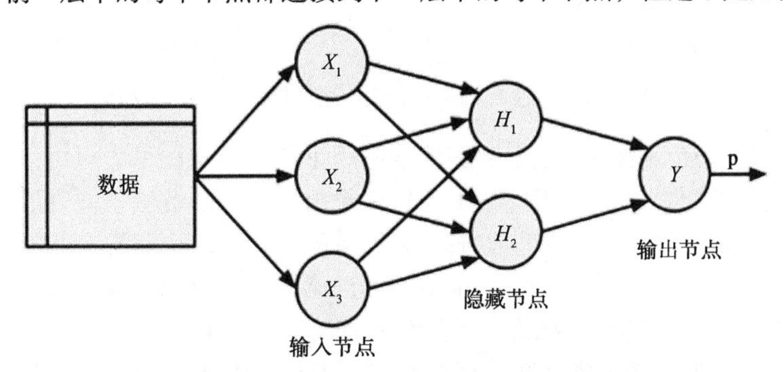

图 7-7　仅有一个两节点隐藏层的多层网络

2. 信息传播的方向

你可能已经注意到，在前面的例子中，箭头用来指示信号只在一个方向上传播。如果网络中的输入信号在一个方向上从输入层到输出层连续传送，那么这样的网络称为**前馈**（feedforward）**网络**。

虽然信息流有限制，但前馈网络提供了巨大的灵活性。例如，层数和每一层的节点数都可以改变，多个结果可以同时进行建模，或者可以应用多个隐藏层，如图 7-8 所示。具有多个隐藏层的神经网络称为**深度神经网络**（deep neural network，DNN），训练这种网络的做法称为**深度学习**。基于大型数据集训练的深度神经网络在图像识别和文本处理等复杂任务上能够表现出类似于人的性能。

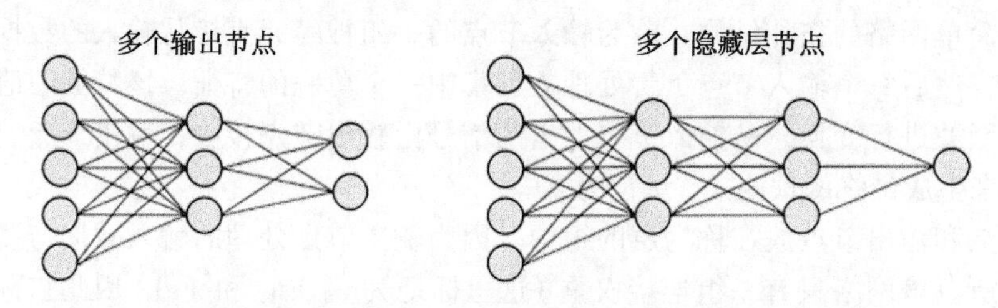

图 7-8　具有多个输出节点或者多个隐藏层的复杂人工神经网络

相比于前馈网络，**递归网络**（或者**反馈网络**，feedback network）允许信号使用环路向后传送。这个性质更贴近地模拟了生物神经网络的工作原理，它使得极其复杂的模式可以被学习。增加一个短期记忆或者**延迟**会给递归网络增加巨大的功效。值得注意的是，这包含了能够理解经过一段时间的事件序列的能力。因此，递归网络可用于股市预测、语言理解和天气预报。一个简单递归网络的描述如图 7-9 所示。

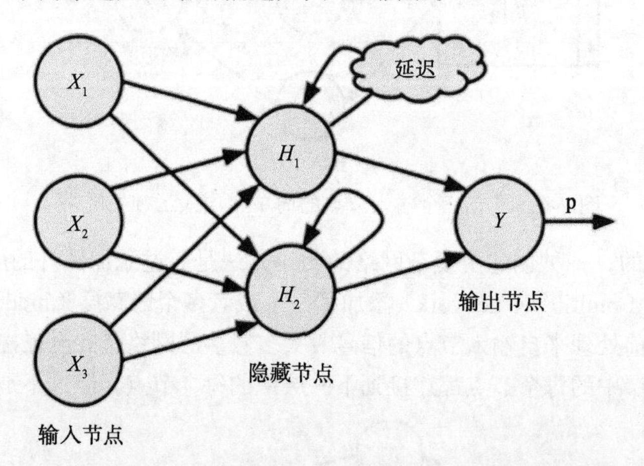

图 7-9　允许信息在网络中向后传播可以模拟时间延迟

深度神经网络和递归网络正越来越多地被使用于各种引人注目的应用，因此变得非常流行。然而，建立这样的网络使用的技术和软件超出了本书的范围，并且通常需要访问专用的计算机硬件或者云服务器。另一方面，更简单的前馈网络也非常有能力对许多实际任务进行建模。实际上，多层前馈网络，也称为**多层感知器**（Multilayer Perceptron，MLP），是人工神经网络拓扑结构的事实标准。如果你对深度学习感兴趣，那么理解 MLP（多层感知器）拓扑结构，将为以后构建更复杂的 DNN（深度神经网络）模型提供强大的理论基础。

3. 每一层的节点数

除了层数和信息传播方向的变化外，神经网络同样可以改变每一层的节点数，从而导致复杂性发生改变。输入节点数由输入数据特征数预先确定。类似地，输出节点数由需要进行建模的结果或者结果中的分类水平数预先确定。然而，隐藏节点的个数留给使用者在训练模型之前确定。

但是，没有可信的规则来确定隐藏层中神经元的个数。合适的数目取决于输入节点的个数、训练数据的数量、噪声数据的数量，以及许多其他因素之间的学习任务的复杂性。

一般情况下，更复杂的网络拓扑结构具有更多数目的网络连接，允许更复杂问题的学习。较多数量的神经元将产生拟合训练数据更严格的模型，但有过度拟合的风险，而且它可能不能充分地推广到未来的数据。此外，大型神经网络计算量也很大，而且训练缓慢。

最好的做法就是基于验证数据集，使用较少的节点产生适用（足够）的性能。在大多数情况下，即使只有少量的隐藏节点（往往少到屈指可数），神经网络也可以提供惊人（巨大）的学习能力。

已经证明，具有至少一个充分多神经元隐藏层的神经网络是一种**通用函数逼近器**（universal function approximator）。这意味着神经网络可以用来以任意精度逼近有界区间上的任意连续函数。

7.1.4　用后向传播训练神经网络

网络拓扑结构是一张白纸，通过它本身并没有学到任何东西。就像一个刚出生的孩子，它必须用经验进行训练。当神经网络处理输入数据时，神经元之间的连接被加强或者减弱，类似于一个婴儿在体验外界环境时，他大脑的发育过程。网络的连接权重被调整以反映观察到的随时间变化的模式。

通过调整连接权重训练神经网络模型的计算量非常大。因此，尽管人工神经网络之前已经被研究了几十年，但是很少将它们应用到现实世界的学习任务中，直到 20 世纪 80 年代中后期，一种有效的训练人工神经网络的方法被发现。该算法使用了一种后向传播误差的策略，简称为**后向传播**（backpropagation）。

巧合的是，几个研究团队大约在同一时间相互独立地发现并发表了后向传播算法。其中，最经常被引用的文献是 *Learning representations by back-propagating errors*, *Rumelhart, DE, Hinton, GE, Williams, RJ, Nature, 1986, Vol. 323, pp. 533-566*。

虽然相对于许多其他的机器学习算法，后向传播算法在计算上仍有些昂贵，但是该方法使得人们对于人工神经网络的兴趣再度升起。所以，现在使用后向传播算法的多层前馈网络在数据挖掘领域是常见的。这类模型具有如表 7-1 所示的优点和缺点。

表 7-1　后向传播算法的优缺点

优　点	缺　点
❑ 适用于分类和数值预测问题 ❑ 相比于几乎任何的算法，能够模拟更复杂的模式 ❑ 对数据的基本关系几乎不需要做出假设	❑ 计算量极大，训练缓慢，特别是在网络拓扑结构复杂的情况下 ❑ 很容易过度拟合训练数据 ❑ 尽管不是不可能，但复杂黑箱模型的结果却是很难解释的

在其最一般的形式中，后向传播算法通过两个过程的多次循环进行迭代。每一次循环称为一个**时段**（epoch）。因为网络不包含先验的（*a priori*，已有的）知识，所以初始的权重通常随机设定。然后，算法通过过程进行迭代，直到达到一个停止准则。后向传播算法中的每一个时段包括：

- 在**前向阶段**（forward phase）中，神经元在从输入层到输出层的序列中被激活，沿途应用每一个神经元的权重和激活函数，一旦到达最后一层，就产生一个输出信号。
- 在**后向阶段**（backward phase）中，由前向阶段产生的网络输出信号与训练数据中的真实目标值进行比较，网络的输出信号与真实目标值之间的差异产生的误差在网络中向后传播，从而来修正神经元之间的连接权重，并减小将来产生的误差。

随着时间的推移，算法使用向后发送的信息来减小网络的总误差。然而，还有一个问题：因为每个神经元的输入和输出之间的关系很复杂，所以该算法如何确定一个权重需要改变多少呢？回答这个问题涉及一个称为**梯度下降法**（gradient descent）的技术。从概念上讲，它的运作方式类似于一个被困于丛林中的探险者如何找到一条通向水源的路线。通过研究地形，在具有最大下向斜坡的方向上不断地行走，探险者最终将到达最低谷，而这很可能是一条河床。

在类似的过程中，后向传播算法利用每一个神经元的激活函数的导数来确定每一个输入权重方向上的梯度—因此，有一个可微的激活函数很重要，梯度将因为权重的改变而表明误差是如何急剧减小或者增大的。该算法将试图通过一个称为**学习率**（learning rate）的量来改变权重以使得误差最大化地减小。学习率越大，算法试图降下的梯度就越快，这可以减少训练冒着风险越过山谷的时间，如图 7-10 所示。

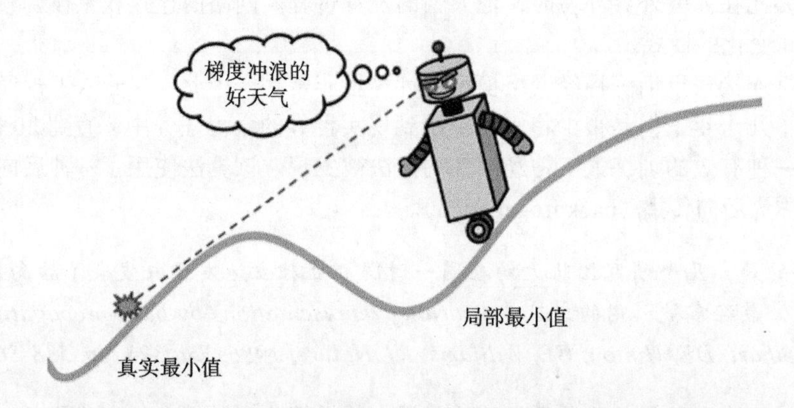

图 7-10　梯度下降算法寻找最小误差但也可能找到局部最小误差

虽然这个过程看起来很复杂，但在实践中很容易应用。让我们把对于多层前馈网络的理解应用到现实世界的问题中。

7.2　例子——用人工神经网络对混凝土的强度进行建模

在工程领域中，对建筑材料的性能有准确的估计是至关重要的。这些估计是必需的，以便制定安全准则来管理用于楼宇、桥梁和道路建设中的材料。

估计混凝土的强度是一个特别有趣的挑战。尽管混凝土几乎要用于每一个建设项目，但由于它的各种成分以复杂的方式相互作用，所以它的性能变化很大。因此，很难准确地预测最终产品的强度。给定一份输入材料成分清单，能够可靠地预测混凝土强度的模型可以带来更安全的建设行为。

7.2.1　第 1 步——收集数据

为了便于分析，使用由 I-Cheng Yeh 捐赠给 UCI 机器学习仓库（UCI Machine Learning Repository）（`http://archive.ics.uci.edu/ml`）的关于混凝土抗压强度的数据。因为 Yeh 发现用神经网络对这些数据进行建模是成功的，所以我们将尝试使用 R 中一个简单的神经网络模型来重复他的工作。

关于 Yeh 处理学习任务的更多信息，请参考 *Modeling of Strength of High-Performance Concrete Using Artificial Neural Networks. Yeh, IC, Cement and Concrete Research, 1998, Vol. 28, pp. 1797-1808*。

根据该网站，该数据集包含了 1 030 个混凝土样本，8 个描述混合物成分的特征。这些特征被认为与最终的抗压强度相关，并且包含了产品中使用的水泥（cement）、矿渣（slag）、灰（ash）、水（water）、超塑化剂（superplasticizer）、粗集料（coarse aggregate）和细集料（fine aggregate）的量（单位为 kg/m^3），还包括老化时间（aging time，单位为天）。

要理解这个例子，需要下载 `concrete.csv` 文件，并将该文件保存到 R 的工作目录中。

7.2.2　第 2 步——探索和准备数据

通常，我们通过使用 `read.csv()` 函数将数据载入一个 R 对象中，并确认其符合预期的结构后，开始我们的分析：

```
> concrete <- read.csv("concrete.csv")
> str(concrete)
'data.frame':    1030 obs. of  9 variables:
 $ cement      : num  141 169 250 266 155 ...
 $ slag        : num  212 42.2 0 114 183.4 ...
 $ ash         : num  0 124.3 95.7 0 0 ...
 $ water       : num  204 158 187 228 193 ...
 $ superplastic: num  0 10.8 5.5 0 9.1 0 0 6.4 0 9 ...
 $ coarseagg   : num  972 1081 957 932 1047 ...
 $ fineagg     : num  748 796 861 670 697 ...
 $ age         : int  28 14 28 28 28 90 7 56 28 28 ...
 $ strength    : num  29.9 23.5 29.2 45.9 18.3 ...
```

虽然已经产生一个很明显的问题，但是数据框中的 9 个变量对应于数据集中的 8 个特征和 1 个结果。神经网络的运行最好是将输入数据缩放到 0 附近的狭窄范围内，但是这里我们所看到的数值范围是从 0 到 1 000 多。

通常，解决这个问题的方法是用规范化或者标准化函数来重新调整数据。如果数据服从一个钟形曲线（如第2章描述的正态分布），那么使用R内置的scale()函数才可能是有意义的。另一方面，如果数据服从均匀分布或者严重非正态，那么将其规范化到一个0 ~ 1范围可能会更合适。在这种情况下，我们将使用后者。

在第3章中，我们自定义的normalize()函数为：

```
> normalize <- function(x) {
    return((x - min(x)) / (max(x) - min(x)))
  }
```

执行此代码后，使用lapply()函数，normalize()函数就可以应用于混凝土数据框的每一列，如下所示：

```
> concrete_norm <- as.data.frame(lapply(concrete, normalize))
```

为了确认规范化确实运行了，我们看到最小强度和最大强度现在分别为0和1：

```
> summary(concrete_norm$strength)
    Min. 1st Qu.  Median    Mean 3rd Qu.    Max.
  0.0000  0.2664  0.4001  0.4172  0.5457  1.0000
```

作为对比，原始的最小值和最大值分别为2.33和82.60：

```
> summary(concrete$strength)
    Min. 1st Qu.  Median    Mean 3rd Qu.    Max.
    2.33   23.71   34.44   35.82   46.14   82.60
```

训练模型之前应用于数据的任何变换，训练之后都需要应用逆变换，以便将数据转换回原始的测量单位。为了便于重新调整，保存原始数据或者至少保存原始数据的主要统计量是明智的。

按照Yeh原始文献中的示例，将数据的75%用作训练集，25%用作测试集。使用的CSV文件已经以随机顺序排列，所以我们只需要将其分成两部分：

```
> concrete_train <- concrete_norm[1:773, ]
> concrete_test <- concrete_norm[774:1030, ]
```

我们将使用训练数据集来创建神经网络，使用测试数据集来评估将模型推广到未来的结果有多好。因为很容易过度拟合神经网络，所以这个步骤非常重要。

7.2.3　第3步——基于数据训练模型

为了对混凝土中使用的原料和最终产品的强度之间的关系建立模型，我们将使用一个多层前馈神经网络。由Stefan Fritsch和Frauke Guenther创建的neuralnet添加包提供了一个标准且易于使用的网络实现，而且该添加包还提供了一个函数用来绘制网络拓扑结构。由于这些原因，neuralnet添加包的实现对于学习更多关于神经网络的知识是一个明智的选择。不过，这并不是说不能用它来很好地完成实际工作——很快你就会看到，这是一个相当强大的工具。

R中还有一些其他常用的添加包来训练人工神经网络模型，每个添加包都有其独特的优势和劣势。因为nnet添加包的安装是作为标准R安装的一部分，所以它可能

是最常用来实现人工神经网络的添加包。它使用一种比标准的后向传播算法略微复杂的算法。另一个选择是 RSNNS 添加包，它提供了一套完整的神经网络功能，其不利的一面就是学习起来更难。

因为 neuralnet 添加包没有包含在基本 R 中，所以需要通过命令 install.packages("neuralnet") 来安装，并使用 library(neuralnet) 命令将其载入 R 中。使用表 7-2 中的语法，所包含的 neuralnet() 函数就可以用来训练用于数值预测的神经网络。

表 7-2　神经网络语法

神经网络语法
应用 neuralnet 添加包中的 neuralnet() 函数
建立模型： m <- neuralnet(target ~ predictors, data = mydata, hidden = 1) ● target：是数据框 mydata 中需要建模的输出变量 ● predictors：是给出数据框 mydata 中用于预测的特征的一个 R 公式 ● data：给出包含变量 target 和 predictors 的数据框 ● hidden：给出隐藏层中神经元的数目（默认为 1） **进行预测：** p <- compute(m, test) ● m：函数 neuralnet() 所训练的模型 ● test：包含测试数据的数据框，它具有和用于训练模型的训练数据相同的特征 该函数返回一个两元素的列表：$neurons，用于保存神经网络每一层的神经元；$net.result，用于保存模型的预测值。 **例子：** concrete_model<-neuralnet(strength ~ cement + slag + ash, data=concrete) model_results <- compute(concrete_model,concrete_data) strength_predictions <- model_results$net.result

我们将从只使用一个单一隐藏节点的默认设置训练最简单的多层前馈网络开始：

```
> concrete_model <- neuralnet(strength ~ cement + slag
  + ash + water + superplastic + coarseagg + fineagg + age,
  data = concrete_train)
```

然后，基于所获得的模型对象使用 plot() 函数将网络拓扑结构可视化，如图 7-11 所示：

```
> plot(concrete_model)
```

在这个简单的模型中，对于 8 个特征中的每一个特征都有一个输入节点，后面跟着一个单一的隐藏节点和一个单一的预测混凝土强度的输出节点。每个连接的权重也都被描绘出来，**偏差项**也被描绘出来，通过带有数字 1 的节点表示。偏差项为数字常量，允许位于所示节点上的值向上或者向下移动，很像一个线性方程的截距。

具有单个隐藏节点的神经网络与第 6 章学习的线性回归模型类似，每个输入节点与隐藏节点之间的权重类似于 β 系数，而偏差项的权重类似于截距。

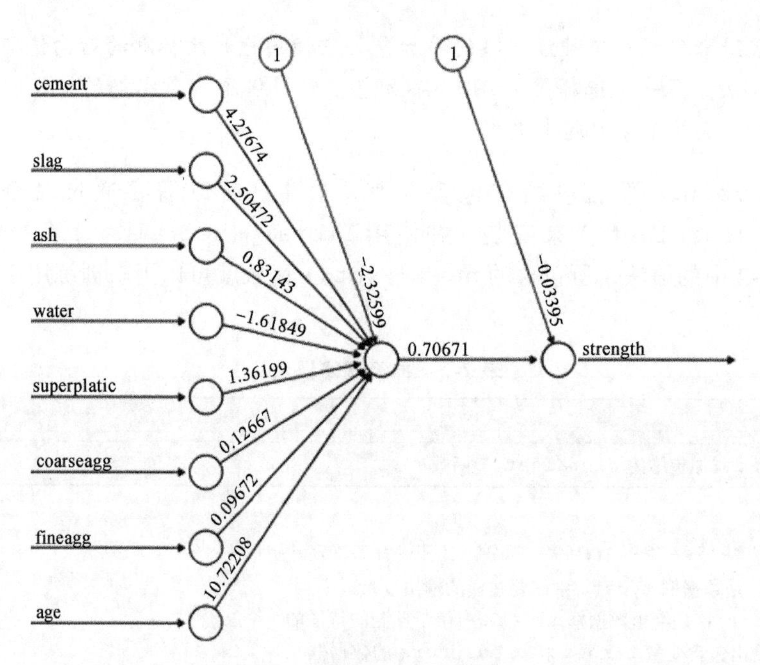

图 7-11 简单的多层前馈网络拓扑结构可视化

在图 7-11 的底部，R 报告了训练的步数和一个称为**误差平方和**（sum of squared error, SSE）的误差度量，这可能正是你所期望的，它是预测值与实际值之差的平方的总和。SSE 越低，该模型就越符合训练数据，这告诉我们基于训练数据的模型性能，但几乎没有告诉我们对于未知数据，它将如何执行。

7.2.4 第 4 步——评估模型的性能

网络拓扑结构图让我们窥视了人工神经网络的黑箱，但是它并没有提供更多关于模型拟合未来数据好坏的信息。为了生成关于测试数据集的预测值，我们可以使用 `compute()` 函数。如下所示：

```
> model_results <- compute(concrete_model, concrete_test[1:8])
```

`compute()` 函数的运行原理与我们已经使用至今的 `predict()` 函数有些不同。它返回一个带有两个分量的列表：`$neurons`，用来存储网络中每一层的神经元；`$net.result`，用来存储预测值。我们想要的是后者：

```
> predicted_strength <- model_results$net.result
```

因为这是数值预测问题而不是分类问题，所以不能用混淆矩阵来检查模型的准确性。相反，我们将度量我们预测的混凝土强度与其真实值之间的相关性，如果预测值和真实值高度相关，那么该模型很可能是衡量混凝土强度的有效标准。

我们知道，`cor()` 函数可用于获取两个数值向量之间的相关性：

```
> cor(predicted_strength, concrete_test$strength)
             [,1]
[1,] 0.8064655576
```

如果你的结果不同，请不要惊慌。因为神经网络开始于随机的权重，所以模型之间的预测值可以有所不同。如果你想完全匹配这些结果，请在建立神经网络前尝试使用 set.seed(12345)。

相关性接近 1 表示两个变量之间具有很强的线性关系。因此，这里大约为 0.806 的相关性表示两个变量具有相当强的线性关系。这意味着即使只有一个单一的隐藏节点，我们的模型也做了相当不错的工作。

考虑到只使用了一个隐藏节点，因此我们模型的性能很有可能可以提高。让我们试着建立一个更好的模型。

7.2.5　第 5 步——提高模型的性能

因为具有更复杂拓扑结构的网络能够学习更难的概念，所以让我们看看，当隐藏节点的个数增加到 5 时，会发生什么。与之前一样使用 neuralnet() 函数，但增加参数 hidden = 5：

```
> concrete_model2 <- neuralnet(strength ~ cement + slag +
                               ash + water + superplastic +
                               coarseagg + fineagg + age,
                               data = concrete_train, hidden = 5)
```

再次绘制网络图，如图 7-12 所示，可以看到连接数急剧增加。这会如何影响模型的性能？

```
> plot(concrete_model2)
```

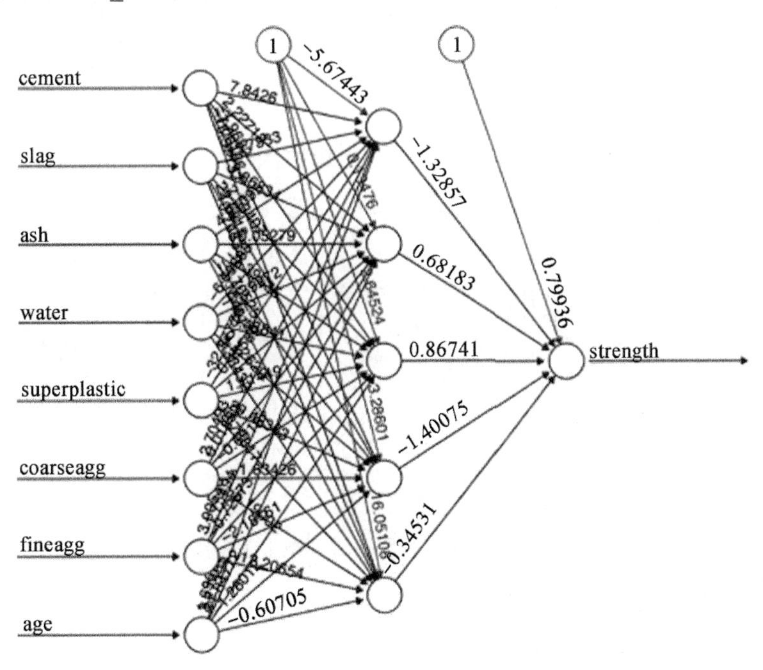

图 7-12　更多数量隐藏节点拓扑结构的可视化

注意，所报告的误差（依然是通过 SSE 度量）已经从之前模型的 5.08 减少为这里的

1.63。此外，训练的步数从 4882 步上升为 86 849 步，考虑到现在的模型已经变得多复杂，这也就不足为奇了。越复杂的网络需要越多的迭代来找到最优的权重。

采用相同的步骤对预测值和真实值进行比较，现在我们获取的相关系数大约为 0.92，与之前具有单个隐藏节点的结果 0.80 相比，这是一个相当大的改进。

```
> model_results2 <- compute(concrete_model2, concrete_test[1:8])
> predicted_strength2 <- model_results2$net.result
> cor(predicted_strength2, concrete_test$strength)
             [,1]
[1,] 0.9244533426
```

尽管有了这些实质性的改进，但我们仍然可以做更多尝试来提高模型的性能，特别是，我们能够添加其他隐藏层，并改变网络的激活函数。在进行这些更改时，我们创建了非常简单的深度神经网络的基础。

对于深度学习，激活函数的选择通常是非常重要的，对于特定的学习任务，通常通过实验确定最佳函数，然后在机器学习研究社区中更广泛地共享该函数。

近来，被称为**整流器**（rectifier）的激活函数由于其在图像识别等复杂任务上的成功而变得非常流行。在神经网络中使用**整流器**激活函数的节点被称为**修正线性单元**（Rectified Linear Unit，ReLU）。如图 7-13 所示，整流器激活函数定义为：如果 x 大于等于 0，则返回 x；否则，返回 0。该函数之所以重要，是因为它是非线性的，但是具有简单的数学性质，使得它在计算上成本低，而且对于梯度下降非常有效。不幸的是，它在 $x=0$ 处的导数未定义，因此不能与 neuralnet() 函数一起使用。

取而代之，我们可以使用 ReLU 的平滑近似，被称为 softplus 或者 SmoothReLU，这是一个定义为 $\log(1+e^x)$ 的激活函数。如图 7-13 所示，对于 $x<0$，softplus 函数接近于 0；对于 $x>0$，softplus 函数近似于 x。

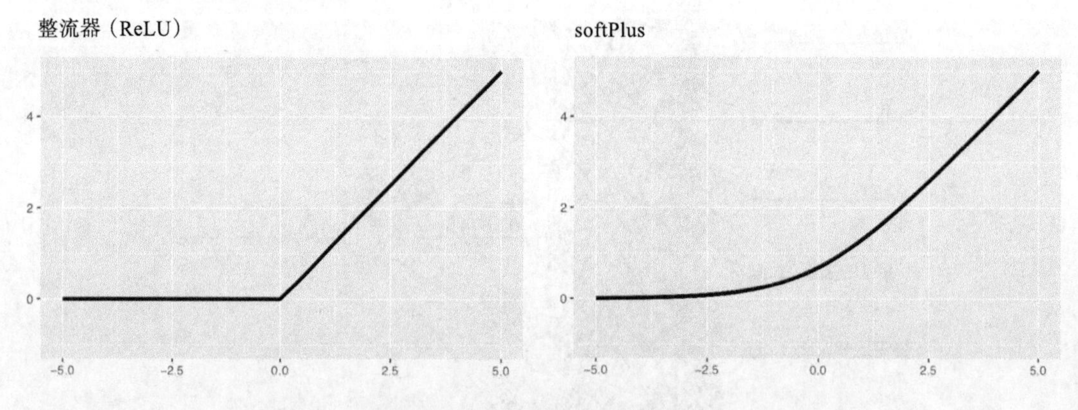

图 7-13　softplus 激活函数平滑可微，近似于 ReLU

要在 R 中定义 softplus() 函数，可使用如下代码：

```
> softplus <- function(x) { log(1 + exp(x)) }
```

使用 act.fct 参数，可将该激活函数用于 neuralnet() 函数，此外，我们将通过将整型向量 c(5, 5) 应用于 hidden 参数来添加第二个隐藏层，这将创建一个两层网络，每一层都有五个节点，全部使用 softplus 激活函数。

```
> set.seed(12345)
> concrete_model3 <- neuralnet(strength ~ cement + slag +
                               ash + water + superplastic +
                               coarseagg + fineagg + age,
                               data = concrete_train,
                               hidden = c(5, 5),
                               act.fct = softplus)
```

与之前一样，可以将网络可视化，结果如图 7-14 所示：

```
> plot(concrete_model3)
```

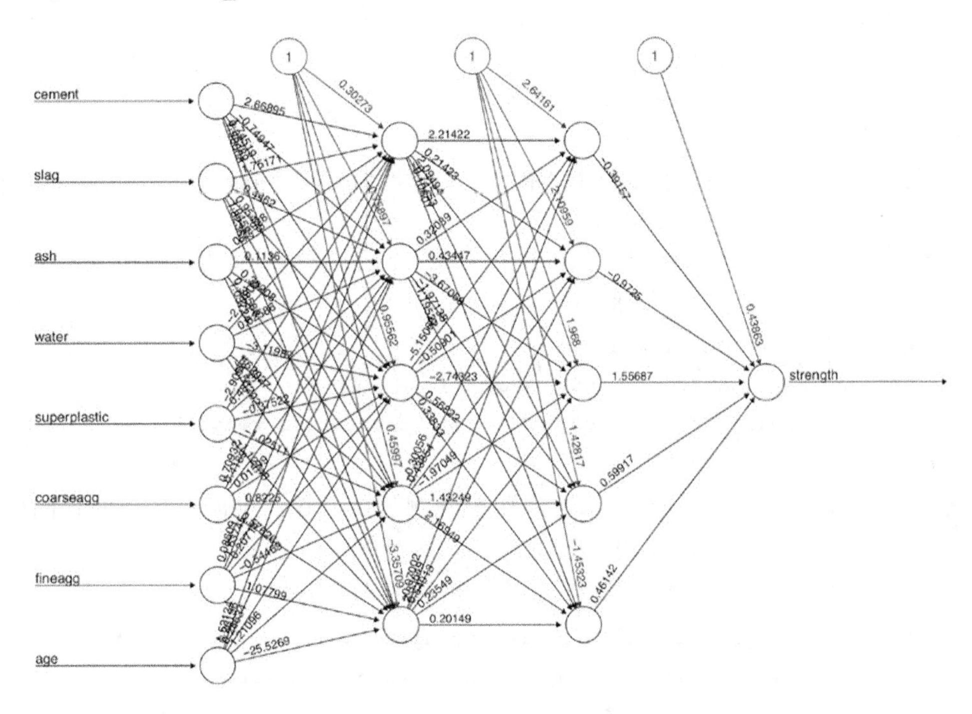

图 7-14　使用 softplus 激活函数，具有两层隐藏节点的网络可视化

并且可以计算出混凝土强度预测值和实际值之间的相关性：

```
> model_results3 <- compute(concrete_model3, concrete_test[1:8])
> predicted_strength3 <- model_results3$net.result
> cor(predicted_strength3, concrete_test$strength)
             [,1]
[1,] 0.9348395359
```

预测强度和实际强度之间的相关性为 0.935，这是我们迄今为止最好的表现。有趣的是，在原始的文章中，Yeh 报告的平均相关性为 0.855。这意味着我们用了相对较少的努力，却能够匹敌甚至超越学科专家的模型性能。当然，Yeh 的结果发表于 1998 年，使得我们受益于 20 多年的额外神经网络研究！

要注意的是，我们在训练模型之前已经对数据进行了规范化，因此预测值的规范范围也是从 0 到 1。例如，下面的代码显示了一个数据框，将原始数据集的混凝土强度值与其对应的预测值进行了比较：

```
> strengths <- data.frame(
    actual = concrete$strength[774:1030],
    pred = predicted_strength3
  )
> head(strengths, n = 3)
    actual          pred
774  30.14 0.2860639091
775  44.40 0.4777304648
776  24.50 0.2840964250
```

检验相关性，我们看到选择规范化或者非规范化的数据不会影响计算的性能统计量——0.935 的相关性与之前完全相同：

```
> cor(strengths$pred, strengths$actual)
[1] 0.9348395359
```

然而，如果我们要计算不同的性能指标，例如预测值与实际值的绝对差，那么比例尺的选择很重要。

考虑到这一点，我们可以创建一个 unnormalize() 函数，即 min-max 规范化的逆过程，并允许我们将规范化的预测值转换为原始比例的值：

```
> unnormalize <- function(x) {
    return((x * (max(concrete$strength)) -
            min(concrete$strength)) + min(concrete$strength))
  }
```

将自定义的 unnormalize() 函数应用于预测值后，我们可以看到新的预测值与原始混凝土强度值具有相似的尺度，这使我们能够计算出有意义的绝对误差值。此外，unnormalize 后的强度值与原始强度值之间的相关性保持不变。

```
> strengths$pred_new <- unnormalize(strengths$pred)
> strengths$error <- strengths$pred_new - strengths$actual

> head(strengths, n = 3)
    actual          pred    pred_new         error
774  30.14 0.2860639091 23.62887889 -6.511121108
775  44.40 0.4777304648 39.46053639 -4.939463608
776  24.50 0.2840964250 23.46636470 -1.033635298

> cor(strengths$pred_new, strengths$actual)
[1] 0.9348395359
```

当你将神经网络应用于自己的项目时，你需要执行一系列类似的步骤，以将数据恢复为原始的尺度。

你可能还会发现，神经网络在应用于更具挑战性的学习任务时会迅速变得更复杂。例如，当你遇到所谓的**梯度消失问题**或者紧密相关的**梯度爆炸问题**时，反向传播算法由于无法在合理的时间内收敛而无法找到一个有效的解决方案。作为这些问题的一种补救，可以尝试更改隐藏节点的数量，应用不同的激活函数，例如 ReLU、调整学习率等，?neuralnet 帮助页面提供了更多关于可调整的各种参数的信息。然而，这带来了另外一个问题，测试大量的参数成为构建强大性能模型的瓶颈。这是人工神经网络（ANN）的权衡，更是深度神经网络（DNN）的权衡：发挥它们巨大的潜能需要投入大量的时间和计算能力。

就像生活中更普遍的情况一样，在机器学习中交易时间和金钱是可能的。使用诸如 Amazon Web Services (AWS) 和 Microsoft Azure 之类的付费云计算资源，可以建立更复杂的模型或者更快地测试许多模型。关于该主题的更多信息，请参见第 12 章。

7.3　理解支持向量机

支持向量机（Support Vector Machine，SVM）可以想象成一个平面，该平面创建了数据点之间的边界，而这些数据点绘制在代表样本及其特征值的一个多维空间中。支持向量机的目标是创建一个平面边界，称为**超平面**（hyperplane），它将空间划分以创建任何一边都相当均匀的分区。通过这种方式，支持向量机学习结合了第 3 章呈现的基于实例的近邻学习和第 6 章描述的线性回归建模两个方面，这种结合是极其强大的，允许支持向量机对非常复杂的关系进行建模。

虽然推动支持向量机的数学基础存在了几十年，但是在机器学习社区采用它们之后，大家对它们的兴趣大大增加了。在关于学习困难问题备受瞩目的成功报道，以及屡获殊荣的支持向量机算法的开发之后，它们的知名度迅速飙升，该算法在跨多种编程语言（包括 R）的良好支持库中得到实现。因此，支持向量机已被广泛的用户所采用，而这些用户可能无法应用实现支持向量机所需要的某种复杂的数学。然而，好消息是，尽管数学可能很难，但是基本概念是可以理解的。

支持向量机几乎可以适用于所有的学习任务，包括分类和数值预测。许多算法成功的关键都是来自模式识别。著名的应用包括：

- 在生物信息学领域中，识别癌症或者其他遗传疾病的微阵列基因表达数据的分类。
- 文本分类，比如鉴定文档中使用的语言或者根据主题分类文档。
- 罕见却重要的事件检测，如内燃机故障、安全漏洞或者地震等。

当支持向量机用于二元分类时，它最容易理解，这就是该方法已经被习惯应用的原因。因此，在剩下的部分，我们将只专注于支持向量机分类器。当支持向量机用于数值预测时，与这里介绍的原理相似，同样适用。

7.3.1　用超平面分类

正如前面所指出的，支持向量机使用一种称为超平面的边界将数据划分成具有相似值的组。例如，图 7-15 描绘了超平面，它在二维空间和三维空间中将数据分成了圆形组和正方形组。由于圆形和正方形可以由一条直线或者一个平面进行完全划分，所以它们是**线性可分的**（linearly separable）。起初，我们只考虑简单的情况。在简单的情况下，这是正确的，但支持向量机同样可以扩展到数据点不是线性可分的问题。

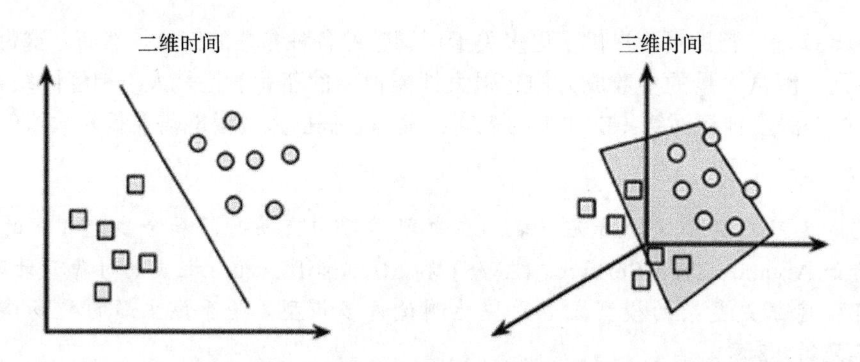

图 7-15　正方形和圆形在二维空间和三维空间上都是线性可分的

为方便起见，在二维空间中，超平面通常被描绘成一条线，但这仅仅是因为在大于二维的空间中，这很难说明。在现实中，超平面在高维空间中是一个平面——一个可能很难让你理解的概念。

在二维中，支持向量机算法的任务就是确定一条用于分隔两个类别的线。如图 7-16 所示，圆形组和正方形组之间的分隔线不止一种选择，有标记为 a、b 和 c 的三种选择。那么支持向量机算法该怎样选择呢？

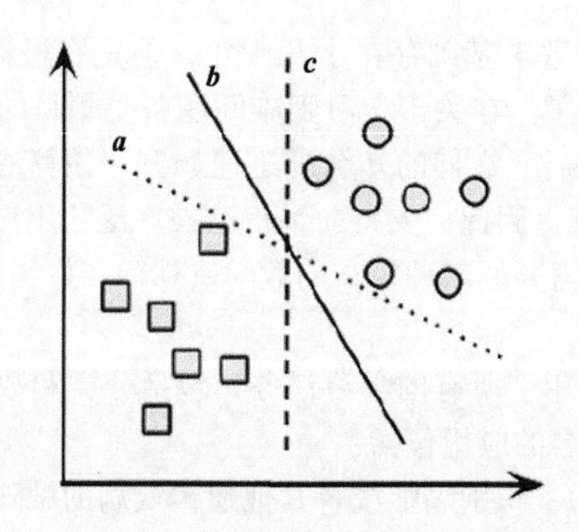

图 7-16　划分正方形和圆形许多潜在直线中的三条直线

回答上面的问题涉及寻找创建两个类之间最大间隔的**最大间隔超平面**（Maximum Margin Hyperplane，MMH）。尽管分隔圆形和正方形的三条线中的任意一条都将对所有的数据点进行正确分类，但只有产生最大间隔的那条线才能最好地推广到未来数据。最大间隔能够提高这样的概率，即使随机噪声增加，每个类别都将保留在边界的自己一侧。

支持向量（如图 7-17 中的箭头所示）是每个类中最接近最大间隔超平面的点，每类必须至少有一个支持向量，但也可能有多个。仅支持向量就定义了最大间隔超平面，这是支持向量机的一个重要特征。支持向量机提供了一种非常紧凑的方式来存储分类模型，即使特征的个数非常多。

用来确定支持向量的算法依赖于向量几何，涉及本书范围之外的一些相当复杂的数学问题。然而，这个过程的基本原理是相当简单的。

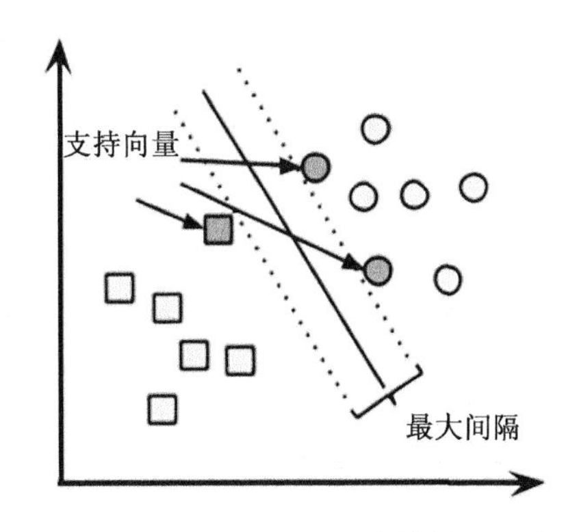

图 7-17　最大间隔超平面由支持向量定义

关于支持向量机的更多数学论述可以在下面这篇经典论文中找到 Support-Vector Networks, Cortes, C and Vapnik, V, Machine Learning, 1995, Vol. 20, pp. 273-297。初学者水平的探讨可参见 Support Vector Machines: Hype or Hallelujah?, Bennett, KP and Campbell, C, SIGKDD Explorations, 2000, Vol. 2, pp. 1-13。更深入的内容可参见 Support Vector Machines, Steinwart, I and Christmann, A, New York: Springer, 2008。

1. 线性可分的数据情况

在类是线性可分的假设下，找到最大间隔是最容易的。在这种情况下，最大间隔超平面要尽可能地远离两组数据点的外边界，这些外边界称为**凸包**（convex hull）。然后，最大间隔超平面就是两个凸包之间最短距离直线的垂直平分线，如图 7-18 所示。使用一种称为**二次优化**（quadratic optimization）的技术，复杂的计算机算法就能够通过这种方式求出最大间隔。

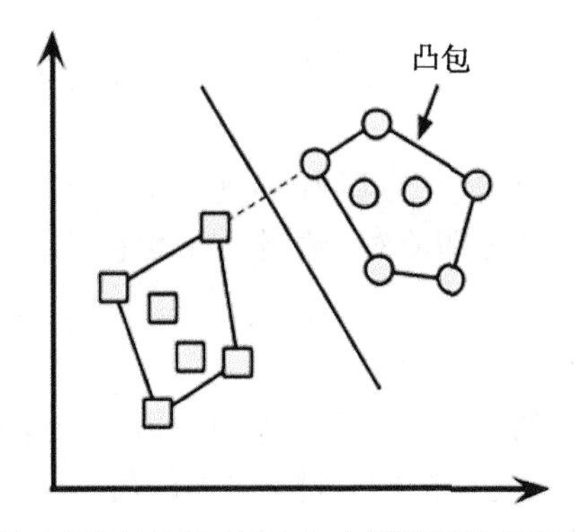

图 7-18　最大间隔超平面是凸包之间最短路径的垂直平分线

另一种等价的替代方法涉及通过每一个可能的超平面的空间搜索，从而找到一组将数据划分成同类组的两个平行平面，但这两个平面本身要尽可能地远离。用一个比喻，你可以想象这个过程类似于试图找到能够从楼梯间搬到卧室的最厚床垫。

要理解这个搜索过程，需要通过一个超平面来确切定义上面所叙述的过程。在 n 维空间中，使用下面的方程：

$$\vec{w} \cdot \vec{x} + b = 0$$

如果你对这种表示法不熟悉，那么你需要知道字母上方的箭头表明它们是向量而不是标量。特别地，w 是一个 n 维的权重向量，即 $\{w_1, w_2, \cdots, w_n\}$，而 b 为偏差的单一的数值。偏差在概念上等同于第 6 章中所讨论的斜截式的截距项。

如果你难以在多维空间中想象平面，那么不必担心这些细节，可以简单地认为这个方程是定义平面的一种方式，与用于定义二维空间中的斜截式（$y = mx+b$）直线一样。

利用这个公式，该过程的目标就是求出一组指定两个超平面的权重，如下所示：

$$\vec{w} \cdot \vec{x} + b \geqslant +1$$

$$\vec{w} \cdot \vec{x} + b \leqslant -1$$

同样，我们将要求这两个指定的超平面使得第一类中所有的点落在第一个超平面的上方，另一类中所有的点落在第二个超平面的下方。只要数据是可分的，这样做就是可能的。

向量几何定义这两个平面之间的距离为：

$$\frac{2}{\|\vec{w}\|}$$

这里，$\|\boldsymbol{w}\|$ 表示**欧几里得范数**（从原点到向量 $\boldsymbol{w}$ 的距离），因为 $\|\boldsymbol{w}\|$ 是分母，所以为了最大化距离，我们需要最小化 $\|\boldsymbol{w}\|$。这类任务通常重新表述为一组约束，如下所示：

$$\min \frac{1}{2}\|\vec{w}\|^2$$

$$\text{使得 } y_i(\vec{w} \cdot \vec{x}_i - b) \geqslant 1, \forall \vec{x}_i$$

尽管这看起来难以处理，但真的没有复杂到从概念上无法理解。基本上，第一行意味着我们需要最小化欧几里得范数（先平方再除以 2 以便于计算），第二行指出这是使得每一个数据点 y_i 正确分类的条件。注意，y 表示分类值（变换为 +1，或 –1），此外，"∀" 表示"所有的"。

与用其他方法求最大间隔一样，该问题的求解方法是留给二次优化软件的最优任务。尽管它占用大量的处理时间，但是即使对于相当大的数据集，专用的算法也能够很快解决这些问题。

2. 非线性可分的数据情况

在研究了支持向量机背后的理论后，你可能想知道关于房间里的大象：如果数据不是线性可分的，那么会发生什么？这个问题的解决方案使用了一个**松弛变量**（slack variable），这样就创建了一个软间隔，允许一些点落在边界的不正确的一边。图 7-19 显示两个点落在了与松弛项（用希腊字母 ξ_i 表示）相对应的线的错误一边。

用成本值（记为 C）表示所有违反约束的点，而且该算法试图使总成本最小，而不是寻找最大间隔。因此，可以修正优化问题：

$$\min \frac{1}{2}\|\vec{w}\|^2 + C\sum_{i=1}^{n}\xi_i$$

$$\text{使得 } y_i(\vec{w} \cdot \vec{x}_i - b) \geqslant 1 - \xi_i, \forall \vec{x}_i, \xi_i \geqslant 0$$

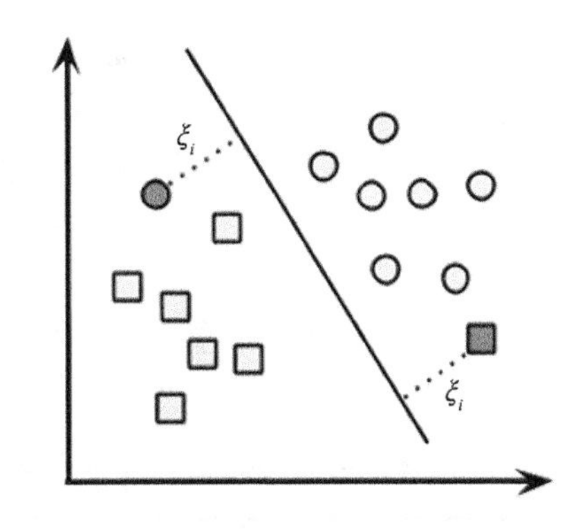

图 7-19 落在边界错误一侧的点将产生成本惩罚

如果你现在感到困惑，请不用担心，你并不孤单（很多人都对此感到困惑）。幸运的是，支持向量机软件包将会愉快地为你解决优化问题，而你无须理解技术细节。需要理解的重要一点是增加的成本参数 C，修改这个值将调整对于落在超平面错误一边的点的惩罚。成本参数越大，努力实现 100% 分离的优化就会越困难。另一方面，较小的成本参数将把重点放在广泛的整体边缘。为了创建可以很好概括未来数据的模型，在这两者之间取得平衡是非常重要的。

7.3.2 对非线性空间使用核函数

在许多现实世界的数据集中，变量之间的关系是非线性的。正如我们刚刚所发现的，基于这样的数据，支持向量机通过添加一个松弛变量后仍然可以被训练，这允许一些样本被错误地分类。然而，这并不是处理非线性问题的唯一方式。支持向量机的一个关键特征就是能够使用一种称为**核技巧**（kernel trick）的处理方式将问题映射到一个更高维的空间中。如果这样做，非线性关系可能会突然看起来是完全线性的。

虽然这似乎是没有意义的，但通过示例，其实很容易说明。在图 7-20 中，左图描绘了一个天气类（晴天或者雪天）与两个特征（纬度和经度）之间的非线性关系。该图中心的点是下雪天这一个类的成员，而边缘的点全都是晴天。这样的数据可能产生于一组天气报告，其中一些来源于山顶附近的基地，而另一些则来源于山脚周围的基地。

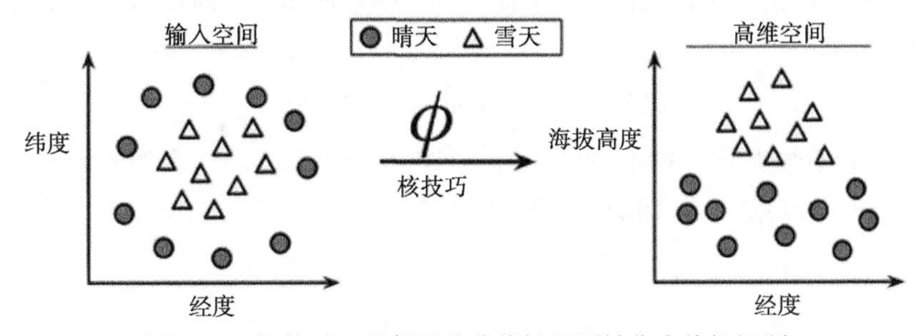

图 7-20 核技巧可以帮助将非线性问题转化为线性问题

右图，在使用了核技巧后，可以通过一个新维度（海拔高度）的视角看数据。通过添加这个特征，现在这些类完全线性可分。这之所以可能，是因为我们获得了一个看数据的新视角。在左图中，我们是从一只鸟的视角看山，而在右图中，我们是从远处的地平面看山。这里，趋势很明显了：在更高的海拔高度就发现了雪天。

通过这种方式，具有非线性核的支持向量机通过对数据添加额外的维度以创建分离。本质上，核技巧涉及构建一个能够表述被度量特征之间数学关系的新特征的过程。

例如，高度特征在数学上可以表示为纬度和经度之间的一个相互作用——点越接近于这些尺度的每一个的中心，高度就越高，这使得支持向量机可以学习原始数据中未明确度量的概念。

具有非线性核的支持向量机是极其强大的分类器，虽然它们也确实有一些缺点。其优缺点如表 7-3 所示。

表 7-3　具有非线性核的支持向量机的优缺点

优　点	缺　点
❑ 可用于分类或者数值预测问题 ❑ 不会过多地受到噪声数据的影响，而且不容易出现过度拟合 ❑ 可能比神经网络更容易使用，特别是由于几个得到很好支持的支持向量机算法的存在 ❑ 由于它的准确率高，而且在数据挖掘竞赛中高调地获胜，所以越来越受欢迎	❑ 寻找最好的模型需要测试不同的核函数和模型参数的组合 ❑ 训练缓慢，尤其是，当输入数据集具有大量的特征或者案例时 ❑ 导致一个复杂的黑箱模型，很难，甚至无法解释

在一般情况下，核函数是下面的形式。该函数用希腊字母 phi 表示，即$\phi(x)$是一个将数据变换到另一个空间的映射。因此，一般的核函数将一些变换应用于特征向量 $\boldsymbol{x}_i$ 和 $\boldsymbol{x}_j$，并对它们使用**点积**（dot product），点积需要两个向量，且返回一个单一的数值：

$$\mathrm{K}(\vec{x}_i, \vec{x}_j)=\phi(\vec{x}_i)\cdot\phi(\vec{x}_j)$$

使用这种形式，核函数已经用于许多不同的领域。最常用的几个核函数列举如下。几乎所有的支持向量机软件包都将包括这些核函数，以及许多其他的核函数。

线性核函数根本不需要变换数据，因此它可以简单地表示为特征的点积：

$$\mathrm{K}(\vec{x}_i, \vec{x}_j)=\vec{x}_i\cdot\vec{x}_j$$

次数为 d 的**多项式核函数**添加了一个简单的非线性数据变换：

$$\mathrm{K}(\vec{x}_i, \vec{x}_j)=(\vec{x}_i\cdot\vec{x}_j+1)^d$$

S 形核函数产生支持向量机模型，类似于神经网络使用 S 形激活函数。希腊字母 κ 和 δ 用来作为核参数：

$$\mathrm{K}(\vec{x}_i, \vec{x}_j)=\tanh(\kappa\vec{x}_i\cdot\vec{x}_j-\delta)$$

高斯 RBF 核函数类似于 RBF 神经网络。RBF 核函数对于许多类型的数据都运行得很好，而且被认为是许多学习任务的一个合理的起点：

$$\mathrm{K}(\vec{x}_i, \vec{x}_j)=\mathrm{e}^{\frac{-\|\vec{x}_i-\vec{x}_j\|^2}{2\sigma^2}}$$

对于特定的学习任务，没有可以依赖的规则用于匹配核函数。在很大程度上拟合取决于要学习的概念以及训练数据的量和特征之间的关系。通常情况下，需要在训练数据上一点点地试错并在验证数据集上评估多个支持向量机。也就是说，在许多情况下，核函数的选择是任意的，因为性能可能只有轻微的变化。为了看到在实际中它是如何运行的，下面将我们对支持向量机分类的理解应用于一个真实世界的问题。

7.4 例子——用支持向量机进行光学字符识别

对许多类型的机器学习算法来说，图像处理都是一项艰巨的任务。将像素模式连接到更高概念的关系是极其复杂的，而且很难定义。例如，让一个人识别一张面孔、一只猫或者字母 A 是很容易的，但用严格的规则来定义这些模式是很困难的。此外，图像数据往往是噪声数据。关于如何捕获图像，有许多细微的变化，这取决于灯光、定位和对象的位置。

支持向量机非常适合处理图像数据带来的挑战，它们能够学习复杂的图案而不需要对噪声过度敏感，它们能够以高准确率识别光学图案。而且，支持向量机的主要缺点（黑箱模型的代表），对于图像处理并不那么重要。如果一个支持向量机能够区分一只猫和一只狗，那么它是如何做到的并不很重要。

在本节中，我们将研究一个模型，该模型类似于那些往往与桌面文档扫描仪或者智能手机应用程序捆绑在一起的**光学字符识别**（Optical Character Recognition，OCR）软件所使用的核心模型。此类软件的目的是通过将印刷或者手写文本转换成一种电子形式，保存在数据库中来处理纸质文件。

当然，由于手写风格和印刷字体有许多变体，所以这是困难的问题。即便如此，软件用户还是期待完美，因为纰漏或者拼写错误可能会导致商业环境中的尴尬或者代价高昂的过失（错误）。让我们来看看支持向量机是否能够胜任这项任务。

7.4.1 第 1 步——收集数据

当光学字符识别软件第一次处理文件时，它将文件划分成一个矩阵，从而网格中的每一个单元包含一个单一的**图像字符**（glyph），这是一种适用于字母、符号或者数字的术语。接着，对于每一个单元，该软件将试图对一组它能识别的所有字符进行图像字符匹配。最后，单个字符可以被组合成词，这可以用文档语言中的字典来有选择地进行拼写检查。

在这个练习中，假设我们开发了将文档分割成矩形区域，每一个区域包含一个单一图像字符的算法；还假设文档中只包含英文字母字符。因此，我们将模拟一个过程，涉及对 A ~ Z 的 26 个字母中的一个进行图像字符匹配。

为此，使用由 W. Frey 和 D. J. Slate 捐赠给 UCI 机器学习仓库（`http://archive.ics.uci.edu/ml`）的一个数据集。该数据集包含了 26 个大写英文字母的 20 000 个样本，使用随机重塑和扭曲的 20 种不同的黑白字体印刷。

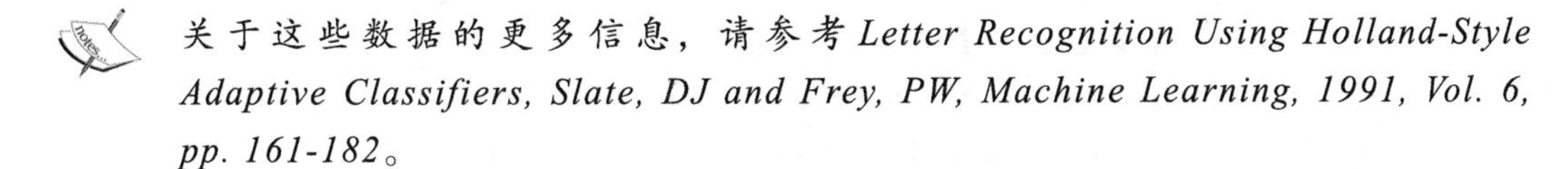

关于这些数据的更多信息，请参考 *Letter Recognition Using Holland-Style Adaptive Classifiers, Slate, DJ and Frey, PW, Machine Learning, 1991, Vol. 6, pp. 161-182*。

图 7-21 是由 W. Frey 和 D. J. Slate 发布的，提供了一个包含一些印刷图像字符的例子。这种方式的扭曲，用计算机识别字母是具有挑战性的，但这些字母却很容易被人识别：

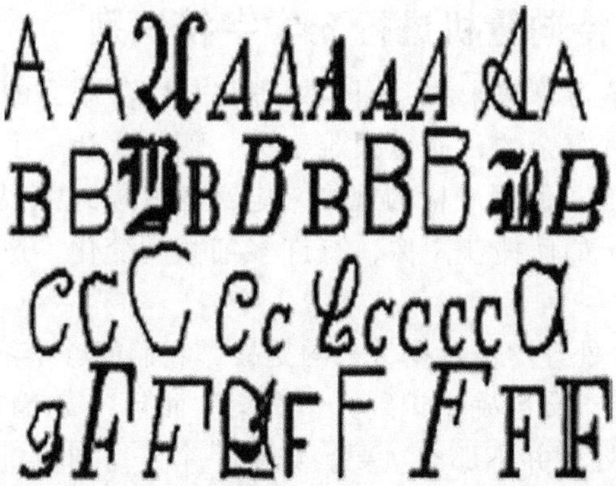

图 7-21　支持向量机算法将尝试识别图像字符示例

7.4.2　第 2 步——探索和准备数据

根据 Frey 和 Slate 提供的文档，当图像字符被扫描到计算机时，它们将转换成像素，并且有 16 个统计属性。

这些属性用图像字符的水平和垂直维度、黑色（相对于白色）像素的比例、像素的平均水平与垂直位置来测量。据推测，字符所构成的盒子的不同区域的黑色像素浓度的差异应该提供了一种区分字母表中 26 个字母的方法。

要理解这个例子，需要下载 letterdata.csv 文件，并将该文件保存到 R 的工作目录中。

将数据读到 R 中，确认接收到的数据具有 16 个特征，这些特征定义了每一个 letter（字母）类的样本。正如预期的那样，letter 有 26 个水平：

```
> letters <- read.csv("letterdata.csv")
> str(letters)
'data.frame':     20000 obs. of 17 variables:
 $ letter: Factor w/ 26 levels "A","B","C","D",..
 $ xbox  : int  2 5 4 7 2 4 4 1 2 11 ...
 $ ybox  : int  8 12 11 11 1 11 2 1 2 15 ...
 $ width : int  3 3 6 6 3 5 5 3 4 13 ...
 $ height: int  5 7 8 6 1 8 4 2 4 9 ...
 $ onpix : int  1 2 6 3 1 3 4 1 2 7 ...
 $ xbar  : int  8 10 10 5 8 8 8 8 10 13 ...
 $ ybar  : int  13 5 6 9 6 8 7 2 6 2 ...
 $ x2bar : int  0 5 2 4 6 6 6 2 2 6 ...
 $ y2bar : int  6 4 6 6 6 9 6 2 6 2 ...
 $ xybar : int  6 13 10 4 6 5 7 8 12 12 ...
 $ x2ybar: int  10 3 3 4 5 6 6 2 4 1 ...
 $ xy2bar: int  8 9 7 10 9 6 6 8 8 9 ...
 $ xedge : int  0 2 3 6 1 0 2 1 1 8 ...
```

```
$ xedgey: int  8 8 7 10 7 8 8 6 6 1 ...
$ yedge : int  0 4 3 2 5 9 7 2 1 1 ...
$ yedgex: int  8 10 9 8 10 7 10 7 7 8 ...
```

支持向量机学习算法需要所有的特征都是数值型的，而且每一个特征需要缩小到一个相当小的区间中。在这种情况下，每一个特征都是一个整数，所以不需要将任意一个因子转换成数字。另一方面，某些整型变量的范围相当宽，这说明我们需要标准化或者规范化数据。然而，我们现在可以跳过这一步，因为用来拟合支持向量机模型的 R 添加包会自动对数据进行重新调整。

考虑到没有数据准备工作要做，我们可以直接跳到机器学习过程的训练和测试阶段。在前面的分析中，需要在训练集和测试集之间随机地划分数据。尽管我们在这里可以做，但是 Frey 和 Slate 已经将数据随机化，并建议使用前 16 000 条记录（80%）来建立模型，使用后 4000 条记录（20%）来进行测试。按照他们的建议，我们可以创建训练数据框和测试数据框，如下代码所示：

```
> letters_train <- letters[1:16000, ]
> letters_test  <- letters[16001:20000, ]
```

既然数据准备好了，那就让我们开始建立分类器吧。

7.4.3　第 3 步——基于数据训练模型

当谈到在 R 中拟合支持向量机模型时，有几个出色的添加包可以选择。来自维也纳理工大学（Vienna University of Technology，TU Wien）统计系的 e1071 添加包提供了一个屡获殊荣的 LIBSVM 库的 R 接口，即一个用 C++ 编写的广泛使用的开源支持向量机程序。如果你已经熟悉 LIBSVM，你可能想从这里开始。

关于 LIBSVM 的更多信息，请参考 http://www.csie.ntu.edu.tw/~cjlin/libsvm/。

同样，如果你已经投入 SVMlight 算法中，那么来自多特蒙德工业大学（Dortmund University of Technology，TU Dortmund）统计系的 klaR 添加包提供了 R 中该支持向量机函数的直接实现。

关于 SVMlight 的更多信息，请参考 http://svmlight.joachims.org/。

最后，如果你是从头开始，那么用 kernlab 添加包中的支持向量机函数或许是最好的开始。这个添加包的一个有趣优点就是它原本就是用 R 开发的，而不是用 C 或者 C++ 开发的，这使得它可以很容易地被设置，没有任何隐藏在幕后的内部结构。或许更重要的是，与其他选择方案不同，kernlab 添加包可以与 caret 添加包一起使用，这就允许支持向量机模型可以使用各种自动化方法进行训练和评估（第 11 章介绍）。

关于 kernlab 添加包的更详细介绍，请参考 http://www.jstatsoft.org/v11/i09/ 中该作者的论文。

用 kernlab 添加包来训练支持向量机分类器的语法如表 7-4 所示。如果你碰巧使用其他添加包，那么这些命令在很大程度上也是相似的。默认情况下，ksvm() 函数使用高斯RBF核函数，但也提供了一些其他的选项。

表7-4　支持向量机语法

<table>
<tr><td>支持向量机语法</td></tr>
<tr><td>应用 kernlab 添加包中的 ksvm() 函数</td></tr>
<tr><td>建立模型：
● m <- ksvm(target ~ predictors, data = mydata, kernel = "rbfdot", c = 1)
● target：是数据框 mydata 中需要建模的输出变量
● predictors：是给出数据框 mydata 中用于预测的特征的一个R公式
● data：给出包含变量 target 和 predictors 的数据框
● kernel：给出一个非线性映射，例如 "rbfdot"（径向基函数）、"polydot"（多项式函数）、"tanhdot"（双曲正切函数）、"vanilladot"（线性函数）
c：用于给出违法约束条件时的惩罚，即对于“软边界”的惩罚的大小。较大的 c 值将导致较窄的边界。
该函数返回一个可以用于预测的SVM对象。
进行预测：
p <- predict(m, test, type = "response")
● m：函数 ksvm() 所训练的模型
● test：包含测试数据的数据框，它具有和用于训练模型的训练数据相同的特征
● type：用于指定预测的类型为 "response"（预测类别），或者 "probabilities"（预测概率，每一个类水平值对应一列相应的概率值）
根据 type 参数的设定，该函数返回一个包含预测类别（或者概率）的向量（或者矩阵）。
例子：
letter_classifier <- ksvm(letter ~ . , data = letters_train, kernel = "vanilladot")
letter_prediction <- predict(letter_classifier, letters_test)</td></tr>
</table>

为了提供度量支持向量机性能的基准，我们从训练一个简单的线性支持向量机分类器开始。如果你还没有准备好，使用命令 install.packages("kernlab") 将 kernlab 添加包安装到系统中。然后，就可以基于训练数据调用 ksvm() 函数，并使用 vanilladot 选项指定线性核函数（即 "vanilla"），如下所示：

```
> library(kernlab)
> letter_classifier <- ksvm(letter ~ ., data = letters_train,
                            kernel = "vanilladot")
```

根据计算机的性能，这个运算可能需要一些时间来完成。当它完成后，输入所保存的模型的名称来查看关于训练参数和模型拟合度的一些基本信息。

```
> letter_classifier
Support Vector Machine object of class "ksvm"

SV type: C-svc  (classification)
 parameter : cost C = 1

Linear (vanilla) kernel function.

Number of Support Vectors : 7037
```

```
Objective Function Value : -14.1746 -20.0072 -23.5628 -6.2009 -7.5524
-32.7694 -49.9786 -18.1824 -62.1111 -32.7284 -16.2209...

Training error : 0.130062
```

这些信息几乎没有告诉我们关于模型在真实世界中运行好坏的程度。因此，我们需要根据测试数据集来研究模型的性能，从而判断它是否能够很好地推广到未知数据。

7.4.4　第 4 步——评估模型的性能

predict() 函数允许我们基于测试数据集使用字母分类模型进行预测：

```
> letter_predictions <- predict(letter_classifier, letters_test)
```

因为我们没有指定 type（类型）参数，所以默认使用了 type = "response"，这样就返回一个向量。该向量包含对应于测试数据中每一行值的一个预测字母，使用 head() 函数，我们可以看到前 6 个预测字母是 U、N、V、X、N 和 H：

```
> head(letter_predictions)
[1] U N V X N H
Levels: A B C D E F G H I J K L M N O P Q R S T U V W X Y Z
```

为了研究分类器的性能，我们需要将测试数据集中的预测值与真实值进行比较。为此，我们使用 table() 函数（这里只显示了全部表格的一部分）：

```
> table(letter_predictions, letters_test$letter)
letter_predictions   A   B   C   D   E
                 A 144   0   0   0   0
                 B   0 121   0   5   2
                 C   0   0 120   0   4
                 D   2   2   0 156   0
                 E   0   0   5   0 127
```

对角线的值 144、121、120、156 和 127 表示预测值与真实值相匹配的总记录数。同样，错误的数目也列出来了。例如，位于 B 行和 D 列的值 5 表示有 5 种情况将字母 D 误认为字母 B。

单个地看每个错误类型，可能会揭示一些有趣的关于模型识别有困难的特定字母类型的模式，但这是很耗费时间的。因此，我们可以通过计算整体的准确率来简化我们的评估，即只考虑预测的字母是正确的还是不正确的，并忽略错误的类型。

下面的命令返回一个元素为 TRUE 或者 FALSE 值的向量，表示在测试数据集中，模型预测的字母是否与真实的字母相符合（即匹配）。

```
> agreement <- letter_predictions == letters_test$letter
```

使用 table() 函数，我们看到，在 4 000 条测试记录中，分类器正确识别的字母有 3 357 个：

```
> table(agreement)
agreement
FALSE  TRUE
643 3357
```

以百分比计算，准确率大约为84%：

```
> prop.table(table(agreement))
agreement
  FALSE    TRUE
0.16075 0.83925
```

注意，当Frey和Slate在1991年发布该数据集时，他们报告的识别准确率大约为80%。仅仅使用了几行R代码，我们的结果便能够优于他们的结果，不过我们也受益于数十年的额外的机器学习研究。考虑到这一点，我们可以做得更好。

7.4.5 第5步——提高模型的性能

让我们花点时间来对训练过的用于从图像数据中识别字母表中的字母的支持向量机（SVM）模型的性能进行背景考虑。只需一行R代码，该模型就能实现近84%的准确率，略高于1991年学术研究人员发布的标准百分比。尽管84%的准确率不足以对光学字符识别（OCR）软件有用，但相对简单的模型可以达到这一水平的事实本身就是一项了不起的成就。请记住，仅靠运气就可以使模型的预测与实际值相匹配的可能性很小，其概率不到4%，这意味着我们模型的性能相比随机偶然性要好20倍以上。该模型如此出色，也许通过调整支持向量机（SVM）函数参数来训练稍微复杂的模型，我们还可以发现该模型在现实世界中很有用。

要计算支持向量机（SVM）模型的预测与实际值仅靠偶然性匹配的概率，可以应用第4章介绍的用于独立事件的联合概率规则。因为有26个字母，每个字母在测试集中的出现率几乎相同，所以正确预测任何一个字母的概率是(1 / 26) * (1 / 26)。由于有26个不同的字母，所以匹配一致的总概率为26 * (1 / 26) * (1 / 26) = 0.0384，即3.84%。

1. 更改支持向量机的核函数

之前的支持向量机模型使用简单的线性核函数。通过使用一个更复杂的核函数，我们可以将数据映射到一个更高维的空间，并有可能获得一个较好的模型拟合度。

然而，从许多不同的核函数中进行选择是具有挑战性的。一个流行的惯例就是从高斯RBF核函数开始，因为它已经被证明对于许多类型的数据都能运行得很好。我们可以使用ksvm()函数来训练一个基于RBF的支持向量机，如下所示：

```
> letter_classifier_rbf <- ksvm(letter ~ ., data = letters_train,
                                kernel = "rbfdot")
Next, we make predictions as before:
> letter_predictions_rbf <- predict(letter_classifier_rbf,
                                    letters_test)
Finally, we'll compare the accuracy to our linear SVM:
> agreement_rbf <- letter_predictions_rbf == letters_test$letter
> table(agreement_rbf)
agreement_rbf
FALSE  TRUE
```

```
  275  3725
> prop.table(table(agreement_rbf))
agreement_rbf
  FALSE    TRUE
0.06875 0.93125
```

由于 ksvm RBF 核函数的随机性，你的结果可能与这里显示的不同。如果你希望它们完全匹配，那么在运行 ksvm() 函数之前请使用 set.seed(12345)。

通过简单地改变核函数，我们可以将字符识别模型的准确率从 84% 提高到 93%。

2. 确定最佳的支持向量机成本参数

如果这种性能水平对于光学字符识别（OCR）程序仍不能令人满意，那么可以测试其他的核函数。然而，另一种富有成效的方法是改变成本参数，从而修改支持向量机决策边界的宽度。这控制了模型在过度拟合和欠拟合训练数据之间的平衡——成本值越大，学习者越难尝试将每个训练实例进行完美地分类，因为对每个错误的惩罚都更高。一方面，高的成本值可能会导致学习器过度拟合训练数据；另一方面，成本参数设置得太小会导致学习器错过训练数据中重要的、细微的模式，从而无法拟合真实模式。

没有经验法则事先知道理想值，因此，对于不同的成本参数 C 值，我们将研究模型如何执行。无须重复训练和评估过程，我们可以使用 sapply() 函数将自定义函数应用于一个潜在的成本值向量，我们首先使用 seq() 函数来生成此向量，一个从 5 到 40，步长为 5 的序列。然后，如下面代码所示，自定义函数像之前一样训练模型，每次都使用成本值并对测试数据集进行预测。每个模型的准确率均计算为与实际值匹配的预测数除以总的预测数。使用 plot() 函数将结果可视化：

```
> cost_values <- c(1, seq(from = 5, to = 40, by = 5))
>
> accuracy_values <- sapply(cost_values, function(x) {
    set.seed(12345)
    m <- ksvm(letter ~ ., data = letters_train,
              kernel = "rbfdot", C = x)
    pred <- predict(m, letters_test)
    agree <- ifelse(pred == letters_test$letter, 1, 0)
    accuracy <- sum(agree) / nrow(letters_test)
    return (accuracy)
  })

> plot(cost_values, accuracy_values, type = "b")
```

如图 7-22 所示，默认的支持向量机成本参数 C=1 所带来的准确率为 93%，是评估的 9 种模型中准确率最低的模型。因此，将 C 设置为 10 或者更高的值会带来大约 97% 的准确率，这在性能上有很大的提高！对于在实际环境中部署的模型而言，这也许已经足够接近完美，尽管仍然值得对各种核函数进行进一步的试验，以查看是否有可能更加接近于 100% 的准确率。准确率上的每一项额外改进都会减少光学字符识别软件的错误，并为最终用户带来更好的体验。

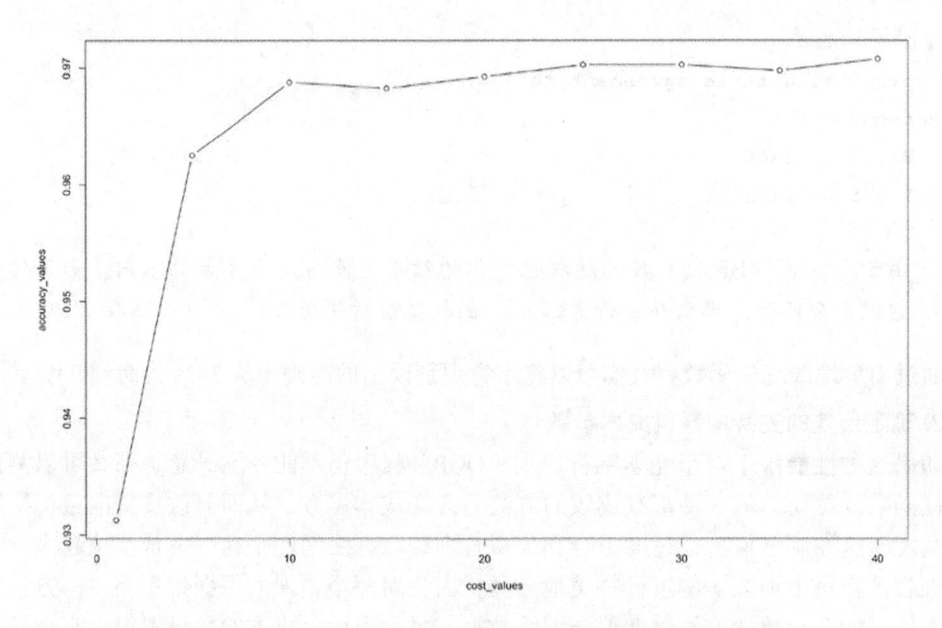

图 7-22　对于支持向量机 RBF 核函数成本值映射的准确率

7.5　总结

在本章中，我们研究了两种能够提供巨大潜能的机器学习方法，但它们往往由于其复杂性而被忽视。但愿你现在看到不该如此，毕竟人工神经网络和支持向量机的基本概念是相当容易理解的。

另一方面，因为人工神经网络和支持向量机已经存在几十年，所以它们中的每一个都有许多变体。本章只给出了涉及应用这些方法的一些简单知识。通过使用在这里学到的术语，你应该能够区分每天都在发展的许多进步之间的细微差别，包括不断发展的深度学习领域。

既然我们已经花了一些时间学习从简单到复杂的许多不同类型的预测模型，那么在第 8 章中，我们将开始思考用于其他类型学习任务的方法。这些无监督的学习技术将带来数据内部的引人入胜的模式。

第 8 章

探寻模式——基于关联规则的购物篮分析

回想一下你最近的一次冲动购买。或许是在超市的结账通道中，你顺手买了一包软口香糖或者一份单独包装的块状糖；或许是在一次深夜前往购买尿布和婴儿食品时，你顺便买了一瓶含咖啡因的饮料或者一箱 6 瓶装的啤酒；或许你可能只是根据书商的推荐购买了这本书。这些冲动性的购买并非巧合，而是因为零售商使用先进的数据分析技术来识别推动零售行为的模式。

以往这样的推荐都是基于营销专业人士和库存管理人员的主观直觉。现在，条形码扫描仪、库存数据库和线上购物车已经生成了交易数据，于是机器学习可以用来学习购买模式，这种方法通常被称为超市购物篮分析（market basket analysis，简称购物篮分析），因为它被频繁地应用于超市数据。

虽然该技术起源于购物数据，但在其他情况下也同样有用。在完成本章学习时，你将能够应用购物篮分析自己的任务，无论是什么样的任务。总的来说，本章的内容包括：

- 使用简单的性能指标，发现大型数据集中的关联方法。
- 理解交易数据的特性。
- 知道如何识别有用且可行动的模式。

购物篮分析的目的是发现可行动的模式。因此，当应用该技术时，你很有可能找到它们在你的工作中的应用，即使你不在零售链相关的工作单位上班。

8.1 理解关联规则

购物篮分析的基石是可能出现在任意给定交易中的项。大括号内的一件商品或者多件商品的组合表示它们构成一个集合，或者更确切地说，就是出现在具有某种规律性的数据中的项集（itemset）。交易均以项集中的项来指定，比如在一个典型的杂货店中就可能出现下面的交易：

{面包，花生酱，果冻}

购物篮分析的结果是关联规则（association rule）的集合，这些规则指定了发现于项集中的项之间关系的模式。关联规则总是由项集的子集组成，通过将规则左项（Left-Hand Side，LHS）的一个项集与规则右项（Right-Hand Side，RHS）的另一个项集联系起来表示。LHS 表示为了触发规则需要满足的条件，而 RHS 表示满足条件后的预期结果。从前面的例子交易中识别的规则或许可以表示为如下的形式：

{花生酱，果冻}→{面包}

这个关联规则用通俗易懂的语言来表达就是：如果一起购买了花生酱（peanut butter）和果冻（jelly），那么也有可能购买面包（bread）。换句话说，即“花生酱和果冻意味着面包”。

基于零售交易数据库背景下的研究，关联规则不能用来进行预测，但它可以用于大型数据库无监督的知识发现。这与前面章节中所介绍的分类算法和数值预测算法不同。即便如此，你将发现关联规则学习与第5章中的分类规则学习有密切的联系并且有许多共同的特征。

因为关联规则学习器是无监督的，所以不需要训练算法，也不需要提前标记数据。基于数据集，就可以简单地运行程序，希望探寻到令人感兴趣的关联。当然，不利的一面就是除了用从定性角度来测量它的可用性外（通常是某种形式的目测法来对它进行评估），没有一个简单的方法来客观地衡量一个规则学习器的性能。

虽然关联规则最常用于购物篮分析，但是它们对发现许多不同类型数据的模式是有帮助的。其他的潜在应用包括：

- 在癌症数据中搜寻DNA和蛋白质序列的有趣且频繁出现的模式。
- 查找发生在与信用卡欺诈或者保险应用相结合的购物或者医疗津贴的模式。
- 找到客户放弃他们的移动电话服务或者升级他们的有线电视服务套餐之前的行为组合。

关联规则分析用来搜索大量元素之间的有趣联系。人类具有这种相当直观的洞察力，但往往需要专家水平的知识或者大量的经验以便可以在几分钟甚至几秒内实现规则学习算法。此外，有些数据集过于庞大而复杂，要找到它们之间的联系就如同大海捞针。

8.1.1　用于关联规则学习的Apriori算法

正如大型交易数据集给人类带来的挑战一样，这些数据集也给机器带来了挑战。交易数据集的交易数量以及记录的项（商品）或者特征的数量都可能很庞大。问题在于潜在的项集数会随着特征数呈指数增长。给定k个项，它们可能出现在集合中，也可能不出现在集合中，则有可能是潜在规则的2^k个可能的项集。某零售商仅销售100种不同的商品，大约有算法必须评估的2^100 = 1.27e + 30个项集——一个看似不可能完成的任务。

一个灵敏的规则学习算法利用了这样一个事实：在现实中，许多潜在的商品组合极少，如果有，就在实践中发现，而不是一个接一个地评估这些项集中的每个元素。例如，尽管一家商店同时销售汽车产品和女性化妆品，但是集合{机油，口红}很有可能是极其罕见的。通过忽略这些罕见（并且可能不太重要）的组合，就可以限制规则的搜索范围，从而更容易管理项集的规模。

为了减少需要搜索的项集数，人们在确定启发式算法方面做了大量的工作。或许对于规则，有效搜索大型数据库最广泛使用的方法就是Apriori算法，这种算法由Rakesh Agrawal和Ramakrishnan Srikant在1994年提出，并自此成为与关联规则学习有关的代名词。该名称源自这样一个事实，即该算法利用了关于频繁项集性质的一个简单的先验（a priori）信念。

在更深入地讨论该算法之前，值得注意的是，该算法与其他学习算法一样，也有自身的优点和缺点。其中的一些优缺点列举如表 8-1 所示。

表 8-1　Apriori 算法的优缺点

优　点	缺　点
❑ 能够处理大量的交易数据 ❑ 规则中的结果很容易理解 ❑ 对于“数据挖掘”和发现数据库中意想不到的知识很有用	❑ 对于小的数据集不是很有帮助 ❑ 需要努力将数据的真实洞察和常识区分开 ❑ 容易从随机模式中得出虚假的结论

正如前面所提到的，Apriori 算法采用一个简单的先验信念作为准则来减少关联规则的搜索空间：一个频繁项集的所有子集必须也是频繁的。此启发式称为 Apriori 性质（Apriori property）。通过这种敏锐的观察，能够显著地限制搜索规则的次数。例如，集合 { 机油，口红 } 是频繁的，当且仅当 { 机油 } 和 { 口红 } 同时频繁地发生。因此，如果机油或者口红中只有一个是非频繁的，那么任意一个含有这两项的集合都可以从搜索中排除。

有关 Apriori 算法的详细信息，请参考 Fast Algorithms for Mining Association Rules, Agrawal, R, Srikant, R, Proceedings of the 20th International Conference on Very Large Databases, 1994, pp. 487-499。

为了了解这一原理在真实环境中是如何应用的，我们考虑一个简单的交易数据库。表 8-2 给出了在一个虚构的医院礼品店中已完成的 5 项交易。

表 8-2　虚构的医院礼品店的 5 项交易

交　易　号	购买的商品
1	{ 鲜花，慰问卡，苏打水 }
2	{ 毛绒玩具熊，鲜花，气球，单独包装的块状糖 }
3	{ 慰问卡，单独包装的块状糖，鲜花 }
4	{ 毛绒玩具熊，气球，苏打水 }
5	{ 鲜花，慰问卡，苏打水 }

通过查看购物集合，可以推断有两种典型的购买模式。探望生病的朋友或者家人的人，往往会买一张慰问卡和鲜花，而探望刚生孩子的母亲的人会买毛绒玩具熊和气球。这样的模式是值得注意的，因为它们的频繁出现足以引起我们的兴趣。我们简单地运用一点逻辑和与该主题有关的经验就可以解释这个规则。

Apriori 算法以类似的方式应用一个项集的“趣味性”统计方法来找出更大的交易数据库中的关联规则。在下面的几节中，我们将发现 Apriori 如何计算这些令人感兴趣的方法，以及它们如何结合 Apriori 性质来减少规则学习的次数。

8.1.2　度量规则兴趣度——支持度和置信度

关联规则是不是令人感兴趣，取决于两个统计量：支持度和置信度。通过为这些统计量提供最小的阈值并应用 Apriori 原则，很容易大幅度地限制报告的规则数，甚至可能会达到只有明显的规则或者常理规则。为此，仔细理解被排除在这些准则之外的规则类型是很重要的。

一个项集或者规则度量法的**支持度**（support）是指其在数据中出现的频率。例如，项集 { 慰问卡，鲜花 } 在医院礼品店数据中的支持度为 3/5 = 0.6。类似地，{ 慰问卡 } → { 鲜花 } 的支持度也是 0.6。任何项集的支持度都可以计算，甚至是一个单元素的项集。例如，因为单独包装的块状糖在购物中出现的频率为 40%，所以 { 单独包装的块状糖 } 的支持度为 2/5 = 0.4。项集 X 支持度的函数可定义如下：

$$\text{support}\,(X)=\frac{\text{count}\,(X)}{N}$$

其中，N 表示数据库中的交易次数，count(X) 表示包含项集 X 的交易次数。

规则的**置信度**（confidence）是指该规则的预测能力或者准确率的度量，它定义为同时包含项集 X 和项集 Y 的支持度除以只包含项集 X 的支持度：

$$\text{confidence}\,(X\rightarrow Y)=\frac{\text{support}\,(X,Y)}{\text{support}\,(X)}$$

本质上，置信度表示交易中项或者项集 X 的出现导致项或者项集 Y 出现的比例。请记住，X 导致 Y 的置信度与 Y 导致 X 的置信度是不一样的。例如，{ 鲜花 } → { 慰问卡 } 的置信度为 0.6/0.8 = 0.75，而相比之下，{ 慰问卡 } → { 鲜花 } 的置信度为 0.6/0.6 = 1.0。这意味着购买一次鲜花同时包含慰问卡购买的可能性是 75%，而购买一次慰问卡同时包含鲜花购买的可能性为 100%。这条信息对于该礼品店的经营或许会相当有用。

你可能已经注意到支持度、置信度与第 4 章介绍的贝叶斯概率规则的相似之处。事实上，support（A, B）与 P（$A \cap B$）是一样的，confidence（$A \rightarrow B$）与 P（$B \mid A$）是一样的，只是上下文不同而已。

像 { 慰问卡 } → { 鲜花 } 这样的规则称为**强规则**，因为它们同时具有高支持度和置信度。发现更多强规则的一种方法就是检查礼品店中的每一个可能的商品组合，测量支持度和置信度的值，并只报告那些满足某种兴趣水平的规则。然而，正如前面指出的，这种策略除了最小的数据集外，一般是不可行的。

在下一节中，你将看到 Apriori 算法如何使用基于 Apriori 原则的最低水平的支持度和置信度，通过减少规则的数量来迅速找到强规则，以达到更便于管理的水平。

8.1.3　用 Apriori 原则建立规则

我们知道，Apriori 原则指的是一个频繁项集的所有子集也必须是频繁的。换句话说，如果 {A, B} 是频繁的，那么 {A} 和 {B} 都必须是频繁的。回想一下，根据定义，支持度指标表示一个项集出现在数据中的频率。因此，如果知道 {A} 不满足所期望的支持度阈值，那么就没有理由考虑 {A, B} 或者任何包含 {A} 的项集，这些项集绝不可能是频繁的。

Apriori 算法利用这个逻辑在实际评估它们之前排除潜在的关联规则，于是，创建规则的过程分为两个阶段：

1）识别所有满足最小支持度阈值的项集。

2）使用那些满足最小置信度阈值的项集来创建规则。

第一阶段发生于多次迭代中，每次连续的迭代都需要评估一组越来越大项集的支持度。例如，迭代 1 需要评估一组 1 项的项集（1 项集），迭代 2 评估 2 项集，以此类推。每个迭代 *i* 的结果是一组所有满足最小支持度阈值的 *i* 项集。

由迭代 *i* 得到的所有项集结合在一起以便生成候选项集用于在迭代 $i+1$ 中进行评估。但是 Apriori 原则甚至可以在下一轮开始之前消除其中的一些项集。如果在迭代 1 中，{*A*}、{*B*} 和 {*C*} 都是频繁的，而 {*D*} 不是频繁的，那么在迭代 2 中将只考虑 {*A*, *B*}、{*A*, *C*} 和 {*B*, *C*}。因此，该算法仅需要评估 3 个项集，而如果包含 D 的项集没有在先验（a priori）消除掉，那么就需要评估 6 个项集。

保持这个想法，假设在迭代 2 的过程中发现 {*A*, *B*} 和 {*B*, *C*} 是频繁的，而 {*A*, *C*} 不是频繁的，尽管迭代 3 通常从评估 {*A*, *B*, *C*} 的支持度开始，但是这一步不是必要的。为什么不必要呢？因为子集 {*A*, *C*} 不是频繁的，所以 Apriori 原则指出 {*A*, *B*, *C*} 绝不可能是频繁的。因此，在迭代 3 中就没有生成新的项集，算法将停止（如表 8-3 所示）。

表 8-3　Apriori 算法只需评估 12 个潜在项集中的 7 个

迭代次数	评估项	频繁项集	非频繁项集
1	{A}, {B}, {C}, {D}	{A}, {B}, {C}	{D}
2	{A, B}, {A, C}, {B, C} ~~{A, D}, {B, D}, {C, D}~~	{A, B}, {B, C}	{A, C}
3	~~{A, B, C}~~		
4	~~{A, B, C, D}~~		

此时，Apriori 算法的第二阶段将开始。给定一组频繁项集，根据所有可能的子集产生关联规则。例如，{*A*, *B*} 将产生候选规则 {*A*} → {*B*} 和 {*B*} → {*A*}。这些规则将根据最小置信度阈值评估，任何不满足所期望的置信度的规则将被消除。

8.2　例子——用关联规则确定经常一起购买的食品杂货

正如本章引言中所指出的，购物篮分析用于许多实体商店和在线零售商的后台推荐系统。关联规则学习表明商品组合会经常被一起购买，这些模式的知识为杂货连锁店优化库存、宣传促销活动或者整理店内的实际布局提供了新的洞察力。例如，如果购物者经常在购买咖啡或者橙汁时，顺便购买一份早餐糕点，那么为了增加利润，商店就很有可能将糕点重新放置到离咖啡与果汁更近的地方。

在本书中，我们将根据一家杂货店的交易数据进行一次购物篮分析。然而，该技术可以应用于许多不同类型的问题，从电影推荐，到约会地点，到寻找药物之间相互作用的危险。这样做，我们将会看到 Apriori 算法如何能够有效地评估潜在的大量关联规则。

8.2.1　第 1 步——收集数据

我们的购物篮分析将利用来自一个真实世界中的超市经营一个月的购物数据。该数据包含 9835 次交易，大约每天 327 次交易（在 12 小时的工作日内，大约每小时交易 30 次），这表明该零售商不是特别大，也不是特别小。

这里所用的数据集改编自R的arules添加包中的Groceries数据集。有关更多的信息，请参阅*Implications of Probabilistic Data Modeling for Mining Association Rules, Hahsler, M, Hornik, K, Reutterer, T, 2005*。见*From Data and Information Analysis to Knowledge Engineering, Gaul W, Vichi M, Weihs C, Studies in Classification, Data Analysis, and Knowledge Organization, 2006, pp. 598-605*。

一个典型的超市会提供大量不同的商品。可能有5种品牌的牛奶，12种类型的衣物洗涤剂和3种品牌的咖啡。鉴于本例中零售商的大小适中，假定它不是非常关注寻找只应用于特定品牌的牛奶或者洗涤剂的规则。考虑到这一点，所有的品牌名称均已从购买数据中去除。这将食品杂货的数量减少到更易于管理的169个类型，采用大类，比如鸡肉、冷冻食品、人造黄油和汽水。

如果你希望找出特别具体的关联规则（如顾客更喜欢葡萄果冻加花生酱还是草莓果冻加花生酱），则需要大量的交易数据。大规模的连锁零售商使用数以百万计的交易数据库，以便发现特定品牌、颜色或者风格商品之间的关联。

对于哪种类型的商品有可能一起购买，你有一些猜测吗？葡萄酒和奶酪是一种常见的搭配吗？面包和黄油？茶和蜂蜜？让我们来深入挖掘数据，看看这些猜测是否可以被证实。

8.2.2　第2步——探索和准备数据

交易数据的存储格式与我们之前使用的格式略有不同。我们之前的大部分分析所采用的数据都是矩阵形式，其中，行表示样本实例，列表示特征。在矩阵格式中，所有的样本都必须具有完全相同的特征集。

相比较而言，交易数据的形式更自由。与往常一样，数据中的每一行指定一个单一的样本——在本例中，为一次交易。然而，每条记录包括用逗号隔开的任意数量的产品清单，从一到许多，而不是一组特征。本质上，就是样本之间的特征可能是不同的。

为了继续这样的分析，你需要下载groceries.csv文件，并将该文件保存到你的R的工作目录中。

原始的groceries.csv文件的前5行如下所示：

```
citrus fruit,semi-finished bread,margarine,ready soups
tropical fruit,yogurt,coffee
whole milk
pip fruit,yogurt,cream cheese,meat spreads
other vegetables,whole milk,condensed milk,long life bakery product
```

这些行表示5次独立的超市交易。第一次交易包括4种商品：citrus fruit（柑橘类水果）、semi-finished bread（半成品面包）、margarine（人造黄油）和ready soups（即食汤），作为对比，第三次交易只包括1种商品：whole milk（全脂牛奶）。

假设我们尝试使用函数read.csv()加载数据，与之前分析所做的一样。R将顺畅地以矩阵格式读入数据，如表8-4所示。

表 8-4　交易数据错误地加载为矩阵格式

	V1	V2	V3	V4
1	citrus fruit	semi-finished bread	margarine	ready soups
2	tropical fruit	yogurt	coffee	
3	whole milk			
4	pip fruit	yogurt	cream cheese	meat spreads
5	other vegetables	whole milk	condensed milk	long life bakery product

你将注意到 R 创建了 4 列来存储交易数据中的项：V1、V2、V3 和 V4。虽然这似乎是合理的，但是如果我们使用这种形式的数据，之后我们将会遇到问题。R 之所以选择创建 4 个变量，是因为第一行恰好有 4 个逗号分隔开的值。但是我们知道杂货的购买可以包含 4 种以上的商品，在 4 列的设计中，这些交易将不幸地被分解到矩阵的多个行中。我们可以尝试通过将具有商品数量最多的交易放到文件的顶部来解决这个问题，但是这忽略了另一个更棘手的问题。

通过这种方式构造数据，R 构建了一组特征，这些特征不仅记录交易中的商品，还记录这些商品出现的顺序。如果我们设想学习算法是为了试图找到 V1、V2、V3 和 V4 之间的关系，那么出现在 V1 中的 whole milk 与出现在 V2 中的 whole milk 可能有不同的处理。相反，我们需要一个数据集，该数据集不会将一次交易作为一组用具体商品来填充（或者不填充）的位置，而是作为一个要么包含要么不包含每种特定商品的购物篮。

1. 数据准备——为交易数据创建一个稀疏矩阵

解决此问题采用了一个称为稀疏矩阵的数据结构。你可能还记得在第 4 章中，我们使用了一个稀疏矩阵来处理文本数据。正如前面的数据集一样，稀疏矩阵的每一行表示一次交易，稀疏矩阵的列（即特征）表示可能出现在消费者购物篮中的每一件商品。因为在杂货店数据中有 169 类不同的商品，所以稀疏矩阵将包含 169 列。

为什么不像我们之前在大多数分析中所做的那样，将其存储为一个数据框呢？其原因就是，一旦增加额外的交易和商品，传统的数据结构很快就会变得过大，从而导致可用内存不足。即使这里使用的交易数据集相对较小，但是矩阵包含了将近 170 万个单元，其中大部分单元为 0（因此命名为“稀疏”矩阵——只有很少的非零值）。

因为存储的所有这些 0 值没有益处，所以稀疏矩阵实际上在内存中没有存储完整的矩阵，只是存储了由一个商品所占用的单元，这使得该结构的内存效率比一个大小相当的矩阵或者数据框的内存效率更高。

为了根据交易数据创建稀疏矩阵的数据结构，可以使用由 `arules`（关联规则）添加包提供的函数。使用命令 `install.packages("arules")` 与命令 `library(arules)` 安装和载入添加包。

关于 `arules` 添加包的更多信息，请参考 arules – A Computational Environment for Mining Association Rules and Frequent Item Sets, Hahsler, M, Gruen, B, Hornik, K. Journal of Statistical Software, 2005, Vol.14。

因为我们正在加载交易数据，所以不能简单地使用之前使用的 `read.csv()` 函数。取而代之，`arules` 添加包提供了类似于 `read.csv()` 的 `read.transactions()` 函数，该函数可以产生一个适用于交易数据的稀疏矩阵，而 `read.csv()` 函数则不能。参数 sep="," 指定输入到文件中的项之间用逗号隔开。为了将 groceries.csv 数据读入到一个名为 groceries 的稀疏矩阵中，请输入下面的命令：

```
> groceries <- read.transactions("groceries.csv", sep = ",")
```

如果想查看我们刚刚创建的 groceries 矩阵的一些基本信息，可以对该对象使用 summary() 函数：

```
> summary(groceries)
transactions as itemMatrix in sparse format with
 9835 rows (elements/itemsets/transactions) and
 169 columns (items) and a density of 0.02609146
```

输出信息中的第一块（如上所示）提供了一个我们创建的稀疏矩阵的概要。在输出中，9835 rows 指的是交易次数，169 columns 指的是可能出现在消费者购物篮中的169类不同的商品。如果在相对应的交易中，该商品被购买了，则矩阵中的该单元格为 1，否则为 0。

密度（density）值 0.026 09 146（2.6%）指的是矩阵中非零单元的比例。因为矩阵中有 $9835 \times 169 = 1\,662\,115$ 个位置，所以可以计算在商店经营的30天内，共有 $1\,662\,115 \times 0.026\,091\,46 = 43\,367$ 件商品被购买（忽略同样的商品可能会被重复购买的事实）。进一步，我们可以确定平均交易包含了 $43\,367/9835 = 4.409$ 种不同的杂货商品。当然，如果多往下看一看输出信息，我们将会看到，每笔交易的商品数均值已经提供给我们了。

summary() 输出的下一块列出了交易数据中最常购买的商品。因为 $2513/9835 = 0.2555$，所以我们可以确定 whole milk 有25.6%的概率出现在交易中，位于清单上的其他常见商品有 other vegetables（其他蔬菜）、rolls/buns（面包 / 馒头）、soda（汽水）和 yogurt（酸奶），如下所示：

```
most frequent items:
      whole milk other vegetables       rolls/buns
            2513             1903             1809
            soda           yogurt          (Other)
            1715             1372            34055
```

最后，它为我们呈现了一组关于交易规模的统计。总共有2159次交易只包含单一的商品，而有一次交易包含了32类商品，第一四分位数和中位数的购买规模分别为2类商品和3类商品，这意味着25%的交易包含了两类或者更少类商品，大约一半的交易包含了三类或者更少类商品，每笔交易中的商品数均值为4.409，这与我们手动计算的值是一致的。

```
element (itemset/transaction) length distribution:
sizes
   1    2    3    4    5    6    7    8    9   10   11   12
2159 1643 1299 1005  855  645  545  438  350  246  182  117
  13   14   15   16   17   18   19   20   21   22   23   24
  78   77   55   46   29   14   14    9   11    4    6    1
  26   27   28   29   32
   1    1    1    3    1

   Min. 1st Qu.  Median    Mean 3rd Qu.    Max.
  1.000   2.000   3.000   4.409   6.000  32.000
```

arules 添加包包含了一些用于检查交易数据的有用功能。使用 inspect() 函数与 R 中向量运算的组合，可以查看稀疏矩阵的内容。前 5 项交易如下所示：

```
> inspect(groceries[1:5])
  items
1 {citrus fruit,
   margarine,
   ready soups,
   semi-finished bread}
2 {coffee,
   tropical fruit,
   yogurt}
3 {whole milk}
4 {cream cheese,
   meat spreads,
   pip fruit,
   yogurt}
5 {condensed milk,
   long life bakery product,
   other vegetables,
   whole milk}
```

这些交易符合我们所查看的原始 CSV 文件。若要研究一件特定的商品（即一列数据），可以使用 [row, column] 矩阵概念。同时与 itemFrequency() 函数一起使用，我们可以看到包含指定商品的交易比例。例如，要查看杂货店数据中前 3 件商品的支持度，可以使用以下命令：

```
> itemFrequency(groceries[, 1:3])
abrasive cleaner artif. sweetener   baby cosmetics
    0.0035587189      0.0032536858     0.0006100661
```

注意，稀疏矩阵中商品所在的列是按字母表的顺序排序的。abrasive cleaner（擦洗剂）和 artificial sweetener（人造甜味剂）大约以 0.3% 的比例出现在交易中，而 baby cosmetics（婴儿用品）大约以 0.06% 的比例出现在交易中。

2. 可视化商品的支持度——商品的频率图

为了直观地呈现这些统计数据，可使用 itemFrequencyPlot() 函数，该函数创建了一个描绘所包含的指定商品的交易比例的柱状图。因为交易数据包含了非常多的项，所以时常需要限制出现在图中的那些项，以便产生一幅清晰的图。

如果你想展示最少交易比例的商品，那么可以在 itemFrequencyPlot() 函数中运用 support 参数：

```
> itemFrequencyPlot(groceries, support = 0.1)
```

如图 8-1 所示，这生成了一个直方图，显示了杂货店数据中支持度至少为 10% 的 8 类商品。

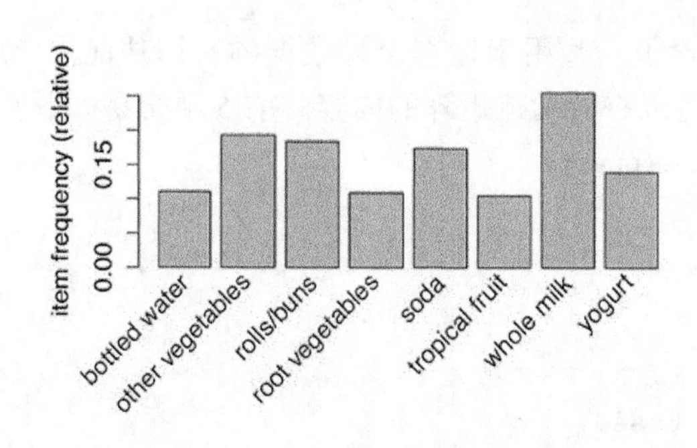

图 8-1　至少 10% 的交易中所有杂货店商品的支持度水平

如果你更愿意限制出现在图中商品的具体数量，那么可以在 itemFrequency-Plot() 函数中使用 topN 参数：

```
> itemFrequencyPlot(groceries, topN = 20)
```

然后直方图根据支持度降序排列，图 8-2 显示了杂货店数据中的前 20 类商品：

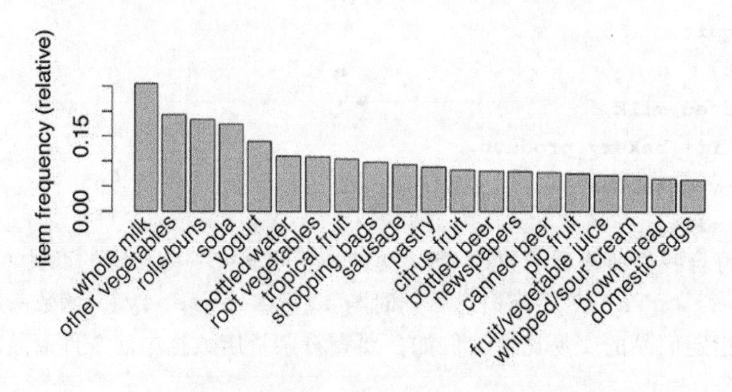

图 8-2　前 20 类商品的支持度水平

3. 可视化交易数据——绘制稀疏矩阵

除了可视化指定的商品外，还可以使用 image() 函数获得整个稀疏矩阵的鸟瞰图。当然，由于矩阵本身非常大，所以通常最好是指定整个矩阵的子集。用于显示前 5 次交易稀疏矩阵的命令如下：

```
> image(groceries[1:5])
```

生成的图（图 8-3）描绘了一个 5 行 169 列的矩阵，表示我们要求的 5 次交易和 169 类可能的商品。矩阵中填充有黑色的单元表示在此次交易（行）中，该商品（列）被购买了。

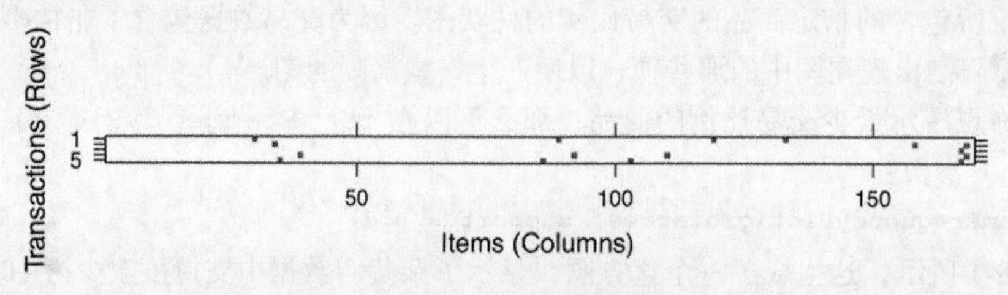

图 8-3　前 5 次交易稀疏矩阵的可视化

尽管图 8-3 的这个图形很小，阅读起来会稍微有些困难，但是你可以看到第一次、第四次和第五次交易各包含了 4 类商品，因为它们所在的行有 4 个单元被填充了。在图 8-3 的右侧，你也可以看到在第三行和第五行以及第二行和第四行，它们有一类共同的商品。

这种可视化是用于探索交易数据的一种很有用的工具。一方面，它有助于识别潜在的数据问题。列从上往下一直被填充可能表明这些商品在每一次交易中都被购买了——如果一个零售商的名称或者它们的标识号意外地包含在一个交易数据集中，或许就会产生这样的问题。

另一方面，图中的模式可能有助于揭示交易或者商品的有趣部分，特别是当数据以有趣的方式排序后。例如，如果交易按日期排序，那么黑色圆点的图案可能会揭示购买的商品数量或者类型的季节性影响。或许在圣诞节（Christmas）或者光明节（Hanukkah）前后，玩具的购买更常见；或许在万圣节（Halloween）前后，糖果变得更受欢迎。如果商品也被分类，那么这种类型的可视化可能会特别有效。然而，在大多数情况下，图形看上去都是相当随机的，就像电视荧屏上的静电一样。

请记住这种可视化对于超大型的交易数据集是没有用的，因为单元会太小而无法辨别。不过，通过将其与 `sample()` 函数结合，你可以看到稀疏矩阵中一组随机抽样的交易。创建随机选择 100 次交易的命令如下：

```
> image(sample(groceries, 100))
```

这样就产生了一个 100 行 169 列的矩阵图，如图 8-4 所示。

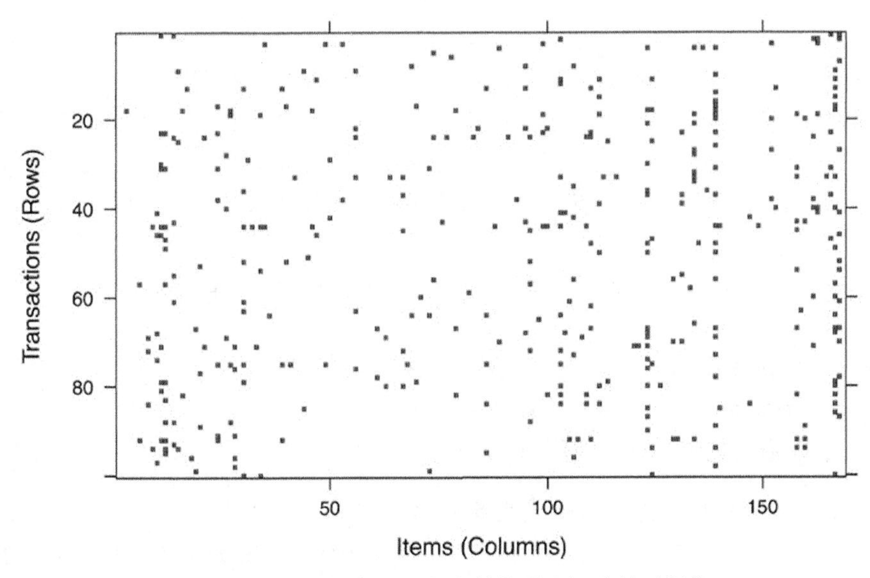

图 8-4　随机选择的 100 次交易的稀疏矩阵的可视化

少数列的黑点看起来是相当稠密的，表明该商店里有一些非常受欢迎的商品。但是，点的分布总体看来是相当随机的。鉴于没有其他的说明，那么就让我们继续分析吧。

8.2.3　第 3 步——基于数据训练模型

随着数据准备工作的完成，现在我们可以致力于寻找购物车中商品之间的关联。我们将使用在探索和准备杂货店数据中一直使用的 `arules` 添加包中的 Apriori 算法实现。如果你还没有安装和加载这个添加包，那么需要先安装和加载该添加包。下面显示了用

apriori()函数来创建规则集的语法，如表8-5所示。

表8-5　关联规则语法

关联规则语法
应用arules添加包中的函数apriori()
找出关联规则： myrules <- apriori(data = mydata, parameter =   list(support = 0.1, confidence = 0.8, minlen = 1)) ● data：含有交易数据的稀疏矩阵 ● support：给出要求的最低规则支持度 ● confidence：给出要求的最低规则置信度 ● minlen：给出要求的规则最低项数 该函数将返回一个满足最低准则要求的规则对象。 **检验关联规则：** inspect(myrules) ● myrules是由函数apriori()函数给出的一组关联规则
它将输出关联规则到屏幕。可以对myrules应用向量运算来选择查看一个或者多个特定的规则。 **例子：** groceryrules <- apriori(groceries, parameter = list(support = 0.01, confidence = 0.25, minlen = 2)) inspect(groceryrules[1:3])

虽然运行apriori()函数很简单，但是为了找到支持度和置信度参数来产生合理数量的关联规则，有时候需要进行大量的试验与误差评估。如果将这些参数设置过高，那么你可能发现没有规则或者可能发现规则过于普通而不是非常有用。另一方面，阈值太低可能会导致规则的数量庞大，更糟糕的是，该算法可能需要很长的运行时间或者在学习阶段耗尽内存。

对于杂货店数据，使用support=0.1和confidence=0.8的默认设置将得不到任何规则：

```
> apriori(groceries)
set of 0 rules
```

显然，我们需要放宽一点搜索范围。

如果你仔细想想，这样的结果应该就不会那么令人惊奇。因为默认support = 0.1，所以为了产生一个规则，一种商品就必须至少出现在0.1*9 835=983.5次交易中。而在我们的数据中，只有8类商品出现得比较频繁，因此没有发现任何规则也不足为奇。

解决设定最小支持度问题的一种方法是在考虑模式之前，想好需要的最小交易数量。例如，你可以认为如果一种商品一天被购买了两次（一个月大约60次），那么它可能是重要的。据此，可以计算所需要的支持度，至少可以发现仅与你事先想好的那么多次交易相一致的规则。因为60/9835 = 0.006，所以我们将尝试首先设定支持度为0.006。

设定最小置信度涉及一种微妙的平衡。一方面，如果置信度太低，就可能被大量不可靠的规则淹没（比如数十种规则表明与电池一起经常被购买的商品），那么我们如何知道广告预算目标呢？另一方面，如果将置信度设置得太高，那么我们将被显而易见或者不可避免的规则所限制（像烟雾探测器总是与电池一起组合购买的事实）。在这种情况下，因为两类商品几乎总是一起购买，所以将烟雾探测器移到离电池更近的地方难以再产生额外的收入。

合适的最小置信度水平的选取，绝大部分取决于分析目标。如果你从一个保守值开始，假如没有发现具有可行性的规则，那么你总是可以降低要求以拓宽规则的搜索范围。

我们将从置信度阈值 0.25 开始，这意味着为了将规则包含在结果中，此时规则的正确率至少为 25%。这将消除最不可靠的规则，同时为我们有针对性地调整营销行为提供了一些空间。

现在，我们准备生成一些规则。除了最小支持度和置信度参数外，设定 `minlen = 2` 有助于消除包含少于两类商品的规则。这可以防止仅仅是由于某商品被频繁购买而创建的无趣规则（例如，`{}=>whole milk`）。此规则满足最小支持度和置信度条件，因为 whole milk 的购买是超过 25% 的交易，但它不是一个非常可行的规则。

使用 Apriori 算法寻找一组关联规则的完整命令如下：

```
> groceryrules <- apriori(groceries, parameter = list(support =
                             0.006, confidence = 0.25, minlen = 2))
```

该命令将规则保存在一个规则对象中，我们可以通过输入其名称来查看：

```
> groceryrules
set of 463 rules
```

`groceryrules` 对象包含了一组 463 个关联规则。为了确定它们是否是有用的，我们必须深入挖掘。

8.2.4 第 4 步——评估模型的性能

为了获取高一级关联规则的概览，可以使用如下所示的 `summary()`。规则的长度分布告诉我们按商品的每一类计数的规则有多少。在我们的规则集中，有 150 个规则只包含 2 类商品，有 297 个规则包含 3 类商品，有 16 个规则包含 4 类商品，输出中还提供了与此分布相关的汇总统计量：

```
> summary(groceryrules)
set of 463 rules

rule length distribution (lhs + rhs):sizes
  2   3   4
150 297  16

   Min. 1st Qu.  Median    Mean 3rd Qu.    Max.
  2.000   2.000   3.000   2.711   3.000   4.000
```

如上面的输出所指出的，规则的规模是由规则的前项（条件项或左项，`lhs`）与规则的后项（结果项或右项，`rhs`）相加得到的。这意味着，规则 `{bread} => {butter}` 为 2 项，规则 `{peanut butter, jelly} => {bread}` 为 3 项。

接下来，我们看一看度量规则质量的汇总统计量：support（支持度）、confidence（置信度）和 lift（提升度）。因为我们使用 support 和 confidence 作为规则的选择标准，所以这两个统计量应该不会令人感到很惊讶。如果大多数或者所有规则的 support 和 confidence 都非常接近于最小阈值，那么我们可能会感到震惊，因为这将意味着我们设置的门槛可能太高了。这里的案例不是这种情况，因为这里的许多规则在每个统计量上都具有很大的值。

```
summary of quality measures:
    support              confidence          lift
 Min.    :0.006101   Min.    :0.2500   Min.    :0.9932
 1st Qu.:0.007117   1st Qu.:0.2971   1st Qu.:1.6229
 Median :0.008744   Median :0.3554   Median :1.9332
 Mean    :0.011539   Mean    :0.3786   Mean    :2.0351
 3rd Qu.:0.012303   3rd Qu.:0.4495   3rd Qu.:2.3565
 Max.    :0.074835   Max.    :0.6600   Max.    :3.9565
```

第 3 列是新引入的一个度量标准。假设你知道另一类商品或者商品集已经被购买，那么一个规则的提升度就是用来度量一类商品或者商品集相对于它的一般购买率，被购买的可能性有多大。它的定义如下式所示：

$$\text{lift}\ (X \to Y) = \frac{\text{confidence}\ (X \to Y)}{\text{support}(Y)}$$

与置信度的商品购买顺序问题不同，lift $(X \to Y)$ 与 lift $(Y \to X)$ 是相同的。

例如，假设在一家杂货店，大多数人都购买牛奶和面包。只通过偶然的机会，我们期望找到同时购买牛奶和面包的许多交易。然而，如果 lift(milk→bread) 大于 1，那么这意味着碰巧发现这两类商品在一起比期望中更常见。因此，大的提升度值是一个重要的指标，它表明一个规则是很重要的，并反映了商品之间的真实联系。

在 summary() 输出的最后部分，得到的挖掘信息告诉我们如何选择规则。这里，我们看到包含 9835 次交易的杂货店数据，用来构建最小支持度为 0.006 与最小置信度为 0.25 的规则：

```
mining info:
      data  transactions  support  confidence
 groceries          9835    0.006        0.25
```

我们可以使用 inspect() 函数看一看具体的规则。例如，groceryrules 对象中的前 3 个规则如下所示：

```
> inspect(groceryrules[1:3])
  lhs                rhs                   support confidence     lift
1 {potted plants} => {whole milk}      0.006914082  0.4000000 1.565460
2 {pasta}         => {whole milk}      0.006100661  0.4054054 1.586614
3 {herbs}         => {root vegetables} 0.007015760  0.4312500 3.956477
```

第一条规则可以用通俗易懂的语言来表示“如果一个顾客购买了 potted plants（盆栽植物），那么他还会购买 whole milk。”其支持度大约为 0.007，置信度为 0.400，我们可以确定该规则涵盖了大约 0.7% 的交易，而且涉及 potted plants 购买的正确率为 40%。提升度（lift）值告诉我们假定一个顾客购买了 potted plants，他相对于一般顾客会购买 whole milk 的可能性有多大。因为我们知道大约有 25.6% 的顾客购买了 whole milk（support），而购买 potted plants 的顾客有 40% 购买了 whole milk（Confidence），所以我们可以计算提升度为 0.40/0.256 = 1.56，这与显示的结果是一致的。

注意，标有 support 的列表示规则的支持度，而不仅仅是 lhs 或者 rhs 的支持度。

尽管规则 {potted plants} → {whole milk} 的置信度和提升度都很高，但是该规则看起来像是一个非常有用的规则吗？或许不是，因为似乎没有一个合乎逻辑的理由——为什么有人在购买盆栽植物时，更可能购买牛奶呢？然而，我们的数据表明并非如此，怎样才能使得这一事实有意义呢？

一种常见的做法就是获取关联规则，并把它们分成下面 3 类：

- 可行动的规则。
- 平凡的规则。
- 令人费解的规则。

显然，购物篮分析的目标就是要找到可行动的规则，它能够提供明确的有益启示。有些规则是明确的，有些规则是有用的，而找到包含这两个因素的规则是不太常见的。

所谓平凡的规则包括那些过于明显以至于不值一提的规则——它们很明确，但不是很有用。假设你是一个被支付了大笔资金为交叉推广的商品确定新机遇的营销顾问，如果你报告的结论为：{ 尿布 } → { 配方奶 }，那么你很有可能不会再被邀请去做其他咨询工作。

平凡的规则也可以伪装成更有趣的结果。例如，假设你发现了某一特定品牌的儿童麦片和某一特定 DVD 影片之间的关联。但是如果该影片的男主角图片在麦片盒的前面，那么该发现并不能算是有深刻见解的。

如果商品之间的规则过于不明确以至于搞清楚如何使用这些信息是不可能的或者几乎是不可能的，那么这样的规则就是令人费解的。这样的规则可能仅仅只是数据中的一种随机模式，例如，规则 { 泡菜 } → { 巧克力冰淇淋 }，可能只是由于某单一的顾客，其怀孕的妻子定期渴望奇怪组合的食物。

最好的规则是隐藏的宝石——未被发现的见解只有在被发现时才显而易见。只要有足够的时间，我们就可以评估每一个规则以发现宝石。然而，对于一个规则是可行动的、平凡的，还是令人费解的，从事分析工作的数据科学家可能不是最优的裁判。因此，与负责管理零售链领域的专家合作可能会产生更好的规则，他们可以帮助解释发现的规则。在下一节中，我们将采用一些方法对所学的规则进行排序和输出来促进这种共享，从而使得最有趣的结果浮现出来。

8.2.5　第 5 步——提高模型的性能

主题专家可能能够很快找出有用的规则，但要求他们评估数百条甚至数千条规则将会花费很多时间。因此，能够根据不同的标准对规则进行排序，并将它们从R中提取出来，形成可以与营销团队共享并且可以进行深入探讨的形式是很有用的。这样，我们就可以通过使结果更可行动来提高规则的性能。

1. 对关联规则集合排序

根据购物篮分析的目标，最有用的规则或许是那些具有最高支持度、置信度和提升度的规则。arules 添加包包含一个 sort() 函数，可以用来对规则列表重新排序，从而使具有最高或者最低质量度量值的规则排在第一位。

要重新排列 groceryrules 对象，我们可以应用 sort() 函数，同时指定参数 by 的值为 "support"、"confidence" 或者 "lift"。通过将 sort() 函数与向量运算相结合，可以获得指定数目的有趣规则，例如，使用下面的命令，根据提升度 lift 统计量，可以研究提升度最好的 5 个规则：

```
> inspect(sort(groceryrules, by = "lift")[1:5])
```

输出如下所示：

```
  lhs                    rhs                    support confidence     lift
1 {herbs}             => {root vegetables}    0.007015760  0.4312500 3.956477
2 {berries}           => {whipped/sour cream} 0.009049314  0.2721713 3.796886
3 {other vegetables,
   tropical fruit,
   whole milk}        => {root vegetables}    0.007015760  0.4107143 3.768074
4 {beef,
   other vegetables}  => {root vegetables}    0.007930859  0.4020619 3.688692
5 {other vegetables,
   tropical fruit}    => {pip fruit}          0.009456024  0.2634561 3.482649
```

这些规则似乎比我们之前看到的规则更令人感兴趣。第一条规则，提升度（lift）大约为 3.96，这意味着购买 herbs（药草）的顾客比一般顾客有将近 4 倍的可能性购买 root vegetables（根菜类蔬菜）——或许是用于某种类型的汤吗？第二条规则同样令人感兴趣。相对于其他的购物车，whipped cream（鲜奶油）有超过 3 倍的可能性在具有 berries（浆果）的购物车中被发现，这或许表明是一种甜点搭配吗？

在默认情况下，排序的顺序是递减的，这意味着最大值排在第一位，要逆序可添加另一个参数 decreasing = FALSE。

2. 提取关联规则的子集

假设给定上述规则，营销团队对于有可能创建一个广告来促销正处于旺季的 berries 感到非常激动。然而，在落实广告活动之前，他们要求你调查 berries 是否经常与其他商品一起购买。要回答这个问题，我们需要找到以某种形式包含 berries 的所有规则。

subset() 函数提供了一种用来寻找交易、商品或者规则子集的方法。要用该函数在规则中寻找那些包含 berries 的所有规则，可以使用下面的命令，把满足条件的规则存储在一个名为 berryrules 的新对象中：

```
> berryrules <- subset(groceryrules, items %in% "berries")
```

当我们处理完较大的集合时，可以查看这些满足条件的规则：

```
> inspect(berryrules)
```

结果为如下所示的规则集：

```
   lhs          rhs                    support confidence     lift
1 {berries} => {whipped/sour cream} 0.009049314  0.2721713 3.796886
2 {berries} => {yogurt}             0.010574479  0.3180428 2.279848
3 {berries} => {other vegetables}   0.010269446  0.3088685 1.596280
4 {berries} => {whole milk}         0.011794611  0.3547401 1.388328
```

涉及 berries 的规则有 4 个，其中有 2 个似乎很令人感兴趣，足以称为可行动的规则。除了 whipped cream(鲜奶油) 外,berries 也经常与 yogurt(酸奶) 一起购买——一种可以作为很好的早餐或者午餐以及甜点的搭配。

subset() 函数是非常强大的，选择子集的标准可以用几个关键词和运算符来定义：

- 前面解释过的关键词 items，与出现在规则任何位置的项相匹配。为了将子集限制到匹配只发生在左侧或者右侧的位置上，可使用 lhs 和 rhs 代替。
- 运算符 %in% 意味着至少有一项在定义的列表中可以找到。如果想得到要么与 berries 相匹配，要么与 yogurt 相匹配的规则，那么可以输入 items %in% c("berries", "yogurt")。
- 用于部分匹配（%pin%）和完全匹配（%ain%）的额外的运算符是可用的。部分匹配允许使用一次搜索（items %pin% "fruit"），就可以找到既包含 citrus fruit（柑橘类水果）又包含 tropical fruit（热带水果）的规则。完全匹配需要所有列出的项都存在，例如，items %ain% c("berries", "yogurt") 只能找到既包含 berries 又包含 yogurt 的规则。
- 子集同样可以用 support、confidence 和 lift 来加以限制，例如，confidence>0.50 将规则限制为那些置信度大于 50% 的规则。
- 匹配准则可以与 R 中标准的逻辑运算符（比如，与（&）、或（|）和非（!））相结合。

使用这些选项，可以限制你想要选择的规则为特定的规则或者是一般的规则。

3. 将关联规则保存到文件或者数据框中

为了分享购物篮分析的结果，你可以使用 write() 函数将规则保存到 CSV 文件中。这将产生一个可以在大多数电子表格程序（包括 Microsoft Excel）中使用的 CSV 文件：

```
> write(groceryrules, file = "groceryrules.csv",
        sep = ",", quote = TRUE, row.names = FALSE)
```

有时候将其转换成 R 中的数据框也是很方便的。这可以使用 as() 函数来完成，如下所示：

```
> groceryrules_df <- as(groceryrules, "data.frame")
```

这样就创建了一个数据框，其中规则是因子格式，支持度、置信度和提升度为数值向量：

```
> str(groceryrules_df)
'data.frame':    463 obs. of 4 variables:
 $ rules      : Factor w/ 463 levels "{baking powder} => {other
vegetables}",..: 340 302 207 206 208 341 402 21 139 140 ...
 $ support    : num  0.00691 0.0061 0.00702 0.00773 0.00773 ...
 $ confidence: num  0.4 0.405 0.431 0.475 0.475 ...
 $ lift       : num  1.57 1.59 3.96 2.45 1.86 ...
```

如果你想对规则进行进一步的处理或者需要将它们导入另一个数据库，那么将规则保存到数据框可能会很有用。

8.3 总结

关联规则用于探寻大型零售商大规模交易数据库中的有益启示。作为一种无监督学习过程，关联规则学习器能够从没有任何关于模式的先验知识的大型数据库中提取知识。美中不足的是，将大量的信息缩减成更小、更易于管理的结果集需要一些努力。而本章研究的 Apriori 算法可以通过设置兴趣度的最小阈值和只呈现满足这些准则的关联来解决这个问题。

在对一个中等规模超市的一个月的交易数据进行购物篮分析时，我们使用了 Apriori 算法。即使在这样一个小案例中，我们还是发现了大量的关联。在这些关联中，我们注意到有些模式对于未来的营销活动可能很有用。我们使用的方法适用于更大的零售商，它们的数据库规模可能是本例中数据库规模的好几倍，也同样适用于零售环境之外的项目。

在下一章中，我们将研究另一种无监督学习算法。就像关联规则，它的目的也是探寻数据中的模式，但它与探寻相关项或者特征组的关联规则又不同，下一章中的方法则更加关注找到样本之间的联系与关系。

第 9 章

寻找数据的分组——k 均值聚类

你是否曾经花时间观看人群？如果是这样，那么你很可能已经看到了一些反复出现的个体。或许根据一套刚熨过的西服和一个公文包，就可以确定这种类型的人是典型的有钱有势的企业高管。一个 20 岁出头，穿着紧身牛仔裤和法兰绒衬衫，戴着太阳镜的小伙可能被冠以“时髦”的称号；而一个让孩子从小型货车上下车的女人可能会被贴上“足球妈妈”的标签。

当然，将这些类型的老套观念应用于个人是很危险的，因为没有哪两个人是完全一样的。然而，将其理解为一种用于描述共同体的方式，这些标签捕获的便是属于同一组内的个体之间共有的一些潜在的相似方面。

正如你很快就会学到的，聚类的行为，或者说在数据中发现模式，与在人群中发现模式没有太大的不同。本章介绍了以下内容：

- 不同于我们先前研究的分类任务的聚类任务方法。
- 聚类如何定义分组，这样的分组如何根据 k 均值——一种经典且容易理解的聚类算法来确定。
- 将聚类应用到一个真实世界的任务——确定青少年社交媒体用户之间市场细分所需要的步骤。

在采取行动之前，我们将从深入了解聚类到底能够带来什么开始。

9.1 理解聚类

聚类是一种无监督的机器学习任务，它可以自动将数据划分成**集群**（cluster)，或者具有类似项的分组。因此，聚类分组不需要提前被告知所划分的组看起来应该怎么样。因为我们甚至可能都不知道在寻找什么，所以聚类用于知识发现而不是预测。它提供了一种从数据内部发现自然分组的深刻洞察。

如果没有预先了解一个组是由什么构成的，那么一台计算机如何可能知道到哪里一组结束了，而另一组开始了呢？答案很简单：聚类的原则是在一个组内的项，彼此应该是非常相似的，而与该组之外的项截然不同。相似性的定义对于不同的应用可能会不同，但是基本的思想总是相同的：对数据分组时，使得相关的元素放在一起。

然后，所得到的结果就可以用于行动。例如，你可能会发现一些应用中采用的聚类方法，比如：

- 将客户细分为具有相同的人口统计特征或者购买模式的组，从而应用于有针对性的营销活动。
- 通过识别不同于已知集群的模式来检测异常行为，比如侦测未经授权的网络入侵。
- 将相似的特征值划分成较小的具有同质类别特征的组，从而简化特大的数据集。

总之，聚类是非常有用的，无论何时，各种数据集都可以用较小的多个数据组来表示。而且，通过聚类生成的有意义和可行动的数据结构降低了数据的复杂性，并且提供了关于关系模式的深刻洞察。

9.1.1　聚类——一种机器学习任务

聚类与我们目前为止已经研究过的分类、数值预测和模式检测任务稍有不同。在我们研究过的这些任务中，每一个任务的目标都是建立一个特征与结果或者一些特征与其他特征相关的模型。这些任务中的每一个都描述了数据内部的现有模式。相比之下，聚类的目标是创建新的数据。在聚类中，给无标签样本分配一个完全根据数据内部关系推断出的新集群标签。出于这个原因，你有时将看到一个聚类任务被称为**无监督分类**，因为从某种意义上讲，它是对无标签样本进行分类。

美中不足的是，从无监督分类器获得的分类标签没有内在的意义。聚类将告诉你样本的哪些组是密切相关的（例如，它可能会返回组 A、B 和 C），但应用一个可行动的且有意义的标签是由你来决定的。为了了解这个问题如何影响聚类任务，我们来考虑一个虚构的例子。

假设你正在组织一个以数据科学为主题的会议。为了便于形成专业网络及协作，你打算根据他们的研究专长（计算机科学、数学与统计学和机器学习 3 个研究专业）分组，安排大家到不同的组就座。不幸的是，在你发送了会议邀请函之后，你意识到忘记在邀请函中包含一份调查以询问与会者更愿意就座于哪个学科组中。

然而，你意识到或许可以通过研究他之前发表的论文来推断每位学者的研究专业。为此，你开始收集数据，关于每一位与会者在计算机科学相关杂志上发表的论文数量以及在数学或者统计学相关杂志上发表的论文数量。使用所收集到的学者的数据，你创建了一个散点图，如图 9-1 所示。

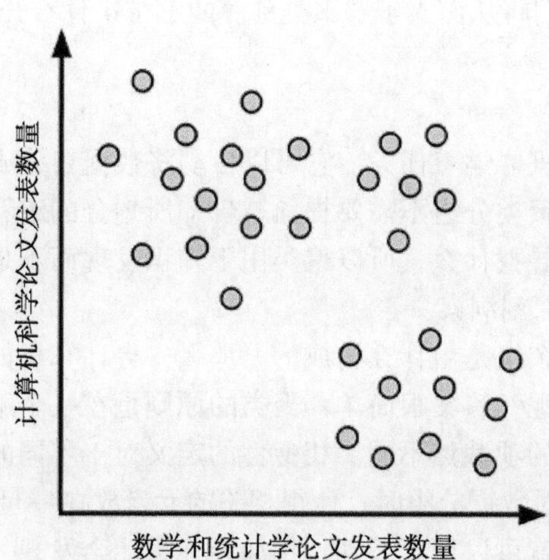

图 9-1　根据数学和计算机科学发表数据可视化学者

正如预期的那样，这里似乎有一种模式。我们可以猜测左上角可能是由计算机科学家构成的一个组，因为左上角表示发表过许多计算机科学论文而少量数学论文的学者。按照这一逻辑，右下角可能是由数学家构成的组。类似地，右上角可能是机器学习专家，因为右上角表示那些既有数学经验又有计算机科学经验的学者。应用这些标签生成了如图 9-2 的可视化效果。

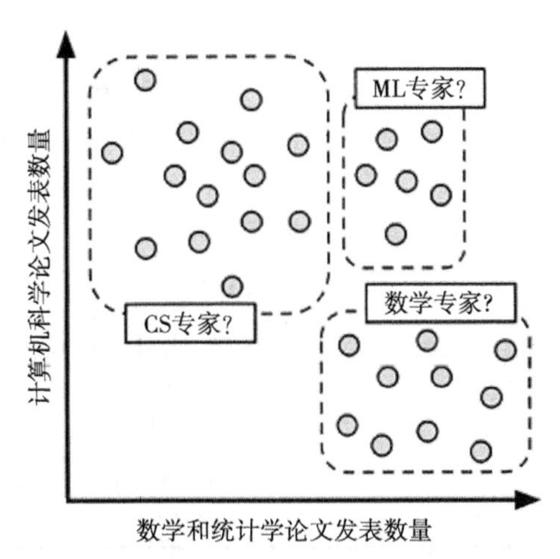

图 9-2　根据每个组中学者的假设来识别集群

我们形成的分组只是视觉上的，简单地根据靠近的数据分组来确定集群。然而，尽管是看似明显的分组，但如果没有亲自询问每位学者他的学术专长，我们没有办法知道这些组是否真正同质。这些标签是基于一组有限的定量数据，对每个组中学者类型进行定性的假定判断的。

与主观地定义分组的边界相比，使用机器学习方法来客观地定义分组更好。在图 9-2 中给定平行于坐标轴的分割线，我们的问题看起来就像是第 5 章中描述的决策树的一个明显应用。这为我们提供了一个形如“如果一个学者只发表过少量的数学论文，那么他就是计算机科学家”的清晰规则。遗憾的是，这个方案有一个问题，如果没有每个点的真实分类值的数据，有监督学习算法将没有学习这种模式的能力，因为它没有办法知道什么样的分割会产生同质的组。

另一方面，聚类算法的过程与我们通过视觉查看散点图所做的有些类似。通过使用一个度量样本相关程度有多紧密的度量，就可以确定同质的组。在下一节中，我们将开始研究聚类算法是如何实现的。

这个例子突出强调了聚类的一个有趣应用。如果你一开始从无标签的数据入手，那么就可以使用聚类来创建分类标签。然后，你可以应用一个有监督学习算法（比如，决策树）来寻找这些类中最重要的预测指标，这称为**半监督学习**（semi-supervised learning）。

9.1.2　k 均值聚类算法

k 均值算法可能是最常用的聚类方法，该算法被研究了几十年，是许多更加复杂聚类技术的基础。如果理解了该算法使用的简单原则，你将拥有理解当今使用的几乎所有聚类算法的知识。许多这样的方法都列在网站 http://cran.r-project.org/web/views/Cluster.html 的有关聚类的 CRAN 任务视图中。

随着时间的推移，k 均值算法也在发生演变，因此关于该算法，有许多不同的实现。一种流行方法可参见 *A k-means clustering algorithm, Hartigan, JA, Wong, MA, Applied Statistics, 1979, Vol. 28, pp. 100-108*。

尽管自 k 均值算法提出以来，聚类方法有了改进，但这并不意味着 k 均值算法已经过时。事实上，该方法现在可能比以前更受欢迎。表 9-1 列出了一些 k 均值算法仍然广泛使用的原因。

表 9-1 k 均值算法的优缺点

优　点	缺　点
❑ 使用可以通过非统计术语解释的简单原则 ❑ 具有高度的灵活性，并且通过简单的调整，就可以进行修正以克服它几乎所有的缺点 ❑ 对于许多真实世界的用例，它运行得足够好	❑ 没有现代聚类算法先进 ❑ 因为它使用了一个随机的元素，所以不能保证找到最优的类 ❑ 需要一个合理的猜测：数据有多少个自然集群 ❑ 对于非球形的集群或者密度差异很大的集群是不理想的

如果 k 均值这个名称对你来说听起来有点儿熟悉，你可能会想起第 3 章中介绍的 k 近邻算法。你很快就会看到，k 均值与 k 近邻有很多共同点，不仅仅是字母 k。

k 均值算法将 n 个样本中的每一个样本分配到 k 个集群中的一个，其中 k 是一个提前定义好的数，其目标是最小化每一个集群内部的差异，最大化集群之间的差异。

除非 k 和 n 是极小的，否则遍及样本所有可能的组合，计算最优的集群是不可行的。取而代之，该算法使用了一个可以找到**局部最优**解的启发式过程。简单来说，这意味着它从集群分配的最初猜测开始，然后对分配稍加修正以查看该变化是否提升了集群内部的同质性。

很快，我们就会深入讨论这个过程，然而该算法本质上包括两个阶段。首先，该算法将样本分配到初始的 k 个集群中。其次，根据落入当前集群的样本调整集群的边界来更新分配。重复更新和分配过程多次，直到变动不会再提升集群的优度。至此，该过程停止，集群最终确定。

由于 k 均值的启发式性质，可能只需要对初始条件做出轻微的改变，就能以略有不同的最终结果结束。如果结果相差很大，表示可能存在问题。例如，该数据可能不存在自然分组或者已经选定的 k 值很差。考虑到这一点，尝试多次集群分析来测试研究结果的稳健性或许是一种很好的想法。

为了了解在实践中分配和更新过程是如何运作的，我们来重新审视假设的数据科学会议案例。虽然这是一个简单的例子，但它将说明 k 均值在后台是如何运作的。

1. 使用距离来分配和更新集群

就像 k 近邻一样，k 均值将特征值作为一个多维特征空间中的坐标。对于数据科学会议的数据，因为只有两个特征，所以可以将特征空间表示为如先前所描述的一个二维散点图。

k 均值算法首先在特征空间中选择 k 个点作为集群中心。这些中心是促使剩余的样本落入特征空间中的催化剂。通常这些点是根据从训练数据集中选择的 k 个随机样本而确定的。因为我们希望确定 3 个集群，所以使用该方法，$k = 3$ 个点将被随机选择。这些点在图 9-3 中由星形、三角形和菱形表示。

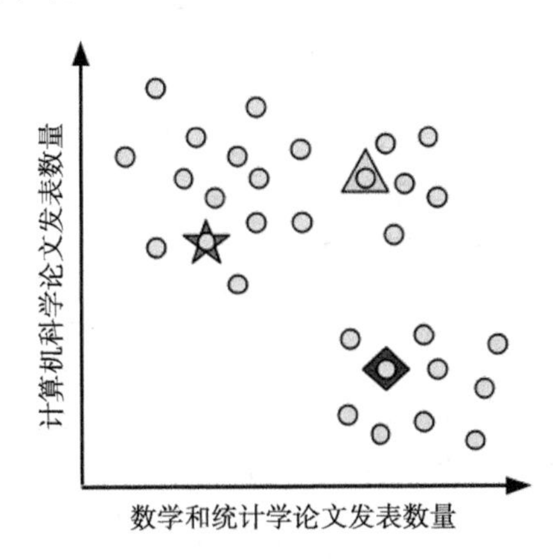

图 9-3　k 均值聚类从选择 k 个随机集群中心开始

值得注意的是，尽管图 9-3 中的 3 个集群中心碰巧分隔得很远，但并不总是如此。因为 3 个中心是随机选择的，所以它们可能很容易为 3 个相邻的点。由于 k 均值算法对于聚类中心的初始位置高度敏感，所以这意味着随机的偶然性可能对最终的聚类结果产生重大的影响。

为了解决这个问题，可以修正 k 均值以使用不同的方法来选择初始的中心。例如，一种变体就是选择发生在特征空间任意地方的随机值（而不是只在数据的观测值之间进行选择）；另一种方法是完全跳过这一步，通过将每个样本随机分配到一个集群中，该算法可以直接跳过这一阶段，立即进入更新阶段。这里的每一种方法都会对最终的聚类结果产生一个特定的偏差，或许你可以使用它来改善你的结果。

2007 年，提出了一个称为 **k 均值 ++** 的算法，该算法提出了另一种选择初始聚类中心的方法。当降低随机的偶然性影响时，它据称是一个能够更加接近于最优聚类解的有效方法。要了解更多的信息，请参阅 *k-means++: The advantages of careful seeding, Arthur, D, Vassilvitskii, S, Proceedings of the eighteenth annual ACM-SIAM symposium on discrete algorithms, 2007, pp. 1027–1035*。

在选择了初始集群中心之后，其他样本将根据距离函数被分配到最相近的集群中心。你会想起在学习 k 近邻时，我们研究过距离函数。通常，k 均值使用欧氏距离，但是有时候也使用曼哈顿距离或者闵可夫斯基距离。

我们知道，如果 n 表示特征的数量，那么样本 x 和样本 y 之间的欧氏距离公式如下：

$$\text{dist}(x, y) = \sqrt{\sum_{i=1}^{n}(x_i - y_i)^2}$$

例如，如果我们将一位发表过 5 篇计算机科学论文和 1 篇数学论文的来宾与一位没有发表过计算机科学论文但发表过 2 篇数学论文的来宾进行比较，我们可以在 R 中将其计算为：

```
> sqrt((5 - 0)^2 + (1 - 2)^2)
[1] 5.09902
```

使用该距离函数，我们可以计算每一个样本与每一个集群中心之间的距离。然后，该样本就会被分配给离它最近的集群中心。

请记住，因为我们使用距离计算，所以所有特征都需要是数值型的，而且所有的值都需要提前规范化到一个标准范围内。第 3 章中介绍的方法对于该任务将证明是很有帮助的。

如图 9-4 所示，3 个集群中心将样本划分到标有**集群** A、**集群** B 和**集群** C 的 3 个区域中。虚线表示由集群中心创建的**沃罗诺伊图**（Voronoi diagram）的边界。沃罗诺伊图给出相对于任何其他集群中心更接近于当前集群中心的区域，3 条集群边界汇合的顶点是到 3 个集群中心的距离最大的点。利用这些边界，可以很容易看到由每一个初始的 k 均值种子所确定的区域：

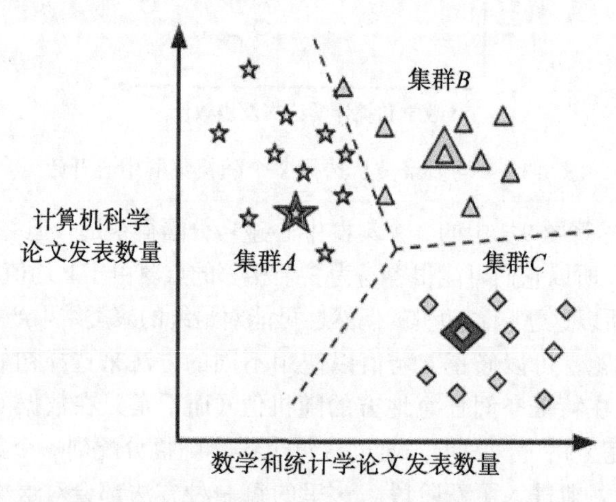

图 9-4　初始聚类中心创建三组“近邻”点

既然初始的分配阶段已经完成，则 k 均值算法就转到更新阶段。更新集群的第一步涉及将初始的集群中心转移到一个新的位置，称为**质心**（centroid），它可以通过计算分配到当前集群中的各点的平均位置来得到。图 9-5 说明了当集群中心变换到新的质心时，沃罗诺伊图中的边界是如何同样变换的，以及曾经的**集群** B 中的点（用箭头表示）是如何被添加到**集群** A 中的：

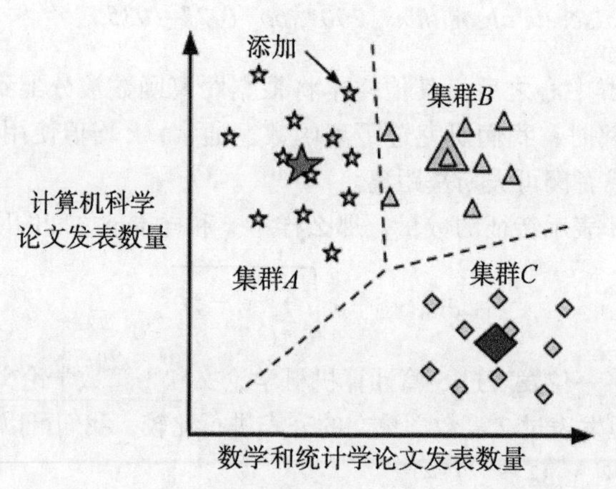

图 9-5　更新阶段移动集群中心，带来点的重新分配

由于这种重新分配，所以 k 均值算法将继续进入下一个更新阶段。在变换集群的质心、更新集群的边界，并将点分配到新的集群中（如箭头所示）后，得到的图如图 9-6 所示。

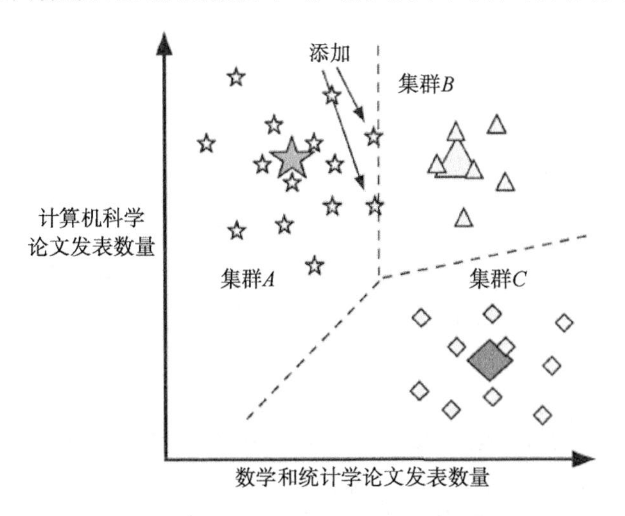

图 9-6　再次更新后，又将两个点重新分配到最近的集群中心

因为又有两个点被重新分配，所以另一次更新一定会出现，即变换质心和更新集群的边界。然而，因为这些变化没有再造成重新分配，所以 k 均值算法停止。到目前为止，聚类分配最终完成，如图 9-7 所示。

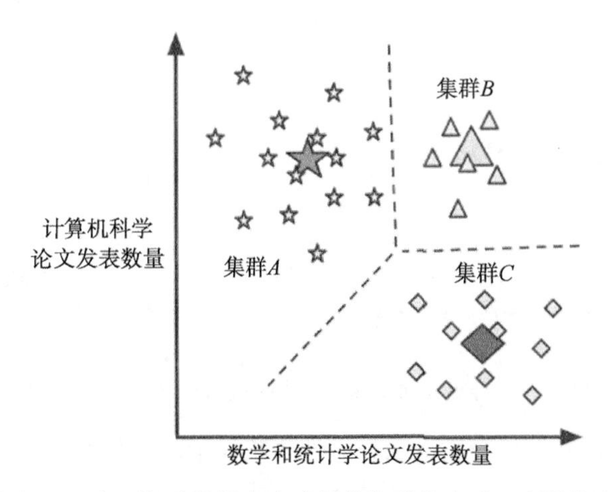

图 9-7　在更新阶段没有生成新的集群分配后，聚类停止

可以通过以下两种方式报告最终的集群。第一种，你可以简单地报告每一个样本的集群分配情况，集群 A、集群 B 或者集群 C；第二种，你也可以报告在最后一次更新后，集群质心的坐标。给定两种表达方法中的任意一种，你就可以通过使用每个集群中样本的坐标来计算质心或者将每一个样本分配到离它最近的集群质心中来计算另一种表达方法。

2. 选择适当的集群数

在 k 均值的介绍中，我们了解了该算法对于随机选择的集群中心很敏感。事实上，如果在前面的例子中，我们选择了一个关于 3 个初始点的不同组合，那么可能发现划分数据的集群与我们之前所预期的不一样。同样，k 均值对于集群的数目也很敏感，这种选择需要一种微妙的平衡，设定非常大的 k 值会提升集群的同质性，但与此同时，会有过度拟合数据的风险。

理想情况下，你将拥有关于真实分组的先验知识（先验信念），你可以应用该信息来选择集群的数目。例如，如果对电影聚类，你可能从设置 k 等于奥斯卡奖所考虑的体裁数开始。在我们之前所研究的数据科学会议的就座问题中，k 可能表示被邀请的学术研究领域的数量。

有时候，集群数是由业务需求或者分析动机所决定的。例如，会议大厅中的桌子数量可能决定了需要根据数据科学会议与会者清单创建多少组学者。

将这种思想拓展到另一个业务案例中，如果营销部门只有用来创建 3 个不同活动的资源，那么设定 $k = 3$ 将所有潜在的客户分配到 3 个有吸引力活动的任意一个就可能是有意义的。

如果没有任何先验知识，一个经验规则建议设置 $k=\sqrt{n/2}$，其中 n 表示数据集中的样本总数。然而，该经验规则可能会导致大型数据集中的集群数比较庞大。幸运的是，还有其他的量化方法可以帮助找到合适的 k 均值集群集。

称为**肘部法**（elbow method）的技术试图度量对于不同的 k 值，集群内部的同质性或者异质性是如何变化的。如图 9-8 所示，随着额外的集群的加入，集群内部的同质性应该是期望上升的；类似地，异质性也将随着集群的增加而持续减小。因为你可以持续地看到改进直到每个样本在其自己构成的集群中，所以我们的目标不是无限地最大化同质性或者最小化异质性，而是要找到一个 k 值，使得高于该值之后的收益会发生递减。这个 k 值称为**肘部点**（elbow point），因为它看起来像一个人的肘部。

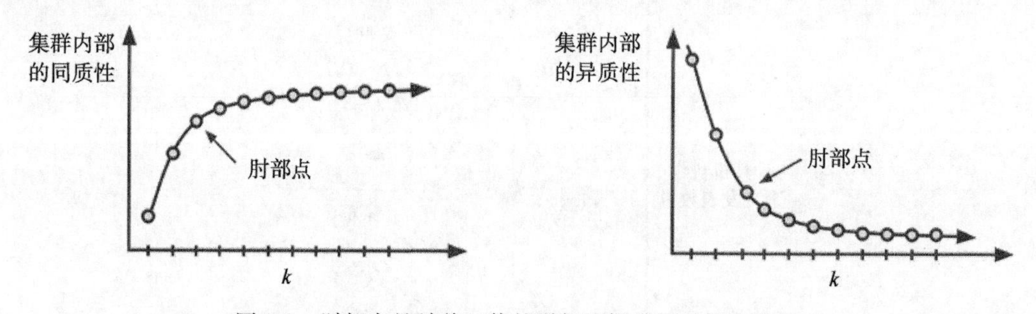

图 9-8　肘部点是随着 k 值的增加而提升相对较小的点

有许多用来度量集群内部同质性和异质性的统计量可以与肘部法一起使用。然而，在实践中，反复测试大量的 k 值并不总是可行的。部分原因是对大型数据集进行聚类相当费时，而对数据进行重复聚类则会更加糟糕。此外，要求获得集群最优解集的应用是相当罕见的。在大多数聚类应用中，基于方便性选择一个 k 值就足够了，而不需要基于严格的性能要求来选择 k 值。

关于大量集群性能度量方法的全面回顾，请参考 On Clustering Validation Techniques, Halkidi, M, Batistakis, Y, Vazirgiannis, M, Journal of Intelligent Information Systems, 2001, Vol. 17, pp. 107-145。

设定 k 值本身的过程有时候可能会带来有趣的见解。通过观察当 k 值变化时，集群的特征是如何改变的，就可以推断出数据自然定义边界的地方。比较紧密集聚的组几乎不会改变，而具有较少同质性的组将首先形成，然后随着时间的推移而解散。

一般情况下，在花费较少的时间设定正确的 k 值可能是明智的。下一个例子将演示如何用从好莱坞电影借鉴来的一点学科知识设定可行的 k 值，并且会发现有趣的集群。因为聚类是无监督的，所以聚类任务实际上就是你如何理解它，价值在于你从算法的结果中所获得的见解。

9.2 例子——用 k 均值聚类探寻青少年市场细分

与朋友在社交网络服务（Social Networking Service，SNS）（比如，Facebook、Tumblr 和 Instagram）上进行交互已经成为一种世界各地青少年的成年礼。这些青少年拥有相对大量的可支配收入，是令商家垂涎的一群人，商家希望向他们销售小吃、饮料、电子产品和卫生用品。

数百万青少年对这些网站的使用已经吸引了营销者的注意，这些营销者正在为在竞争日益激烈的市场中获得一席之地而努力。获得这一竞争优势的一种方法就是确定有相似口味的青少年的细分，使得他们的客户可以避免将广告投给那些对正在销售的产品不感兴趣的青少年。例如，对那些对运动毫无兴趣的青少年推销运动服可能比较困难。

鉴于青少年社交网络服务页面的文字，我们可以确定有着相同兴趣（比如，体育、宗教或者音乐）的团体。聚类可以自动执行发现这一人群自然细分的过程。然而，这需要由我们来决定聚类所得到的集群是否是令人感兴趣的，以及如何使用它们来做广告。让我们从头至尾来尝试一下这个过程。

9.2.1 第 1 步——收集数据

在本次分析中，我们将使用一个代表 30 000 名美国高中生的随机样本数据集，这些高中生 2006 年就在知名的社交网络服务中保存了个人资料。为了保护用户的匿名性，社交网络服务将保持匿名。然而，在收集数据时，对于美国的青少年来说，社交网络服务是一个很受欢迎的网站。因此，假设这些资料代表了 2006 年相当广泛的美国青少年样本是合理的。

我在圣母大学对青少年的身份进行社会研究时编制了此数据集。如果你要将该数据用于研究目的，请引用本书的章节。完整的数据集文件名为 snsdata.csv。为了以交互的方式继续分析，本章假定你已经将该文件保存在 R 工作目录中。

这些数据均匀采样于 4 个高中毕业年份（2006 ~ 2009 年）。在数据收集时，它们来自高中四年级、三年级、二年级和一年级。使用自动化的网络爬虫，社交网络服务文件就会全文下载，并且每个青少年的性别、年龄以及社交网络服务上的交友数都会被记录。

文本挖掘工具可用来将剩余的社交网络服务页面内容划分成单词。从出现在所有页面的前 500 个单词中，选择 36 个单词代表 5 大兴趣类：课外活动（extracurricular activity）、时尚（fashion）、宗教（religion）、浪漫（romance）和反社会行为（antisocial behavior）。这 36 个单词包括足球（football）、性感（sexy）、亲吻（kissed）、圣经（bible）、购物（shopping）、死亡（death）和药物（drugs）等单词。对每个人来说，最终的数据集表示每个单词出现在个人社交网络服务文件中的次数。

9.2.2 第2步——探索和准备数据

可以使用read.csv()的默认设置将数据载入数据框中：

```
> teens <- read.csv("snsdata.csv")
```

我们快速看一看数据的细节。str()输出的前几行如下所示：

```
> str(teens)
'data.frame':  30000 obs. of  40 variables:
 $ gradyear    : int  2006 2006 2006 2006 2006 2006 2006 2006 ...
 $ gender      : Factor w/ 2 levels "F","M": 2 1 2 1 NA 1 1 2 ...
 $ age         : num  19 18.8 18.3 18.9 19 ...
 $ friends     : int  7 0 69 0 10 142 72 17 52 39 ...
 $ basketball  : int  0 0 0 0 0 0 0 0 0 0 ...
```

正如我们此前所期望的，该数据包含了30 000名青少年，其中4个变量表示个人特征，36个单词表示兴趣。

你注意到gender行有什么奇怪的吗？如果仔细看，你可能会注意到NA值，相对于值1和2，它代表的是完全不同的内容。NA是R用来告诉我们该记录有一个缺失值的方式——我们不知道这个人的**性别**。直到现在，我们还没有处理过缺失数据，但是对于许多类型的分析来说，这可能是一个很重要的问题。

我们来看一看这个问题有多严重。一种方法就是使用table()命令，如下所示：

```
> table(teens$gender)
    F     M
22054  5222
```

尽管这告诉我们存在的F和M值有多少个，但是table()函数排除了值NA，而不是将其作为一个单独的分类。为了包含值NA（如果有的话），只需要添加一个额外的参数：

```
> table(teens$gender, useNA = "ifany")
    F     M  <NA>
22054  5222  2724
```

这里，我们看到有2 724条记录（9%）缺失了性别数据。但有趣的是，在社交网络服务数据中，女性的数量是男性的4倍多，这表明男性并不像女性那样倾向于使用社交网络服务。

如果查看了数据框中的其他变量，你将发现除了性别之外，只有年龄变量有缺失值。对于数值型数据，summary()命令告诉我们缺失值的数量：

```
> summary(teens$age)
   Min. 1st Qu.  Median    Mean 3rd Qu.    Max.    NA's
  3.086  16.310  17.290  17.990  18.260 106.900    5086
```

共有5 086条记录（17%）缺失年龄。令人担心的一个事实是，最小值和最大值似乎是不合理的：一个3岁或者一个106岁的人就读于高中是不可能的。为了确保这些极端值对分析不会造成问题，需要在继续讨论之前清除它们。

对于高中生，一个更合理的年龄范围应该包括那些至少13岁且还没有超过20岁的学生，任何落在这个范围之外的年龄值将与缺失数据一样处理——我们不能相信提供的这些年龄。为了对age变量重新编码，可以使用ifelse()函数，如果年龄大于或等于13岁且小于 20 岁，就将 teen$age 值赋给 teen$age；否则，赋值为 NA：

```
> teens$age <- ifelse(teens$age >= 13 & teens$age < 20,
                       teens$age, NA)
```

通过复查 summary() 的输出，现在我们可以看到年龄的范围服从一个看上去更像一个真实高中学生的分布：

```
> summary(teens$age)
   Min. 1st Qu.  Median    Mean 3rd Qu.    Max.    NA's
  13.03   16.30   17.26   17.25   18.22   20.00    5523
```

不幸的是，现在导致了一个更大的缺失数据问题。在继续分析之前，需要找到一种方法来处理这些缺失值。

1. 数据准备——缺失值的虚拟编码

一种简单的处理缺失值的方法就是排除具有缺失值的记录。然而，如果你全面地考虑这种做法的负面影响，那么在这样做之前，你可能需要三思——这种方法很简单，但并不意味着这是一种好方法。该方法的问题在于即使缺失值不是太多，但是你可能会简单地排除大部分数据。

例如，假设在数据中，性别变量的值为 NA 的学生与那些缺失年龄数据的学生是完全不同的。这将意味着通过排除那些要么缺失性别值，要么缺失年龄值的记录，你将排除 9% + 17% = 26% 的数据，超过 7 500 条记录，而这是在只有两个变量有缺失数据的情况下。数据集中存在缺失值的数量越多，任意给定的记录被排除的可能性就越大。很快，你将只剩下一个数据的微小子集，或者更糟糕的是，剩余记录的系统性不同于总体或者不能代表总体。

对于像性别这样的分类数据，另一种解决方法就是将缺失值作为一个单独的类别。例如，除了局限在限制为女性和男性两个取值外，我们可以增加一个额外的分类用于未知的性别，这允许我们利用在第 3 章中介绍过的虚拟编码。

如果你还记得，除了有一个水平值被拿出来作为参照组以外，虚拟编码涉及为名义特征中的每个水平值单独创建一个二元（1 或者 0）取值的虚拟变量。有一个类别被排除在外，因为它的状态可以通过其他类别来进行推断。例如，如果有人性别既不是女性也不是未知的，则他们的性别一定是男性。因此，在这种情况下，我们只需要为女性和未知的性别创建虚拟变量：

```
> teens$female <- ifelse(teens$gender == "F" &
                          !is.na(teens$gender), 1, 0)
> teens$no_gender <- ifelse(is.na(teens$gender), 1, 0)
```

正如你可能所期望的，is.na() 函数用来检测性别是否等于 NA。因此，第一个语句表示如果性别等于 F 且不等于 NA，则 teens$female 赋值为 1，否则赋值为 0。在第二个语句中，如果 is.na() 返回 TRUE，则意味着性别缺失，teens$no_gender 赋值为 1，否则赋值为 0。为了证实我们所做的工作是正确的，让我们将构建的虚拟变量与原始的 gender 变量进行比较：

```
> table(teens$gender, useNA = "ifany")
    F     M  <NA>
22054  5222  2724
```

```
> table(teens$female, useNA = "ifany")

    0     1
 7946 22054
> table(teens$no_gender, useNA = "ifany")

    0     1
27276  2724
```

因为在 teens$female 和 teens$no_gender 中值为 1 的数量分别与 F 和 NA 值的数量相匹配，所以我们应该可以信任上述的工作。

2. 数据准备——插补缺失值

接下来，让我们来消除 5523 个缺失的年龄值。因为年龄是数值型的，所以给未知值创建一个额外的类别是没有意义的——那么相对于其他的年龄，你将“未知的”排在哪里呢？取而代之，我们将使用一种称为**插补法**（imputation）的不同策略，插补法依据可能的真实值的猜测来填补缺失值。

你是否能想到一种方法，使我们能够使用社交网络服务数据来对一个青少年的年龄做出有据可依的猜测？如果你正在思考使用毕业的年份，那么你已经有了好的想法。在一个毕业生队列中，大部分学生都是在同一年内出生的。如果我们能够找出每一个队列中具有代表性的年龄，那么我们将对那年毕业的学生的年龄有一个相当合理的估计。

找到具有代表性的值的一种方法是通过计算平均值或均值。如果我们像之前分析中所做的那样尝试应用 mean() 函数，就会有一个问题：

```
> mean(teens$age)
[1] NA
```

问题在于，对包含缺失数据的向量，其均值是无法定义的。因为年龄数据包含缺失值，所以 mean(teens$age) 返回一个缺失值。在计算均值之前，可以通过添加一个额外的参数来去除缺失值，从而修正这个问题：

```
> mean(teens$age, na.rm = TRUE)
[1] 17.25243
```

这表明在数据中，学生的平均年龄大约为 17 岁。这里我们只是达到了部分目的，我们真正需要的是每一个毕业年份的年龄平均值。你的第一想法也许是计算 4 次均值。但 R 的优点是它通常有一种方式避免自己重复计算。在这种情况下，aggregate() 函数是完成这项工作的工具，它可以为数据的子组计算统计量。这里，在去除 NA 值后，它根据毕业年份计算年龄的均值：

```
> aggregate(data = teens, age ~ gradyear, mean, na.rm = TRUE)
  gradyear      age
1     2006 18.65586
2     2007 17.70617
3     2008 16.76770
4     2009 15.81957
```

毕业年份每变化大约一年，平均年龄就会不同。这一点并不令人惊讶，但是可以很好地证明我们的数据是合理的。

aggregate() 的输出在一个数据框中，这将需要额外的工作把它合并到原始数据中。作为一种替代方法，可以使用 ave() 函数，该函数返回一个具有重复的组均值的向量，使得结果在长度上等于原始向量的长度：

```
> ave_age <- ave(teens$age, teens$gradyear, FUN =
                     function(x) mean(x, na.rm = TRUE))
```

为了将这些均值插补到缺失值中，需要再一次使用 ifelse() 函数，仅当原始的年龄值为 NA 时，调用 ave_age 的值：

```
> teens$age <- ifelse(is.na(teens$age), ave_age, teens$age)
```

summary() 的结果表明现在消除了缺失值：

```
> summary(teens$age)
   Min. 1st Qu.  Median    Mean 3rd Qu.    Max.
  13.03   16.28   17.24   17.24   18.21   20.00
```

用于分析的数据已经准备好了，下面我们开始深入到该项目的有趣部分。让我们来看看前面的努力是否已见成效。

9.2.3 第 3 步——基于数据训练模型

为了将青少年进行市场细分，我们使用 stats 添加包中的一个 k 均值实现，该添加包应该包含在 R 的默认安装中。如果没有这个包，你可以像安装任何其他添加包一样安装该添加包，并使用 library(stats) 命令来载入这个包。

尽管 k 均值函数在不同的 R 添加包中并不缺乏，但是 stats 添加包中的 kmeans() 函数是广泛使用的，并且它提供了一个平凡的算法实现，如表 9-2 所示。

表 9-2 聚类语法

聚类语法
应用 stats 添加包中的函数 kmeans()
建立模型： myclusters <- kmeans(mydata, k) ● mydata：是包含需要聚类的样本的一个矩阵或者数据框 ● k：给定需要的集群的个数 该函数返回一个含有集群信息的集群对象。 **检验集群结果：** ● myclusters$cluster 是 kmeans() 函数所给出的集群分配向量 ● myclusters$centers 是含有每个集群组合和每个特征的均值的矩阵 ● myclusters$size 分配给每个集群的样本个数 **例子：** teen_clusters <- kmeans(teens, 5) teens$cluster_id <- teen_clusters$cluster

kmeans() 函数需要一个只包含数值数据的数据框和一个用来说明集群的期望数目的参数。如果你已经准备好这两部分，那么真正建立模型的过程是很简单的。麻烦的是选择数据和集群的正确组合是一门艺术，有时候会陷入大量的试验和错误中。

为了开始集群分析，我们将只考虑 36 个特征，这些特征代表出现在青少年社交网络服务资料中的不同兴趣数。为了方便，我们创建一个只包含这些特征的数据框：

```
> interests <- teens[5:40]
```

如果你回想第 3 章，在使用距离计算分析之前，通常采用的做法是将特征规范化或者 z 分数标准化以使得每个特征具有相同的范围。如果这样做，你就可以避免这样的问题，即某些特征只是因为相对于其他特征值的范围更大，因而在集群中起主导作用。

z 分数标准化的过程就是重新调整特征以使得它们的均值为 0，标准差为 1。这种变换从某种意义上改变了数据的解释含义，或许在这里会比较有用。

特别地，如果有人在他们的个人资料中提到 3 次篮球，那么如果没有额外的信息，我们无法知道相对于他们的同龄人来说，他们是更喜欢篮球，还是更不喜欢篮球。而如果 z 分数标准化后的值为 3，我们就可以知道他们提到的篮球次数比一般的青少年更多。

为了将 z 分数标准化应用于数据框 `interests`，我们可以使用带有 `lapply()` 的 `scale()` 函数，因为 `lapply()` 返回一个矩阵，所以它必须使用 `as.data.frame()` 函数来强制将结果转换为数据框的形式，如下所示：

```
> interests_z <- as.data.frame(lapply(interests, scale))
```

为了确认转换是正确运行的，我们可以对比新旧 `interests` 数据中，`basketball` 这一列的主要统计量：

```
> summary(interests$basketball)
   Min. 1st Qu.  Median    Mean 3rd Qu.    Max.
 0.0000  0.0000  0.0000  0.2673  0.0000 24.0000
> summary(interests_z$basketball)
   Min. 1st Qu.  Median    Mean 3rd Qu.    Max.
-0.3322 -0.3322 -0.3322  0.0000 -0.3322 29.4923
```

正如预期的那样，`interests_z` 数据集将 `basketball` 特征转换为均值为 0，且范围介于 0 以上和 0 以下的特征。现在，一个小于零的值可以解释为一个人在他们的个人资料中提及篮球的次数少于平均水平；一个大于零的值意味着这个人提及篮球的频率高于平均值。

我们最后的决定涉及确定使用多少集群来细分数据。如果使用太多的集群，那么可能发现它们过于具体而没什么用；相反，选择过少的集群可能导致异质分组。使用不同的 k 值进行试验，你应该感到轻松。如果不喜欢得到的结果，你可以很轻松地尝试另一个 k 值并重新开始。

如果你对人口的分析很熟悉，那么选择集群的数量会比较容易。如果你对自然分组的真实数量有预感，也可以让你少做一些试验。

为了选择数据中集群的数量，我将遵从一部我最喜欢的电影 *The Breakfast Club*，它是一部在 1985 年上映、由 John Hughes 导演的一部成年喜剧。在这部电影中，青少年特征被确定为 5 个方面的典型类型：聪明人（brain）、运动员（athlete）、没有特征（basket case）、公主（princess）和罪犯（criminal）。考虑到这些身份在所有流行的青少年小说中比较盛行，因此对于 k 值，5 似乎是一个相当合理的起始值。

为了使用 k 均值算法将青少年的兴趣数据划分成 5 个集群，我们对 `interests_z` 数据框使用 `kmeans()` 函数。因为 k 均值算法使用随机的初始点，所以可以使用 `set.`

seed() 函数来确保结果与后面的样本输出相匹配。回忆一下前一章的内容，该命令将 R 的随机数生成器初始化为一个特定的序列。如果没有这条语句，那么 k 均值算法每次运行的结果都可能有所不同：

```
> set.seed(2345)
> teen_clusters <- kmeans(interests_z, 5)
```

k 均值聚类过程的结果是一个名为 teen_clusters 的列表，该列表存储了 5 个集群的中每一个集群的属性。让我们来深入探讨，看看该算法划分的青少年兴趣数据有多好。

如果发现结果与这里显示的不同，那么请确保 set.seed(2345) 命令在 kmeans() 函数之前运行了。

9.2.4　第 4 步——评估模型的性能

评估聚类结果有一定的主观性。最终，该模型的成功或者失败取决于集群对于他们的预期目的是否有用。因为本次分析是为了确定具有相似兴趣的青少年的分类以进行营销，所以将在很大程度上从定性的方面来度量我们的成功。对于其他的聚类应用，可能需要更多的定量措施来度量成功。

评估一个集群是否有用的最基本方法之一就是检查落在每一组中的样本数。如果集群的样本数过多或者过少，那么这些集群不太可能是有用的。为了获得 kmeans() 聚类的大小，可以使用 teen_clusters$size 分量，如下所示：

```
> teen_clusters$size
[1]   871   600  5981  1034 21514
```

这里，我们看到了所要求的 5 个集群，最小的集群包含了 600 位（2%）青少年，而最大的集群包含了 21 514 位（72%）青少年。虽然最大的集群和最小的集群之间的人数差距很大，有点令人担忧，但是如果没有仔细检查这些组，我们就不会知道这是不是表示存在着问题。

或许是这样的情况，即集群大小的悬殊表明了某些真实的现象，比如一个大组的青少年有着相似的兴趣，或者有可能是初始的 k 均值集群中心造成的随机偶然事件。当查看每一个集群的同质性时，我们将知道得更多。

有时候，k 均值可能会找到极小的集群——偶尔，小到只有单个点。如果初始集群中心碰巧落在距离其他数据很远的异常值上，那么这种情况就可能会发生。将这种小的集群处理为代表极端情况的真实发现，还是处理为由于随机的偶然性导致的问题，这并不总是清晰的。如果你遇到这种问题，重新运行具有不同随机数种子的 k 均值算法可能是值得的，这样可以查看对于不同的初始点，小的集群是不是稳健的。

为了更深入地了解集群，可以使用 teen_clusters$centers 分量来查看集群质心的坐标，前 4 个特征的坐标如下所示：

```
> teen_clusters$centers
  basketball   football     soccer    softball
1 0.16001227  0.2364174 0.10385512  0.07232021
```

```
2 -0.09195886  0.0652625 -0.09932124 -0.01739428
3  0.52755083  0.4873480  0.29778605  0.37178877
4  0.34081039  0.3593965  0.12722250  0.16384661
5 -0.16695523 -0.1641499 -0.09033520 -0.11367669
```

输出的行（标记为1 ~ 5）指的是5个集群，而每一行的数值表示位于该行相应列顶部的兴趣变量的集群的平均值。由于所有的值已经进行了z分数标准化，所以正值表示高于所有青少年的总体平均水平，而负值表示低于所有青少年的总体平均水平。例如，在basketball列中，第3行具有最大值，这意味着在所有的集群中，集群3在篮球上具有最高的平均兴趣。

对于每一个兴趣类别，通过研究集群是高于平均水平还是低于平均水平，我们可以开始注意将集群彼此区分开的模式。在实践中，这涉及输出集群中心，并通过它们搜索模式与极值，很像一个带有数字的单词搜索难题。图9-9所示的带注释的屏幕截图突出显示了关于36个青少年兴趣中的19个兴趣，5个集群中每一个集群的模式。

```
> teen_clusters$centers
   basketball   football      soccer    softball  volleyball    swimming
1  0.16001227  0.2364174  0.10385512  0.07232021  0.18897158  0.23970234
2 -0.09195886  0.0652625 -0.09932124 -0.01739428 -0.06219308  0.03339844
3  0.52755083  0.4873480  0.29778605  0.37178877  0.37986175  0.29628671
4  0.34081039  0.3593965  0.12722250  0.16384661  0.11032200  0.26943332
5 -0.16695523 -0.1641499 -0.09033520 -0.11367669 -0.11682181 -0.10595448
  cheerleading    baseball      tennis      sports        cute          sex
1    0.3931445  0.02993479  0.13532387  0.10257837  0.37884271  0.020042068
2   -0.1101103 -0.11487510  0.04062204 -0.09899231 -0.03265037 -0.042486141
3    0.3303485  0.35231971  0.14057808  0.32967130  0.54442929  0.002913623
4    0.1856664  0.27527088  0.10980958  0.79711920  0.47866008  2.028471066
5   -0.1136077 -0.10918483 -0.05097057 -0.13135334 -0.18878627 -0.097928345
         sexy         hot      kissed       dance        band    marching      music
1  0.11740551  0.41389104  0.06787768  0.22780899 -0.10257102 -0.10942590  0.1378306
2 -0.04329091 -0.03812345 -0.04554933  0.04573186  4.06726666  5.25757242  0.4981238
3  0.24040196  0.38551819 -0.03356121  0.45662534 -0.02120728 -0.10880541  0.2844999
4  0.51266080  0.31708549  2.97973077  0.45535061  0.38053621 -0.02014608  1.1367885
5 -0.09501817 -0.13810894 -0.13535855 -0.15932739 -0.12167214 -0.11098063 -0.1532006
```

图9-9 为了区分集群，在它们的坐标中突显模式可能会有所帮助

给定这份兴趣数据的简要说明，我们已经可以推断出这些集群的一些特征。集群3在所有运动项目上的数值显著大于平均兴趣水平，这表明集群3可能是一组由早餐俱乐部(The Breakfast Club)定型的运动员。集群1包含提到最多的“拉拉队”(cheerleading)和“受欢迎”(hot)，这些就是所谓的公主（princesses）吗？

通过这种方式继续研究这些集群，可以构建一个表来列出每组中的主要兴趣项。在表9-3中，显示的每一个集群包含最有可能与其他集群区分开来的特征，并且早餐俱乐部的标识最能准确捕捉分组的特征。

有趣的是，集群5被区分开是由于它是不突出的这个事实：在每一个度量的兴趣活动中，它的成员的兴趣水平都低于平均值，但从成员人数方面来说，它又是最大的一组。一种潜在的解释就是，这些用户在网站上创建了个人文件，但从未发布任何兴趣爱好。

表 9-3 每个集群的重要维度

集群 1 （N=3376）	集群 2 （N=601）	集群 3 （N=1036）	集群 4 （N=3279）	集群 5 （N=21 708）
游泳（swimming） 拉拉队（cheerleading） 聪明（cute） 性感（sexy） 受欢迎（hot） 跳舞（dance） 打扮（dress） 头发（hair） 商场（mall） Hollister 牌（Hollister） Abercrombie 牌（Abercrombie） 购物（shopping） 服装（clothes）	乐队（band） 游行（marching） 音乐（music） 摇滚乐（rock）	运动（sports） 性（sex） 性感（sexy） 受欢迎（hot） 亲吻（kissed） 跳舞（dance） 音乐（music） 乐队（band） 筛子（die） 死亡（death） 醉酒（drunk） 吸毒（drugs）	篮球（basketball） 橄榄球（football） 足球（soccer） 垒球（softball） 排球（volleyball） 棒球（baseball） 运动（sports） 上帝（god） 教堂（church） 基督（Jesus） 圣经（bible）	???
公主（Princesses）	聪明人（Brain）	罪犯（Criminal）	运动员（Athlete）	没有特征（Basket Case）

当共享一个细分分析的结果时，应用能够简化和捕获群组本质的信息标签往往是有帮助的，比如这里用到的早餐俱乐部中的分组。而添加这种标签的风险就是它们可能通过定型组内成员来掩盖组之间的细微差别。因为这样的标签可能会偏向我们的想法，所以如果标签被当作全部的事实，那么重要的模式就会被错过。

给定表 9-3，一个营销执行主管将明确描述访问社交网站的 5 种类型的青少年。基于这些个人资料，执行主管可以有针对性地向一个或多个集群相关的产品的企业做广告。在下一节中，为了这些用途，我们将看到如何将集群标签应用到原始的群体。

9.2.5 第 5 步——提高模型的性能

因为聚类创造了新的信息，所以聚类算法的性能至少在某种程度上取决于这些集群本身的质量以及如何处理这些信息。在上一节中，我们证明了这 5 个集群提供了关于青少年兴趣的有用的并且新颖的见解。从这方面而言，聚类算法似乎表现得非常好。因此，我们现在可以集中精力将这些见解转化为行动。

首先，我们将把这些集群应用回完整的数据集。由 kmeans() 函数创建的 teen_clusters 对象包含了一个名为 cluster 的分量，该分量包含了对样本中所有 30 000 个个体的集群分配。使用下面的命令，可以将 cluster 作为一列添加到数据框 teens 中：

```
> teens$cluster <- teen_clusters$cluster
```

给定这个新的数据，可以开始研究集群分配与个人特征是如何联系的。例如，下面是社交网络服务数据中前 5 个青少年的个人信息：

```
> teens[1:5, c("cluster", "gender", "age", "friends")]
  cluster gender    age friends
1       5      M 18.982       7
2       3      F 18.801       0
3       5      M 18.335      69
```

```
4         5       F 18.875        0
5         4    <NA> 18.995       10
```

使用aggregate()函数，我们同样可以查看这些集群的总体统计特征。根据集群，每一集群的年龄均值变化不大，这并不会太令人惊讶，因为这些青少年的身份往往在高中之前就被确定了。其描述如下所示：

```
> aggregate(data = teens, age ~ cluster, mean)
  cluster      age
1       1 16.86497
2       2 17.39037
3       3 17.07656
4       4 17.11957
5       5 17.29849
```

另外，根据集群，每一集群的女性比例有一些实质性的差异。这是一个很有趣的发现，因为我们没有使用性别数据来进行聚类，但这些集群对于性别仍然具有预测能力：

```
> aggregate(data = teens, female ~ cluster, mean)
  cluster    female
1       1 0.8381171
2       2 0.7250000
3       3 0.8378198
4       4 0.8027079
5       5 0.6994515
```

我们知道，总体上大约有74%的社交网络服务用户为女性。集群1，即所谓的公主组，有将近84%的用户为女性；集群2和集群5只有大约70%的用户为女性。这些差异意味着青少年男性和女性在社交网络页面上讨论的兴趣是有差别的。

考虑到在性别预测方面的成功，你可能猜想这些集群也能预测用户拥有的朋友数量。这个假设得到了数据的支持，如下所示：

```
> aggregate(data = teens, friends ~ cluster, mean)
  cluster  friends
1       1 41.43054
2       2 32.57333
3       3 37.16185
4       4 30.50290
5       5 27.70052
```

平均来说，公主组拥有最多的朋友（41.4），接下来是运动员组（37.2）和聪明人组（32.6），最少的是罪犯组（30.5）和没有特征组（27.7）。与性别一样，因为没有将朋友数据输入聚类算法中，所以一个青少年的朋友数与他们预测的集群之间的联系也是很引人注目的。同样有趣的事实是，即朋友的数量似乎与每一个集群高中受欢迎程度的固定印象有关：其印象是受欢迎的组往往有更多的朋友。

组内成员身份、性别和朋友的数量之间的关系表明，这些集群是非常有用的行为预测因子。以这种方式来验证这些集群的预测能力，使得将这些集群在推销给营销团队时变得更加容易，并最终提高算法的性能。

9.3　总结

我们的研究结果支持了一句流行语："物以类聚，人以群分"。通过使用机器学习对具有相似兴趣的青少年进行聚类，我们能够开发一门关于青少年身份的类型学以便对个人特征（比如，性别和朋友的数量）进行预测。这些相同的方法也可以应用于其他具有相似结果的背景中。

本章只是介绍了聚类的基本原理。k 均值算法有很多种变体，还有很多其他可以给任务带来独特见解与启发的聚类算法。基于本章的基础，你将能够理解这些聚类方法，并运用它们去解决新的问题。

在下一章中，我们将研究用于度量一种学习算法有多成功的方法，这些方法适用于许多机器学习任务。尽管在算法的应用过程中，我们一直努力评估学习算法的成效，但是为了获得最高级别的性能，能够用最严格的条件来定义和度量这些学习算法还是至关重要的。

第 10 章

模型性能的评估

在只有富人才能负担得起教育费用的时代，测验和考试并不是用来评价学生的潜能。相反，它们是用来评价老师的，父母需要知道孩子是否学到了足够多的知识，从而证明老师对得起他们的薪水。很显然，这种情形多年以来发生了改变。现在，类似的评价方法用于区分学生水平的高低和作为进入职场或者其他机遇的筛选工具。

考虑到这种方式的意义，人们在开发精确的学生评价方法上投入了大量的努力。一种公平的评价方式要有大量问题，包含覆盖面广泛的一些主题，要能测试出受试者真实的知识水平而不是凭运气的猜测。好的评价方式还需要学生思考以前没有遇到过的问题。因此，正确的回答可以表明该学生能够将知识推广到更加一般化的程度。

评估机器学习算法的过程与对学生的评价十分相近。由于不同的算法具有不同的优点和缺点，所以测试应该能够区分不同的机器学习算法。预测学习算法对未来数据的性能也是很重要的。

本章将提供一些用来评估机器学习算法所需要的信息，包括：

- ❑ 为什么预测准确率不足以度量性能，以及可能使用的性能度量。
- ❑ 用来确保性能度量可以合理地反映模型对于未知情形的预测能力的方法。
- ❑ 如何使用 R 将这些有用的度量和方法应用到前面章节中学习的预测模型中。

正如学习某个主题的最好方法是尝试将其教给其他人，教授和评估机器学习算法的过程将使你对如何更好地使用之前学习的算法有更深刻的理解。

10.1 度量分类方法的性能

在前面的章节中，我们通过计算正确预测的部分和预测的总数之间的比值来度量分类的准确率。该数值表示分类器正确或者错误分类的百分比。例如，假设某个分类器能够准确地预测 10 万个携带或者不携带某种可治疗但是可能致命的先天缺陷的新生儿中的 99 990 个，那么意味着准确率为 99.99%，而错误率只有 0.01%。

看上去这是一个非常准确的分类器。然而，明智的做法是在放心地把孩子的生命交给这个测试之前搜集一些额外的信息。如果该种先天缺陷在每 10 万个新生儿中只有 10 例又该怎么办？如果不考虑任何情况，全部预测为“没有缺陷”，则该测试仍然有 99.99% 的准确率，但这其中的错误率却是最令人关心的。换句话说，即使这项预测非常准确，但对于预防婴儿可治疗的先天缺陷却不管用。

这是类不平衡问题的影响之一，这类问题指的是当数据中有很大一部分记录属于同一个类时造成的麻烦。

虽然有许多方法可以用来度量一个分类器的性能，但是最好的度量方式要看其是否能成功地实现预期目标。拥有能够度量实用性而不是原始准确率的性能度量是至关重要的。基于此目的，我们将开始探索多种从混淆矩阵衍生出来的性能度量。在开始之前，我们需要考虑如何为性能评估准备分类器。

10.1.1　理解分类器的预测

评估一个分类模型的目的在于能更好地了解其对未来情形的预测能力。由于在实际情况中，通常难以检验一个尚未证明的分类器，所以典型的做法是模拟一个未来可能面对的类似情形，让分类器对这个已知数据进行分类。通过观察机器学习对测试的反馈，我们能了解该算法的优点和缺点。

在之前的章节中，我们已经评估过分类器的性能，回顾我们处理的数据类型是有意义的：

- 真实的分类值。
- 预测的分类值。
- 预测的估计概率。

真实值和预测值或许是一眼可分的，但它们却是评估分类的关键。正如使用标准答案来评价学生的回答一样，我们需要知道一个机器学习算法预测问题的正确结果。思路是维护两个数据向量：一个用来保存正确或真实的分类值，另一个用来保存预测的分类值。两个向量需要具有相同的长度和排列顺序。预测值和真实值可以存储为不同的 R 向量或者 R 数据框中的不同列。

获取这样的数据十分容易。真实的分类值直接来源于测试数据中的目标变量。预测的分类值使用模型来得到，通过训练集生成分类器，再将其应用于测试集。在大多数机器学习的 R 添加包中，可以将 `predict()` 函数作用于某个模型对象以及测试数据的数据框来得到预测值，例如 `predictions<- predict(model, test_data)`。

到目前为止，我们只使用了这两种数据向量来检查分类方法的预测能力。但是大多数模型能够提供另一种有用的信息。尽管分类器对每一样本给出了一个单一预测，但是对有些样本的预测可能比另一些样本的预测更有把握。例如，一个分类器可以有 99% 的把握确信包含“free”和“ringtones”的短信是垃圾信息，但是只有 51% 的把握确信包含“tonight”的短信是垃圾信息。在两种情况下，分类器都把信息分类为垃圾信息，但是对两者做判断的确信程度差别却是很大的，如图 10-1 所示。

研究内部预测概率对于评估模型的性能非常有用。如果两个模型在预测时发生了相同数目的错误，但是其中一个能够更准确地估计它的不确定性，那么这个模型就是更智能的模型。理想的分类器在做出正确预测时能够非常有信心，但是在面对拿不准的情况时能够非常谨慎。在信心和谨慎之间的平衡是模型评估中的一个关键部分。

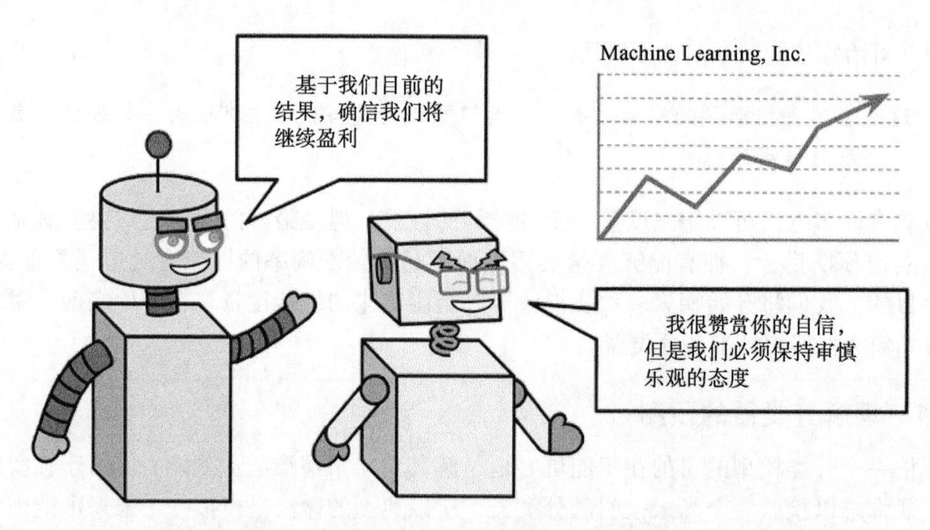

图 10-1　即使使用相同的数据进行训练，分类器的预测置信度也可能会有所不同

在不同的 R 添加包中，用于获取内部预测概率的函数有所不同。一般来说，对于绝大多数分类器，predict() 函数可以指定希望的预测类型。如果要得到单一的预测类别（例如，垃圾信息或者有用信息），可以设定参数 type="class"。如果要得到预测的概率，可以设定 type 参数为 "prob"、"posterior"、"raw" 或者 "probability" 中的一个，具体取决于应用的分类器。

本书出现的所有分类器都提供了预测概率，type 参数使用方法包含在介绍每个模型的语法框中。

例如，如果要输出第 5 章介绍的 C5.0 分类器的预测概率，我们可以按以下方式使用带有参数 type = "prob" 的 predict() 函数：

```
> predicted_prob <- predict(credit_model, credit_test,
    type = "prob")
```

如果要输出第 4 章开发的垃圾短信分类模型中朴素贝叶斯分类的预测概率，按以下方式使用带有参数 type = "raw" 的 predict() 函数：

```
> sms_test_prob <- predict(sms_classifier, sms_test, type = "raw")
```

在大部分情况下，predict() 函数将返回对结果不同类别的预测概率。例如，在垃圾短信分类模型这样的二值模型中，预测概率将是一个矩阵或者数据框，如下所示：

```
> head(sms_test_prob)
              ham         spam
[1,] 9.999995e-01 4.565938e-07
[2,] 9.999995e-01 4.540489e-07
[3,] 9.998418e-01 1.582360e-04
[4,] 9.999578e-01 4.223125e-05
[5,] 4.816137e-10 1.000000e+00
[6,] 9.997970e-01 2.030033e-04
```

这个输出中的每一行都显示了分类器对垃圾信息和有用信息的预测概率。根据概率规则，由于它们是互斥且互补的结果，因此每一行的这两个概率和为 1。给定这一数据，在构建测试数据集时要当心，确保对于感兴趣的类别使用了正确的概率是十分重要的。为了使评估过程更简便，构建一个包括预测分类值、真实分类值以及感兴趣分类的预测概率的数据框是很有帮助的。

出于简洁的原因，构建评估数据集的步骤被省略了，但是这一步包含在 Packt 出版社网站上给出的这一章的代码中。如果要运行此处的例子，可以到 Packt 出版社网站下载 sms_results.csv 数据文件，然后使用命令 sms_results <- read.csv("sms_results.csv") 载入该数据框。

sms_results 数据框非常简单。它包含了 4 个具有 1390 个元素的向量。第一个向量表示短信的真实类别（垃圾信息（spam）或者非垃圾信息（ham）），第二个向量表示朴素贝叶斯分类模型的预测类别，第三和第四个变量分别表示该短信是垃圾信息和非垃圾信息的概率：

```
> head(sms_results)
  actual_type predict_type prob_spam prob_ham
1         ham          ham   0.00000  1.00000
2         ham          ham   0.00000  1.00000
3         ham          ham   0.00016  0.99984
4         ham          ham   0.00004  0.99996
5        spam         spam   1.00000  0.00000
6         ham          ham   0.00020  0.99980
```

在这 6 个测试案例中，信息类别的真实值和预测值一致，模型对它们做出了准确的预测。并且，这些预测的概率值说明了这个模型对它的判断非常有信心，因为它们都十分接近于 0 或 1。

如果预测值和真实值远离于 0 或者 1 会发生什么情况呢？使用 subset() 函数找到这些记录。以下这些输出显示了模型对垃圾短信的预测概率在 40% ~ 60% 之间的测试案例：

```
> head(subset(sms_results, prob_spam > 0.40 & prob_spam < 0.60))
     actual_type predict_type prob_spam prob_ham
377         spam          ham   0.47536  0.52464
717          ham         spam   0.56188  0.43812
1311         ham         spam   0.57917  0.42083
```

从模型主观来看，在这样的情形下做出正确的预测就像抛硬币一样。但是这里的 3 个预测都错了——这是一个不幸的结果。让我们再来看一些模型错误预测的案例：

```
> head(subset(sms_results, actual_type != predict_type))
    actual_type predict_type prob_spam prob_ham
53         spam          ham   0.00071  0.99929
59         spam          ham   0.00156  0.99844
73         spam          ham   0.01708  0.98292
76         spam          ham   0.00851  0.99149
184        spam          ham   0.01243  0.98757
332        spam          ham   0.00003  0.99997
```

这些案例说明了一个重要的现象，即使当模型对于它的判断十分有信心时，它的预测也有可能是错误的。以上这6个测试案例都是垃圾信息，但是分类器认为它们都有超过98%的概率是非垃圾信息。

尽管有这些错误，模型是否仍然有用？我们可以通过对测试数据应用各种误差度量来回答这个问题。事实上，很多这样的度量指标都是基于我们在之前的章节中广泛使用的工具。

10.1.2　深入探讨混淆矩阵

混淆矩阵是一个二维表，它按照预测值是否匹配数据的真实值来对预测值进行分类。该表的第一个维度表示所有可能的预测类别，第二个维度表示真实的类别。虽然到目前为止我们只见过2×2混淆矩阵，但是混淆矩阵也可以用于预测多个类别的模型。图10-2展示了我们熟悉的二类二元模型的混淆矩阵。对于三类模型，将是3×3混淆矩阵。

当预测值和真实值相同时，就是一个正确的分类。正确的预测位于混淆矩阵的对角线上（标记为**O**）。矩阵非对角线上的元素（标记为**X**）表示预测值与真实值不相同的情况，它们是错误的预测。对分类模型的性能度量基于表的对角线和非对角线上预测值的个数。

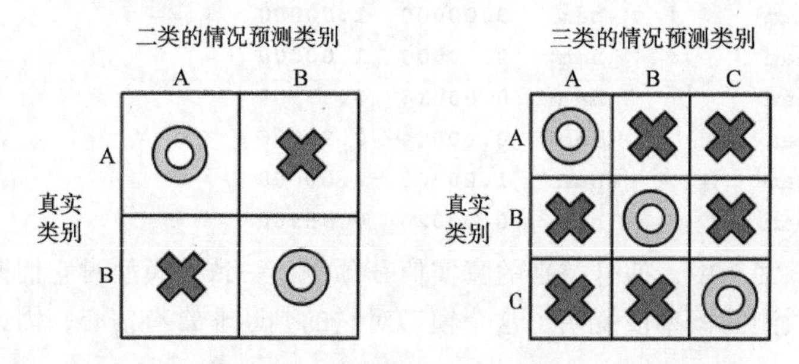

图10-2　混淆矩阵计算预测值与真实值是否一致的个数

最常见的模型性能度量方式主要考虑模型在所有的分类中识别出某个分类的能力。我们感兴趣的类别称为**阳性**（positive），其他所有类别称为**阴性**（negative）。

对于阳性或阴性这样的术语并没有隐含任何的价值判断（好或者坏），同样也没有暗示出现或者不出现（如先天缺陷或者没有）。我们甚至可以把任意的类别当作阳性的结果，比如在预测类别中的晴天或雨天，狗或猫。

阳性类别的预测值和阴性类别的预测值之间的关系可以用一个2×2混淆矩阵来描述，我们可以根据预测值是否落入下述4类中的某一类来创建这个表格矩阵：

- **真阳性**（True Positive，TP）：正确地分类为感兴趣的类别。
- **真阴性**（True Negative，TN）：正确地分类为不感兴趣的类别。
- **假阳性**（False Positive，FP）：错误地分类为感兴趣的类别。
- **假阴性**（False Negative，FN）：错误地分类为不感兴趣的类别。

在垃圾短信分类器中，阳性类别是`spam`，因为这是我们希望能够检测的结果。我们可以将混淆矩阵想象成如图10-3所示的那样。

以这种方式显示的混淆矩阵是许多重要的模型性能度量指标的基础。在下一节中，我们将使用此矩阵更好地了解准确率的含义。

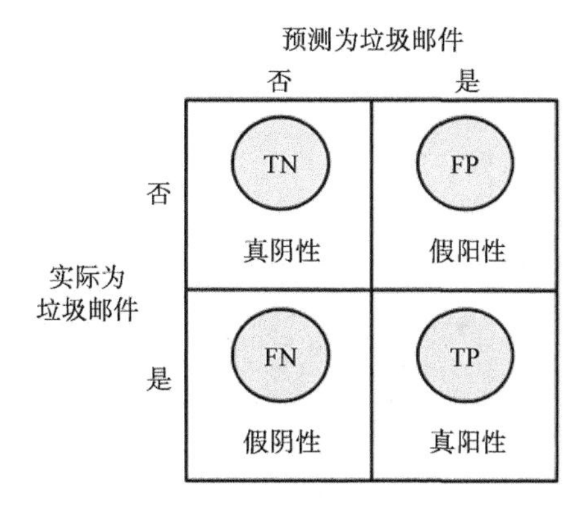

图 10-3　区分阳性和阴性的类别为混淆矩阵增加细节

10.1.3　使用混淆矩阵度量性能

使用 2 × 2 混淆矩阵，可以用公式来表示预测准确率（accuracy，有时也称为**成功率**）：

$$准确率=\frac{TP+TN}{TP+TN+FP+FN}$$

在这个公式中，*TP*、*TN*、*FP* 和 *FN* 指的是模型的预测值落入这些类别中的次数。因此，准确率表示真阳性和真阴性的数目除以总预测数。

错误率（error rate），或者说不正确分类的比例，定义为：

$$错误率=\frac{FP+FN}{TP+TN+FP+FN}=1-准确率$$

注意，错误率可以用 1 减去准确率来得到。直观上，这也是有道理的，如果一个模型有 95% 是预测正确的，那么意味着 5% 是预测错误的。

一种将分类器的预测结果转换为混淆矩阵的简便方法是使用 R 中的 `table()` 函数。针对短信数据建立混淆矩阵的命令如下所示，表中的数目可以用来计算准确率和其他的统计量：

```
> table(sms_results$actual_type, sms_results$predict_type)

        ham spam
  ham  1203    4
  spam   31  152
```

如果想得到具有更详细输出的混淆矩阵，`gmodels` 添加包中的 `CrossTable()` 函数提供了自定义解决方案。是否记得，第一次使用这个函数是在第 2 章。不过，如果没有安装该添加包，需要使用命令 `install.packages("gmodels")` 来安装它。

`CrossTable()` 的结果默认在每一个单元格内输出该单元格的数据对表的行、列和总数的比值，同时也包含每行、每列的总数。代码如下所示，其语法和 `table()` 函数非常类似：

```
> library(gmodels)
> CrossTable(sms_results$actual_type, sms_results$predict_type)
```

结果是包含更多详细信息的混淆矩阵。

```
  Cell Contents
|-------------------------|
|                       N |
| Chi-square contribution |
|           N / Row Total |
|           N / Col Total |
|         N / Table Total |
|-------------------------|

Total Observations in Table:  1390

                      | sms_results$predict_type
sms_results$actual_type |       ham |      spam | Row Total |
----------------------|-----------|-----------|-----------|
                  ham |      1203 |         4 |      1207 |
                      |    16.128 |   127.580 |           |
                      |     0.997 |     0.003 |     0.868 |
                      |     0.975 |     0.026 |           |
                      |     0.865 |     0.003 |           |
----------------------|-----------|-----------|-----------|
                 spam |        31 |       152 |       183 |
                      |   106.377 |   841.470 |           |
                      |     0.169 |     0.831 |     0.132 |
                      |     0.025 |     0.974 |           |
                      |     0.022 |     0.109 |           |
----------------------|-----------|-----------|-----------|
         Column Total |      1234 |       156 |      1390 |
                      |     0.888 |     0.112 |           |
----------------------|-----------|-----------|-----------|
```

我们在之前的几个章节中使用过 CrossTable() 函数，所以现在应该熟悉这里的输出结果。如果忘记了如何解释这些输出结果，可以通过表格的关键词（标记为 Cell Contents 的部分）来查询，它们对表格中每个数值的含义进行了描述。

我们可以使用混淆矩阵得到准确率和错误率。因为准确率的公式是（TP+TN）/（TP+TN+FP+FN），所以可以使用以下命令计算：

```
> (152 + 1203) / (152 + 1203 + 4 + 31)
[1] 0.9748201
```

同样可以根据公式（FP+FN）/（TP+TN+FP+FN）来计算错误率：

```
> (4 + 31) / (152 + 1203 + 4 + 31)
[1] 0.02517986
```

这与 1 减去准确率的结果是相同的：

```
> 1 - 0.9748201
[1] 0.0251799
```

虽然这些计算过程看起来非常简单，但是通过练习可以更好地理解混淆矩阵中每个元素相对于其他元素的含义。在下一节中，我们将看到这些相同部分如何以不同的方式组合，提供多种额外的度量性能的方式。

10.1.4　准确率之外的其他性能度量指标

无数度量性能方法被开发出来，可以用于很多学科中的特定需求，尤其是医学、信息检索、市场营销、信号检测等学科。所有的这些文献包含了上百页的内容，这里无法进行详细的描述。不过，我们只关注在机器学习文献中被广泛引用的一些常见方法。

Max Kuhn 开发的**分类和回归训练**添加包 caret 包含了一些函数，可以用来计算很多这样的性能度量指标。该添加包提供了大量的对机器学习模型和数据进行准备、训练、评估以及可视化的工具。除了这里的应用以外，我们还将在第 11 章中对它进行更广泛的应用。在开始之前，需要使用 install.packages("caret") 命令来安装这个添加包。

如果要获取 caret 的更多信息，请参考 *Building Predictive Models in R Using the caret Package*, *Kuhn, M. Journal of Statistical Software, 2008, Vol.28*。

caret 添加包给出了另一个创建混淆矩阵的函数。其语法和 table() 很相似，但是有一个细小的差别。由于 caret 添加包提供度量模型判断阳性类别能力的功能，所以需要指定一个参数 positive。在这个例子中，因为短信分类器的目标是检测垃圾信息，所以设置 positive = "spam"，输入命令如下：

```
> library(caret)
> confusionMatrix(sms_results$predict_type,
    sms_results$actual_type, positive = "spam")
```

结果如下所示：

```
Confusion Matrix and Statistics

          Reference
Prediction  ham spam
      ham  1203   31
      spam    4  152

               Accuracy : 0.9748
                 95% CI : (0.9652, 0.9824)
    No Information Rate : 0.8683
    P-Value [Acc > NIR] : < 2.2e-16

                  Kappa : 0.8825
 Mcnemar's Test P-Value : 1.109e-05

            Sensitivity : 0.8306
            Specificity : 0.9967
         Pos Pred Value : 0.9744
         Neg Pred Value : 0.9749
             Prevalence : 0.1317
         Detection Rate : 0.1094
   Detection Prevalence : 0.1122
      Balanced Accuracy : 0.9136

       'Positive' Class : spam
```

在输出结果的上方是一个混淆矩阵，类似于 table() 函数的输出结果，但是有些不同。输出还包含了其他的一些性能变量指标。其中的部分指标，例如准确率，已经为我们所熟知，但是其他的许多指标比较新颖。让我们看一看其中最重要的几个指标。

1. Kappa 统计量

Kappa 统计量（在前面的输出结果中标记为 Kappa）通过解释完全因为巧合而预测正确的概率来对准确率进行了调整。这对于存在明显类别不均衡的数据集来说十分重要，因为分类器通过猜测最频繁的类别可以轻易地获得高准确率。Kappa 统计量仅对正确判断的分类器给予加分，而不是上述采取简单的猜测策略的分类器。

Kappa 值的范围是从 0 到最大值 1，值为 1 说明在预测值和真实值之间是完全一致的。小于 1 的值表示不完全一致。根据模型的使用目的，对 Kappa 统计量的解释会有所不同。一般的解释如下所示：

- 很差的一致性：小于 0.2。
- 尚可的一致性：0.2 ~ 0.4。
- 中等的一致性：0.4 ~ 0.6。
- 不错的一致性：0.6 ~ 0.8。

- 很好的一致性：0.8 ~ 1。

但是有个问题很重要，这些类别是主观性的。如果预测某人最喜欢的冰淇淋口味，那么“不错的一致性”已经足够；如果目标是检测先天缺陷，那么“很好的一致性”也有可能还不够。

关于前面的度量方法的更多信息，请参考 *The measurement of observer agreement for categorical data, Landis, JR, Koch, GG. Biometrics, 1997,Vol. 33, pp.159-174*。

下面是计算 Kappa 统计量的公式。在这个公式中，基于随机选取的假设，$Pr(a)$ 指的是分类器和真实值之间的真实一致性的比例，$Pr(e)$ 指的是分类器和真实值之间的期望一致性的比例：

$$\kappa = \frac{Pr(a) - Pr(e)}{1 - Pr(e)}$$

定义 Kappa 统计量有多种方法。这里描述的是最常用的方法，使用 **Cohen 的 Kappa 系数**，如下面论文中所述：*A coefficient of agreement for nominal scales, Cohen, J, Education and Psychological Measurement, 1960 Vol. 20, pp. 37-46*。

如果知道去哪里寻找，该比例可以非常容易地通过混淆矩阵得到。以短信分类模型的混淆矩阵为例，使用 `CrossTable()` 函数，将之前的结果复制到这里：

```
                        | sms_results$predict_type
sms_results$actual_type |       ham |      spam | Row Total |
------------------------|-----------|-----------|-----------|
                    ham |      1203 |         4 |      1207 |
                        |    16.128 |   127.580 |           |
                        |     0.997 |     0.003 |     0.868 |
                        |     0.975 |     0.026 |           |
                        |     0.865 |     0.003 |           |
------------------------|-----------|-----------|-----------|
                   spam |        31 |       152 |       183 |
                        |   106.377 |   841.470 |           |
                        |     0.169 |     0.831 |     0.132 |
                        |     0.025 |     0.974 |           |
                        |     0.022 |     0.109 |           |
------------------------|-----------|-----------|-----------|
           Column Total |      1234 |       156 |      1390 |
                        |     0.888 |     0.112 |           |
------------------------|-----------|-----------|-----------|
```

每格最底部的值表示落入这格的样本占所有样本的比例。因此，要计算观测的一致性 $Pr(a)$，只需要简单地将预测值与实际 SMS 类型一致的所有实例的比例加起来即可。如下所示：

```
> pr_a <- 0.865 + 0.109
> pr_a
[1] 0.974
```

对于这个分类器，观测值和实际值有 97.4% 的情况是一致的——我们可以发现这个值与准确率是一样的。Kappa 统计量使用期望的一致性 $Pr(e)$ 对准确率进行调整。$Pr(e)$ 是完全偶然性导致的预测值和实际值相同的概率，当然需要遵循两者都是在随机抽样这一假设下观测到的比例。

为了找到这些观测比例，可以应用第 4 章中学习的概率规则。假设两个事件是独立的（意味着一个不会影响另一个），概率规则指出两者同时发生的概率等于两者各自发生概率的乘积。例如，我们知道同时选择 ham（非垃圾信息）的概率是：

Pr（实际类型是 ham）×*Pr*（预测类型是 ham）

同时选择 spam（垃圾信息）的概率是：

Pr（实际类型是 spam）×*Pr*（预测类型是 spam）

预测类型或者实际类型是 ham（非垃圾信息）或者 spam（垃圾信息）的概率可以通过行或列的汇总（Total）得到，例如，*Pr*（实际类型是 ham）= 0.868 和 *Pr*（预测类型是 ham）=0.888。

Pr(*e*) 可以通过将“预测类型与实际类型对非垃圾信息的判别是一致的概率”和“预测类型与实际类型对垃圾信息的判别是一致的概率”相加得到。由于两个互斥事件（也就是说，它们不可能同时发生）发生的概率等于这两个事件各自发生的概率之和。所以，为了得到最终的 *Pr*(*e*)，我们可以简单地将两个概率相加，具体代码如下所示：

```
> pr_e <- 0.868 * 0.888 + 0.132 * 0.112
> pr_e
[1] 0.785568
```

因为 Pr(*e*) 约为 0.786，所以完全偶然的情况下，观测值和实际值有 78.6% 的概率是一致的。

这意味着现在我们得到了 Kappa 公式所需要的全部信息。将 *Pr*(*a*) 和 *Pr*(*e*) 放入 Kappa 的计算公式中，可以发现：

```
> k <- (pr_a - pr_e) / (1 - pr_e)
> k
[1] 0.8787494
```

Kappa 值约为 0.88，这与前面的 caret 添加包中的 confusionMatrix() 函数的输出是一致的（细微的不同是因为舍入误差）。利用之前给出的解释，我们可以认为该分类器在预测值和实际值中有着很好的一致性。

R 中有很多自动计算 Kappa 值的函数。**可视化分类数据**（Visualizing Categorical Data）添加包 vcd 中的 Kappa() 函数（注意第一个字母 K 要大写）使用预测值和实际值的混淆矩阵进行计算。在使用 install.packages("vcd") 命令安装该添加包后，使用以下命令可以得到 Kappa 值：

```
> Kappa(table(sms_results$actual_type, sms_results$predict_type))
                value        ASE
Unweighted 0.8825203 0.01949315
Weighted   0.8825203 0.01949315
```

我们主要关注不加权的 Kappa 值，其值 0.88 符合我们的期望。

加权 Kappa 值主要用于存在不同尺度一致性的情况。例如，使用冷、温暖和热的度量方式，温暖和热之间的一致性要强于温暖和冷之间的一致性。对于二值分类的情况（比如，非垃圾信息和垃圾信息），加权 Kappa 值和不加权 Kappa 值是一样的。

内部评级可信度（Interrater Reliability）irr 添加包中的 kappa2() 函数可以直接使用数据框中的预测值向量和实际分类向量来计算 Kappa 值。通过命令 install.packages("irr") 安装该添加包之后，使用如下命令得到 Kappa 值：

```
> kappa2(sms_results[1:2])
 Cohen's Kappa for 2 Raters (Weights: unweighted)


 Subjects = 1390
   Raters = 2
    Kappa = 0.883


        z = 33
  p-value = 0
```

Kappa() 函数和 kappa2() 函数都得到了相同的 Kappa 值，所以可以任选一种你觉得使用方便的方法。

注意不要使用内置的 kappa() 函数，它与我们之前介绍的 Kappa 统计量完全没有关系。

2. 灵敏度与特异性

一个有用的分类器经常要在过于保守和过于激进的决策之间做平衡。例如，一个邮件过滤器可以采用一种很激进的方法以错杀几乎所有正常邮件为代价确保能过滤所有的垃圾邮件。另一方面，如果要确保没有任何正常邮件被错误地过滤掉，可能要容许难以接受数目的垃圾邮件通过过滤器。这种权衡可以由灵敏度（sensitivity）和特异性（specificity）这两个度量来实现。

模型的灵敏度（也称为真阳性率）度量阳性样本被正确分类的比例。因此，如以下公式所示，可以通过真阳性的数目除以数据中阳性的总数——包括正确分类的（真阳性）和错误分类的（假阴性）。

$$\text{灵敏度}=\frac{\text{TP}}{\text{TP}+\text{FN}}$$

模型的特异性（也称为真阴性率）度量阴性样本被正确分类的比例。与灵敏度一样，也是通过真阴性的总数除以数据中阴性（即真阴性和假阳性）的总数：

$$\text{特异性}=\frac{\text{TN}}{\text{TN}+\text{FP}}$$

给定短信分类器的混淆矩阵，我们可以很容易手动计算这两个指标。假设垃圾信息表示阳性类别，并且我们可以确认 confusionMatrix() 输出中的数目是正确的。例如，灵敏度可以使用如下方式计算：

```
> sens <- 152 / (152 + 31)
> sens
[1] 0.8306011
```

类似地，计算特异性：

```
> spec <- 1203 / (1203 + 4)
> spec
[1] 0.996686
```

caret 添加包提供了可以直接计算灵敏度和特异性的函数，输入预测值向量和实际分类向量即可。注意指定合适的 positive 和 negative 参数，代码如下所示：

```
> library(caret)
> sensitivity(sms_results$predict_type, sms_results$actual_type,
              positive = "spam")
[1] 0.8306011

> specificity(sms_results$predict_type, sms_results$actual_type,
              negative = "ham")
[1] 0.996686
```

灵敏度和特异性的取值范围都是 0 ~ 1，接近 1 的值更令人满意。当然，在两者之间找到一个合适的平衡点是很重要的——这通常是由具体情况决定的。

例如，在这个例子中，灵敏度是 0.831 意味着 83.1% 的垃圾信息被正确分类。类似地，特异度 0.997 意味着 99.7% 的非垃圾信息被正确分类了，或者说，0.3% 的非垃圾信息被当作垃圾信息排除了。拒绝 0.3% 的非垃圾信息可能让人难以接受，但这是在能够有效减少垃圾信息的基础上的合理权衡。

使用灵敏度和特异性提供的工具来考虑这种权衡。典型的做法是，对模型进行调整或者使用不同的模型，直到能通过灵敏度和特异性的阈值为止。后面将要讨论的可视化方法也可以帮助理解灵敏度和特异性之间的权衡。

3. 精度和召回率

与灵敏度和特异性紧密相关的是另外两个性能度量指标，同样与分类时的折中方案有关，它们是精度（precision）和召回率（recall）。这两个统计量最开始用于信息检索领域，目的是提供对于模型结果的有趣和有关程度的描述，或者说预测是否会因为无意义的噪声而减弱。

精度（也称为**阳性预测值**）定义为真阳性在所有预测为阳性样本中的比例，换句话说，当一个模型预测阳性类别时，总是正确的吗？一个精确的模型只有在类别非常像阳性时才会预测为阳性。这是非常可靠的。

我们可以考虑当模型不精确时会发生什么。经过一段时间，结果将变得不可信。在信息检索领域，这与搜索引擎类似，就好比 Google 会返回不相关的结果。最终用户将会转向其竞争对手（比如，Bing）。在垃圾信息过滤器的例子中，高预测精度意味着模型可以很仔细地定位到垃圾信息同时忽略非垃圾信息。

$$精度=\frac{TP}{TP+FP}$$

另一方面，**召回率**是关于结果完备性的度量。在后面的公式中可以看到，它定义为真阳性与阳性总数的比例。你会发现这与灵敏度是一样的。然而在这个例子中，在解释上有细微的差别。

召回率高的模型可以捕捉大量的阳性样本，这意味着其具有很宽的范围。例如，高召回率的搜索引擎可能返回大量与搜索词相关的文档。类似地，如果大多数的垃圾信息被正确地识别，那么意味着垃圾信息过滤器具有较高的召回率。

$$\text{召回率} = \frac{\text{TP}}{\text{TP}+\text{FN}}$$

我们可以通过混淆矩阵来计算精度和召回率。同样，我们假设垃圾信息是阳性类别，那么精度就是：

```
> prec <- 152 / (152 + 4)
> prec
[1] 0.974359
```

召回率是：

```
> rec <- 152 / (152 + 31)
> rec
[1] 0.8306011
```

caret 添加包可以用来计算这两个值，只要输入预测类别和真实类别的向量。使用 posPredValue() 函数计算精度：

```
> library(caret)
> posPredValue(sms_results$predict_type, sms_results$actual_type,
               positive = "spam")
[1] 0.974359
```

使用我们之前用过的 sensitivity() 函数可以计算召回率：

```
> sensitivity(sms_results$predict_type, sms_results$actual_type,
              positive = "spam")
[1] 0.8306011
```

与灵敏度和特异性之间固有的权衡相似，对于大多数的真实问题，很难建立一个同时具有很高的精度和召回率的模型。如果目标仅仅是容易摘到的果实——那些易于分类的样本，则实现高精度是非常容易的。类似地，通过广泛的撒网也能很容易实现高召回率，这意味着模型在预测阳性时过于激进。相比之下，同时具有高预测精度和高召回率是非常具有挑战性的。因此测试各种模型是非常重要的，这可以帮助我们找到符合当前项目需求的预测精度和召回率的组合。

4. F 度量

将精度和召回率合并成一个单一值的模型性能度量是 **F 度量**（F-measure，有时也称为 F_1 记分或者 F 记分）。F 度量使用调和均值（一种用于描述变化率的平均值）来整合精度与召回率。因为精度和召回率都是 0 ~ 1 之间的比例，所以使用调和均值而不是更常用的算术平均值。以下是 F 度量的公式：

$$\text{F 度量} = \frac{2\times\text{精度}\times\text{召回率}}{\text{召回率}+\text{精度}} = \frac{2\times\text{TP}}{2\times\text{TP}+\text{FP}+\text{FN}}$$

使用之前计算的精度和召回率来计算 F 度量：

```
> f <- (2 * prec * rec) / (prec + rec)
> f
[1] 0.8967552
```

这与使用混淆矩阵中的计数得到的数值是一样的：

```
> f <- (2 * 152) / (2 * 152 + 4 + 31)
> f
[1] 0.8967552
```

因为 F 度量将模型的性能指标变成了一个单一的值，所以它提供了一种便利的方式来比较多个模型的好坏。不过，这需要假设精度和召回率具有相同的权重，然而这个假设并不总是正确的。对精度和召回率使用不同的权重来计算 F 计分是可行的。但是，在最好的情况下，选择权重是件棘手的事情，但在最坏的情况下又太过于随意。更好的实践方式是将诸如 F 度量之类的度量方式与其他更全局化考虑模型的优势和不足的方法联合起来，例如下一节介绍的方法。

10.1.5　使用 ROC 曲线可视化性能权衡

可视化方法有助于在更多细节上理解机器学习算法的性能。一些成对的统计量（比如灵敏度和特异性、精度与召回率）将模型性通过一个简单的数字进行表达，而可视化则可以描述机器学习模型在大的条件范围内的执行情况。

由于机器学习算法有不同的偏差，可能存在两个模型有相同的准确率，但它们可能在达到它们的准确率的方式上有极大的差异。某些模型可能需要花很大力气才能做出的判断，另一些模型则可能很轻松地解决。可视化提供了可以在单个图形中同时比较多个分类器的方法。

ROC（Receiver Operating Characteristic，受试者工作特征）曲线常常用来检查在找出真阳性和避免假阳性之间的权衡。通过其名称可以猜想到，ROC 曲线是通信领域的工程师开发的。在第二次世界大战期间，雷达和无线运营商使用 ROC 曲线测量接收者区分真信号和假警报的能力。同样的技术在今天可以用于可视化机器学习模型的功效。

典型 ROC 图形的特点可以在图 10-4 中得到显示。ROC 图形中的曲线，纵轴表示真阳性比例，横轴表示假阳性比例。因为这两个值分别等于灵敏度和 1– 特异性，所以图 10-4 也称为灵敏度 / 特异性图。

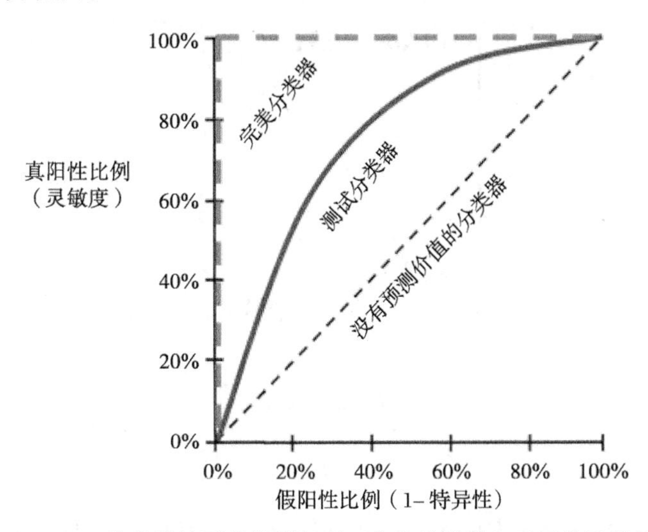

图 10-4　ROC 曲线描绘了分类器相对于完美分类器和无用分类器的形状

ROC 曲线上的点表示不同假阳性阈值上的真阳性比例。绘制曲线时，分类器的预测值通过模型对阳性类别的估计概率排序，最大值在最前面。从原点开始，每个预测值对真阳性和假阳性的影响将导致曲线沿垂直方向（正确的预测）移动或者沿水平方向（错误的预测）移动。

为了说明这个概念，我们在图 10-4 中比较了 3 个假设的分类器。第一个是图中从左下角到右上角的直线，代表没有预测价值的分类器。这种分类器发现真阳性和假阳性的比例完全相同，这意味着该分类器无法识别两者之间的差别。这是评价其他分类器的基准。ROC 曲线如果比较靠近这条线，则说明模型不是很有用。类似地，完美分类器拥有一条穿过了 100% 真阳性和 0% 假阳性点的曲线。它在不正确地分类任何阴性结果之前已经正确地识别了所有的真阳性样本。大部分现实世界的分类器比较类似于测试分类器，它位于完美分类器和没有预测价值的（无用）分类器之间的区域。

离完美分类器越接近说明能够越好地识别阳性值。可以使用 ROC 曲线下面积（Area Under the ROC，AUC）这个统计量来度量两者的接近程度。AUC 将 ROC 图看作二维正方形，然后测量 ROC 曲线下的面积。AUC 的范围从 0.5（没有预测价值的分类器）到 1.0（完美分类器）。通常使用类似于学校字母评分的体系来解释 AUC 的得分：

- A：优秀 = 0.9 ~ 1.0
- B：良好 = 0.8 ~ 0.9
- C：一般 = 0.7 ~ 0.8
- D：很差 = 0.6 ~ 0.7
- E：无法区分 = 0.5 ~ 0.6

与很多类似的评分尺度一样，其水平可能在某些任务上的表现要强于其他的任务。上述对 AUC 的分类方法是主观的。

如图 10-5 所示，同样值得注意的是，两个 ROC 曲线可能形状不同但是具有相同的 AUC。出于这个原因，AUC 可能具有误导性。最好的方式是在使用 AUC 的同时也对 ROC 曲线进行定性分析。

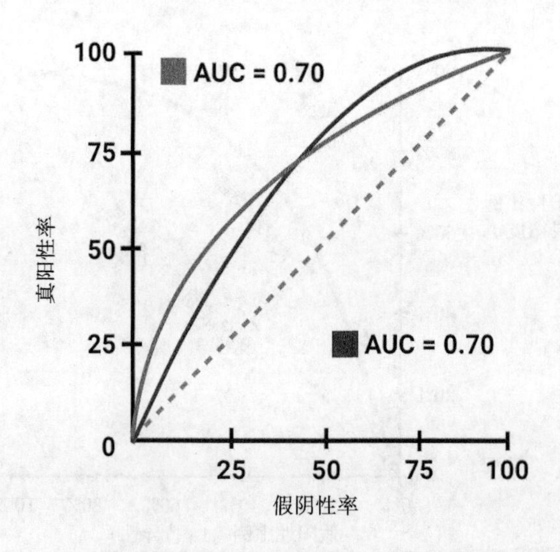

图 10-5　尽管具有相同的 AUC，但 ROC 曲线可能具有不同的性能

pROC 添加包提供了一组易于使用的函数，用于创建 ROC 曲线和计算 AUC。pROC 网站 https://web.expasy.org/pROC/ 包含完整函数列表以及可视化功能的多个示例。在继续之前，请确保已使用 install.packages("pROC") 命令安装了该软件包。

有关 pROC 软件包的更多信息，请参见 pROC : an open-source package for R and S+ to analyze and compare ROC curves，Robin, X, Turck, N, Hainard, A, Tiberti, N, Lisacek, F, Sanchez, JC 和 Mueller M, BMC Bioinformatics, 2011, pp. 12-77。

要使用 pROC 创建可视化，需要两个数据向量。第一个数据向量必须包含估计的阳性分类概率，第二个数据向量必须包含预测的分类值。对于 SMS 分类器，我们将为 roc() 函数提供估计的垃圾信息概率和实际的类别标签，如下所示：

```
> library(pROC)
> sms_roc <- roc(sms_results$prob_spam, sms_results$actual_type)
```

使用 sms_roc 对象，可以用 R 中的 plot() 函数绘制 ROC 曲线。如下列代码所示，很多标准参数可以用来对图形进行调节，例如 main（添加标题）、col（改变线的颜色）和 lwd（调节线宽）。参数 legacy.axes 指示 pROC 使用 x 轴为 1–specificity，这是一种常用的做法：

```
> plot(sms_roc, main = "ROC curve for SMS spam filter",
         col = "blue", lwd = 2, legacy.axes = TRUE)
```

最终结果是具有对角参考线的 ROC 图，该参考线表示没有预测值的基准分类器，如图 10-6 所示。

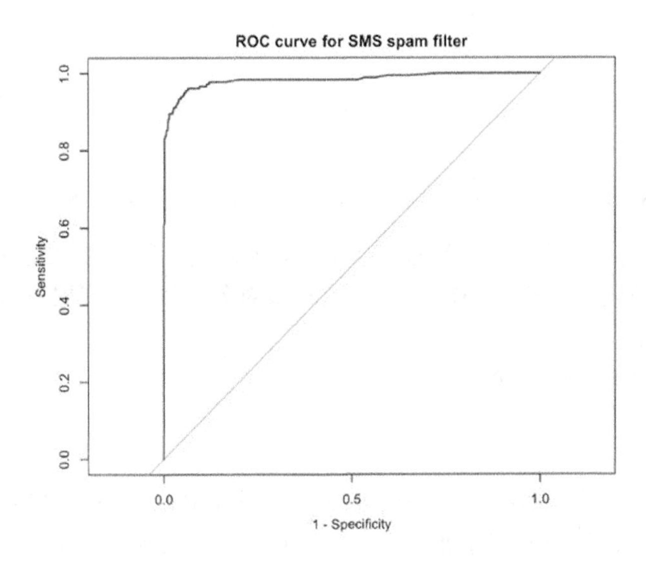

图 10-6　朴素贝叶斯 SMS 分类器的 ROC 曲线

定性地分析，我们可以看到这条 ROC 曲线占据了图形左上角的区域，这意味着与虚线代表的无用分类器相比，它更接近于完美分类器。

为了将该模型的性能与在同一数据集上进行预测的其他模型的性能进行比较，我们可以在同一图上添加其他 ROC 曲线。假设我们还使用第 3 章中所述的 knn() 函数在 SMS 数据上训练了 k-NN 模型。使用此模型，针对测试集中的每个记录计算了垃圾信息的预测概率，并将其保存到 CSV 文件中，我们可以在此处加载该文件。加载文件后，我们将像之前一样应用 roc() 函数计算 ROC 曲线，然后使用带有参数 add = TRUE 的 plot() 函数将曲线添加到上一个图：

```
> sms_results_knn <- read.csv("sms_results_knn.csv")
> sms_roc_knn <- roc(sms_results$actual_type,
                     sms_results_knn$p_spam)
> plot(sms_roc_knn, col = "red", lwd = 2, add = TRUE)
```

可视化结果中添加了第二条曲线，如图 10-7 所示，该曲线描述了在与朴素贝叶斯模型相同的测试集上进行预测的 k–NN 模型的性能。k–NN 的曲线始终较低，这表明它是一种在性能上比朴素贝叶斯方法更差的模型。

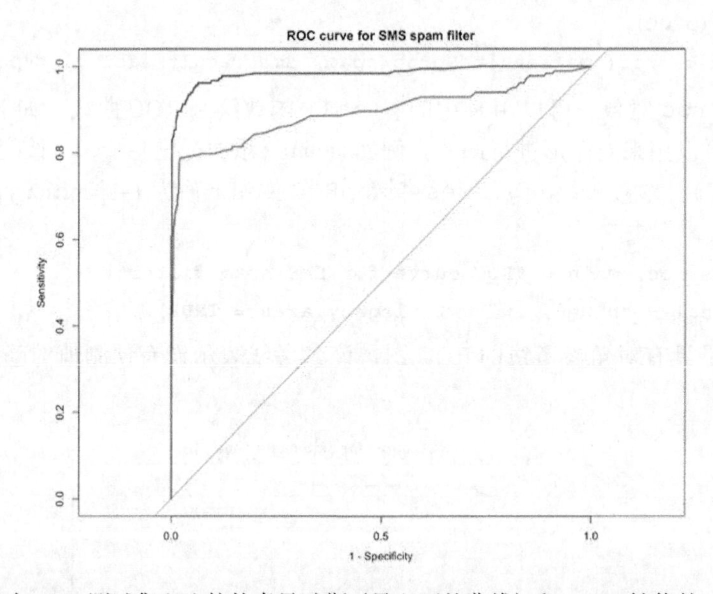

图 10-7　在 SMS 测试集上比较朴素贝叶斯（最上面的曲线）和 k–NN 性能的 ROC 曲线

为了定量确认这个事实，我们可以使用 pROC 添加包来计算 AUC。为此，我们只需将添加包的 auc() 函数应用于每种模型的 sms_roc 对象，如以下代码所示：

```
> auc(sms_roc)
Area under the curve: 0.9836
> auc(sms_roc_knn)
Area under the curve: 0.8942
```

朴素贝叶斯 SMS 分类器的 AUC 为 0.98，这是非常高的，并且比 k-NN 分类器的 0.89 的 AUC 更好。但是，我们如何才能知道该模型对于其他的数据集是否也表现得足够好？为了回答这个问题，我们需要更好地理解模型的预测扩展到测试数据之外的数据后，其预测性能如何。

前面已经提到了这一点，但值得再次声明：仅靠 AUC 值往往不足以识别“最佳”模型。在此示例中，因为 ROC 曲线不相交，AUC 确实确定了更好的模型。在其他情况下，“最佳”模型将取决于该模型的使用方式。当 ROC 曲线相交时，可以使用第 11 章中介绍的技术将它们组合成更强大的模型。

10.2 评估未来的性能

有些 R 机器学习添加包在模型构建过程中会显示混淆矩阵和性能度量指标。这些统计量的目的是提供对模型预测的**再带入误差**（resubstitution error）的认识，虽然模型直接从训练集数据构建，但是当训练集数据不能被正确预测时，就会存在这种再带入误差。这一信息可以用作一个粗略的诊断工具，用来识别明显不好的分类器。

对于未来的性能，再带入误差并不是很好的标识器。例如，如果一个模型通过死记硬背的方式对每个训练的实例都进行了完美分类，从而误差为 0，那么对于它从来没有见过的数据将无法进行预测。为此，训练数据的误差率对于模型的未来性能可能会过于乐观。

与信赖再带入误差相比，更好的方式是评估模型对其从未见过数据的性能。在前面的章节中我们使用过这种方法，当时我们将数据分成了训练集和测试集。但是在某些情况下，创建训练集和测试集的方式并不总是有用的。例如，当数据集很小时，你可能不想再进一步减少样本量（这时减小样本量是不合适的）。

幸运的是，存在一些其他的方式来评估模型对其未见过数据的性能。之前我们用来计算性能度量的 `caret` 添加包也提供了一些函数来实现这个目的。如果想运行 R 代码的示例，但还没有安装该添加包，请先安装该添加包。还需要使用 `library(caret)` 命令将这个添加包载入 R 会话中。

保持法

在前面章节中，我们将数据划分成训练数据集和测试数据集的过程称为保持法。如图 10-8 所示，训练数据集用来生成模型，然后将它应用到测试数据集来生成预测结果以供评估。比较典型的做法是，2/3 的数据用来训练模型，大约 1/3 的数据用来测试模型。但是，这个比例是可以根据数据量的大小而变化的。为了确保训练数据和测试数据没有系统性偏差，样本被随机地分成两组。

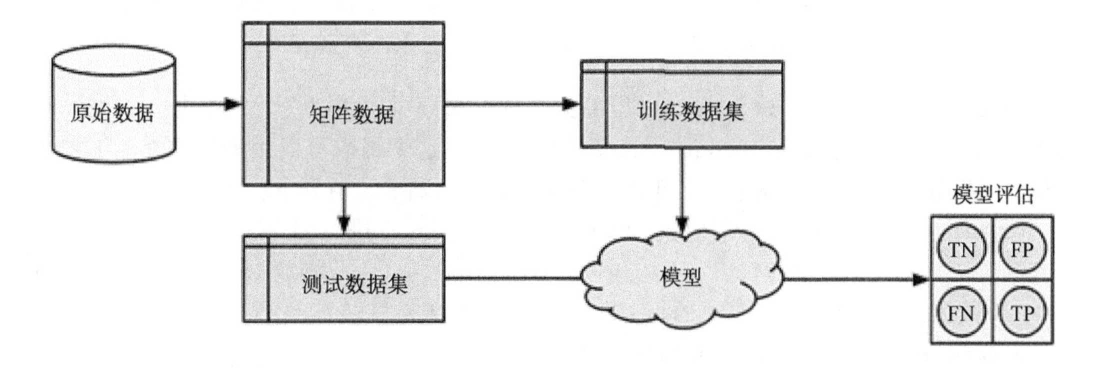

图 10-8 最简单的保持法将数据分为训练集和测试集

为了使保持法对未来的性能给出真实的精确估计，任何时候绝不允许测试数据集的结果影响模型。如果基于重复测试的结果选择一个最好的模型，那么很容易在不知不觉中就违反了这个原则。例如，假设我们基于训练集生成了多个模型，并选择在测试集上准确率最高的模型。在这种情况下，由于我们使用摘樱桃的法则从结果中挑选最好的模型，那么评估将不再是对未来性能的无偏估计。

细心的读者可能注意到这种保持测试数据的方法在前面的章节中同时用来评估模型和改进模型的性能。以前章节中这样做是出于说明的目的，实际上违反了之前介绍的原则。因此，那些模型性能统计量不是评估模型对未知数据的预测性能的有效估计。

为了解决这个问题，更好的方法是继续对数据进行划分，如图 10-9 所示。在训练数据集和测试数据集之外，再分出一个验证数据集。验证数据集用来对模型进行迭代和改善，测试数据集只使用一次，作为最后的步骤输出对未来预测的错误率的估计。一种典型的划分方式是 50% 的训练数据集、25% 的测试数据集和 25% 的验证数据集。

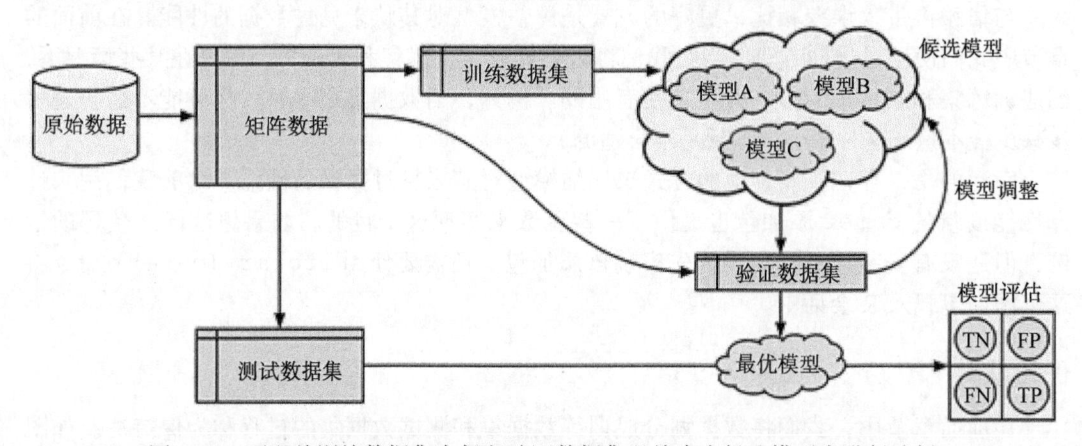

图 10-9　可以从训练数据集中保留验证数据集以从多个候选模型中进行选择

创建保持样本的一种简单方式是使用随机数生成器将记录划分到各个数据集。这种技术最早在第 5 章中用来创建训练数据集和测试数据集。

如果你想执行后面的例子，那么需要下载数据集 credit.csv，然后使用命令 credit <- read.csv("credit.csv") 将它载入数据框中。

假设有一个名为 credit 的 1000 行的数据框，我们可以将其分为 3 部分。首先，使用 runif() 函数创建 1 ~ 1000 的行 ID 的随机排序，这个函数可以用来生成 0 ~ 1 之间取值的随机数。runif() 函数得名于之前第 2 章提到的随机均匀分布。

order() 函数在这里用来对这 1000 个随机数的行 ID 进行排序。例如，输入代码 order(c(0.5,0.25,0.75,0.1))，将返回序列 4 2 1 3，因为最小值（0.1）的行 ID 为 4，倒数第二个最小值（0.25）的行 ID 为 2，以此类推。

```
> random_ids <- order(runif(1000))
```

然后用这些 ID 将 credit 数据框分成分别具有 500 条、250 条和 250 条记录的 3 个子集，分别对应训练集、验证集和测试集：

```
> credit_train <- credit[random_ids[1:500], ]
> credit_validate <- credit[random_ids[501:750], ]
> credit_test <- credit[random_ids[751:1000], ]
```

这种保持抽样的方式存在一个问题，每个划分包含某些类别的数量可能过大或者过小。在某些特定的情况下，尤其是某些类别本来比例就很小时，这可能导致训练集中不包含该类数据的问题——这是一个非常重要的问题，因为模型将无法学习该类别。

为了降低这种情况发生的可能性，我们可以使用**分层随机抽样方法**。虽然简单随机抽样包含的各个类别的比例大概与总体数据集中的比例相同，但是分层随机抽样可以确保随机划分后，即使存在一些小的类别，但每个类别的比例与总体数据集中的比例近似相等。

caret 添加包提供了 createDataPartition() 函数，它可以基于分层抽样方法来创建随机的划分。对 credit 数据集创建训练集和测试集的分层样本的代码如下所示。使用该函数时，需要指定类别向量（这里，default 变量表示贷款是否违约），此外，参数 p 表示包含在该划分中的样本的比例。参数 list = FALSE 防止结果存储成列表的形式。

```
> in_train <- createDataPartition(credit$default, p = 0.75,
    list = FALSE)
> credit_train <- credit[in_train, ]
> credit_test <- credit[-in_train, ]
```

向量 in_train 表示包含在训练样本中的行号。我们可以使用这些行号为数据框 credit_train 选择样本。类似地，通过使用负号，我们用不包含在 in_train 向量中的行号来得到 credit_test 数据集。

虽然这种方式可以确保类分布的均匀性，但是分层抽样并不能保证其他类型的代表性。有些样本包含过多或者过少的困难样本、易预测样本或者极端值。对于小的数据集，这点特别明显，数据量少时没有足够大比例的案例划分为训练集和测试集。

除了可能的有偏样本以外，保持法的另一个问题是大量的数据部分都被保留用来测试和验证模型。在模型的性能被度量之前，这些数据都无法用来训练模型。这种性能估计的方式过于保守。

因为模型如果在更大的数据集中进行训练可以得到更好的性能，所以常见的做法是在选择和评估了最终的模型后，将模型在整个数据集（训练集加上验证集加上测试集）上重新训练。

一种称为**重复保持**的技术有时用来缓解随机构建训练集的问题。重复保持法是保持法的一种特殊形式，它对多个随机保持样本的模型分别评估，然后用结果的均值来评价整个模型的性能。使用多重保持样本时，模型在无代表性数据上训练和测试的可能性就比较小了。我们将在下一节中对这个思路进行扩展。

1. 交叉验证

重复保持法是 **k 折交叉验证**（或者 **k 折 CV**）的基础。k 折交叉验证已经成为业界评估模型性能的标准。与可能对同一条记录使用多次重复随机抽样的方法不同，k 折 CV 将数据随机地分成 k 个完全分隔开的部分，这些部分称为**折**。

虽然 k 可以设置为任意的数值，但是到目前为止，最常用的惯例是使用 10 折交叉验证（10 折 CV）。为什么是 10 折？经验证据告诉我们，使用更大的数带来的好处并不明显。对于这 10 折中的每一折（每折包含总数据中的 10%），机器学习模型使用剩下 90% 的数据建模。而把剩下的 10% 数据的这一折用来评估。训练和评估模型的过程重复 10 次（10 次不同的训练和测试）之后，将输出所有折的平均性能指标。

k 折 CV 的一个极端情况是留一交叉验证法，它将每个样本作为 1 折，确保可以用最大数目的样本来建模。虽然看上去很有用，但是计算的代价过大，因此在实践中很少使用。

我们可以使用 caret 添加包中的 createFolds() 函数来创建交叉验证的数据集。与分层随机保持抽样类似，该函数也尝试在每一折中维持与原始数据类似的各类别的比例。下面的命令可以创建 10 折：

```
> folds <- createFolds(credit$default, k = 10)
```

createFolds() 的结果是一个列表，包含了 10 个向量，每个向量都是这一折所抽取数据的行号。我们使用 str() 函数来查看其中的内容：

```
> str(folds)
List of 10
 $ Fold01: int [1:100] 1 5 12 13 19 21 25 32 36 38 ...
 $ Fold02: int [1:100] 16 49 78 81 84 93 105 108 128 134 ...
 $ Fold03: int [1:100] 15 48 60 67 76 91 102 109 117 123 ...
 $ Fold04: int [1:100] 24 28 59 64 75 85 95 97 99 104 ...
 $ Fold05: int [1:100] 9 10 23 27 29 34 37 39 53 61 ...
 $ Fold06: int [1:100] 4 8 41 55 58 103 118 121 144 146 ...
 $ Fold07: int [1:100] 2 3 7 11 14 33 40 45 51 57 ...
 $ Fold08: int [1:100] 17 30 35 52 70 107 113 129 133 137 ...
 $ Fold09: int [1:100] 6 20 26 31 42 44 46 63 79 101 ...
 $ Fold10: int [1:100] 18 22 43 50 68 77 80 88 106 111 ...
```

我们可以看到第一折的名称是 Fold01，包含了 100 个整数，它们用于表示第一折的数据在 credit 数据框中的行号。要创建训练集和测试集来建模和评估，需要一个额外的步骤。下面的代码显示了如何为第一折创建数据。我们用选出来的 10% 样本当作测试集，用负号把剩余 90% 的样本作为训练集：

```
> credit01_test <- credit[folds$Fold01, ]
> credit01_train <- credit[-folds$Fold01, ]
```

为了执行完整的 10 折 CV，这个步骤一共需要重复 10 次，每一次都要建立模型，然后计算模型的性能。最后，通过对所有的性能度量取平均值得到总体的性能。幸运的是，我们可以使用之前学过的一些技术来自动完成这个过程。

为了说明这个过程，我们用 10 折 CV 方法对 credit 数据集建立 C5.0 决策树模型，然后估计 Kappa 统计量。首先，我们需要载入一些 R 添加包：caret 添加包（创建折）、C50 添加包（决策树模型）和 irr 添加包（计算 Kappa 值）。选择后面的两个添加包是为了演示的目的。如果愿意，也可以使用不同的模型或者计算不同的统计量来完成这个过程。

```
> library(caret)
> library(C50)
> library(irr)
```

其次，我们像先前所做的那样创建 10 折的列表。这里使用 set.seed() 函数是为了保证再次运行同样的代码时得到一致的结果：

```
> set.seed(123)
> folds <- createFolds(credit$default, k = 10)
```

最后，使用 lapply() 对折的列表的每个元素进行相同的操作。如以下示例代码所示，因为没有现成的函数可以完成我们的需求，所以我们需要定义自己的函数来传给 lappy()。我们自定义的函数可以将 credit 数据框分成训练集和测试集，使用 C5.0() 函数对训练集的数据建立决策树模型，然后对测试数据进行预测，并使用 kappa2() 函数来比较预测值和真实值：

```
> cv_results <- lapply(folds, function(x) {
    credit_train <- credit[-x, ]
    credit_test <- credit[x, ]
    credit_model <- C5.0(default ~ ., data = credit_train)
    credit_pred <- predict(credit_model, credit_test)
    credit_actual <- credit_test$default
    kappa <- kappa2(data.frame(credit_actual, credit_pred))$value
    return(kappa)
  })
```

结果的 Kappa 统计量保存在 cv_results 对象的列表中，我们可以使用 str() 函数进行查看：

```
> str(cv_results)
List of 10
 $ Fold01: num 0.343
 $ Fold02: num 0.255
 $ Fold03: num 0.109
 $ Fold04: num 0.107
 $ Fold05: num 0.338
 $ Fold06: num 0.474
 $ Fold07: num 0.245
 $ Fold08: num 0.0365
 $ Fold09: num 0.425
 $ Fold10: num 0.505
```

只剩下最后一个步骤：计算这 10 个数的平均值。你可能尝试输入 mean(cv_results)，但由于 cv_results 并不是数值向量，所以会报错。实际上，应该使用 unlist() 函数，它可以消除列表的结构，将 cv_results 简化成一个数值向量，然后我们可以像期望的那样计算 Kappa 值：

```
> mean(unlist(cv_results))
 [1] 0.283796
```

这个 Kappa 值非常低，在评分体系的解释中对应着“很差”，说明这个信用记分模型的效果并不比随机猜测好很多。在第 11 章中，我们将基于 10 折 CV 方法研究自动方法来帮助改进这个模型的性能。

也许当前能可靠地估计模型性能的最好标准方法是重复 k 折 CV。从字面意思也可以猜测出，它重复地应用 k 折 CV 方法，然后对结果求平均值。常用的策略是将 10 折 CV 执行 10 次。虽然会增加运算的复杂度，但是可以得到稳健的估计。

2. 自助法抽样

还有一种虽然不如 k 折 CV 那么受欢迎，但是也被广泛使用的方法是**自助法抽样**

（bootstrap sampling），简称**自助法**（bootstrap，或 bootstrapping）。一般来说，它主要指一些统计方法，通过对数据进行随机抽样的方式来估计大数据集的内容。当该原理应用到机器学习模型的性能时，意味着创建一些随机选取的训练集和测试集，然后用来估计性能的统计量。对各种随机的数据集的结果求平均值，从而得到一个最终的未来性能的估计值。

那么，这个过程与 k 折 CV 有什么不同呢？交叉验证方式将数据分成彼此分隔的部分，每个样本只能出现一次，而自助法通过有放回的抽样方式使得每个样本可以被选择多次。这意味着假设原始数据包含 n 个样本，那么自助法可以创建一个或者多个仍然包含 n 个样本的数据集，有些样本是重复的。相应的测试数据集仍然由未选入训练集中的样本来构建。

使用之前提到的有放回的抽样方式，每个样本包含在训练集中的概率是 63.2%。因此，样本包含在测试集中的概率是 36.8%。换句话说，测试集只能代表 63.2% 的可能样本，因为很多样本重复了。相比之下，10 折 CV 方法可以使用 90% 的数据用来训练，自助法抽样对完整数据集的代表性更弱。

由于只利用 63.2% 的数据训练出来的模型的性能不如更大量数据训练出来的模型，所以对自助法性能的估计也远不如使用全体数据训练的结果。有一种自助法的特殊情况可以处理这个问题，称为 **0.632 自助法**，它通过训练数据集（过于乐观）性能度量和测试数据集（过于悲观）性能度量的函数来计算最终的性能度量。最终的错误率可以由下式计算：

$$错误率 = 0.632 \times 错误率_{测试} + 0.368 \times 错误率_{训练}$$

自助法比交叉验证有一个优势，它对于小数据集的效果更好。此外，自助法抽样在性能度量之外还有其他的应用。特别地，第 11 章将学习如何利用自助法抽样的原理来改善模型的性能。

10.3　总结

本章介绍了评估机器学习分类模型性能最常用的一些度量方法和技术。虽然准确率提供了一种简单的方式来考察模型是如何正确，但是在一些不常见事件的情况下这种方法会产生误导性，因为真实世界中这类事件的成本常常与它们在数据中出现的频率成反比。

基于混淆矩阵的一些度量方式可以在各种类型的误差成本之间更好地捕捉到一个平衡点。在灵敏度与特异性之间或者精度与召回率之间进行权衡是一个很有用的工具，可以帮助考虑真实世界中误差的含义。ROC 曲线等可视化方法也有助于这个目的的实现。

同样值得注意的是，有时候对于模型性能的最好度量需要考虑其是否满足或者不满足一些其他的目标。例如，你可能需要能够用简单的语言来解释模型的逻辑，那么很多模型就会不在考虑之内。此外，即使模型的性能非常好，但如果计算速度太慢或者很难扩展到生产环境中，那么它也是无用的。

对于度量性能还有一个很明显的扩展，就是确定自动方式来针对特定的任务找到最好的模型。在第 11 章中，我们将基于目前为止的工作，研究通过系统地迭代、改善以及组合多种算法来建立更智能模型的方式。

第 11 章

提高模型的性能

当一个运动队无法实现它的目标时（得到奥运金牌、联赛冠军或者创世界纪录），它需要开始寻求提升的空间。假设你是该队的教练，你会如何安排训练的内容呢？你可能会让运动员训练得更加刻苦或者改变训练方式来开发他们所有的潜能。或者，可以更加强调团队协作，对每位队员的优势和不足进行更好的利用。

假设现在你正在训练一个世界冠军机器学习算法。或许你会想要参加诸如 Kaggle 网站（http://www.kaggle.com/）上的数据挖掘竞赛。也许你简单地需要提高商业效率。你从哪里开始入手呢？虽然工作的背景内容可能不同，但是用于提高运动队成绩的策略也可以用来提高统计学习模型的性能。

作为一个教练，你的工作就是寻找训练技术和团队协作技巧的组合，从而实现运动队的成绩目标。本章将基于之前的内容介绍一些能提高机器学习算法预测性能的技术，你会学到：

- 如何通过系统化地寻找训练条件的最佳集合来自动调整模型的性能。
- 将多个模型组合起来从而处理更有难度的学习任务的方法。
- 如何使用决策树的变体，因其惊人的性能而迅速变得流行。

并不是所有这些方法都适用于每个问题，但是你会发现在机器学习竞赛中的胜利者至少会使用其中的一种方法。为了保持竞争性，你也需要将这些方法加入你的技能集中。

11.1 调整多个模型来提高性能

有些机器学习问题都很适合使用前几章介绍的多个模型。在这种情况下，我们不需要花太多的时间进行迭代和优化，它已经足够好了。另一方面，有些问题本质上就很难。需要学习的潜在概念极其复杂，需要对很多微妙的关系具有很好的理解，或者可能具有随机元素，使得从噪声中分离有用的信号变得很难。

对这些如此困难的问题开发性能极好的模型是一门科学，同时也是一门艺术。有时候，找出可以提高性能的领域是需要一些直觉的。而另一些情况下，实现性能提高可能需要使用蛮力和反复试验的方式。当然，寻找各种可能的提高方式的过程可以通过使用自动化的程序来辅助。

在第 5 章中，我们尝试了一个复杂的问题，识别可能违约的贷款。虽然我们可以使用性能调优方法得到一个可以接受的分类准确率 82%。但是，根据第 10 章内容进行更仔细的审视后，我们认识到这种高准确率可能会造成误导。尽管准确率非常合理，但是Kappa统计量只有大约0.28，这说明该模型实际的性能其实是有些糟糕的。在这一节中，我们将重新研究这个信用评分模型，看看如何对结果进行改善。

要是想跟着例子运行程序，需要下载`credit.csv`文件，然后将它保存到R的工作目录中。使用命令`credit <- read.csv("credit.csv")`将文件载入R中。

你可能还记得，我们首先使用一组C5.0决策树来对这个信用数据建立分类模型。然后尝试通过调整`trials`参数来增加自助抽样迭代的次数，从而提升模型的性能。通过将迭代次数从默认的1次增加到10次，可以提高模型的准确率。调整模型选项来识别最优拟合模型的过程称为**参数调整**。

参数调整并不仅限于决策树。例如，我们通过寻找最合适的*k*值来调整k–NN模型。在神经网络和支持向量机模型中可以调整大量的选项，比如节点个数、隐藏层的数目，或者选择不同的核函数，从而实现模型的调整。大多数机器学习算法都可以调整至少一个参数，而大多数复杂的模型都提供了很多方式来调整模型从而进行更好的拟合。虽然这可以让模型更符合学习任务的要求，但是尝试所有可能选项的复杂度是很吓人的。这需要使用一种更系统化的方式。

使用caret进行自动参数调整

与其对模型的每个参数选择任意值（这样做不仅耗时而且不科学），不如对多种可能的参数值进行搜索来找到最优的组合。

我们在第10章中广泛使用的`caret`添加包提供了很多工具可以帮助自动参数调整。最核心的功能是提供了一个`train()`函数作为标准接口，为分类和回归任务训练200种不同的机器学习模型。使用该函数，可以通过选择评估的方法和度量，从而可能自动搜寻最优的模型。

不要被这么多个模型吓到了——我们在之前的章节中已经见到了很多。其他的很多模型都是这些基本概念的扩展或者变体。在当前学习的基础上，你要相信你已经具备理解所有这些现有模型的能力。

自动参数调整需要考虑以下3个问题：

- 对数据应该训练哪种机器学习模型（或者模型的具体实现）？
- 哪些模型参数是可以调整的，为了找到最优设置对它们进行调整的强度有多大？
- 使用何种评价标准来评估模型从而找到最优的候选模型？

要回答第一个问题，需要在机器学习任务和`caret`添加包中200多个模型之间做适当的匹配。显然，需要对这些机器学习模型的广度和深度有很好的理解。此外，排除法也很有用。

通过判断任务是分类还是数值预测就可以排除几乎一半的模型；其他的可以根据数据的类型或者避免黑箱模型的要求来排除。不管怎样，你没有理由不尝试多种模型并比较每一个模型的最优结果。

第二个问题很大程度上是由模型的选择所决定的，因为每个算法使用唯一的一套参数。本书涉及的预测模型的可调节参数都列在表11-1中。注意，虽然有些模型还有没列出来的额外选项，但是 caret 添加包的自动调整只支持表 11-1 中列出的选项。

表 11-1　模型的可调节参数

模　型	学习任务	方 法 名	参　数
k 近邻（k–NN）	分类	knn	k
朴素贝叶斯	分类	nb	fL, usekernel
决策树	分类	C5.0	model, trials, winnow
OneR 规则学习器	分类	OneR	无
RIPPER 规则学习器	分类	JRip	NumOpt
线性回归	回归	lm	无
回归树	回归	rpart	cp
模型树	回归	M5	pruned, smoothed, rules
神经网络	二者皆可	nnet	size, decay
支持向量机（线性核）	二者皆可	svmLinear	C
支持向量机（径向基核）	二者皆可	svmRadial	C, sigma
随机森林	二者皆可	rf	mtry

要想知道 caret 涵盖的模型以及相应的可调节参数的完整列表，可以参考 caret 添加包的作者 Max Kuhn 提供的表：http://topepo.github.io/caret/modelList.html。

如果你忘记了某个具体模型的调整参数，modelLookup() 函数可以帮助你找到它们，只要简单地提供方法的名字即可。这里我们以 C5.0 模型为例来说明：

```
> modelLookup("C5.0")
  model parameter                  label forReg forClass probModel
1  C5.0    trials # Boosting Iterations  FALSE     TRUE      TRUE
2  C5.0     model             Model Type  FALSE     TRUE      TRUE
3  C5.0    winnow                 Winnow  FALSE     TRUE      TRUE
```

自动调整的目标是搜索候选模型的集合，该集合由所有参数组合的矩阵或者网格的形式构成。因为要想遍历所有参数的所有可能组合是不现实的，所以只选择参数可能值的一些子集来构建网格。默认情况下，caret 对 p 个参数中的每一个参数最多搜索 3 个可能值，这意味着最多有 3^p 个候选模型将被测试。例如，默认情况下，自动调整的 k–NN 模型将比较 3^1=3 个候选模型，比方说 k=5、k=7 和 k=9。类似地，调整决策树模型将比较 27 个不同的候选模型，由 model、trials 和 winnow 的设置值组成的 3^3 = 27 种可能的网格来实现。在实践中，只有 12 个模型被实际测试，因为 model 和 winnow 参数只能选取两个值（分别是 tree 与 rules，TRUE 与 FALSE），那么网格的大小是 $3 \times 2 \times 2 = 12$。

因为 caret 默认的搜索网格对于机器学习问题可能不是很理想，所以该函数还允许用户自定义搜索网格，通过简单的命令即可定义。我们将在后面进行介绍。

自动模型调整的第三个也是最后一个步骤是关于从候选模型中识别出最好的模型。我们使用第10章中讨论的方法（比如，选择重抽样的策略）来创建训练集和测试集，或者使用度量预测准确率的模型性能统计量。

caret添加包支持我们介绍过的所有重抽样策略和大部分的性能统计量，包括准确率和Kappa值（用于分类器）以及R方值或者RMSE（用于数值模型）等统计量。如果需要，也可以使用代价敏感的度量，比如灵敏度、特异性、ROC曲线下面积（AUC）等。

默认情况下，caret选择期望性能度量指标最大的模型作为候选模型。有时候，这种方法在实践中通过大量增加模型复杂度的方式来实现模型边际性能提升。因此，该添加包也提供了其他的模型选择函数。

在各种选项中，大部分默认值是合理的，这点儿很有帮助。例如，对于分类模型，caret使用自助法抽样的预测准确率来选择性能最优的模型。从这些默认值开始，我们可以使用train()函数来设计各种实验。

1. 创建简单的调整模型

为了说明调整模型的过程，先来看看当我们尝试使用caret添加包的默认设置来调整信用评分模型时会发生什么。从这里我们可以学习如何把选项调整到我们期望的状态。

最简单的调整模型的方式只需要通过method参数来指定模型的类型。因为我们之前使用C5.0决策树方法对信用数据建模，所以通过优化模型的方式来继续之前的工作。使用默认设置下面应用基本train()命令来调整C5.0决策树，应用该函数的默认设置，具体如下：

```
> library(caret)
> set.seed(300)
> m <- train(default ~ ., data = credit, method = "C5.0")
```

首先，用set.seed()函数来初始化R的随机数发生器。我们在前面的章节里已经用过很多次。通过设定seed参数（这里我们设置为一个任意数值300），可以使随机数遵循一个预先设定的序列。这可以使得使用随机抽样的模拟方法能够在重复运行中得到相同的结果——分享代码并尝试得到之前结果将会很有帮助。

其次，应用R公式接口，可以把树定义为default~.。它表示我们应用信用数据框中的所有其他变量对贷款违约的状态（yes或者no）进行建模。参数method = "C5.0"告诉caret使用C5.0决策树算法。

输入了之前的命令后，开始执行调整过程，可能会有显著的延迟（取决于计算机的配置）。即使是很少量的数据集，也需要非常巨大的计算量。R将重复地生成数据的随机抽样，建立决策树模型，计算性能统计量，并且对结果进行评估。

实验的结果存储到一个对象中，我们命名为m。如果要查看该对象的内容，使用命令str(m)会列出所有相关的数据——但是这种方式得到的信息太多了。简单地输入该变量名，就会得到摘要的结果。例如，输入m后会产生如下的结果（注意为了使表达更清晰，这里我们加上了序号标签）：

```
1000 samples
  16 predictor
   2 classes: 'no', 'yes'
```

```
No pre-processing
Resampling: Bootstrapped (25 reps)
Summary of sample sizes: 1000, 1000, 1000, 1000, 1000, 1000, ...
Resampling results across tuning parameters:
```

```
model  winnow  trials  Accuracy   Kappa
rules  FALSE    1      0.6960037  0.2750983
rules  FALSE   10      0.7147884  0.3181988
rules  FALSE   20      0.7233793  0.3342634
rules   TRUE    1      0.6849914  0.2513442
rules   TRUE   10      0.7126357  0.3156326
rules   TRUE   20      0.7225179  0.3342797
tree   FALSE    1      0.6888248  0.2487963
tree   FALSE   10      0.7310421  0.3148572
tree   FALSE   20      0.7362375  0.3271043
tree    TRUE    1      0.6814831  0.2317101
tree    TRUE   10      0.7285510  0.3093354
tree    TRUE   20      0.7324992  0.3200752
```

```
Accuracy was used to select the optimal model using the largest value.
The final values used for the model were trials = 20, model = tree
and winnow = FALSE.
```

该结果包含以下 4 个主要部分：

1）**输入数据的简单描述**：如果你熟悉数据并且正确地应用了 train() 函数，那么在该信息中不会看到意想不到的结果。

2）**预处理和重抽样方法应用情况的信息**：我们可以看到 25 个自助法样本，每个样本都包含 1 000 个例子，用来建模。

3）**评估的候选模型列表**：在这部分中，我们可以确认，基于 3 个 C5.0 调整参数的组合：model、trials 和 winnow，测试了 12 个不同的模型。也给出了每个候选模型的平均准确率和 Kappa 统计量。

4）**最优模型的选择**：根据脚注的描述，选出了具有最大准确率的模型。该模型进行了 20 次试验，设置 winnow=FALSE 的决策树模型。

接下来，train() 函数使用最优模型中的参数对所有数据建立模型，并将其存储在 m$finalModel 对象中。在大多数情况下，无须直接操作 finalModel 子对象。而是按如下方法使用 predict() 函数通过 m 对象来进行预测：

```
> p <- predict(m, credit)
```

预测的结果向量和我们设想的一样，生成了一个包含预测值和真实值的混淆矩阵：

```
> table(p, credit)

p      no yes
  no  700   2
  yes   0 298
```

在用来训练最终模型的 1000 个样本中，只有 2 个样本被错误地分类。但是，一定要记住，由于这个模型同时基于训练集和测试集，所以准确率过于乐观，不能看作对未来数据预测性能的度量。自助法估计的 73%（train() 输出结果中有显示）是对未来性能的一个更现实的估计。

除了自动调整参数外，使用 train() 和 predict() 函数还有超出常规添加包的功能的额外好处。

首先，train() 函数应用到的任何数据预处理步骤，也会以类似的方式应用到产生预测的数据中。这包括诸如中心化和量纲调整这样的数据变换，还有缺失值处理等。使用 caret 添加包进行数据准备，将确保那些有助于最佳模型性能的步骤在模型部署时仍然保留。

其次，predict()函数提供了标准的接口用来得到预测的类别值和概率——甚至模型类型，这些信息通常需要额外的步骤来获取。默认提供预测的类别，如下所示：

```
> head(predict(m, credit))
[1] no  yes no  no  yes no
Levels: no yes
```

要想得到每一类估计的概率，可以使用参数 type = "prob"：

```
> head(predict(m, credit, type = "prob"))
         no        yes
1 0.9606970 0.03930299
2 0.1388444 0.86115561
3 1.0000000 0.00000000
4 0.7720279 0.22797208
5 0.2948062 0.70519385
6 0.8583715 0.14162851
```

即使有些情况下，底层的模型使用不同的字符串来表示预测概率值（比如，朴素贝叶斯模型使用 "raw"），但 predictl 函数自动在后台将 type = "prob" 转换为合适的字符串形式。

2. 自定义调整过程

我们之前创建的决策树证明 caret 添加包可以在最少介入下生成最优模型。使用默认设置能够轻松创建高性能的模型。并且，你也可以改变默认的设置，以更适合具体的学习任务，这有助于提高模型的性能。

模型选择过程的每一步都是可以自定义的。为了说明这种灵活性，同时反映我们在第 10 章中使用的过程，这里对之前的信贷决策树的工作进行一些修改。回想一下，在这一章，我们使用了 10 折交叉验证来估计 Kappa 统计量。这里我们会做相同的事情，使用 Kappa 优化决策树的 boosting 参数。注意，我们在第 5 章中介绍过决策树的 boosting 参数，本章稍后将更加详细地研究这个问题

trainControl()函数用于创建一系列的配置选项，也称为**控制对象**，与 train()函数一起使用。这些选项考虑到了诸如重抽样策略以及用于选择最优模型的度量这些模型评估标准的管理。虽然该函数可以用于几乎所有参数调整的方面，但是我们只专注于两个重要的参数：method 和 selectionFunction。

如果你期望了解更多细节，可以使用 ?trainControl 帮助命令得到所有参数的列表。

对于 trainControl()函数，method 参数用来设置重抽样的方法，例如，保持抽样或者 k 折交叉验证。表 11-2 列出了 caret 调用这些方法时使用的缩写，以及用来调节样本量和迭代次数的所有额外参数。虽然这些重抽样方法的默认值遵循最受欢迎的惯例，但你也可以根据自己的样本量和模型的复杂度进行调整。

表 11-2　重抽样方法及其额外的选项和默认值

重抽样方法	方　法　名	额外的选项和默认值
保持抽样	LGOCV	p = 0.75（训练数据比例）
k 折交叉验证	cv	number = 10（折的数目）
重复 k 折交叉验证	repeatedcv	number = 10（折的数目） repeats = 10（迭代次数）
自助法抽样	boot	number = 25（重抽样迭代次数）
0.632 自助法	boot632	number = 25（重抽样迭代次数）
留一交叉验证法	LOOCV	无

selectionFunction 参数可以设定函数，该函数用来在多个候选模型中选择最优模型。有 3 个这样的函数：best 函数简单地选择具有最好的某特定度量值的候选模型，这是默认的选项。另外 2 个函数用来在最优模型性能的特定阈值之内选择最简约的模型，或者说最简单的模型。oneSE 函数选择在 1 倍的最好性能标准误差之内的最简单的候选模型。tolerance 选择某个用户指定比例之内的最简单的候选模型。

caret 添加包使用简易度来对模型进行排序具有一定的主观性。要想知道模型是如何排序的，可以在 R 命令行使用 ?best 命令得到选择函数的帮助页面。

使用 10 折交叉验证和 oneSE 选择函数，可以创建一个名为 ctrl 的控制对象，如下代码所示。（注意 number = 10 只是为了演示得更清楚，因为它是 method = "cv" 时的默认值，本来是可以省略的。）

```
> ctrl <- trainControl(method = "cv", number = 10,
                       selectionFunction = "oneSE")
```

我们后面将使用该函数的结果。

同时，定义我们实验的下一个步骤是创建用来优化参数的网格。网格中必须包括一列用于表示模型中的每一个参数。每一行都是一组模型参数的组合。因为使用 C5.0 决策树，所以这意味着我们需要名为 model、trials 和 winnow 的列。对于其他的模型，参考表 11-1。

如果不想自己手动创建这样的数据框（如果参数值的可能组合数太多时就非常困难），可以使用 expand.grid() 函数，它能利用所有值的组合创建数据框。例如，假设需要参数 model="tree" 和 winnow = "FALSE" 保持不变，同时搜索 8 个不同的试验值。可以使用如下方式创建：

```
> grid <- expand.grid(model = "tree",
                      trials = c(1, 5, 10, 15, 20, 25, 30, 35),
                      winnow = FALSE)
```

由此产生的网格数据框 grid 包含 $1\times8\times1=8$ 行：

```
> grid
  model trials winnow
1  tree      1  FALSE
2  tree      5  FALSE
3  tree     10  FALSE
4  tree     15  FALSE
```

```
5  tree     20  FALSE
6  tree     25  FALSE
7  tree     30  FALSE
8  tree     35  FALSE
```

train() 函数可以使用每一行的模型参数的组合来构建一个候选模型。

给定这个搜索网格和之前创建的控制列表，我们已经准备好运行完全自定义的 train() 实验。与之前一样，可以任意设置随机数种子为 300 来确保可重复的结果。但是这一次，我们传送的是自己定义的控制对象和调整网格，同时添加参数 metric = "Kappa"，指明模型评估函数所用到的统计量——在这个例子中，是 oneSE。完整的命令如下所示：

```
> set.seed(300)
> m <- train(default ~ ., data = credit, method = "C5.0",
             metric = "Kappa",
             trControl = ctrl,
             tuneGrid = grid)
```

通过输入它的名称来查看对象中的结果：

```
> m

1000 samples
  16 predictor
   2 classes: 'no', 'yes'

No pre-processing
Resampling: Cross-Validated (10 fold)
Summary of sample sizes: 900, 900, 900, 900, 900, 900, ...
Resampling results across tuning parameters:

  trials  Accuracy  Kappa
   1      0.735     0.3243679
   5      0.722     0.2941429
  10      0.725     0.2954364
  15      0.731     0.3141866
  20      0.737     0.3245897
  25      0.726     0.2972530
  30      0.735     0.3233492
  35      0.736     0.3193931

Tuning parameter 'model' was held constant at a value of tree
Tuning parameter 'winnow' was held constant at  a value of FALSE
Kappa was used to select the optimal model using  the one SE rule.
The final values used for the model were trials = 1, model = tree
and winnow = FALSE.
```

虽然很多结果都与自动调整模型的一样，但是还是有一些不同。因为使用了 10 折交叉验证，所以建立候选模型的样本量减到了 900，而不是自助法中的 1 000。按照我们的要求，对 8 个候选模型进行了测试。此外，因为 model 和 winnow 保持不变，所以它们的值不再显示在结果中，而是显示在脚注中。

这里最优模型与先前的实验有很大的不同。之前，最优模型使用了 trials=20，但是这里最优模型使用了 trials=1。这实际上是因为我们使用了 oneSE 规则而不是之前的 best 规则来选择模型。即使 trials=35 的模型按照 Kappa 值提供了最好的性能，但是 trials=1 的模型也具有差不多的性能，不过要简单得多。

由于大量的配置参数，caret 乍一看似乎不堪重负。不要被这吓到——没有比这更简单的方法来使用 10 折 CV 测试模型的性能了。取而代之的是，将实验定义为两部分：定义测试标准的 trainControl() 对象和确定待评估模型参数的调整网格。将它们提供给 train() 函数，花费一些计算时间，实验即可完成！

11.2 使用元学习来提高模型的性能

另一种提高单个模型性能的方法是将多个模型合并成一个更强的组。正如最好的运动队通常都是拥有能力互补而不是能力互相重叠的队员，最好的机器学习算法也会利用多个互补模型的组合。因为一个模型会对某些学习任务具有独特的倾向，所以它可能对样本的某个子集很适合，但是对其他子集就不适合。因此，可以聪明地使用多个不同组员的能力，从而创建一个由多个较弱组员构成的很强的团队。

这种组合和管理多个模型的预测技术属于一套更广泛的**元学习**（meta-learning）方法，该方法包含了所有涉及如何学习的技术。它可以包含从通过自动迭代设计决策来提升性能的简单算法（例如，使用本章前面提到的自动调整参数的方法），到借鉴进化生物学和遗传学的自修改和自适应学习方式的高度复杂算法。

在本章的剩余部分，我们将关注元学习，只因为它适合对多个模型的预测和要求的结果之间的关系建模。这里包含的基于团队的学习技术非常强大，也经常用来建立更有效的分类器。

11.2.1 理解集成学习

假设你是一个电视问答节目的参与者，正在回答百万大奖的最后一个问题，可以选择由 5 位好友组成的亲友团帮忙答题。大多数人会选择各个不同领域的专家。该亲友团包括文学、科学、历史、艺术方面的教授，以及一位熟悉当前流行文化的专家，这是一个稳妥而全面的小组。因为他们的知识面很广，所以不太可能遇到他们都不熟悉的问题。

利用创建一个多样性专家组的类似原理的元学习方法也称为**集成学习**（ensemable）。所有的集成学习方法都是基于结合多个较弱的学习器来创建一个很强学习器的思路。用这个简单的原理，可以开发各种算法，通过以下两个问题来区分：

- 如何选择或者构造较弱的学习模型？
- 如何将这些较弱的学习模型的预测结果组合起来形成最终的预测？

在回答这些问题时，依据图 11-1 来想象集成的过程是很有帮助的，几乎所有的集成方法都遵循这个模式。

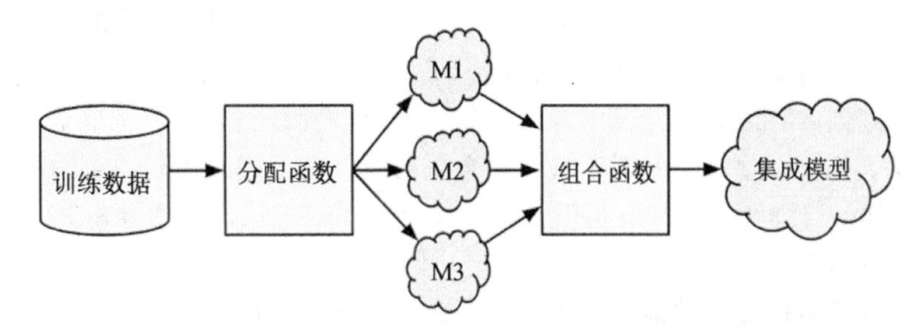

图 11-1 集成将多个较弱的模型组合为一个更强的模型

首先，输入训练数据用来建立很多个模型。分配函数决定每个模型接收多少个训练数据集。每个模型是接收一个完整的训练集还是只接收某个抽样的样本？每个模型是接收一个特征还是不同特征的子集？

虽然理想的集成学习包含各种不同的模型，但是分配函数可以通过人工改变输入数据来训练各种模型（甚至可以是同一类型模型）的方式来增强多样性。例如，在一组决策树中，分配函数可能会使用自助法采样来为每棵树构造单一的训练数据集，或者可能向每棵树传递不同的特征子集。另一方面，如果集成学习包含了多种算法（例如，神经网络、决策树以及k–NN分类器），那么分配函数将为每个算法传送改变相对较小的数据。

创建集成模型后，它们可以用来产生一系列的预测，这需要用一些方式来管理。组合函数用来对预测中的不一致进行调解。例如，集成学习可能利用投票来决定最终的预测，或者使用更复杂的策略，例如，根据模型的先验性能来对每个模型的投票进行加权。

有些集成学习甚至使用另一个模型从各种预测的组合中学习一个组合函数。例如，假设当 M_1 和 M_2 都投票Yes时，实际类的值通常是No。在这种情况下，集成学习可以忽略 M_1 和 M_2 一致时的投票。这种使用多个模型的预测来训练一个最终的仲裁模型的过程称为**堆叠法**（stacking），如图11-2所示。

图11-2　堆叠法是一种复杂的集成方法，它使用一种学习算法来组合预测

使用集成学习的一个好处是能够节省寻求单一最优模型的时间。只需要训练一批表现尚可的候选模型，然后整合它们即可。当然，便利性并不是基于集成学习的方法常常可以在机器学习竞赛中获胜的唯一原因。集成学习与单一模型相比还有很多性能上的优势：

- **对未来问题更好的普适性**：因为不同学习器的意见都成为最终预测结果的一部分，所以单一的偏好不会处于主导地位。这可以降低学习时过度拟合的可能性。
- **可以提升大量数据或少量数据的性能**：很多模型在处理数目巨大的特征或者样本时常常会遇到内存或者复杂度的限制，训练多个小的数据集比训练单个大的数据集会更有效。相反，集成学习对于最小的数据集也能有很好的表现，因为很多重抽样方法（例如，自助法）本身就是很多集成设计的固有方法。更重要的是，集成学习经常使用分布式计算方法并行训练。
- **将不同领域数据合成的能力**：因为不存在适用于所有情况的学习算法，并且复杂的现象依赖于不同领域的大数据，所以集成学习可以把从多种类型学习器得到的信息整合起来的能力变得越来越重要。

- **对困难学习任务更细致的理解**：真实世界的现象常常因为各种相互影响、错综复杂的因素而变得非常复杂。将任务分解成很多小部分的模型，可以更准确地捕获单一的全局模型容易遗漏的细小模式。

如果不能在 R 中简单地应用这些组合方法，那么以上的好处也是没有用的。很多 R 添加包要做的正是这些。让我们看看几个最受欢迎的集成学习方法，以及它们如何对我们之前的信用模型的性能进行提升。

11.2.2　bagging

得到广泛认可的最好的集成学习方法之一是**自助汇聚法**，简称为 **bagging 方法**。Leo Breiman 在 1994 年对该方法进行过描述，bagging 对原始训练数据使用自助法抽样的方式产生很多个训练数据集。这些数据集使用单一的机器学习算法产生多个模型，然后使用投票（对于分类问题）或者平均（对于数值预测）的方法来组合预测值。

> *关于 bagging 的更多信息，请参考 Bagging predictors, Breiman, L, Machine Learning, 1996, Vol. 24, pp. 123-140。*

虽然 bagging 是一种相对简单的集成学习方法，但是只要它和相对不稳定的学习器一起使用就能得到很好的效果，也就是说，当输入数据发生很小变化时，不稳定学习器会产生变化很大的模型。不稳定模型是必不可少，因为它可以确保当自助法的数据集之间的差异很小时，集成学习也能具有很好的多样性。基于这个原因，bagging 经常和决策树一起使用，因为决策树倾向于随着数据的微小变化而发生比较大的改变。

ipred 添加包提供了 bagging 决策树的经典实现。bagging() 函数与之前介绍的很多模型的使用方式类似。nbagg 参数控制用来投票的决策树的数目（默认值是 25）。依赖于学习任务的难度和训练数据的数量，增加该数值可以提升模型的性能，一直到某个极限。不利之处是这会带来很多额外的计算量。决策树越多，训练的时间也会越长。

安装 ipred 添加包后，可以按照如下方式创建集成学习。我们使用默认的 25 棵决策树。

```
> library(ipred)
> set.seed(300)
> mybag <- bagging(default ~ ., data = credit, nbagg = 25)
```

产生的模型可以被 predict() 函数使用：

```
> credit_pred <- predict(mybag, credit)
> table(credit_pred, credit$default)

credit_pred  no yes
        no  699   2
        yes   1 298
```

根据之前的结果，该模型看上去对训练数据拟合得非常好。要想知道它在未来的性能方面表现如何，可以通过 caret 添加包中的 train() 函数使用 10 折交叉验证的方法来建立 bagging 树。注意 ipred 添加包中的 bagging 树函数的名称是 treebag，如下所示：

```
> library(caret)
> set.seed(300)
> ctrl <- trainControl(method = "cv", number = 10)
> train(default ~ ., data = credit, method = "treebag",
        trControl = ctrl)

Bagged CART

1000 samples
  16 predictor
   2 classes: 'no', 'yes'

No pre-processing
Resampling: Cross-Validated (10 fold)
Summary of sample sizes: 900, 900, 900, 900, 900, 900, ...
Resampling results:

  Accuracy  Kappa
  0.746     0.3540389
```

Kappa 值是 0.35，说明 bagging 树模型与我们本章之前通过调整参数得到的最好的 C5.0 决策树模型的效果差不多（Kappa 值是 0.32）。这显示了集成学习的性能。将一些简单的学习器放在一起工作的性能可以优于一个十分复杂模型的性能。

11.2.3　boosting

另一种基于集成学习的受欢迎的方法是 boosting，因为它增加弱学习器的性能来获得强学习器的性能。这种方法主要基于 Robert Schapire 和 Yoav Freund 的工作，他们发表了很多关于这个主题的文章。

关于 boosting 的更多信息，请参考 *Boosting: Foundations and Algorithms, Schapire, RE,. Freund, Y, Cambridge, MA: The MIT Press, 2012*。

类似于 bagging，boosting 也是使用在不同的重抽样数据中训练模型的集成，并通过投票来决定最终的预测值。这其中包含两个关键的差异。首先，boosting 中的重抽样数据集的构建是专门用来产生互补的模型。其次，所有的选票并不是同等重要，将根据其之前的表现进行加权。性能好的模型对集成学习的最终预测有更大的影响。

boosting 经常给出相当好的性能，绝对不亚于集成中的最好的模型。由于构建集成学习中的模型是互补的，所以通过简单地为组添加其他学习器的方式将性能提升到任意的阈值是可能的，前提是每一个分类器的性能优于随机分类。因为这个发现有如此明显的作用，所以 boosting 方法被认为是机器学习领域最重要的发现之一。

虽然 boosting 可以生成一个任意低错误率的模型，但是这在实际操作时并不是可行的。当添加一个额外的学习器，而集成学习器性能的提高变得越来越小时，追求这

种低错误率阈值在实际中是不可取的。另外，单纯地追求高准确率可能导致模型对测试集数据过度拟合，从而不能推广到未知数据。

boosting 的算法称为 AdaBoost 或者自适应 boosting，于 1997 年由 Freund 和 Schapire 提出。该算法产生弱分类器来迭代地学习训练集中很大比例的难以分类的样本，对经常分错的样本给予更多的关注（也就是说，给予更大的权重）。

从未加权的数据开始，第一个分类器尝试对结果建模。预测正确的样本出现在下一个分类器的训练集中的可能性比较小，相反，难以分类的样本将出现得更频繁。

当下一轮的弱分类器被添加后，它们用来训练后面更难的样本。该过程会持续进行，直到达到要求的总误差或者性能不再提高。这时，每个分类器的投票会按照它们在建模数据集上的准确率进行加权。

虽然 boosting 的原理可以用于几乎任何模型，但是它在决策树中用得更多。我们已经在第 5 章中使用过这种方法，用它来提升 C5.0 决策树的性能。

AdaBoost.M1 算法为分类提供了 AdaBoost 的另一种基于树的实现。AdaBoost.M1 算法可以在 `adabag` 添加包中找到。

关于 `adabag` 添加包的更多信息，可以参考 *An R Package for Classification with Boosting and Bagging, Alfaro, E, Gamez, M, Garcia, N, Journal of Statistical Software, 2013, Vol. 54, pp.1-35*。

让我们利用 credit 数据集生成一个 AdaBoost.M1 分类器。总体上，这个算法的语法与其他模型的语法是相似的：

```
> set.seed(300)
> m_adaboost <- boosting(default ~ ., data = credit)
```

和往常一样，将 `predict()` 函数应用于由此产生的对象来进行预测：

```
> p_adaboost <- predict(m_adaboost, credit)
```

有所不同的是，这次返回的是关于模型信息的一个对象，而不是一个预测值的向量。这些预测值存放在一个叫作 `class` 的子对象中：

```
> head(p_adaboost$class)
[1] "no"  "yes" "no"  "no"  "yes" "no"
```

混淆矩阵存放在 `confusion` 的子对象中：

```
> p_adaboost$confusion
               Observed Class
Predicted Class  no yes
            no  700   0
            yes   0 300
```

注意到 AdaBoost 模型在分类过程中并没有出现错误吗？不要抱太多希望，回想先前所说的，混淆矩阵是基于模型对于训练数据的性能表现。由于 boosting 允许错误率降低到任意低的阈值，所以只需要简单地降低阈值就可以使其不再产生任何错误。这很可能导致模型对训练数据集过度拟合。

为了使模型对未知数据有更准确的评估，我们需要使用其他的评估方法。`adabag` 添加包提供了一个使用10折交叉验证的简单函数：

```
> set.seed(300)
> adaboost_cv <- boosting.cv(default ~ ., data = credit)
```

根据计算机的性能，每次迭代后在屏幕显示结果，可能需要一些时间来运行。在这一步完成后，我们将看到一个更加合理的混淆矩阵：

```
> adaboost_cv$confusion
               Observed Class
Predicted Class  no yes
            no  594 151
            yes 106 149
```

我们可以使用第10章中提到的 vcd 添加包来查看 Kappa 统计量：

```
> library(vcd)
> Kappa(adaboost_cv$confusion)
            value    ASE     z  Pr(>|z|)
Unweighted 0.3607 0.0323 11.17 5.914e-29
Weighted   0.3607 0.0323 11.17 5.914e-29
```

Kappa 值大约为0.361，这是我们现在得到最优执行信用评分模型。让我们将它和最后一个集成学习模型进行比较。

在 caret 添加包中，可以通过设置参数 method="AdaBoost.M1" 来对 AdaBoost.M1 算法进行调整。

11.2.4　随机森林

另一种基于集成学习的方法称为**随机森林**（或者**决策树森林**），它只关注决策树的集成学习。该方法由 Leo Breiman 和 Adele Cutler 提出，将 bagging 和随机特征选择结合起来，对决策树模型添加额外的多样性。在树的集成（森林）产生之后，该模型使用投票的方法来组合预测结果。

关于如何构建随机森林的更详细信息，请参考 *Random Forests, Breiman, L, Machine Learning, 2001, Vol. 45, pp. 5-32*。

随机森林组合多功能性和很强的能力到一个单一的机器学习方法中。因为集成学习只需要使用全体特征集中的一个很小的随机部分，所以随机森林可以处理非常大量的数据，而大数据中所谓的“维数灾难”常常会让其他的模型失败。与此同时，它对于大多数学习任务的误差率几乎和任何其他方法处于同等的水平。

虽然随机森林的名称是 Breiman 和 Cutler 提出的，但该名词有时候会用作任意类型的决策树集成的口语化表达。除了特指 Breiman 和 Cutler 的实现算法外，学界会使用更通用的术语“决策树森林”。

值得注意的是，相对于其他基于集成学习的方法，随机森林是非常有竞争力的而且具有核心优势。例如，随机森林更易于使用，并且具有更少的过度拟合倾向。表 11-3 列出了随机森林模型优点和缺点。

表 11-3 随机森林模型的优缺点

优 势	缺 点
❑ 对于大多数问题都是很有效的通用模型 ❑ 可以处理噪声和缺失值；适用于分类和连续的特征 ❑ 只选择最重要的特征 ❑ 可以适用于特征数目或者样本量极大的情况	❑ 与决策树不同，该模型不容易解释

由于它们的能力、多功能性和容易使用，随机森林是最受欢迎的机器学习算法之一。在本章的后面部分，我们将随机森林与 boosting C5.0 决策树进行一对一的比较。

1. 训练随机森林

虽然 R 中有好几个可以创建随机森林的添加包，但 randomForest 添加包可能是最忠实于 Breiman 和 Cutler 设定的添加包。并且这个添加包也得到了 caret 添加包中自动参数调整的支持。训练该模型的语法如表 11-4 所示。

表 11-4 随机森林语法

随机森林语法

使用 randomForest 添加包中的 randomForest() 函数

创建分类器：

```
m <- randomForest(train, class, ntree = 500, mtry = sqrt(p))
```

- train 是包含训练数据集的数据框
- class 是一个因子向量，代表训练集中每一行的类别
- ntree 是一个整数，指定树的数目
- mtry 是一个可选的整数，代表每次划分中随机选择的特征（变量）的数目（默认是 sqrt(p)，其中 p 是数据中总的变量数）

该函数将返回一个随机森林对象，可以用来进行预测。

进行预测：

```
p <- predict(m, test, type = "response")
```

- m 是 randomForest 函数训练的模型
- test 是包含测试集的数据框，与训练集数据的结构相同
- type 可以是 "response"、"prob" 或者 "votes" 中的一个，分别表示输出的预测向量是否是预测类别、预测概率或者投票数的矩阵。

该函数按照 type 参数的类型返回预测值。

例子：

```
credit_model <- randomForest(credit_train, loan_default)
credit_prediction <- predict(credit_model, credit_test)
```

默认情况下，randomForest() 函数创建一个 500 棵树的集成，每一个划分包含 sqrt(p) 个随机特征，p 是训练数据集中特征的个数，sqrt() 是 R 中平方根函数。这些参数是否合适取决于学习任务和训练数据的本质。一般来说，更复杂的问题和大量的数据（特征数和样本数都很大）使用大数量的树效果会更好，虽然这需要在它与付出更大计算量来训练更多树之间进行权衡。

使用大数量的树的目的是使得每一个特征都有机会出现在多个模型中。这是设定参数 mtry 的默认值为 sqrt(p) 的原因。使用这个值可以对特征进行充分的限定，从而使树与树之间存在大量的随机变化。例如，因为信用数据包含 16 个特征，所以每棵树在任何时候都限定在 4 个特征上进行划分。

让我们看看默认的 randomForest() 参数如何用于信用数据。我们将使用与其他学习器相同的方式来训练模型。同样，用函数 set.seed 来确保结果可重复。

```
> library(randomForest)
> set.seed(300)
> rf <- randomForest(default ~ ., data = credit)
```

我们可以很简单地输入结果对象的名称来查看模型性能的汇总：

```
> rf


Call:
 randomForest(formula = default ~ ., data = credit)
               Type of random forest: classification
                     Number of trees: 500
No. of variables tried at each split: 4


        OOB estimate of  error rate: 23.3%
Confusion matrix:
     no yes class.error
no  638  62  0.08857143
yes 171 129  0.57000000
```

正如期望的一样，输出显示该随机森林包含 500 棵树，对每个划分使用了 4 个变量。通过显示的混淆矩阵，你可能会被看上去很差的再代入误差吓一跳——23.3% 的错误率比目前我们见过的任何集成学习方法都差。事实上，这个混淆矩阵给出的根本不是再代入误差。它其实代表袋外错误率（Out-of-bag error rate，在输出中标记为 OOB estimate of error rate)，它是对测试集错误的一个无偏估计。这意味着，它应该是对未来性能的一个合理估计。

“袋外”（out-of-bag）估计是在构建随机森林时计算的。实质上，某棵树的自助法抽样中没有选择的任何样本都可以用来测试模型对未知数据的性能。在森林构建结束时，对于包含 1000 个样本的数据集中的每个样本，允许训练中没有使用样本的树进行预测。计算每个样本的这些预测，并进行投票以确定该样本的最终预测值。这种预测的总错误率就成为袋外错误率。

在第 10 章，任何给定的案例都有 63.2% 的机会被包含在自助法抽样的样本中。这意味着随机森林中 500 棵树中平均有 36.8% 的树对每个样本进行袋外估计。

要计算袋外预测的 kappa 统计量，我们可以使用 vcd 包中的函数，如下所示。该代码将 Kappa() 函数应用于 confusion 对象的前两行和前两列，该函数存储了 rf 随机森林模型对象的袋外预测的混淆矩阵：

```
> library(vcd)
> Kappa(rf$confusion[1:2,1:2])
           value     ASE     z  Pr(>|z|)
Unweighted 0.381 0.03215 11.85 2.197e-32
Weighted   0.381 0.03215 11.85 2.197e-32
```

kappa 统计量为 0.381，随机森林是迄今为止表现最好的模型。它高于最优的 boosting C5.0 决策树模型，后者的 kappa 约为 0.325，也高于 AdaBoost.M1 模型（kappa 约为 0.361）。鉴于这一令人印象深刻的初步结果，我们尝试对其性能进行更正式的评估。

2. 通过模拟的方式评估随机森林的性能

之前提到过，randomForest() 函数也得到了 caret 添加包的支持，除了计算袋外错误率之外，它允许在优化模型的同时计算其他的性能度量指标。为了让事情更有趣，我们比较自动调节参数的随机森林和之前我们开发的自动调节参数的 boosting C5.0 决策树模型。我们假设这个实验的目的是找出一个用于提交给一个机器学习竞赛的候选模型。

首先加载 caret 添加包，并设置训练控制选项。为了对模型性能进行最准确的比较，使用重复 10 折交叉验证或 10 次 10 折交叉验证。这意味着模型会花费更多的时间和更大的计算量。因为这是最后一个比较，所以我们非常肯定我们做了正确的选择——通过“最佳”性能指标选择的最终胜利者将作为我们唯一提交给机器学习竞赛的模型。

此外，我们将向 trainControl() 函数添加一些新选项。首先，我们将 savePredictions 和 classProbs 参数设置为 TRUE，以保存保持法样本预测和预测的概率，以便之后绘制 ROC 曲线。然后，我们还将 summaryFunction 设置为 twoClassSummary，这是一个 caret 函数，用于计算性能指标（如 AUC）。完整的代码如下：

```
> library(caret)
> ctrl <- trainControl(method = "repeatedcv",
                       number = 10, repeats = 10,
                       selectionFunction = "best",
                       savePredictions = TRUE,
                       classProbs = TRUE,
                       summaryFunction = twoClassSummary)
```

下一步，我们对随机森林设置参数调整网格。该模型中唯一需要调整的参数是 mtry，它表示每一次划分中要随机选择多少个特征。默认情况下，我们知道每棵树使用 sqrt(16)，或者 4 个特征。为了更彻底，我们测试该数的一半、2 倍以及所有的 16 个特征。因此，我们需要创建一个值为 2、4、8 和 16 的网格，如下所示：

```
> grid_rf <- expand.grid(mtry = c(2, 4, 8, 16))
```

当随机森林在每一次划分中用到所有的特征时，实际上它与 bagging 决策树是一样的。

我们可以把结果的网格对象与 ctrl 对象一起传送给 train() 函数，并使用 "ROC" 指标选择最佳模型。此度量指标是指 ROC 曲线下的面积。完整的代码运行如下：

```
> set.seed(300)
> m_rf <- train(default ~ ., data = credit, method = "rf",
                metric = "ROC", trControl = ctrl,
                tuneGrid = grid_rf)
```

上述的命令可能花费很多时间，因为它要做很多工作——当随机森林完成训练后，我们通过以下 caret 实验，将它与使用 10、25、50 和 100 次迭代的最优 boosting 决策树进行比较：

```
> grid_c50 <- expand.grid(model = "tree",
                          trials = c(10, 25, 50, 100),
                          winnow = FALSE)
> set.seed(300)
> m_c50 <- train(default ~ ., data = credit, method = "C5.0",
                 metric = "ROC", trControl = ctrl,
                 tuneGrid = grid_c50)
```

当 C5.0 决策树也计算完成后，我们可以一项一项地比较两种方法的差异。随机森林模型的结果如下：

```
> m_rf

Resampling results across tuning parameters:

  mtry  ROC        Sens       Spec
   2    0.7579643  0.9900000  0.09766667
   4    0.7695071  0.9377143  0.30166667
   8    0.7739714  0.9064286  0.38633333
  16    0.7747905  0.8921429  0.44100000
```

boosting C5.0 模型的结果如下：

```
> m_c50

Resampling results across tuning parameters:

  trials  ROC        Sens       Spec
   10     0.7399571  0.8555714  0.4346667
   25     0.7523238  0.8594286  0.4390000
   50     0.7559857  0.8635714  0.4436667
  100     0.7566286  0.8630000  0.4450000
```

基于这些一对一的结果，mtry=16 时的随机森林似乎是我们的赢家，因为对于最优 boosting C5.0 模型，其最佳 AUC 为 0.775，优于后者 0.757 的 AUC。

为了可视化它们的性能，我们可以使用 pROC 添加包绘制 ROC 曲线。我们将为 roc() 函数提供贷款违约的观测值（obs)，以及贷款违约为“yes”的估计概率。请注意，这些结果是由 caret 保存的，因为我们通过 trainControl() 函数进行了调用。然后，我们可以使用 plot() 函数绘制 ROC 曲线，如下所示：

```
> library(pROC)
> roc_rf <- roc(m_rf$pred$obs, m_rf$pred$yes)
> roc_c50 <- roc(m_c50$pred$obs, m_c50$pred$yes)
> plot(roc_rf, col = "red", legacy.axes = TRUE)
> plot(roc_c50, col = "blue", add = TRUE)
```

正如我们所预期的那样，结果曲线显示 AUC 为 0.775 的随机森林略胜于 AUC 为 0.757 的 boosting C5.0 模型。在图 11-3 中，随机森林是最外面的曲线。

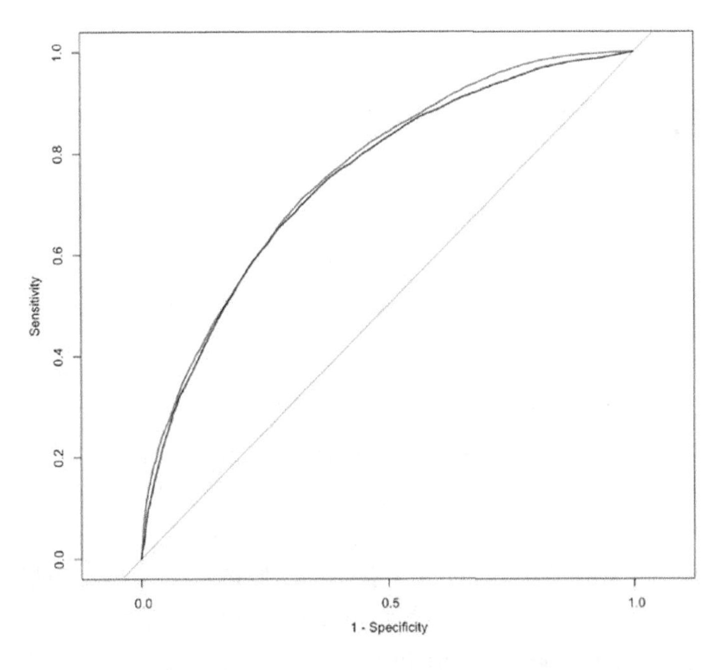

图 11-3　在贷款违约数据集上将随机森林（最外面的曲线）与 boosting C5.0 决策树进行比较的 ROC 曲线

根据我们的实验，我们会将随机森林作为表现最好的模型提交上去。但是，直到它真正对竞争测试集做出预测之前，我们没办法确定它最终是否会赢。但是，根据我们的性能估计，这是一个安全的选择。如果足够幸运，可能会赢得奖金。

11.3　总结

在读完这一章后，你现在已经知道了可以赢得数据挖掘或者机器学习竞赛奖金的基本技术。自动调节参数的方法可以帮助我们尽可能优化单一模型。另一方面，创建一组机器学习模型，让它们一起工作，也能获得性能的提高。

虽然本章的目的是让你准备参加竞赛的模型，但是要记住你的对手也能得到相同的技术。你不能停滞不前，你需要不断努力，在你的技能集上不断增添新的方法。或许你可以将主题专家列到表中，或许你可以在数据准备时更细致。在任何情况下，实践带来完美，所以要尽可能利用各种公开的竞赛来测试、评估和提高自己在机器学习方面的技能。

在第 12 章中，我们将概览使用 R 将机器学习方法应用到一些高度专业化和困难的领域。你将学到把机器学习应用到前沿领域的知识，包括非常大、具有挑战性或不同寻常的数据集。

第 12 章
其他机器学习主题

祝贺你的机器学习旅程到了这一章！如果你还没有开始做自己的项目，你会很快开始的。尝试做自己的项目后，你可能会发现，把数据变成实践远比它初始看起来困难。

当收集数据时，你可能意识到信息可能以专有电子表格格式或者以多个网络页面的格式存在。更糟的是，在花费了几小时手工重新编排数据格式以后，计算机的内存可能已经用完，并且慢得动不了了。甚至 R 可能崩溃，或者冻结你的机器。希望你不会被这些吓住。随着更多的努力，这些问题会慢慢解决的。

本章涵盖了一些并不是所有项目中都会应用到的技术，但是可以证明这些特定的技术在工作时还是有用的。你可能会发现，在应用如下一些数据时，本章的这些信息是特别有用的：

- 存储为无结构或者专用格式的数据，比如网页、网页 API 或者电子表格。
- 从生物信息学或者社交网络分析等这些特殊领域得到的数据。
- 数据集大到 R 不能将它存储在内存中，或者需要花费很长的时间来完成数据分析。

如果碰到上述这些问题，其实你并不是个例。尽管没有万能药（这些问题是数据科学家的难题，同时这也是对数据技术有大量需求的原因），但通过 R 社区的无私奉献，一系列 R 添加包为解决这类问题提供了一种领先的方案。

本章简要介绍了这类问题的解决方案。即使你是一个有经验的 R 语言老手，你也可能发现能简化你的工作流程的添加包，或许未来某一天你能开发出一个简化所有人工作的添加包。

12.1 管理和准备真实数据

与本书所分析的样本不同，真实世界的数据罕有打包为一个简单的能从网站上下载的 CSV 格式。真实的情况是，需要花费大量的工夫去准备待分析的数据。数据需要收集、合并、排序、过滤或者重新格式化来满足学习算法的要求。这个过程俗称为数据整理（data munging）。

当特定的数据集从百兆字节增长到千兆字节，并且数据是从不相关且凌乱的来源收集而来，它们大多存储在大型数据库中，此时数据准备变得更加重要。下面的几节将介绍可以接收和处理专用格式数据和数据库的几个添加包和资源。

12.1.1　使用 tidyverse 添加包使数据变得“整洁”

一种新的方法已经迅速成形，成为处理 R 中数据的主要范例。在 Hadley Wickham 的倡导下，许多添加包背后的思想推动了 R 最初的兴旺发展，如今，这一新浪潮获得了 RStudio 强大团队的支持。RStudio 的桌面应用程序使 R 变得更加用户友好，并且可以很好地集成到这个新生态系统中，该生态系统被称为 tidyverse，因为它提供了用于整理数据的大量添加包。整个套件可以通过 `install.packages("tidyverse")` 命令安装。

从主页 `https://www.tidyverse.org` 开始，越来越多的在线资源可用于了解 tidyverse。在这里，你可以了解其中包含的各种添加包，其中一些将在本章介绍。此外，Hadley Wickham 和 Garrett Grolemund 撰写的 *R for Data Science* 可在 `https://r4ds.had.co.nz` 上免费在线获得，其中介绍了 tidyverse 的“固执已见”方法如何简化了数据科学项目。

我经常被问到在数据科学和机器学习中 R 与 Python 的比较问题。RStudio 和 tidyverse 可能是 R 的最大优势和区别点。可以说，没有简单的方法可以开始数据科学之旅。一旦了解了进行数据分析的“tidy”方式，你可能会希望 tidyverse 功能无处不在!

1. 用 tibble 概括表格数据结构

tidyverse 集合包括 `tibble` 包和数据结构——在单词“ table”上命名的双关语。tibble 几乎和数据框完全一样，但为方便和简单起见还包含其他功能。它们几乎可以在任何可以使用数据框的地方使用。有关 tibble 的详细信息，可以在 *R for Data Science* 中相应的章节中找到，网址为 `https://r4ds.had.co.nz/tibbles.html`，或在 R 中键入 `vignette("tibble")` 命令。

在大多数情况下，tibble 的使用是简单易懂的。但是，如果需要将 tibble 转换为数据框，请使用 `as.data.frame()` 函数。要将数据框转换为 `tibble`，请使用 `as_tibble()` 函数，如下所示：

```
> library(tibble)
> credit <- read.csv("credit.csv")
> credit_tbl <- as_tibble(credit)
```

输入此对象的名称可以证明该 tibble 的输出比标准数据框更简洁、信息更丰富，如图 12-1 所示。

```
> credit_tbl
# A tibble: 1,000 x 17
   checking_balance months_loan_dura… credit_history purpose   amount savings_balance employment_dura…
   <fct>                        <int> <fct>          <fct>      <int> <fct>           <fct>
 1 < 0 DM                           6 critical       furnitur…   1169 unknown         > 7 years
 2 1 - 200 DM                      48 good           furnitur…   5951 < 100 DM        1 - 4 years
 3 unknown                         12 critical       education   2096 < 100 DM        4 - 7 years
 4 < 0 DM                          42 good           furnitur…   7882 < 100 DM        4 - 7 years
 5 < 0 DM                          24 poor           car         4870 < 100 DM        1 - 4 years
 6 unknown                         36 good           education   9055 unknown         1 - 4 years
 7 unknown                         24 good           furnitur…   2835 500 - 1000 DM   > 7 years
 8 1 - 200 DM                      36 good           car         6948 < 100 DM        1 - 4 years
 9 unknown                         12 good           furnitur…   3059 > 1000 DM       4 - 7 years
10 1 - 200 DM                      30 critical       car         5234 < 100 DM        unemployed
# ... with 990 more rows, and 10 more variables: percent_of_income <int>, years_at_residence <int>,
#   age <int>, other_credit <fct>, housing <fct>, existing_loans_count <int>, job <fct>,
#   dependents <int>, phone <fct>, default <fct>
```

图 12-1　显示 tibble 将比标准数据框产生更多的信息输出

重要的是，要注意tibble和数据框之间的区别，因为tidyverse将自动为其许多操作创建tibble对象。总体而言，你可能会发现，与数据框相比，tibble不那么令人讨厌。它们通常对数据做出更明智的假设，这意味着你将花费更少的时间来重做R的工作，例如将字符串重新编码为因子，反之亦然。确实，tibble和数据框之间的主要区别在于tibble永远不会默认设置 stringsAsFactors = TRUE。另外，tibble还可以使用在基础R中无效的列名，例如 `my var`，只要它们被反引号（`）字符包围。

tibble是tidyverse中的基本对象，并会使后面各节中介绍的补充添加包具有额外的优点。

2. 使用dplyr加速和简化数据准备过程

dplyr添加包是tidyverse的核心，因为它提供了允许对数据进行转换和操作的基本功能。它还提供了一种直接的方法来开始在R中使用较大的数据集。尽管还有其他软件包具有更高的原始速度或者甚至能够处理更大的数据集，但当你遇到了基础R的限制时，dplyr还是高效的。

结合tidyverse的tibble对象，dplyr解锁了一些令人印象深刻的功能：

- 着重于数据框而不是向量，引入了新的运算符，这些运算符允许使用更少的代码执行常见的数据转换，同时保持高可读性。
- dplyr添加包对数据框做出了合理的假设，以优化你的工作量和内存使用。如果可能的话，它将避免通过指向原始值来制作数据副本。
- 代码的关键部分用C++编写，据作者说，许多操作的性能比基础R提高20 ~ 1000倍。
- R数据框受可用内存限制。使用dplyr，可以将tibble透明地链接到基于磁盘的数据库，而该数据库的大小可能超过内存中的存储量。

通过初始学习曲线后，处理数据的dplyr语法成为第二特点。dplyr语法中有5个关键动词，它们对数据表执行许多最常见的转换。从tibble开始，可以选择：

- filter()：通过列的值过滤数据行。
- select()：按名称选择数据列。
- mutate()：通过转换值将列转换为新列。
- summarize()：通过将值汇总来概述数据行。
- arrange()：通过对值进行排序来排列数据行。

使用管道运算符将这5个dplyr动词按顺序组合在一起。管道运算符用% >%符号表示，从字面上将数据从一个函数“传递”到另一个函数。使用管道可以创建功能强大的函数链，用于处理数据表。

管道运算符是添加包magrittr的一部分，该添加包是由Stefan Milton Bache和Hadley Wickham开发的，默认情况下，它与tidyverse集合一起安装。它的名称恰好与René Magritte的著名画作pipe（你在第1章中看到过的）一样。关于该项目的更多信息，请参考https://magrittr.tidyverse.org。

为了说明dplyr的功能，请设想一个场景，要求你检查21岁或21岁以上的贷款申请人，并计算按贷款人是否违约分组的平均贷款期限（以年为单位）。考虑到这一点，遵循以下dplyr语法并不困难，该语法几乎像是重述该任务的伪代码：

```
> credit %>%
    filter(age >= 21) %>%
    mutate(years_loan_duration =
             months_loan_duration / 12) %>%
    select(default, years_loan_duration) %>%
    group_by(default) %>%
    summarize(mean_duration = mean(years_loan_duration))
# A tibble: 2 x 2
  default mean_duration
  <fct>           <dbl>
1 no               1.61
2 yes              2.09
```

这只是 dplyr 命令如何使复杂的数据操作任务变得更简单的一个小例子。这是最重要的事实，由于 dplyr 的代码效率更高，因此这些步骤的执行速度通常快于基础 R 中的等效命令！提供完整的 dplyr 教程超出了本书的范围，但是有许多在线学习资源，包括 https://r4ds.had.co.nz/transform.html 的 *R for Data Science* 中章节。

12.1.2 读取和写入外部数据文件

需要花费大量工作来接收和合并各种专用格式的数据，这是数据分析比较麻烦的一个方面。有海量的数据以文件或者数据库形式存在，需要转换为 R 可用的形式。幸运的是，有多个用于这个目的的添加包。

1. 使用 readr 导入整洁的表格

tidyverse 包含 readr 添加包，它是一种将 CSV 格式的表格数据加载到 R 中的更快的解决方案。https://r4ds.had.co.nz/data-import.html 中 *R for Data Science* 的数据导入章节对此进行了描述，基本功能很简单。

该添加包提供了 read_csv() 函数，非常类似于基础 R 中的 read.csv() 函数，该函数从 CSV 文件加载数据。关键区别在于，tidyverse 的速度要快得多（根据添加包作者的说法，速度要快 10 倍左右），并且能更好地识别要加载的列的格式。例如，它具有处理带有货币字符的数字、解析日期列的功能，并且更擅长处理国际数据。

要从 CSV 文件创建 tibble，只需使用 read_csv() 函数，如下所示：

```
> library(readr)
> credit <- read_csv("credit.csv")
```

这将使用默认的解析设置，该设置将显示在 R 输出中。通过向 read_csv() 传递 col() 函数调用来提供列规范，可以覆盖默认值。

2. 使用 rio 从 Excel、SAS、SPSS 和 Stata 中导入文件

以前，这种数据读入工作是一个乏味且耗时的过程，需要具备多个 R 添加包的特殊技巧和工具的知识，现在有了一个称为 rio（R Input and Output）的 R 添加包，这些变得容易了。该添加包由 Chung-hong Chan、Geoffrey CH Chan、Thomas J. Leeper 和 Christopher Gandrud 等人开发，被描述为“数据瑞士军刀”。该添加包可以输入和输出多种文件格式，

包括但不限于：制表符分隔（.tsv)、逗号分隔（.csv)、JSON（.json)、Stata（.dta)、SPSS(.sav 和 .por)、Microsoft Excel(.xls 和 .xlsx)、Weka(.arff) 和 SAS(.sas7bdat 和 .xpt)。

关于 rio 添加包能够输入和输出的数据文件格式的完整列表，以及详细的应用例子，参见 http://cran.r-project.org/web/packages/rio/vignettes/rio.html。

添加包 rio 有 3 个处理专用数据格式的函数：import()、export() 和 convert()。每个函数实现其名字所给出的功能。与添加包“使事情变得简单”的理念一致，每个函数应用文件的扩展名（如 .csv 或 .xlsx）来猜测输入、输出或者转换的文件的类型。

例如，为了输入上一章中的信用卡数据，把它存储为 CSV 格式，简单地输入：

```
> library(rio)
> credit <- import("credit.csv")
```

这将创建期望的信用卡数据框。而且，我们不仅不必指出文件类型为 CSV，rio 还自动设置 stringsAsFactors = FALSE，还有其他合理的默认值。

为了把 credit 数据框导出为 Excel(.xlsx) 格式，使用函数 export()，并指定期望的输出文件名，如下所示。对于其他格式，只要简单地将文件扩展名改为所要的输出类型即可：

```
> export(credit, "credit.xlsx")
```

没有导入步骤，直接应用 convert() 把 CSV 文件转换为其他格式也是可能的。例如，下面的命令把信用卡的 CSV 文件转换为 Stata(.dta) 格式：

```
> convert("credit.csv", "credit.dta")
```

尽管添加包 rio 涵盖了许多常见的专用数据格式，但是它不是万能的。下一节将讲述应用数据库查询把数据导入 R 中。

12.1.3 查询 SQL 数据库中的数据

大型数据集通常存储在数据库管理系统（Database Management System，DBMS）中，比如 Oracle、MySQL、PostgreSQL、Microsoft SQL 或者 SQLite。这些系统可以应用结构化查询语言（Structured Query Language，SQL）来获取数据，SQL 是一种从数据库中获取数据的编程语言。

1. 管理数据库连接的整洁方法

RStudio 1.1 版引入了用于连接数据库的图形方法。界面右上角的“Connections”选项卡列出了系统上找到的所有现有数据库连接，如图 12-2 所示。这些连接的创建通常由数据库管理员执行，并且特定于数据库的类型以及操作系统。例如，在 Microsoft Windows 上，可能需要安装适当的数据库驱动程序以及使用 ODBC Data Source Administrator 应用程序。在 MacOS 和 Unix / Linux 上，可能需要安装驱动程序并编辑 odbc.ini 文件。

有关潜在连接类型和安装说明的完整文档，请访问 https://db.rstudio.com。

在后台，图形界面使用各种 R 添加包来管理与这些数据源的连接。该功能的核心是 DBI 软件包，该添加包为数据库提供了与 tidyverse 兼容的前端接口。DBI 添加包还管理后端数据库驱动程序，该驱动程序必须由另一个 R 添加包提供。这样的添加包使 R 连接到 Oracle（ROracle)、MySQL（RMySQL)、PostgreSQL（RPostgreSQL）和 SQLite（RSQLite）等数据库。

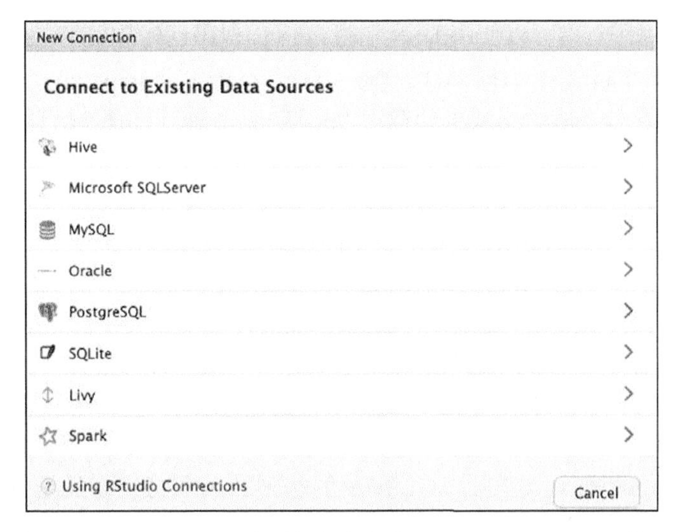

图 12-2　RStudio v1.1 或更高版本中的“New Connection”按钮将打开一个界面，该界面将帮助你连接到任何预定义的数据源

为了说明此功能，我们将使用 DBI 和 RSQLite 包连接到包含先前使用的信用数据集的 SQLite 数据库。SQLite 是一个简单的数据库，不需要运行服务器。它只是连接到计算机上的数据库文件，在这里名为 credit.sqlite3。在开始之前，请确保安装了这两个必需的添加包，并将数据库文件保存到 R 工作目录中。完成此操作后，可以使用以下命令连接到数据库：

```
> con <- dbConnect(RSQLite::SQLite(), "credit.sqlite3")
```

为了证明连接成功，我们可以列出数据库表以确认 credit 表如预期那样存在：

```
> dbListTables(con)
[1] "credit"
```

从这里，我们可以将 SQL 查询命令发送到数据库，并以 R 数据框的形式返回记录。例如，要获取 45 岁或以上的贷款申请人，我们将查询数据库，如下所示：

```
> res <- dbSendQuery(con, "SELECT * FROM credit WHERE age >= 45")
```

可以使用以下命令将整个结果集作为数据框提取：

```
> credit_age45 <- dbFetch(res)
```

为了确认它是否有效，我们将检查汇总统计量，该统计量可确认年龄始于 45 岁：

```
> summary(credit_age45$age)
   Min. 1st Qu.  Median    Mean 3rd Qu.    Max.
  45.00   48.00   52.00   53.98   60.00   75.00
```

完成工作后，建议清除查询结果集并关闭数据库连接以释放这些资源：

```
> dbClearResult(res)
> dbDisconnect(con)
```

除了 SQLite 和特定于数据库的 R 包之外，odbc 包还允许 R 使用称为开放数据库连接（Open Database Connectivity，ODBC）标准的单一协议连接到许多不同类型的数据库。ODBC 标准可以直接使用，而与操作系统或 DBMS 无关。

如果之前已连接到 ODBC 数据库，则可能已通过其数据源名称（Data Source Name,

DSN）对其进行了引用。你可以使用DSN通过单行R代码创建数据库连接：

```
> con <- dbConnect(odbc:odbc(), "my_data_source_name")
```

如果设置更为复杂，或者想要手动指定连接属性，则可以指定完整的连接字符串作为DBI包中dbConnect()函数的参数，如下所示：

```
> library(DBI)
> con <- dbConnect(odbc::odbc(),
                   database = "my_database",
                   uid = "my_username",
                   pwd = "my_password",
                   host = "my.server.address",
                   port = 1234)
```

建立连接后，可以使用与先前SQLite示例相同的函数将查询发送到ODBC数据库，并且可以将表作为数据框返回。

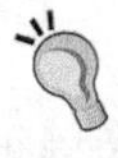

由于安全性和防火墙设置，配置ODBC网络连接的说明针对不同情况都是高度特定的。如果无法建立连接，请与数据库管理员联系。RStudio团队还在https://db.rstudio.com/best-practices/drivers/中提供了有用的信息。

2. 在dplyr中使用数据库

将dplyr连接到外部数据库并不比将其与传统数据框一起使用困难。dbplyr软件包（数据库plyr）允许将DBI软件包支持的任何数据库用作dplyr的后端。该连接允许从数据库中提取tibble对象。通常，仅安装dbplyr软件包后dplyr即可发挥其作用。

例如，让我们连接到先前使用的SQLite数据库credit.sqlite3，然后使用tbl()函数将其中的credit表另存为tibble对象，如下所示：

```
> library(DBI)
> con <- dbConnect(RSQLite::SQLite(), "credit.sqlite3")
> credit_tbl <- con %>% tbl("credit")
```

尽管已经在数据库上使用了dplyr，但此处的credit_tbl对象的行为将与任何其他tibble一样，并且将获得dplyr添加包的所有其他优点。请注意，如果将SQLite数据库替换为传统的SQL服务器上的在线数据库，步骤将非常相似。

例如，要查询数据库中年龄至少为45岁的信贷申请人，并显示该组的年龄汇总统计量，我们可以通过对tibble传递以下函数序列来实现：

```
> library(dplyr)
> credit_tbl %>%
    filter(age >= 45) %>%
    select(age) %>%
    collect() %>%
    summary()

      age
 Min.   :45.00
 1st Qu.:48.00
 Median :52.00
```

```
Mean    :53.98
3rd Qu.:60.00
Max.    :75.00
```

请注意，dbplyr 函数是“惰性的”，这意味着除非有必要，否则，数据库中不会进行任何工作。因此，collect() 函数强制 dplyr 从服务器检索结果，以便可以计算汇总统计量。

给定数据库连接，许多 dplyr 命令将在后端无缝转换为 SQL 语句。这意味着在较小数据框上使用的相同 R 代码也可以用于准备存储在 SQL 数据库中的较大数据集——繁重的工作是在远程服务器上完成的，而不是在本地笔记本电脑或台式机上完成的。通过这种方式，学习 tidyverse 添加包可确保你的代码可应用于从小型到大型的任何类型的项目。

3. 使用 RODBC 进行 SQL 连接的传统方法

作为 RStudio 和 tidyverse 方法的替代方法，还可以使用 Brian Ripley 的 RODBC 包连接到 SQL Server。RODBC 函数从兼容 ODBC 的 SQL Server 中检索数据并创建 R 数据框。尽管此添加包仍被广泛使用，但它在基准测试中的速度比较新的 odbc 软件包要慢得多，此处主要列出以供参考。

你可以使用命令 vignette("RODBC") 在 R 中访问 RODBC 包的附加文档，它提供了大量有关连接到各种数据库的信息。当你遇到问题时，请查阅该文档。

使用 odbcConnect() 函数为 DSN my_dsn 的数据库打开一个名为 mydb 的连接：

```
> library(RODBC)
> my_db <- odbcConnect("my_dsn")
```

另外，如果 ODBC 连接需要用户名和密码，则在调用 odbcConnect() 函数时应该说明它们：

```
> my_db <- odbcConnect("my_dsn",
    uid = "my_username",
    pwd = "my_password")
```

现在有一个开放数据库连接，对于通过 SQL 查询得到的数据库行，我们能使用 sqlQuery() 函数创建 R 数据框。与很多创建数据框的函数一样，该函数允许我们指定 stringsAsFactors = FALSE 来阻止 R 把字符数据转换成因子。

sqlQuery() 函数使用典型的 SQL 查询，如下所示：

```
> my_query <- "select * from my_table where my_value = 1"
> results_df <- sqlQuery(channel = my_db, query = my_query,
    stringsAsFactors = FALSE)
```

得到的 results_df 对象是一个数据框，它包含存储在 my_query 中使用 SQL 查询选择的所有行。

一旦你已经结束使用数据库，用下面的命令关闭 ODBC 连接：

```
> odbcClose(my_db)
```

以上代码将关闭 my_db 连接。尽管 R 将在 R 会话结束后自动关闭 ODBC 连接，但这样显式地关掉连接是一个好习惯。

12.2　处理在线数据和服务

随着基于网络来源的数据量的增加，机器学习项目能够与在线服务进行访问和交互的能力变得愈加重要。增加一些变化后，R能直接读取在线数据源。第一，默认情况下，R不能访问加密网站（用 `https://` 协议而不是用 `http://` 协议）。第二，注意大多数网站没有用R能理解的形式提供数据，这一点很重要。在应用数据前，需要先解析（或者分解）数据，然后将数据重构为结构化的形式。我们很快就讨论这些工作。

然而，如果上述这些变化不适用（即数据以非加密网站的在线形式且以类似CSV表格的形式存在，R能自然地理解它们），那么R的 `read.csv()` 和 `read.table()` 函数能像数据在本机上一样来访问网络上的数据。只需要简单地提供数据集的URL就可以，如下所示：

```
> mydata <- read.csv("http://www.mysite.com/mydata.csv")
```

即使R不能直接应用其他形式的数据，R也提供了从网络下载这些数据的功能。对于文本文件，可以尝试 `readLines()` 函数，如下所示：

```
> mytext <- readLines("http://www.mysite.com/myfile.txt")
```

对于其他类型的文件，可以应用 `download.file()` 函数。为了将一个文件下载到R的当前工作目录，只要提供URL和目标文件名即可，例如：

```
> download.file("http://www.mysite.com/myfile.zip", "myfile.zip")
```

除了这些基本功能外，还有大量的添加包扩展了R处理在线数据的能力。最基本的几个添加包将在下面几节中讨论。由于网络很广泛且不断变化，所以这些节的内容并不是R连接在线数据的方法的全部集合。确实有上百个这样的添加包来完成每个功能，从小众的到大型的都有。

为获得最全且最新的添加包列表，参阅定期更新的CRAN网站技术和服务的任务视图，其网址为 http://cran.r-project.org/web/views/WebTechnologies.html。

12.2.1　下载网页的所有文本

Duncan Temple Lang开发的 `RCurl` 添加包提供了一个到curl工具（client for URL）的R接口，使得访问网页更稳健，curl是在网络上传递数据的命令行工具。curl程序是一个非常有用的工具，就像一个可编程的网络浏览器，给出一组命令，它几乎可以访问和下载网络上可以访问的任何东西。它可以访问加密网站，同时也能访问在线表格的数据，而R不能做到这些。这是一个功能极其强大的应用。

RCurl添加包的功能如此强大，本章不可能给出一个完整的crul指南。请参考网站 http://www.omegahat.net/RCurl/ 上的RCurl在线文档。

在安装并载入 `RCurl` 添加包以后，下载一个页面只需要输入一个简单的命令：

```
> packt_page <- getURL("https://www.packtpub.com/")
```

这将把Packt出版社主页上的所有文本（包括所有网页的标记）保存为一个名为 `packt_page` 的R字符对象。如下面的命令行所示，尽管这样并不是很有用：

```
> str(packt_page, nchar.max = 200)
 chr "<!DOCTYPE html>\n    <html xmlns=\"http://www.w3.org/1999/xhtml\"
lang=\"en\" xml:lang=\"en\">\n    <head>\n        <title>Packt Publishing
| Technology Books, eBooks & Videos</title>"| __truncated__
```

网站的开始 200 个字符看起来是没有意义的，这是由于网站是用超文本标记语言（Hypertext Markup Language，HTML）编写的，HTML 以网页文本加特殊标签的形式告诉浏览器如何显示网页信息。这里，包括网页标题的标签 <title> 和 </title> 告诉浏览器，这是 Packt 出版社的主页。类似的标签用于标识网页的其他部分。

尽管 curl 是访问在线内容的跨平台的标准，但如果你经常在 R 中处理网页数据，则 Hadley Wickham 基于 RCurl 开发的 httr 添加包会使得工作更方便，且更符合 R 习惯。httr 包不使用 RCurl 包，而是在后台使用自己的 curl 包来检索网站数据。这里尝试应用 httr 添加包的 GET() 函数来下载 Packt 出版社的主页，我们将马上看到二者的区别。

```
> library(httr)
> packt_page <- GET("https://www.packtpub.com")
> str(packt_page, max.level = 1)
List of 10
 $ url         : chr "https://www.packtpub.com/"
 $ status_code: int 200
 $ headers     :List of 11
  ..- attr(*, "class")= chr [1:2] "insensitive" "list"
 $ all_headers:List of 1
 $ cookies     :'data.frame':    0 obs. of  7 variables:
 $ content     : raw [1:162392] 3c 21 44 4f ...
 $ date        : POSIXct[1:1], format: "2019-02-24 23:41:59"
 $ times       : Named num [1:6] 0 0.00372 0.16185 0.45156...
  ..- attr(*, "names")= chr [1:6] "redirect" "namelookup" "connect"
"pretransfer" ...
 $ request     :List of 7
  ..- attr(*, "class")= chr "request"
 $ handle      :Class 'curl_handle' <externalptr>
 - attr(*, "class")= chr "response"
```

添加包 RCurl 的函数 getURL() 仅仅下载 HTML。除了 HTML 以外，httr 添加包的函数 GET() 返回网站属性的一个列表。我们应用函数 content() 来访问网页的内容：

```
> str(content(packt_page, type = "text"), nchar.max = 200)
 chr "<!DOCTYPE html>\n<html xmlns=\"http://www.w3.org/1999/xhtml\"
lang=\"en\" xml:lang=\"en\">\n\t<head>\n\t\t<title>Packt Publishing |
Technology Books, eBooks & Videos</title>\n\t\t<script>\n\t\t\tdata"| __
truncated__
```

为了在 R 程序中应用这些网页数据，有必要对网页数据进行预处理，把它们转换为像列表或者数据框一样的结构化格式。完成这些功能的函数将在下面讲述。

> 关于 httr 的详细文档和指南，请访问 httr 项目的主页 https://httr.r-lib.org。对于学习基本功能而言，快速入门指南是尤其有帮助的。

12.2.2 解析网页中的数据

因为许多网页的 HTML 标签有一致的结构，所以有可能编写程序来查找页面的期望部分并提取这些内容编辑为一个数据集。这种从网站获取数据并转换为结构化格式的实践过程称为**网页爬取**。

尽管爬取数据经常应用，但这种从网络获取数据的方式应该作为最后一种方式。因为基本 HTML 结构的任何改变都会打断你的代码并要求努力去修复。更糟糕的是，它会把不易察觉的错误带入数据中。另外，许多网站的应用协议明确禁止自动数据提取，更不用说你的程序流量会加重它们服务器的负担。在开始你的项目前，总是要检查网站的条款，你甚至可能发现网站通过开发者协议免费提供他们的数据。你还可以查看名为 robots.txt 的文件，该文件是一种网络标准，用于描述站点中的哪些部分是允许爬取的。

假定你需要的数据能在 HTML 中某个一致的位置找到，那么 Hadley Wickham 开发的添加包 rvest 能把网页爬取工作变得相当轻松。

让我们应用 Packt 出版社主页从一个简单的例子开始。与以前一样，我们用 rvest 添加包的 read_html() 函数，从下载这个主页开始。当给出一个 URL 时，这个函数简单地调用 Hadley Wickham 的 httr 添加包中的 GET() 函数：

```
> library(rvest)
> packt_page <- read_html("https://www.packtpub.com")
```

假设我们想爬取网页的标题。观察前面的 HTML 网页代码，我们知道每一页只有一个包含在标签 <title> 和 </title> 中的标题。为了找出标题，我们把标签名称提供给函数 html_node()，然后通过 html_text() 函数将结果转换为纯文本：

```
> html_node(packt_page, "title") %>% html_text()
[1] "Packt Publishing | Technology Books, eBooks & Videos"
```

注意运算符 %>% 的应用。就像使用 dplyr 添加包一样，使用管道符可以创建功能强大的函数链，以使用 rvest 处理 HTML 数据。

下面我们尝试更多的例子。假定我们需要获取 CRAN 机器学习任务视图中的所有添加包的一个列表。采用和前面一样的方式开始，先用 read_html() 函数下载 HTML 页面。

```
> library(rvest)
> cran_ml <- read_html("http://cran.r-project.org/web/views/
MachineLearning.html")
```

如果在 Web 浏览器中查看网站的来源，我们发现有一部分看起来含有我们感兴趣的数据。注意这里只显示了输出结果的一部分：

```
<h3>CRAN packages:</h3>
<ul>
  <li><a href="../packages/ahaz/index.html">ahaz</a></li>
  <li><a href="../packages/arules/index.html">arules</a></li>
  <li><a href="../packages/bigrf/index.html">bigrf</a></li>
  <li><a href="../packages/bigRR/index.html">bigRR</a></li>
  <li><a href="../packages/bmrm/index.html">bmrm</a></li>
  <li><a href="../packages/Boruta/index.html">Boruta</a></li>
  <li><a href="../packages/bst/index.html">bst</a></li>
  <li><a href="../packages/C50/index.html">C50</a></li>
  <li><a href="../packages/caret/index.html">caret</a></li>
```

标签 <h3> 表示 3 级标题，而标签 <ul> 和 <li> 分别表示创建一个无序列表和列表项。我们需要的数据由标签 <a> 包围，它是一个超链接标签，指向每一个添加包的 CRAN 网页。

因为 CRAN 页面保持活跃并且任何时间都可能发生变化，所以如果你的结果与这里不一样，不要吃惊。

有了上述知识，我们就可以和以前一样来抓取链接。一个例外是，因为我们期望找到一个以上的结果，所以应用函数 html_nodes() 返回一个结果向量，而不是应用函数 html_node()，该函数仅仅返回单一项目。以下函数调用返回嵌套在标签 <li> 中的标签 <a>：

```
> ml_packages <- html_nodes(cran_ml, "li a")
```

下面应用函数 head() 来查看输出结果：

```
> head(ml_packages, n = 5)
{xml_nodeset (5)}
[1] <a href="../packages/nnet/index.html">nnet</a>
[2] <a href="../packages/RSNNS/index.html">RSNNS</a>
[3] <a href="../packages/rnn/index.html">rnn</a>
[4] <a href="../packages/deepnet/index.html">deepnet</a>
[5] <a href="../packages/RcppDL/index.html">RcppDL</a>
```

结果包括标签 <a> 的 HTML 输出。要消除这种情况，只需将结果通过管道传递给 html_text() 函数。结果是一个向量，其中包含 CRAN 机器学习任务视图中列出的所有添加包的名称，此处将其输送到 head() 函数以仅显示其前几个值：

```
> ml_packages %>% html_text() %>% head()
[1] "nnet"    "RSNNS"   "rnn"     "deepnet" "RcppDL"  "h2o"
```

这些都是简单的例子，它们仅抓取表面的内容，添加包 rvest 就能做到。应用管道功能，可以查找嵌套在标签中的标签，或者特殊的 HTML 标签类。关于这类复杂的例子，可参考添加包的文档。

一般而言，由于你要识别更多特定的准则以排除或者包含特定的案例，所以网络抓取总是一个迭代和精细化的过程。最难的情况甚至要求人眼来达到 100% 的准确率。

1. 解析 XML 文档

XML 是可读的纯文本文档，许多文档格式都是以 XML 这种结构化的标记语言为基础的。在某种方式上，XML 应用与 HTML 类似的标记结构，但是其格式要严格得多。基于此，XML 是一种流行的存储结构化数据集的在线格式。

XML 添加包是由 Duncan Temple Lang 开发的，它以流行的基于 C 的 libxml2 解析器为基础提供了一组 R 功能，以便读和写 XML 文档。该添加包是 R 中其他解析 XML 文档的添加包的基础包，现在还在广泛应用。

更多关于 XML 添加包的信息，包括让你更快上手的简单实例，可以在该项目的网站 http://www.omegahat.net/RSXML/ 中找到。

最近，Hadley Wickhan 开发的 xml2 添加包给出了访问程序库 libxml2 的更容易和更具 R 风格的接口。本章前面讨论的 rvest 添加包，其背后就是应用添加包 xml2 来解析 HTML 的。同时，rvest 也能用来解析 XML。

添加包 xml2 的主页为 http://xml2.r-lib.org。

因为解析 XML 和解析 HTML 是紧密相关的，所以这里不讨论详细的语法。参见这些添加包文档中的例子。

2. 解析网络 API 的 JSON

在线应用程序通过使用称为应用编程接口（Application Programming Interface，API）的网络访问函数来相互通信。这些接口的行为类似于一般的网站，它们通过一个特定的 URL 来接收用户的请求并返回响应。不同之处是，一般的网站返回 HTML 用于在网页浏览器中显示，而 API 一般返回可以由机器处理的结构化格式的数据。

尽管找到基于 XML 的 API 不是鲜为人知的，但也许如今最通用的 API 数据结构是 JavaScript 对象表示法（JavaScript Object Notation，JSON）。与 XML 一样，JSON 是一种标准的纯文本格式，很多时候用作网页上的数据结构或对象。由于这种格式在创建网页应用上的实用性，因此它变得很流行。尽管其名字是这样的，但它的作用并不限于网页浏览。JSON 数据结构能够容易地被人和机器理解，这使得它成为许多类型的对象所欢迎的数据结构。

JSON 基于一种简单的 {key: value} 格式。这里的括号 {} 标识 JSON 对象，而 key 和 value 参数分别表示对象的属性和该属性的状态。一个对象可以有任意数量的属性，属性本身可以是对象。例如，本书的 JSON 对象可能看起来如下所示：

```
{
  "title": "Machine Learning with R",
  "author": "Brett Lantz",
  "publisher": {
     "name": "Packt Publishing",
     "url": "https://www.packtpub.com"
  },
  "topics": ["R", "machine learning", "data mining"],
  "MSRP": 54.99
}
```

这个例子展示了 JSON 的数据类型：数值型、字符型、数组（由字符 [和] 包围）和对象。没有出现 null 值和布尔值（true 或者 false）。这些数据类型在不同应用之间或者应用与网络浏览器之间的传送，是大多数流行网站的支撑。

要想进一步了解 JSON 格式，请访问 http://www.json.org/。

有许多可以与 JSON 数据相互转换的添加包。Jeroen Ooms 的 jsonlite 添加包迅速引起了人们的关注，因为它创建的数据结构比其他添加包更一致、更具 R 风格，特别是在使用来自网络 API 的数据时。有关如何使用此添加包的详细信息，请访问其 GitHub 页面 https://github.com/jeroen/jsonlite。

安装 jsonlite 添加包后，要从 R 对象转换为 JSON 字符串，我们使用 toJSON() 函数。请注意，在输出中，引号字符已使用 \" 符号转义：

```
> library(jsonlite)
> ml_book <- list(book_title = "Machine Learning with R",
                  author = "Brett Lantz")
> toJSON(ml_book)
{"book_title":["Machine Learning with R"],
 "author":["Brett Lantz"]}
```

要将 JSON 字符串转换为 R 对象，使用 `fromJSON()` 函数。字符串中的引号需要转义，如下所示：

```
> ml_book_json <- "{
  \"title\": \"Machine Learning with R\",
  \"author\": \"Brett Lantz\",
  \"publisher\": {
    \"name\": \"Packt Publishing\",
    \"url\": \"https://www.packtpub.com\"
  },
  \"topics\": [\"R\", \"machine learning\", \"data mining\"],
  \"MSRP\": 54.99
}"

> ml_book_r <- fromJSON(ml_book_json)
```

这将产生类似于 JSON 形式的列表结构：

```
> str(ml_book_r)
List of 5
 $ title     : chr "Machine Learning with R"
 $ author    : chr "Brett Lantz"
 $ publisher:List of 2
  ..$ name: chr "Packt Publishing"
  ..$ url : chr "https://www.packtpub.com"
 $ topics    : chr [1:3] "R" "machine learning" "data mining"
 $ MSRP      : num 55
```

有关 jsonlite 添加包的更多信息，请参阅 *The jsonlite Package: A Practical and Consistent Mapping Between JSON Data and R Objects, Ooms, J, 2014*。可在网站 http://arxiv.org/abs/1403.2805 上获得。

应用像 RCurl 和 httr 这样的添加包，面向公众的 API 允许像 R 这样的程序系统地查询网站来获取 JSON 格式的结果。几乎所有提供有趣数据的网站都提供用于查询的 API，尽管有些收费，而且需要访问密钥。流行的示例包括 Twitter、Google Maps 和 Facebook 的 API。尽管关于应用网络 API 的完整指南需要一本单独的书来描述，但基本的过程仅仅依赖于几个步骤——麻烦的是其中的细节。

假设我们查询 Apple iTunes API 来查找披头士乐队发行的专辑。首先需要阅读 https://affiliate.itunes.apple.com/resources/documentation/itunes-store-web-service-search-api/ 上的 iTunes API 文档，以确定上述查询的 URL 和

参数，然后把这些信息提供给 httr 添加包的 GET() 函数，为了应用查询的地址还需要增加一个查询参数列表。如下所示：

```
> library(httr)
> music_search <- GET("https://itunes.apple.com/search",
                      query = list(term = "Beatles",
                                   media = "music",
                                   entity = "album",
                                   limit = 10))
```

输入结果对象的名字，我们能看到查询的一些细节：

```
> music_search
Response [https://itunes.apple.com/search?term=Beatles&media=music&entity
=album&limit=10]
  Date: 2019-02-25 00:33
  Status: 200
  Content-Type: text/javascript; charset=utf-8
  Size: 9.75 kB
{
 "resultCount":10,
 "results": [
{"wrapperType":"collection", "collectionType":"Album", "artistId":136975,
"collectionId":402060584, "amgArtistId":3644, "artistName":"The B...
```

为了访问由此生成的 JSON，我们使用 content() 函数，然后可以使用 jsonlite 包的 fromJSON() 函数将其转换为 R 对象：

```
> library(jsonlite)
> music_results <- fromJSON(content(music_search))
```

music_results 对象是一个列表，其中包含从 iTunes API 返回的数据。尽管结果太大而无法在此处打印，但是 str(music_results) 命令将显示该对象的结构，这表明有趣的数据作为子对象存储在 results 对象中。例如，专辑标题的向量可以作为 collectionName 子对象找到：

```
> music_results$results$collectionName
 [1] "The Beatles Box Set"
 [2] "Abbey Road"
 [3] "The Beatles (White Album)"
 [4] "The Beatles 1967-1970 (The Blue Album)"
 [5] "1 (2015 Version)"
 [6] "Sgt. Pepper's Lonely Hearts Club Band"
 [7] "The Beatles 1962-1966 (The Red Album)"
 [8] "Revolver"
 [9] "Rubber Soul"
[10] "Love"
```

然后这些数据元素如预期一样应用在一个 R 程序中。

因为 Apple iTunes API 在未来会更新，所以如果发现你的结果与这里的不同，请查找 Packt 出版社支持网页中的更新代码。

12.3 处理特定领域的数据

毫无疑问，现在机器学习已经应用到了每个领域中。尽管各个领域的基本技术是相似的，但是有些领域很特殊，形成了专门来研究解决该领域挑战的社区。这就导致了仅仅和那个领域的特定问题相关的新技术和新术语的出现。

本节涵盖多个广泛应用机器学习技术的领域，但是它们需要专业知识来发挥这些技术的全部潜能。由于整本书都是在讨论这些主题，因此这里只是给出一个简单的介绍。若需要了解详细内容，可参照每一节引用的资源来寻求帮助。

12.3.1 分析生物信息学数据

生物信息学领域是关于把计算机和数据分析应用到生物学领域（尤其是如何更好地理解基因）的学科。与其他类型的数据相比，基因数据具有独特的性质，所以生物信息学领域的数据分析给出了一系列挑战。例如，因为活的生物有巨量的基因，并且基因序列仍然相对昂贵，所以一般的生物信息学数据集的宽度大于其自身的长度，即特征的数量（基因）大于案例的数量（测序的生物）。当试图在这类数据上应用传统的可视化、统计检验和机器学习方法时，就会产生问题。同时，应用专有的微阵列“片上实验室”技术，哪怕是简单地加载基因数据也要求高度专业化的知识。

CRAN 任务视图给出了基因统计和生物信息学的一些 R 专用添加包，其网址为 `http://cran.r- project.org/web/views/Genetics.html`。

西雅图的 Fred Hutchinson 癌症研究中心的 Bioconductor 项目为分析基因数据提供了一个标准化的方法集合。该项目以 R 语言为基础，在基础 R 软件上添加了特别针对生物信息学方面的添加包和文档。

Bioconductor 项目提供了分析来自通用微阵列平台的 DNA 和蛋白质微阵列数据的工作流程，例如来自 Affymetrix、Illumina、NimbleGen 和 Agilent 的微阵列数据。同时，它还提供了序列注释、多重检验法、专业的可视化、指南、文档和很多其他的功能。

更多关于 Bioconductor 项目的信息，请访问项目的网站 `http://www.bioconductor.org/`。

12.3.2 分析和可视化网络数据

社交网络数据和图数据集由一些数据结构构成，这些数据结构描述了称为节点的人或者对象之间的关系或者链接（link）(有时称为边（edge）)。如果有 N 个节点，就能给出一个 $N \times N = N^2$ 的链接矩阵。随着节点的增加，它会极大地增加计算复杂度。

网络分析就是关于用统计计量和可视化方法来识别网络中有意义的关系的模式。例如，图 12-3 展示了 3 个圆形节点的集群，它们都通过中间的一个方形节点相连接。网络分析可以揭示在所有其他关键度量中方形节点的重要性。

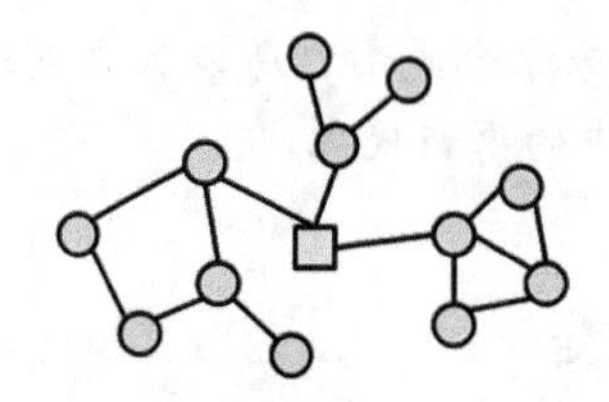

图 12-3　一个社交网络，显示围绕中央方形节点的三个集群中的节点

由 Carter T. Butts、David Hunter 和 Mark S. Handcock 开发的 `network` 添加包为处理这类网络提供了一种特殊的数据结构。由于矩阵需要存储 N^2 个潜在的链接，这将很快导致内存不足，所以这种数据结构是必要的。`network` 数据结构应用稀疏表示仅仅存储已存在的链接。在大多数关系不存在时，这将节省大量的内存。一个密切相关的添加包 `sna`（社交网络分析），可以用来分析和可视化 `network` 对象。

要想了解更多关于 `network` 和 `sna` 的信息，包括非常详细的指南和文档，请参考华盛顿大学的项目网站 `http://www.statnet.org/`。斯坦福大学的社交网络分析实验室还在 `https://sna.stanford.edu/rlabs.php` 上提供了非常不错的教程。

由 Gábor Csárdi 开发的 `igraph` 添加包提供了可视化和分析 network 对象的另一组工具。它能够处理特大型网络并计算计量指标。`igraph` 的另一个优点是它有与 Python 和 C 编程语言类似的包，可以在任何地方进行分析。正如我们马上将说明的，它非常易于使用。

有关 `igraph` 添加包的更多信息，包括示例和指南，请访问网站 `http://igraph.org/r/`。

由于网络数据并不是像 CSV 文件和数据框那样的标准表格数据结构，所以在 R 中使用网络数据需要特殊的格式。如前所述，因为在 N 个网络节点之间有 N^2 个潜在的连接，所以除了很小的 N 值以外，表格结构将迅速变得庞大。相反，图数据的存储形式是仅仅列出真实存在的连接。从缺少的数据可以推断缺少的连接。

也许 edgelist 格式在这种格式中是最简单的，它是一个文本文件，每个网络连接对应一行数据。每一个节点被赋给一个唯一的标识符，通过把相连接的节点的标识符放在一个单独行中，并由空格分开 2 个标识符的方式来定义节点之间的连接。例如，下面的 edgelist 定义了节点 0 和节点 1、2 以及 3 之间的 3 个连接。

```
0 1
0 2
0 3
```

为了将网络数据下载到 R 中，`igraph` 添加包提供了函数 `read.graph()` 来读入 edgelist 文件，以及像图建模语言（Graph Modeling Language，GML）那样更复杂的格式。为了说明这个功能，我们使用一个描述小型空手道俱乐部的成员之间友谊的数据集。先从 Packt 出版社网站下载文件 `karate.txt`，并存储在 R 的工作目录中。安装了 `igraph` 添加包之后，空手道网络数据可以如下所示读入 R 中。

```
> library(igraph)
> karate <- read.graph("karate.txt", "edgelist", directed = FALSE)
```

这将建立一个稀疏矩阵对象，它可以用于图和网络的分析。注意参数 `directed = FALSE` 强迫网络使用节点之间的无向连接或者双向连接。

由于空手道数据集描述友谊，所以它意味着如果人 1 和人 2 是朋友，那么人 2 和人 1 也必须是朋友。另一方面，如果数据集描述战斗的结果，人 1 战胜人 2 的事实绝对不能意味着人 1 被人 2 打败。这种情况下，应该设置参数 `directed = TRUE`。

这里使用的空手道网络数据由密歇根大学的 M.E.J. Newman 编译。它最早出现在 *An Information Flow Model for Conflict and Fission in Small Groups, Zachary, WW, Journal of Anthropological Research. 1977, Vol. 33, pp. 452-473*。

为了检查图，需要应用函数 `plot()`：

```
> plot(karate)
```

该命令将给出如图 12-4 所示的图形。

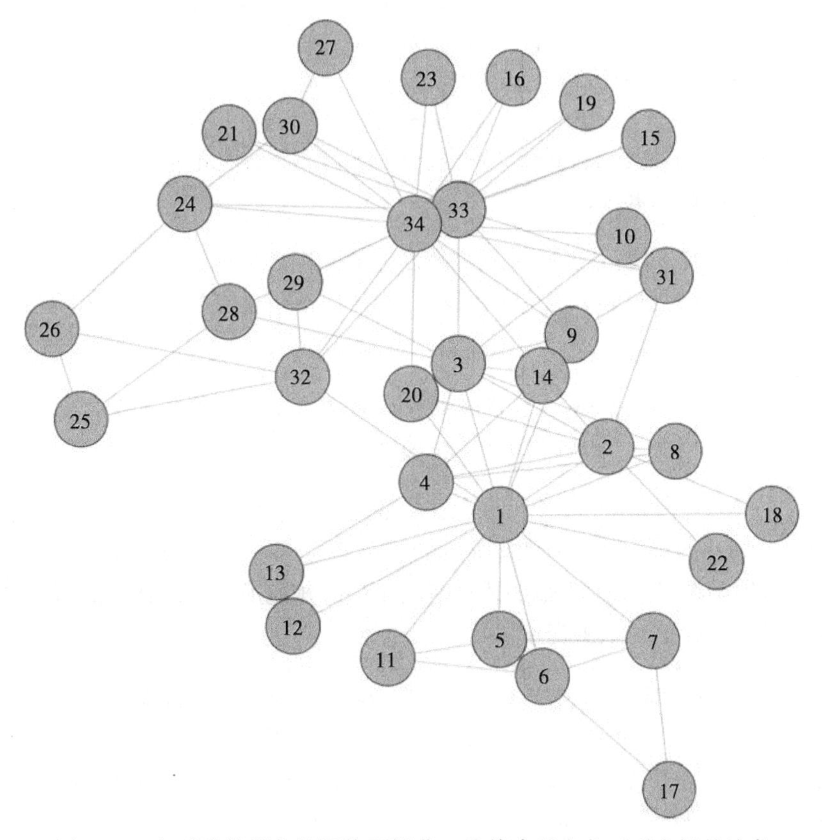

图 12-4 空手道数据集的网络可视化。连接表明竞争对手之间的斗争

观察图 12-4 的网络可视化图形，很明显空手道俱乐部有几个高度相连的成员。节点 1、33 和 34 看起来比那些在网络周边的节点更靠近中心。

应用 `igraph` 添加包计算图的度量，有可能通过分析证实我们的直觉。一个节点的度用来测量它连接的节点的个数。

函数 `degree()` 证实了我们的直觉，节点 1、33、34 的连接数分别为 16、12 和 17，它们比其他节点有更多的连接。

```
> degree(karate)
 [1] 16  9 10  6  3  4  4  4  5  2  3  1  2  5  2  2  2  2
[19]  2  3  2  2  2  5  3  3  2  4  3  4  4  6 12 17
```

因为有些连接比其他连接更重要，所以考虑到这点，测量节点连接的多种网络度量指标已经被开发出来了。称为居间中心性（betweenness centrality）的网络度量指标，用来测量通过每一个节点的任何节点之间的最短路径的个数。对整个图真正更中心的节点，将具有更高的居间中心性值，因为它们是其他节点之间的桥梁。我们应用函数 betweenness() 来获取居间中心性度量的向量。如下所示：

```
> betweenness(karate)
 [1] 231.0714286  28.4785714  75.8507937   6.2880952
 [5]   0.3333333  15.8333333  15.8333333   0.0000000
 [9]  29.5293651   0.4476190   0.3333333   0.0000000
[13]   0.0000000  24.2158730   0.0000000   0.0000000
[17]   0.0000000   0.0000000   0.0000000  17.1468254
[21]   0.0000000   0.0000000   0.0000000   9.3000000
[25]   1.1666667   2.0277778   0.0000000  11.7920635
[29]   0.9476190   1.5428571   7.6095238  73.0095238
[33]  76.6904762 160.5515873
```

由于节点 1 和节点 34 有比其他节点大得多的居间中心性值，所以它们是空手道俱乐部友谊网络中更中心的节点。这两个节点代表的人具有更广泛的个人友谊网络，可能是聚集起网络的“胶水”。

居间中心性仅仅是试图测量节点重要性的许多度量指标中的一个，它甚至不是唯一测量中心性的指标。关于其他网络性质的定义，请参照添加包 igraph 的文档。

添加包 sna 和 igraph 能够计算许多这样的度量，它们甚至可以作为机器学习函数的输入。例如，假如我们想建立模型来预测谁将赢得俱乐部总裁的选举。事实是，节点 1 和节点 34 有很好的连接，这暗示着他们或许有这个领导角色所需要的社会能力。这些可能是预测选举结果的很有价值的预测变量。

将网络分析与机器学习相结合，像 Facebook、Twitter 和 LinkedIn 这样的服务提供了大量的可以预测用户未来行为的网络数据的存储。一个有名的例子是在 2012 年的美国总统选举中，首席数据科学家 Rayid Ghani 应用 Facebook 数据来识别那些可以被劝说来为奥巴马总统投票的人。

12.4 提高 R 语言的性能

有人认为，基础 R 语言越变越慢、内存使用效率低下，至少在某些方面这是名副其实的。现代计算机在处理数千个记录的数据集时，这种缺陷在很大程度上不会被觉察，但是 100 万或者更多记录的数据集则可能超出了现在消费级计算机硬件的承受极限。当数据集有很多的属性或者用到了复杂的学习算法时，这个问题会变得更糟。

CRAN 有一个高性能计算的任务视图，其中列出了能够突破 R 所能完成的极限的添加包：`http://cran.r-project.org/web/views/HighPerformanceComputing.html`。

扩展 R 语言从而突破其基础包能力的添加包正在被迅速开发出来。这个工作主要从两方面来实现：一方面，有些添加包通过让数据运算得更快或者允许数据容量超过可用系统内存的大小，从而提高处理极大数据集的能力；另一方面，可能是通过应用特殊的计算机硬件，或者通过提供对大数据问题进行优化的机器学习算法，把工作分配到额外的计算机或者处理器中，从而让 R 语言运行得更快。

12.4.1　处理非常大的数据集

非常大的数据集有时会导致系统没有内存来存储数据，从而导致 R 语言慢慢终止。即使整个数据集能放在内存中，它也需要额外的内存开销来处理数据，这就需要整个内存的大小要远大于数据集本身。另外，体积庞大的记录也会导致分析非常大的数据会花费很长的时间。当进行数百万次操作时，即使执行一个快速的运算也会导致延迟。

几年前，很多人在 R 语言以外的其他程序语言中执行数据准备，只用 R 语言对一个相对较小的数据子集进行分析。然而，现在再也不需要这样做了，因为有几个添加包有助于 R 语言处理这些大数据问题。

1. 用 data.table 添加包使数据框运算得更快

由 Matt Dowle、Tom Short、Steve Lianoglou 和 Arun Srinivasan 开发的 `data.table` 添加包提供了一种数据框的增强版本，叫作数据表（data table）。`data.table` 对象在构造子集、连接和分组运算上普遍比数据框更快。对于大的数据集（具有几百万行数据），这些数据表对象甚至比 `dplyr` 对象还快得多。然而，因为它本质上是一个改进的数据框，所以它的结果对象能够用到所有接受数据框的 R 函数中。

`data.table` 项目的信息可以在 GitHub 上找到，网址为 `https://github.com/Rdatatable/ data.table/wiki`。

安装了 `data.table` 添加包后，函数 `fread()` 将把类似 CSV 这样的表格文件读入数据表对象中。例如，载入前面的信用卡数据，只要输入：

```
> library(data.table)
> credit <- fread("credit.csv")
```

信用卡数据表可以应用类似 R 的 `[row, col]` 形式的语法来查询，但是优化了速度并提供了其他一些有用的便利性。特别是，数据表结构允许行部分应用一个简化的子集选取命令来选择行，列部分应用一个函数来处理那些选定的行。例如，下面的命令计算具有好的信用记录的人的平均贷款额。

```
> credit[credit_history == "good", mean(amount)]
[1] 3040.958
```

通过应用这个简单的语法来建立较大的查询，在数据表上可以执行很复杂的操作。由于数据结构进行了优化以提高速度，所以数据表可以使用很大的数据集。

`data.table` 结构的一个限制与数据框一样，它们受到了可用系统内存的限制。下面两小节将讨论以牺牲与很多其他 R 函数兼容性为代价来克服这个缺点的添加包。

添加包 dplyr 和 data.table 都有自己独特的优点。对于二者深入的比较，请参考 https://www.reddit.com/r/rstats/comments/acjr9d/dplyr_ performance/ 中有关 Reddit 的讨论，以及 Stack Overflow 链接中 https://stackoverflow.com/questions/21435339/data-table-vs-dplyr-can-one-do-something-well-the-other-cant-or-does-poorly 类似的讨论。同时享有两个添加包的优点是可能的，因为可以应用函数 tbl_dt() 把 data.table 结构载入 dplyr。

2. 用 ff 添加包构建基于磁盘的数据框

由 Daniel Adler、Christian Gläser、Oleg Nenadic、Jens Oehlschlägel 和 Walter Zucchini 开发的 ff 添加包为数据框（即 ffdf）提供了另外的选择，它允许构建超过 20 亿行的数据集，即使这个远远超过了可用系统内存的大小。

ffdf 结构有一个物理部分（把数据以高效的形式存储在磁盘上）和一个虚拟部分（与一般的 R 数据框一样，但是明确指向存储在物理部分的数据）。你能够把 ffdf 对象想象成一张地图，指向磁盘上数据的位置。

ff 项目的网址为 http://ff.r-forge.r-project.org/。

ffdf 数据结构的一个缺点是，它们不能直接被大多数 R 函数应用。相反，数据要被处理成小块，稍后再将结果结合在一起。给数据分块的优点是任务能分配给多个处理器同时使用并行计算方法处理，这个在接下来的几节中会提到。

安装 ff 添加包之后，应用函数 read.csv.ffdf() 读入大的 CSV 文件。如下所示：

```
> library(ff)
> credit <- read.csv.ffdf(file = "credit.csv", header = TRUE)
```

不幸的是，我们不能直接处理 ffdf 对象，因为试图像一般的数据框那样对待会导致错误信息，例如：

```
> mean(credit$amount)
[1] NA
Warning message:
In mean.default(credit$amount) :
  argument is not numeric or logical: returning NA
```

由 Edwin de Jonge、Jan Wijffels 和 Jan van der Laan 开发的 ffbase 添加包通过用 ff 对象提高基本的统计分析性能，这在某种程度上解决了这个问题。这让直接使用 ff 对象探索数据变为可能。例如，安装了 ffbase 添加包之后，mean 函数就能如预期那样工作：

```
> library(ffbase)
> mean(credit$amount)
[1] 3271.258
```

该添加包也提供了其他的基本功能，例如数学运算、查询函数、汇总统计和与 biglm（本章后面会讲到）这样的可优化机器学习算法一起工作的包装器。尽管这还不能够完全克服处理巨大数据集带来的挑战，但它们还是使处理过程流畅了一些。

关于更高级功能的详细信息，可访问 ffbase 项目的网站 http://github.com/edwindj/ffbase。

3. 用 bigmemory 添加包使用大矩阵

由 Michael J. Kane、John W. Emerson 和 Peter Haverty 开发的 bigmemory 添加包允许使用超过可用系统内存的极端大的矩阵。这个矩阵能存储在磁盘或者共享存储器中，允许用在同一台计算机上或者网络上的其他进程中。这促进了并行计算方法的发展，如下文所述。

bigmemory 添加包的资料可以在 http://www.bigmemory.org/ 上找到。

因为 bigmemory 矩阵与数据框不同，所以它们不能直接用于本书所提及的大多数机器学习算法中。它们只能和数值型数据一起使用。也就是说，因为它们和典型的 R 矩阵类似，所以很容易构建能转化为标准的 R 数据结构的较小的案例或者小块。

上述作者同时也提供了 bigalgebra、biganalytics 和 bigtabulate 三个添加包，它们使在矩阵上执行简单的分析成为可能。特别需要注意的是，biganalytics 添加包中的 bigkmeans() 函数可以执行第 9 章所讨论的 k 均值聚类任务。由于这些添加包高度专业化，所以讨论其案例超出了本书的范围。

12.4.2 使用并行计算来加快学习过程

在早期的计算中，处理器以串行方式执行指令，这意味着它们被限制为每一次只能执行一个单一任务，如图 12-5 所示。下一条指令只有在上一条指令完成的情况下才能执行。然而，众所周知，很多任务可以通过让多个步骤同时进行来更有效地完成，但当时却并不存在这项技术。

图 12-5 在串行计算中，只有完成前一个任务才能开始下一个任务

这个需求在并行计算方法发展起来以后得到了解决，它用一组（两个或者更多个）处理器或者计算机来解决一个更大的问题。很多现代计算机就是为并行计算而设计的。即使在只有一个处理器的情况下，它们也有两个或者更多个能并行工作的内核。这使得任务可以一个个独立地完成，如图 12-6 所示。

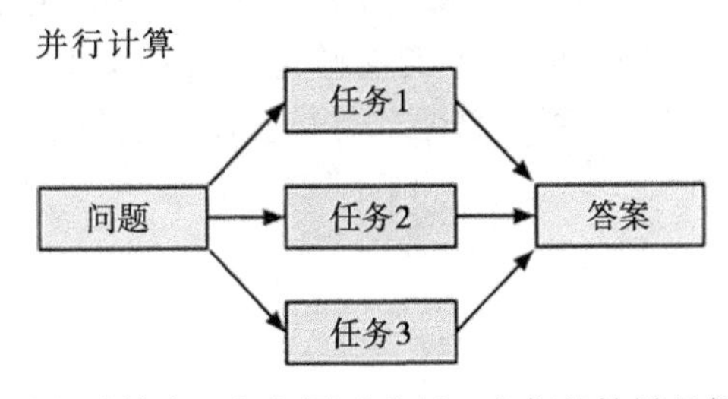

图 12-6 在并行计算中，任务同时进行，它们的结果必须在最后合并

称为集群（cluster）的多个计算机的网络也可用于并行计算。一个大的集群可能包括各种硬件，并且硬件之间可以隔开很长的距离。在这种情况下，集群也称为网格（grid）。极端情况下，运行着商用硬件的成百上千个计算机的集群或者网格可能是一个非常强大的系统。

然而，重点是，不是每个问题都能被并行处理，有些问题相对来说更适合并行处理。你可能会想，添加100个处理器后会使相同时间内完成的工作量有100倍的提升（即执行时间是1/100），但这显然是不可能的。因为要花费精力来管理工作者。工作一开始必须要划分为等量的、不重叠的任务，然后将每个工作者的结果结合为一个最终的答案。

所谓的高度并行（embarrassingly parallel）问题是理想化的。这些任务很容易缩减为各个非重叠的工作部分，并且结果很容易再次结合在一起。一个易并行机器学习的例子是10折交叉验证。一旦划分了10个样本，10个工作块中的每一个都是独立的，这意味着每一个的结果都不会影响其他的结果。正如你将看到的，使用并行计算后，这种任务运行速度会有显著的提高。

1. 度量运行时间

如果无法系统地度量节约了多少时间，那么加快R语言运行速度所花费的努力就会被浪费。尽管采用计时秒表是一种选择，但一种简单的解决方法是把代码都放在`system.time()`函数中。

例如，在作者的笔记本电脑中，`system.time()`函数显示它花费了0.080秒来产生100万个随机数：

```
> system.time(rnorm(1000000))
   user  system elapsed
  0.079   0.000   0.067
```

可以用这个时间函数来评价，采用我们已经描述的方法或者任何R函数所能获得的性能改进的情况。

值得提出的是，当本书第1版面世时，生成100万个随机数花费了0.130秒；同样的工作在第2版时花费了0.093秒。而现在花费了0.067秒。尽管我现在用了一个性能略高的计算机，但仅仅6年时间减少50%的处理时间，这说明计算机硬件和软件性能的提高是多么迅速。

2. 用multicore和snow添加包实现并行计算

包含在R 2.14.0或者更高版本中的添加包`parallel`，提供了能够设置同时完成任务的工作者进程的标准框架，这使得部署并行计算算法的门槛降低了。这是通过包含添加包`multicore`和`snow`的组件来完成的，每一个添加包采用不同的多任务方法。

如果你的计算机不算太旧，就有可能能够应用并行处理。可以应用函数`detectCores()`来确定机器的CPU内核数。注意，你的输出可能与这里的不同，它取决于你的硬件设置。

```
> library(parallel)
> detectCores()
[1] 8
```

`multicore`添加包由Simon Urbanek开发，它允许在一台有多个处理器或者处理器内核的计算机上并行处理。它利用了操作系统的多任务处理能力把共享同一内存的R会话进行分叉（fork），这也许是在R中开始并行处理的最简单的方式。不幸的是，Windows系统本身不支持分叉，所以这种方案不是任何地方都有效的。

开始应用多核功能的一个简单方式是应用 mclapply() 函数，它是 lapply() 函数的一个多核版本。例如，下面的代码展示了生成 100 万个随机数的任务如何分配在 1、2、4 和 8 个内核上。在每个内核完成它们的工作块之后，函数 unlist() 用来把并行结果（列表）合并为一个单一的向量。

```
> system.time(l1 <- unlist(mclapply(1:10, function(x) {
+   rnorm(1000000)}, mc.cores = 1)))
   user  system elapsed
  0.627   0.015   0.647

> system.time(l2 <- unlist(mclapply(1:10, function(x) {
+   rnorm(1000000)}, mc.cores = 2)))
   user  system elapsed
  0.751   0.211   0.568

> system.time(l4 <- unlist(mclapply(1:10, function(x) {
+   rnorm(1000000) }, mc.cores = 4)))
   user  system elapsed
  0.786   0.270   0.405

> system.time(l8 <- unlist(mclapply(1:10, function(x) {
+   rnorm(1000000) }, mc.cores = 8)))
   user  system elapsed
  1.033   0.315   0.321
```

注意随着内核数量的增加，所用时间减少，并行的优点也逐步降低。尽管这是一个简单的例子，但它可以容易地移植到许多其他任务中。

Luke Tierney、A. J. Rossini、Na Li 和 H. Sevcikova 提出的 snow（simple networking of workstation，简单的网络工作站）添加包允许在多核或多处理器的机器以及多台机器的网络上并行计算。使用该添加包有一点难度，但是它提供了更强的功能和灵活性。由于 snow 包的功能基本包含在 parallel 包中，可以直接应用函数 makeCluser() 和要使用的内核数，在一台单一的机器上设置一个集群。例如：

```
> cl1 <- makeCluster(4)
```

因为 snow 通过网络进行通信，所以你可能收到要求允许通过防火墙访问的消息，这取决于你的操作系统。

为了确认集群是否运行，你可以要求每一个节点报告它们的主机名。函数 clusterCall() 在集群的每一台机器上执行一个函数。这里，我们定义一个函数，它简单地调用函数 Sys.info() 并返回参数 nodename，如下所示：

```
> clusterCall(cl1, function() { Sys.info()["nodename"] } )
[[1]]
                   nodename
"Bretts-Macbook-Pro.local"
```

```
[[2]]
                   nodename
"Bretts-Macbook-Pro.local"

[[3]]
                   nodename
"Bretts-Macbook-Pro.local"

[[4]]
                   nodename
"Bretts-Macbook-Pro.local"
```

并不意外，由于所有4个节点运行在同一台机器上，因此它们报告同一个主机名。通过应用函数clusterApply()为4个节点提供不同的参数，这4个节点就运行不同的命令。这里，我们为每个节点提供不同的字母。每个节点并行执行一个具有它的字母的简单函数。如下所示：

```
> clusterApply(cl1, c('A', 'B', 'C', 'D'),
              function(x) { paste("Cluster", x, "ready!") })
[[1]]
[1] "Cluster A ready!"

[[2]]
[1] "Cluster B ready!"

[[3]]
[1] "Cluster C ready!"

[[4]]
[1] "Cluster D ready!"
```

一旦完成了集群的工作，终止集群派生的进程就很重要。应用下面的函数可以释放每个节点的资源：

```
> stopCluster(cl1)
```

应用这些简单的命令，可能加速许多机器学习任务。对于更大的数据问题，可能需要更复杂的snow配置。例如，你可能试图配置一个Beowulf集群——一个许多消费者级别机器的集群。在具有专用计算集群的学术或者企业研究环境中，snow可以应用添加包Rmpi访问这些高性能的信息传递接口（Message-Passing Interface，MPI）服务器。应用这些集群要求具有网络配置和计算硬件的知识，这超出了本书的范围。

要想了解更详细的snow的介绍，包括如何在一个网络的多台计算机上配置并行计算，可参阅http://homepage.stat.uiowa.edu/~luke/classes/295-hpc/notes/snow.pdf。

3. 用foreach和doParallel添加包来进行并行处理

由Rich Calaway和Steve Weston开发的foreach添加包提供了可能是步入并行计算之旅的最简单方法，尤其是在Windows操作系统上运行R语言，因为有些添加包只针对特定的平台。

这个添加包的核心是 foreach 循环结构。如果使用过其他的编程语言，那你可能很熟悉它。本质上，它允许在一个集合中的多项上循环，不用显式地计算集合中项的数量。换句话说，集合中的每项都会用到。

如果你认为 R 已经提供了一组在项上循环的应用函数（例如，apply()、lapply() 和 sapply() 等），那么你是正确的。但是，foreach 循环有另一个好处：用非常简单的语法就能完成并行的循环迭代。让我们看一看这是如何工作的。

回顾我们用来产生 100 万个随机数的命令。为了使这一点更具挑战性，将计数增加到一亿，这将使该过程执行 6 秒钟以上：

```
> system.time(l1 <- rnorm(100000000))
   user  system elapsed
  5.873   0.204   6.087
```

安装 foreach 添加包后，并行产生 4 组具有 25 000 000 个随机数的任务可以由一个循环来表示。参数 .combine 是一个可选设置，它告诉 foreach 应该选择哪个函数来把每一个循环的最终结果组合在一起。在这个例子中，由于每一个循环生成了一组随机数，所以我们简单地应用连接函数 c() 来创建一个单一的组合向量：

```
> library(foreach)
> system.time(l4 <- foreach(i = 1:4, .combine = 'c')
                 %do% rnorm(25000000))
   user  system elapsed
  6.177   0.391   6.578
```

如果你注意到这个函数没有速度的提升，好眼力！事实上，这个过程其实更慢。原因是，默认情况下添加包 foreach 串行地运行每一个循环步骤，并且函数为流程增加了少量计算开销。其姐妹添加包 doParallel 为 foreach 添加包提供了一个并行的后端，它利用了 R 语言（2.14.0 版本及后续版本）内置的 parallel 添加包，前面描述过 parall 添加包。安装 doParallel 添加包后，注册内核的数量并且把 %do% 命令替换为 %dopar% 命令，如下所示：

```
> library(doParallel)
> registerDoParallel(cores = 4)
> system.time(l4p <- foreach(i = 1:4, .combine = 'c')
                         %dopar% rnorm(25000000))
   user  system elapsed
  7.841   2.288   3.894
```

如上面的输出所示，这个代码的结果得到了预期的性能提高，几乎把运行时间减少了 40%。

为了关闭 doParallel 集群，输入下面的命令：

```
> stopImplicitCluster()
```

尽管集群在 R 会话结束时将自动关闭，但显式地进行关闭会更好。

4. 用 caret 添加包训练和评价模型

如果在 R 中注册了一个并行后端，由 Max Kuhn 开发的 caret 添加包（在第 10 章和

第 11 章中被提过）将使用前面提及的 foreach 添加包透明地利用该并行后端。

下面看一个简单的例子，我们试图为信用卡数据训练一个随机森林模型。不使用并行，模型训练要用 79 秒。

```
> library(caret)
> credit <- read.csv("credit.csv")
> system.time(train(default ~ ., data = credit, method = "rf"))
   user  system elapsed
 77.345   1.778  79.205
```

另一方面，如果我们应用 doParallel 添加包来注册并行中要使用的 4 个内核，那么模型训练的时间小于 20 秒，比上面训练时间的 1/4 还要少，并且我们甚至还不需要更改 caret 代码。

```
> library(doParallel)
> registerDoParallel(cores = 8)
> system.time(train(default ~ ., data = credit, method = "rf"))
   user  system elapsed
122.579   3.292  19.034
```

训练和评价模型涉及的许多任务（比如，创建随机例子和为 10 折交叉验证重复地检验预测）都是高度并行的，很适合改善性能。记住这一点，在开始建立一个 caret 项目时，注册多个内核是明智的。

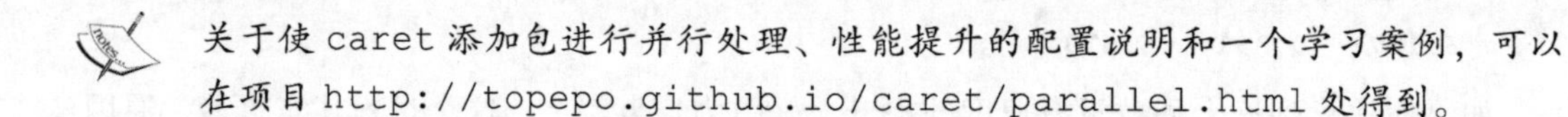
关于使 caret 添加包进行并行处理、性能提升的配置说明和一个学习案例，可以在项目 http://topepo.github.io/caret/parallel.html 处得到。

5. 用 MapReduce 和 Hadoop 添加包进行并行云计算

MapReduce 编程模型是由 Google 发布的，用于处理在联网计算机的大集群上的数据。MapReduce 把并行编程定义为如下两步过程：

- ❑ map 步骤，在这个步骤中，将问题分成一个个相对较小的任务并分配给集群中的计算机。
- ❑ reduce 步骤，在这个步骤中，收集各个小块工作的结果并且合成为原始问题的最终解决方案。

替代专利 MapReduce 框架的一个流行的开源选择是 Apache Hadoop。Hadoop 软件由 MapReduce 概念和一个能在计算机集群之间存储大量数据的分布式文件系统组成。

Packt 出版社出版了多本关于 Hadoop 的书。要寻找最新的有关书籍，访问网址 http://www.packtpub.com/all/?search=hadoop。

多个提供 R 语言到 Hadoop 接口的 R 项目正在开发中。Revolution Analytics 公司的 RHadoop 项目提供了一个到 Hadoop 的接口。这个项目提供了一个 rmr2 添加包，目的是为 R 开发者提供写 MapReduce 程序的简单途径。另一个同伴添加包 plyrmr 提供了类似于 dplyr 添加包那样处理大数据集的功能。另外，RHadoop 添加包提供了 R 函数来访问 Hadoop 的分布式数据存储。

要想了解 RHadoop 项目的更多信息，请访问 https://github.com/RevolutionAnalytics/RHadoop/wiki。

尽管 Hadoop 是一个成熟的框架，但它需要一定程度的专业编程技能才能利用其功能，甚至是执行基本的机器学习任务。也许这可以解释它在 R 用户中显然不太受欢迎的原因。此外，尽管 Hadoop 在处理海量数据方面非常出色，但它并非始终是最快的，因为它会将所有数据保留在磁盘上，而不是利用可用内存。下一节将介绍 Hadoop 扩展，以解决这些速度和可用性问题。

6. 使用 Apache Spark 进行并行云计算

Apache Spark 项目是用于大数据的集群计算框架，与 Apache Hadoop 相比具有许多优势。由于它利用了集群的可用内存，因此处理数据的速度比 Hadoop 快 100 倍。此外，它为许多常见的数据处理、分析和建模任务提供了高级库。其中包括 SparkSQL 数据查询语言、MLlib 机器学习库、用于图形和网络分析的 GraphX，以及用于处理实时数据流的 Spark Streaming 库。

Packt 出版社出版了大量关于 Spark 的书籍。要搜索当前产品，请访问 https://www.packtpub.com/all/?search=spark。

Apache Spark 通常在云托管的虚拟机群集上远程运行，但也可以在自己的硬件上看到它的好处。无论是哪种情况，sparklyr 添加包都将连接到集群并提供 dplyr 接口，以使用 Spark 分析数据。可以在 https://spark.rstudio.com 上找到有关将 Spark 与 R 结合使用的更多详细说明，但是关于启动和运行的基础知识非常简单。

为了说明基本原理，让我们在 credit 数据集上构建一个随机森林模型来预测贷款违约。我们将从安装 sparklyr 添加包开始。然后，可以使用以下代码在本地计算机上实例化 Spark 集群：

```
> install.packages("sparklyr")
> library(sparklyr)
> spark_install(version = "2.1.0")
> spark_cluster <- spark_connect(master = "local")
```

接下来，我们将来自本地计算机上的 credit.csv 文件的 credit 数据集加载到 Spark 实例中，然后使用 Spark 数据框分区函数 sdf_ partition() 随机将 75%和 25%的数据分配给训练和测试集。seed 参数是随机种子，以确保每次运行此代码时结果都相同：

```
> credit_spark <- spark_read_csv(spark_cluster, "credit.csv")

> splits <- sdf_partition(credit_spark,
                          train = 0.75, test = 0.25,
                          seed = 123)
```

最后，我们将训练数据传递到随机森林模型函数中进行预测，并使用分类评估器在测试集上计算 AUC：

```
> credit_rf <- splits$train %>%
    ml_random_forest(default ~ .)
```

```
> pred <- ml_predict(credit_rf, splits$test)
> ml_binary_classification_evaluator(pred,
    metric_name = "areaUnderROC")
[1] 0.7848068
```

仅用几行R代码，我们就使用Spark建立了一个随机森林模型，该模型可以扩展为数百万条记录的模型。如果需要更大的计算能力，只需将 `spark_connect()` 函数指向正确的主机名，即可使用大规模并行Spark集群在云中运行代码。使用 https://spark.rstudio.com/mlib/ 上列出的有监督学习函数，也可以轻松地将代码修改为其他建模方法。

开始使用Spark的最简单方法也许是使用Databricks，它是Spark的创建者开发的云平台，可通过基于Web的界面轻松管理和扩展集群。免费的“社区版”提供了一个小型集群，你可以尝试一些教程，甚至可以尝试使用自己的数据。详情请查看 https://databricks.com。

12.4.3　部署优化的学习算法

本书所提到的一些机器学习算法能够运用在极其大的数据集上而仅需要相对较少的修改。例如，用前面所提及的一个大数据添加包可以直接实现朴素贝叶斯或者Apriori算法。有些类型的学习器，比如集成学习，本身就很适合进行并行化，因为每个模型的工作可以分配给集群中的处理器或者计算机。而其他一些学习器还是要求对数据或者算法进行很大的改变，或者在应用于巨大的数据集之前，需要完全重新考虑。

本节将观察我们至今已学习的能够提供优化版本的学习算法的添加包。

1. 用biglm添加包建立更大的回归模型

由Thomas Lumley开发的 `biglm` 添加包为在内存无法装载的大数据集上训练回归模型提供了函数。它通过迭代过程，用小块的数据让模型一点点地更新。尽管应用的方法不同，但计算的结果与在整个数据集上运行传统的 `lm()` 函数得到的结果几乎一致。

为了方便处理大数据集，`biglm()` 函数允许在用数据框的地方应用SQL数据库来代替。模型也能用从前面提到的ff添加包中创建的数据对象中得到的小块来训练。

2. 用ranger添加包建立更快的随机森林模型

由Marvin N. Wright、Stefan Wager和Philipp Probst开发的 `ranger` 包能更快地实现随机森林算法，尤其是对于具有大量特征或样本的数据集。该函数的用法与之前的随机森林非常相似：

```
> library(ranger)
> credit <- read.csv("credit.csv")

> m <- ranger(default ~ ., data = credit,
      num.trees = 500,
      mtry = 4)

> p <- predict(m, credit)
```

请注意，与之前使用的大多数 predict() 结果不同，ranger 预测结果作为子对象存储在预测对象中：

```
> head(p$predictions)
[1] no  yes no  no  yes no
Levels: no yes
```

使用 ranger() 函数是构建更大、更好的随机森林的最简单方法，而无须求助于集群计算或其他数据结构。

3. 用 bigrf 添加包建立更大、更快的随机森林模型

由 Aloysius Lim 开发的 bigrf 添加包实现了在内存无法装载的大数据集上进行分类和回归任务的随机森林的训练。它应用了本章前面提到的 bigmemory 对象。对于增长速度更快的森林，这个添加包也可以和前面提及的 foreach 以及 doParallel 添加包一起使用来并行增长树。

要想了解更多的信息，包括例子和 Windows 下的安装指南，请访问 GitHub 上关于添加包的 wiki，网址为 https://github.com/aloysius-lim/bigrf。

4. 用 H2O 建立更快的机器学习计算引擎

H2O 项目是一个大数据框架，提供了机器学习算法的快速内存实现，该算法也可以在集群计算环境中运行。其中包括本书涵盖的许多方法的功能，如朴素贝叶斯、回归、深度神经网络、k 均值聚类、集成方法和随机森林等。

H2O 使用试探法通过在较小的数据块上反复迭代来找到机器学习问题的近似解决方案。这使用户可以确定学习器应该使用多大的海量数据集。对于某些问题，可以接受快速解决方案，但对于其他问题，则可能需要完整的解决方案，这将需要额外的训练时间。

与 Apache Spark 的机器学习功能（MLlib）相比，H2O 通常要快得多，并且在海量数据集上的表现要好得多，后者本身通常比基础 R 更快。但是，由于 Apache Spark 是一种常用的集群计算和大数据准备环境，可以使用 Sparkling Water 软件在 Apache Spark 上运行 H2O。借助 Sparkling Water，数据科学家可以做到两全其美——兼具 Spark 在数据准备中的优势以及 H2O 在机器学习中的优势。

h2o 添加包提供了用于从 R 环境中访问 H2O 实例的功能。有关 H2O 的完整教程不在本书的讨论范围之内，并且可以从 http://docs.h2o.ai 获得文档，但是基础部分很简单。首先，请安装并加载 h2o 添加包。然后，使用以下代码初始化本地 H2O 实例：

```
> library(h2o)
> h2o_instance <- h2o.init()
```

这将启动计算机上的 H2O 服务器，可以通过 H2O Flow 在 http://localhost:54321 进行查看。H2O Flow Web 应用程序允许你对 H2O 服务器进行管理和发送命令，甚至可以使用基于浏览器的简单界面来构建和评估模型，如图 12-7 所示。

尽管可以在此界面中完成分析，但让我们回到 R 并在之前检查的贷款违约数据上使用 H2O。首先，我们需要使用以下命令将 credit.csv 数据集上传到该实例：

```
> credit.hex <- h2o.uploadFile("credit.csv")
```

注意，.hex 扩展名用于引用 H2O 数据框。

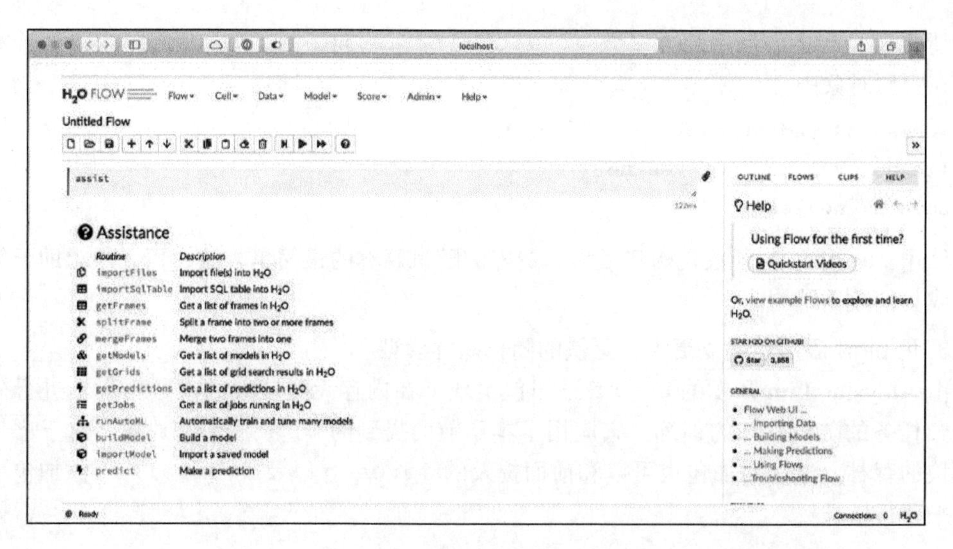

图 12-7　H2O Flow 是一个用于与 H2O 实例进行交互的 Web 应用程序

接下来，我们使用以下命令将 H2O 的随机森林实现应用于此数据集：

```
> h2o.randomForest(y = "default",
                   training_frame = credit.hex,
                   ntrees = 500,
                   seed = 123)
```

该命令的输出包括有关模型性能的“袋外”估算的信息：

```
** Reported on training data. **
** Metrics reported on Out-Of-Bag training samples **
MSE:  0.1636964
RMSE:  0.4045941
LogLoss:  0.4956524
Mean Per-Class Error:  0.2835714
AUC:  0.7844881
pr_auc:  0.6192192
Gini:  0.5689762
```

尽管这里使用的信用数据集不是很大，但这里使用的 H2O 代码可以扩展为用于几乎任何大小的数据集。此外，如果要在云中运行该代码，则几乎不需要更改代码，只需将 `h2o.init()` 函数指向远程主机即可。

12.4.4　GPU 计算

并行处理的另一个选择是使用计算机的图形处理单元（Graphics Processing Unit，GPU）来提高数学计算的速度。GPU 是在把图像迅速展现到计算机屏幕方面进行优化的专用处理器。因为计算机经常需要展现复杂的 3D 图像（尤其是为电子游戏），所以很多 GPU 使用了为并行处理设计的硬件和极其有效的矩阵与向量计算。一个附加的优点是它们能用来有效地解决某些类型的数学问题。通常的笔记本或台式计算机处理器可能是 16 核，而一个 GPU 可能有数千个甚至数万个内核，如图 12-8 所示。

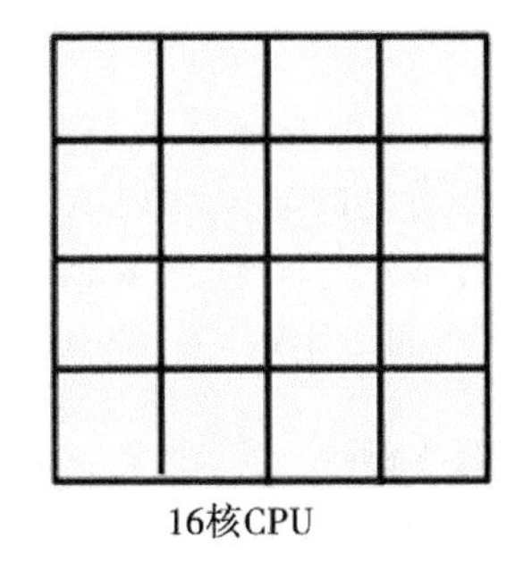

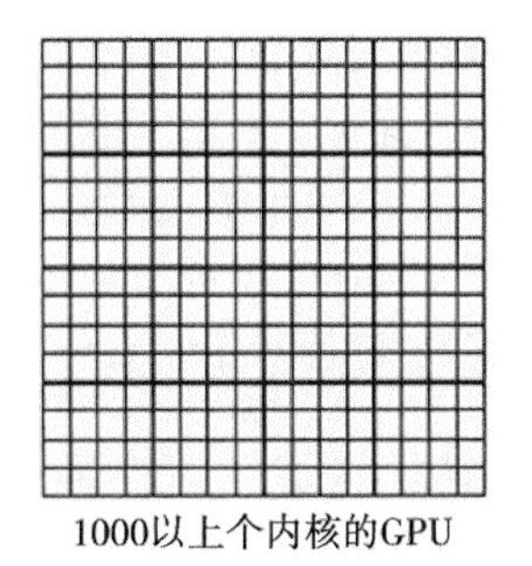

图 12-8　GPU 的内核比典型的中央处理器（CPU）多很多倍

GPU 计算的缺点是，它需要很多计算机都没有的专用硬件。在很多情况下，制造商 NVIDIA 的 GPU 是必不可少的，因为它提供了一个叫作完整的统一设备架构（Complete Unified Device Architectue，CUDA）的专利框架，使得 GPU 可以使用普通的编程语言（比如 C++）来编程。

要想了解更多关于 NVIDIA 在 GPU 计算中角色的信息，请访问网站 `https://www.nvidia.com/en-us/about-nvidia/ai-computing.html`。

由 Josh Buckner、Mark Seligman 和 Justin Wilson 开发的 `gputools` 添加包用 NVIDIA CUDA 工具箱实现了多个 R 函数，比如，矩阵操作、聚类和回归建模。这个添加包要求使用 CUDA 1.3 或者更高版本的 GPU，并安装 NVIDIA CUDA 工具箱。

1. 使用 TensorFlow 进行灵活的数值计算和机器学习

机器学习软件中最重要的创新之一是 TensorFlow（`https://www.tensorflow.org`），它是 Google 为高级机器学习开发的开源数学库。TensorFlow 提供了一个使用有向图的计算接口，该图通过许多数学运算来“流动”称为张量（tensor）的数据阵列。这样，可以将像深度神经网络这样非常复杂的“黑匣子”方法进行更简单的抽象表示。此外，由于该图将计算集存储为一组相关步骤，因此 TensorFlow 能够在可用的 CPU 或 GPU 内核之间分配工作，并能够利用大规模并行计算环境。

Packt 出版社已出版了大量关于 TensorFlow 的书籍。要搜索当前产品，请访问 `https://www.packtpub.com/all/?search=tensorflow`。

TensorFlow 的 R 接口由 RStudio 团队开发。`tensorflow` 添加包提供对核心 API 的访问，而 `tfestimators` 添加包提供对更高级别的机器学习功能的访问。请注意，TensorFlow 的有向图方法可用于实现许多不同的机器学习模型，包括本书中讨论的许多模型。但是，这样做需要对定义每个模型的矩阵数学有透彻的了解，因此超出了本节的范围。有关这些添加包以及 RStudio 与 TensorFlow 交互的功能的更多信息，请访问 `https://tensorflow.rstudio.com`。

由于 TensorFlow 独特的估计机器学习模型的方法，即使对于简单的方法（如线性回归），你可能也会发现其使用的术语存在巨大差异。你可能会听到诸如“成本函数”“梯度下降”和“优化”之类的短语。该术语反映了一个事实，即 TensorFlow 的机器学习在许多方面类似于构建找到所需模型的最佳近似的神经网络。

2. Keras 的深度学习界面

由于TensorFlow提供的计算框架非常适合构建深度神经网络，因此开发了Keras库（https://keras.io）为该广泛使用的功能提供更简单的高级接口。Keras是用Python开发的，可以使用TensorFlow或类似框架作为后端计算引擎。使用Keras，仅需几行代码就可以进行深度学习，即使对于图像分类等具有挑战性的应用程序也是如此。

Packt出版社提供了许多书籍和视频来学习Keras。要搜索当前产品，请访问https://www.packtpub.com/all/?search=keras。

keras添加包由RStudio首席执行官和创始人J.J. Allaire开发，提供了到Keras的R接口。尽管使用keras添加包所需的代码很少，但是开发有用的深度学习模型需要广泛的神经网络知识以及对TensorFlow和Keras API的熟悉。此外，要构建除最简单的神经网络以外的任何内容，必须使用GPU——如果没有GPU提供的大规模并行处理，代码将永远无法完成运行。因此，关于keras的教程不在本书的讨论范围之内，更多信息请参阅https://keras.rstudio.com上的RStudio文档，或由Francois Chollet和J. J. Allaire合著的*Deep Learning with R*（*2018*）一书，这两个作者是keras添加包的创建者。学习此工具，没有比他们的著作更好的资源。

在本书出版时，用于深度学习的典型GPU的入门级型号定价为几百美元，而性能更高的中等价位单元的定价约为1000～3000美元。高端设备可能要花费数千美元。与其花大量的费用，许多人在像Amazon AWS和Microsoft Azure这样的云提供商上按小时租用服务器。在这里，一个最小的GPU实例每小时花费大约1美元——只是当你的工作完成时，别忘了关闭服务器，因为它很快就会变得昂贵！RStudio团队还在https://tensorflow.rstudio.com/tools/cloud_desktop_gpu.html上提供了有关其首选主机的信息。

12.5 总结

研究机器学习无疑是令人兴奋的。在并行和分布式计算这一相对前沿方向上的工作，给出了探索大数据中未知知识的巨大潜能。迅速发展的数据科学社区被免费和开源的R语言所促进，这为人们接触R语言提供了一个很低的门槛——你只要愿意学习。

在本章和前面几章所学习的内容为你理解更多高级机器学习方法奠定了基础。现在你的任务是继续学习并为你的知识库添加工具。在学习的过程中要记得“天下没有免费午餐”理论——没有一个机器学习模型是优于所有其他模型的，它们都有其优点和缺点。因此，选择机器学习方法总会有人为因素，我们要学习与主题相关的知识，具备使合适的算法和手中的任务相匹配的能力。

在未来几年，随着机器学习和人类学习之间的界限逐渐模糊，看看人类会如何改变将是一件有趣的事。像Amazon土耳其机器人这样的服务提供了众包智能，可以调用人类智能来随时执行简单的任务。或许有一天，就像我们利用计算机来完成人类无法轻松完成的任务一样，计算机也雇用人类来完成它无法完成的任务。这是多么有趣的深思。